（原书第2版）

新设计1000例

——家居产品创意设计及其灵感来源

1000 New Designs 2 and Where to Find Them

[英] 珍妮佛·赫德森（Jennifer Hudson） 编著
王婧菁 译

机械工业出版社
CHINA MACHINE PRESS

本书介绍了1000余例新产品设计，涉及桌子和椅子、沙发和床、储物用品、厨房和卫生间、餐具、织物、照明、电子产品等。本书是全球最顶级设计师的设计作品集锦，书中还精选了一部分作品进行了深入的研究，并针对这些作品给出了能反映当前设计领域最深刻认识的评论。

图书在版编目（CIP）数据

新设计1000例：家居产品创意设计及其灵感来源：原书第2版／（英）赫德森（Hudson, J.）编著；王婧菁译．—北京：机械工业出版社，2015.5

书名原文：1000 New Designs 2 and Where to Find Them

ISBN 978-7-111-50292-0

Ⅰ．①新… Ⅱ．①赫… ②王… Ⅲ．①家具－设计 Ⅳ．① TS664.01

中国版本图书馆CIP数据核字（2015）第105943号

机械工业出版社（北京市百万庄大街22号　邮政编码100037）

策划编辑：李馨馨　　责任校对：张艳霞

责任编辑：李馨馨

责任印制：李　洋

北京汇林印务有限公司印刷

2015年6月第1版·第1次印刷

192mm × 249mm · 21.25印张 ·527千字

0001—3000册

标准书号：ISBN 978-7-111-50292-0

定价：99.80元

凡购本书，如有缺页、倒页、脱页，由本社发行部调换

电话服务

服务咨询热线：（010）88361066

读者购书热线：（010）68326294

（010）88379203

网络服务

机 工 官 网：www.cmpbook.com

机 工 官 博：weibo.com/cmp1952

教育服务网：www.cmpedu.com

金 书 网：www.golden-book.com

目录

引言

本书选取了上千个当代知名设计师的设计案例，并精选了一部分作品进行了深入研究和评论。本书具有双重的功能：首先它是一本资料手册，每个产品的说明文字中给出了充分的技术细节，包括制造商或设计师的网站。书中选取的设计案例涵盖了从低技术含量及个性化的设计，到商业化批量生产的产品，正因为如此，本书也可作为专业人士获取灵感的来源。书中的评论涵盖了目前设计领域最受关注的一些主题，这些主题使书中的作品和设计师的工作别开生面。本书尝试用1000个最新的设计案例来代替设计师访谈，深入到15个产品的起源。面对如此多的精彩设计，在一开始人们很容易认为设计是一件很容易的事。本书研究的目的就是通过介绍设计产品时从概念到成果的完整过程中会遇到的复杂问题，来改变这种误解。

本书以案例收集为主，书中收录的大部分产品的设计日期为2006～2008年。正如前所述，似乎目前还没有出现占主导地位的设计趋势，并且各学科、文化、角色和工艺之间的界限比以往任何时候都要更模糊。为了强调这样一个事实，我们在每章中都选取了一些有代表性的产品并放在章首页，来定义当下流行的设计主题，分别是：

- 可持续设计（第1章　桌子和椅子，代表产品为汤姆・迪克逊和亨里克为Artex公司所设计的竹制家具作品集）。
- 设计与艺术（第2章　沙发和床，代表产品为朗・阿列德的“保镖”系列雕塑家具）。
- 从超级设计到普通设计（第3章　储物用品，代表作品为贾斯珀・莫里森为Established & Sons公司设计的箱子系列）。
- 包容性设计（第4章　厨房和卫浴间，代表作品为托梅克・瑞嘉立克为Ideal Standard公司设计的转为老年人设计的概念化卫浴产品——“任性的浴室美女”）。
- 概念设计（第5章　餐具，代表作品为托马斯・李伯提尼的作品“蜜蜂制造的花瓶”）。
- 有机设计（第6章　纺织品，代表作品为布鲁克兄弟：罗南与尔旺设计的“云”系列模块化空间分隔体系）。
- 技术创新（第7章　照明，代表作品为里欧内・迪恩为Kundalini公司设计的Entropia快速成形灯）。
- 设计思考（第8章　电子产品，代表作品为伊夫・贝哈尔设计的“一童一本”笔记本电脑，该产品由广达电脑公司制造）。
- 工艺和设计的共生（第9章　其他，代表产品为坎帕纳兄弟为Artecnica公司“设计的良知”项目设计的作品TransNeomatic系列藤编容器）。

虽然这个多元化的氛围是自由的、令人鼓舞的，但定义什么是设计，以及什么是好的设计并非易事。20世纪60年代，德国消费类电子产品设计师迪特・拉姆斯设计的“博朗风格”，经常被用来作为设计的原则：

好设计具有创新性

好设计是实用的

好设计是具有美感的

好设计让产品易于理解

好设计是低调的

好设计是诚实的

好设计是经久耐用的

好设计深入到细节

好设计是环保的

好设计是极简的

回归纯粹，回归简单。

这些设计原则在今天仍然十分适用。然而，设计杂志记者爱丽丝·劳斯瑟恩从2008年就开始在国际先驱论坛报的每周专栏中强调：“过去我们认为：好的设计通常是一个不同品质的组合，它做什么，它看起来像什么，等等。但现在我们对设计的期望值变了，所以那些品质及它们之间的关系也变了”，因此我们可以说，今天对于以下的思考是同样有效的：

好设计是相对的，个人的

好设计具有艺术表现性

好设计包含叙事性，是迷人的，有感情的

好设计使我们向文化提问

好设计不仅设计外观和功能，还创造期望和愉悦

好设计是好奇心、哲学、观察和创新的结合

好设计是多维度的，可以同我们的潜意识对话

好设计是具有经验并且跨学科的

好设计不仅仅是制造产品，还应该是用新的方式应用设计方法

好设计鼓励人们改变他们现有的生活方式

正如拉姆斯在20世纪60年代所写的一样，现代设计史是基于控制以及设计制造的标准化，确保产品具有相同的品质和人们负担得起的售价。在经历了数百年的手工业生产之后，这种同质化、商品化的产品生产方式对于社会来说非常具有吸引力，但是我们现在正在经历一个转变。尽管我们周围的大多数产品仍然是大批量生产的统一的产品，但人们已经史无前例地对这类千篇一律的产品感到厌倦，并开始追求意想不到的惊喜以及独特的元素。设计在技术和材料上不断突破，适用于其他新用途的技术或材料也不断增加，而且还在不断尝试与人文、诗意和情感等因素联系起来。今天，在推动理性价值（如功能和创新价值）边界的同时，人们对于更具感性和艺术表现力的产品的呼声越来越高。

本书写于伦敦，恰好在世界领导人共聚解决国际经济危机的G20峰会的之前一星期，写作当晚正是全球范围内为防止气候变化所举行的全球熄灯活动“地球一小时”。这两个问题将在未来很多年内影响设计的发展。

“保镖”系列

雕塑和家具

Ron Arad

竹子系列

桌子和椅子

Tom Dixon 和

Henrik Tjaerby

蜜蜂制造的花瓶

Tomáš Gabzdil

Libernity

“一童一本”

笔记本电脑

Yves Béhar

Entropia

吊灯

Lionel T.Dean

我们正经历着自二战以来前所未有的经济衰退，同时，我们生活的星球正面临 IPCC（联合国政府间气候变化专门委员会）所预测的不可避免的、剧烈的气候变暖。

在整个环境和经济危机的气候下，可持续设计在关于设计的争论中占主导地位，同时，设计师正面临巨大的挑战，为人们的需求、商业可行性和对环境的影响最小化之间的平衡去寻找最新的解决办法（见 47 页）。然而，尽管一些制造商和设计师主要关心的是利益以及对他们创造力的限制，他们试图说服我们，在设计界对环保事业的贡献只停留在口头，更糟糕的是，企图欺骗我们相信那些就是环保。“感知的门”是一家设计未来网站，旨在将世界各地有远见的设计师、思想家和草根创作者联系在一起，它的负责人约翰•德加拉（John Thakera）说，“在商界，绿色洗涤意味着改变名字或标签。早期有关产品可能有毒的警告标签包含树木、鸟类或露珠的图像。如果三个图像在标签中同时出现，那么该产品可能会让我们的皮肤在几秒钟之内开始掉皮。”尽管有些苛刻，但显而易见的是，尽管钱是万能的，但市场对于可持续产品的需求是存在的，可持续发展的问题令越来越多的企业不得不停下来给出明确的社会和道德价值态度，并相应地开始生产普遍具有社会和人文价值的产品。我们已经目睹了低污染材料和节能材料应用得越来越普及，延长产品生命周期的创新设计，关注循环的“从摇篮到摇篮”的商品，物品的再处理和再利用，设计和制作环节的增值并减少过度设计以利于设计和服务更加以人为中心。同时也是从侧面解决全球变暖和信贷紧缩的危机的一个方法。

尽管设计常用来描述物体或最终结果，但设计也是一个过程、动作或者是一个动词。设计师受到过简单分析问题、解决复杂问题及与人沟通方面的训练。当今社会所面临的经济问题、政治问题、环境问题和社会问题正在改变着设计工作的地位。设计曾经只需关注产品的生产，而现在同时也与系统开发、改变人们生活方式、提升人们的生活质量相关。“设计思考”是指用人性化的方法来解决问题。不同于产品设计师，设计思考者需要了解一系列问题，并与其他领域的专家协同工作，如经济学家、社会科学家、人类学家和程序设计人员。设计师们正面临材料知识的飞跃，由一个明确的结果如对象或图像进行评估，用设计思维分析社会问题并提出解决方法。世界著名设计公司 IDEO 的 CEO 蒂姆•布朗于 2007 年 11 月在设计师协会的会议上，做出有关通过设计思维进行创新的演讲。他说：“我个人相信，从概念的角度来看，作为一个设计师，融入合作的过程可能是他面临的最大挑战。我认为，作为设计师如果我们什么都不做的话，我们将会变得无足轻重。”他继续说：“设计思维使 IDEO 扩展了画布上的工作，但我们不能忘了，设计工艺对于最终设计结果来说最为重要。”

设计有助于我们理解世界发生的变化，并将这些变化体现在产品设计中，使我们的生活更美好。同时，设计师、设计思维和关键的设计方法引导我们克服当前面临的模糊不清和不确定性。由英国设计组合安东尼•邓恩（Anthony Dunne）和菲奥娜•拉比（Fiona Raby）推广的“关键的设计”，采用设计的艺术品、电影、设备和计算机界面的手段，对消费文化进行批判或评论。以这种方式工作的设计师，如荷兰设计师于尔根•贝（Jurgen Bey），以及在她的家乡巴塞罗那和柏林两地工作的设计师马蒂•克吉塞（Marti Quixé），他们相信那些激发、刺激并质疑了基本假设的设计，对现有技术和未来技术之间有关伦理问题的辩论做出了贡献。邓尼•邓恩（Tony Dunne）说：“我们对那些在生活中扮演心理角色和反射角色的物体很有兴趣，并对探索日常用品的新的可能性富有兴趣。”把关注的重点从设计的商业可能性转移开，创造虚拟的产品，合乎需求的或者不合乎需求的，关键的设计师会使未来的设计可视化，这样就可以让人们去争论，得出最佳的解决方案。“技术可能会也可能不会帮助我们设计一种走出当前困境的方式”，邓恩说：“为了发现这些设计方法，我们必须想想更多的可能性，好的或者坏的——在事情发生之前就找出我们想要的和不想要的。”

那么未来是怎样的？在本书和下一版之间又会发生什么？现在说经济衰退会有什么后果为时尚早，但那确实会对设计造成影响。有些客户会破产，有些则会削减成本和研发计划，设计师将失业，项目将削减，这对于那些年轻的设计师来说将日益艰难，他们刚刚从设计学校毕业，打算一展拳脚。设计收藏品已经首当其冲受到冲击，2009 年的巴塞尔迈阿密设计博览会中的许多展品受到冷落，2008 年 11 月在索斯比拍卖行举行的当代设计拍卖会的总成交额仅达到 120 万英镑，而不是之前预估的 200 万英镑。

然而，从积极的方面来看，设计已经上升到一个挑战阶段，并对逆境做出了有创造性和创新性的响应。一些最优秀的设计已经从经济衰退的影响中走出来了，就像现代主义运动见证了 20 世纪 30 年代的经济大萧条一样。“设计师做得最好的工作就是同制度因素合作，从现有条件出发，”纽约现代艺术博物馆建筑和设计馆馆长佩奥拉·安托尼莉（Paola Antonelli）说，“这也许是一个设计师真正可以施展才能的时期，用人文主义精神进行设计的时期。”在资金紧张的时候，除了食物、衣服和住房之外的任何物品在购买时只能保证质量和使用寿命，因此可能需要较少的设计工作，但这也应该是到最后应该做的。经济危机将彻底改变我们的社会，我们的生活方式，价值观和选择。老龄化、青少年犯罪、住房和健康需求方面的项目会增加，设计师将面临为贫困的大多数人做设计，最多只有百分之九十需要设计创新。

最后我要谈谈设计企业家穆雷·莫斯（Murray Moss），他开在纽约的以他名字命名的商店可以作为产品选择和表达的标准了。他对麦克·康纳利（Michael Cannell）在纽约时报发表的文章观点“设计爱萧条”提出了质疑，并在网络杂志《设计观察者》发表其观点，“设计爱萧条？我可以向你保证，设计，还有绘画、雕塑、摄影、音乐、误导、时尚、厨艺、建筑、戏剧对于萧条的热爱都不会超过对于战争、洪水或瘟疫的热爱。”然而，他在文章最后补充道，“当然，设计将需要有创造性地应对经济衰退。许多才华横溢的世界著名设计师无疑会表达出对解决问题及实践的巨大响应，以及对货币和物质的关注的反应。但是这些以及其他一些了不起的天赋也出现在我们生活中的其他领域，如人们关心那些有赖于艺术的情感、知识的、文化的、社会的和政治幸福。”

箱系列

架子

Jasper Morrison

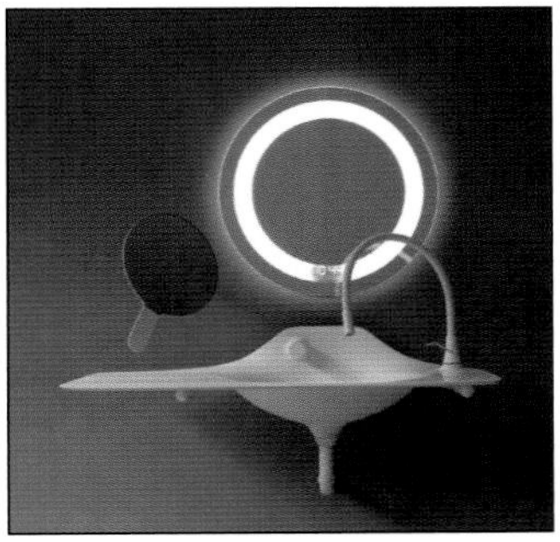

任性的浴室美女

浴室设计

Tomek Ryhalik

TransNeomatic

藤编容器

Humberto、

Fernando Campana

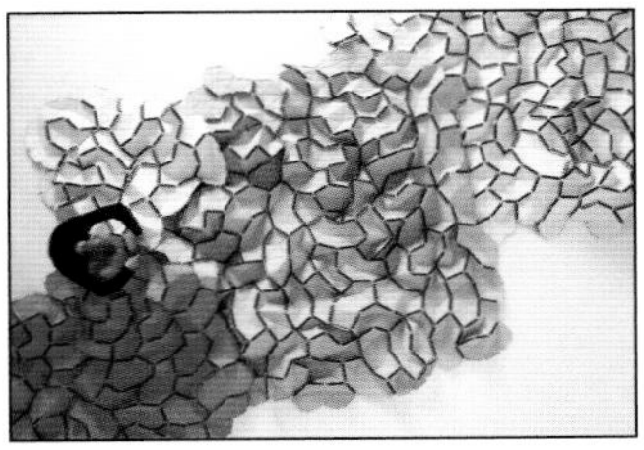

云系列

空间分隔系统

Ronan、

Erwan Bouroullec

桌子和椅子

玻璃边桌

前沿设计（Front Design）工作室
玻璃
高：60 cm ($23^5/_8$ in)
直径：43 cm ($16^7/_8$ in)
Moooi，荷兰
www.moooi.com

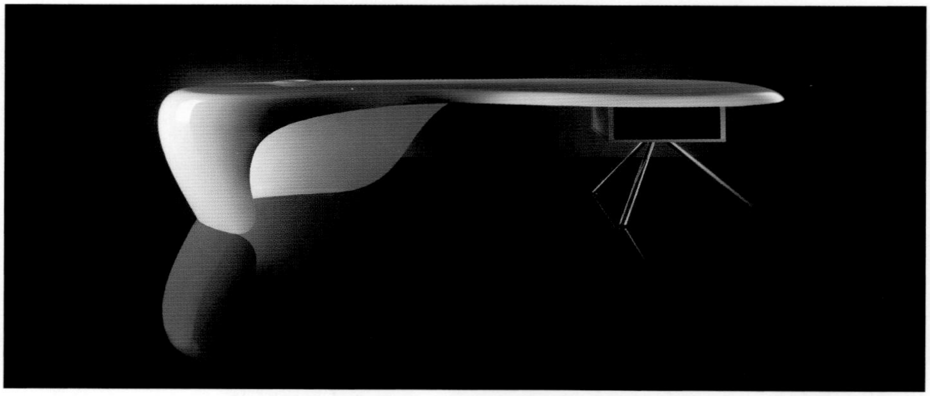

Uno 书桌

Karim Rashid
聚氨酯
高：76.5 cm ($30^1/_8$ in)
宽：220 cm ($86^5/_8$ in)
深：76.5 cm ($30^1/_8$ in)
Della Rovere, 意大利
www.dellarovere.it

Campo Arato 桌

Paolo Pallucco
硬质橡木，镀铝
高：38 cm (15 in)
宽：120 cm ($47^1/_8$ in)
深：120 cm ($47^1/_8$ in)
De padova, 意大利
www.depadova.it

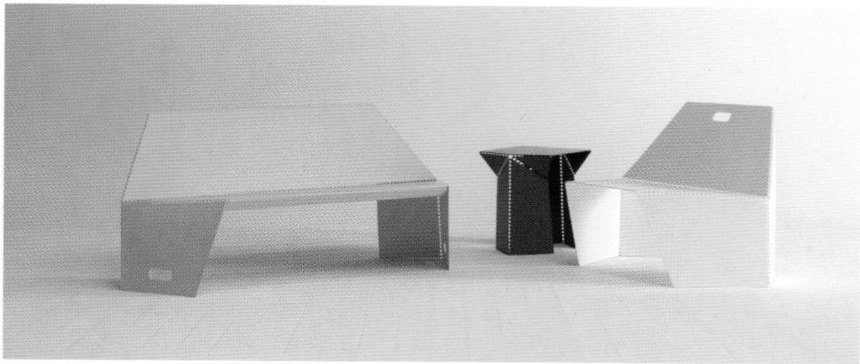

桌，椅组合

Stefan Diez
Christoph De La Fontaine
粉末涂层铝
各种尺寸
Moroso，意大利
www.moroso.it

木质边桌

Patricia Urquiola
硬质山毛榉
高：50 cm ($19^3/_4$ in)
直径：45 cm ($17^3/_4$ in)
Artelano，法国
www.artelano.it

Royal 系列桌

Richard Shemtov
染色皂荚木，透明塑料
高：50.8 cm (20 in)
直径：45.7 cm (18 in)
Dune，美国
www.dune-ny.com

Part 系列茶几

Stephen Burks
铝
各种尺寸
B&B Italy，意大利
www. bebitaly.com

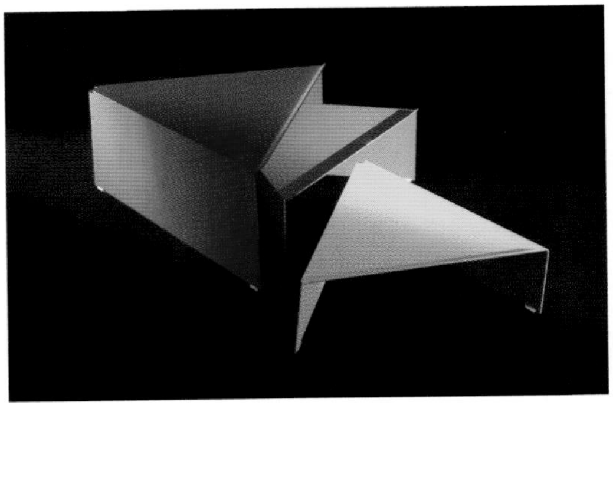

“银杏”系列边桌

Matteo Ragni
金属，玻璃
高：65 cm ($25^5/_8$ in)
宽：45 cm ($17^3/_4$ in)
深：43 cm ($16^7/_8$ in)
Liv'it, 意大利
www.livit.it

“南希”（Nancy）系列写字台

Christophe Pillet
木材，镀铬金属
高：72 cm ($28^{3}/_{8}$ in)
宽：140 cm ($55^{1}/_{8}$ in)
Porro, 意大利
www.porro.com

Synapsis 长桌

Jean-Marie Massaud
镀铬钢，橡木
高：73 cm ($28^{3}/_{4}$ in)
宽：160 cm (63 in)
Porro，意大利
www.porro.com

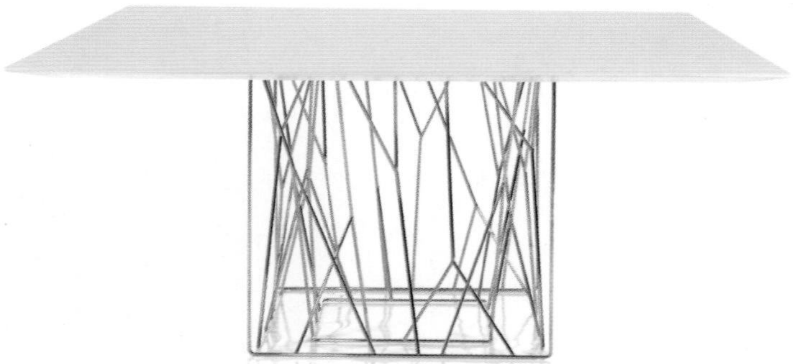

Mist 桌

Rodrigo Torres
上漆不锈钢，铝，玻璃
高：72 cm ($28^{3}/_{8}$ in)
宽：160 cm (63 in)
深：100 cm ($39^{3}/_{8}$ in)
Domodinamica, 意大利
www.domodinamica.it

Wireframe 矮桌

Piero Lissoni
超轻玻璃，线
各种尺寸
Glas Italia, 意大利
www.glasitalia.com

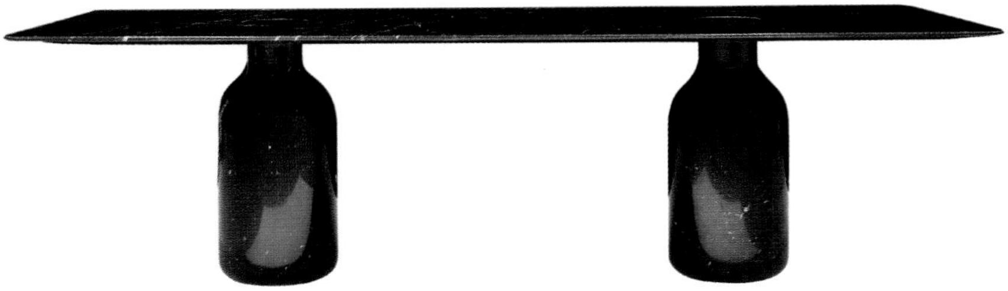

“双瓶”桌

Barber Osgerby
黑色大理石
高：73 cm (28 3/4 in)
宽：25 cm (98 1/2 in)
深：100 cm (39 3/8 in)
Cappellini，意大利
www.cappellini.it

Brigde 系列可拉伸长桌

Matthew Hilton
黑色核桃木单板（桌面），上漆实心山毛榉木（桌腿）
高：74 cm (29 1/8 in)
宽：160 ～ 260 cm (63 ～ 102 3/8 in)
深：100 cm (39 3/8 in)
Case, 英国
www.casefurniture.co.uk

Grip 可以抓握的桌子

Satyendra Pakhalé
可丽耐，金属
高：44 cm (17 3/8 in)
宽：47 cm (18 1/2 in)
深：54 cm (21 1/4 in)
Offecct, 瑞典
www.Offecct.se

“百合”长桌

Bartoli 设计
铝，玻璃
高：75 cm (28 1/2 in)
宽：25 cm (98 1/2 in)
深：100 cm (39 3/8 in)
Kristalia，意大利
www.Kristalia.it

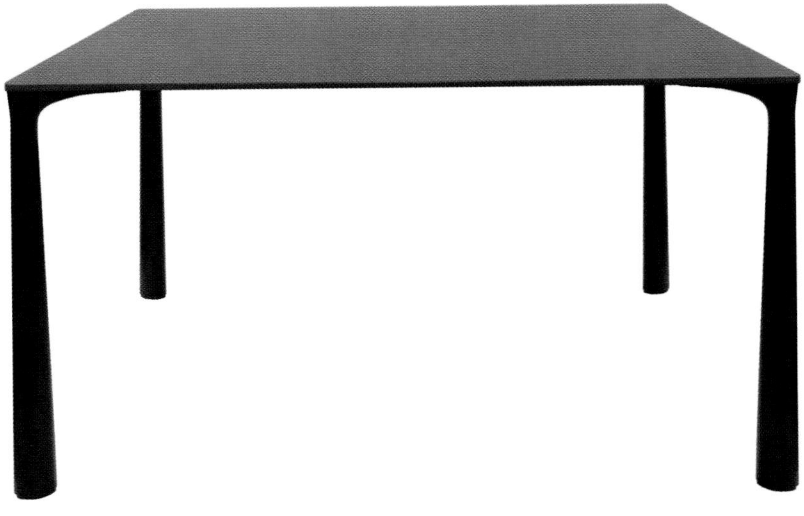

“斑比”桌

Nendo
激光切割，金属
高：73 cm ($28^{3}/_{4}$ in)
宽：150 cm (59 in)
深：60 cm ($23^{5}/_{8}$ in)
Cappellini, 意大利
www.cappellini.it

“灌木丛”（Scurb）桌

Seyhan Özdemir, Sefer Çağiar
胡桃木 / 橡木
高：73.5 cm ($28^{7}/_{8}$ in)
宽：188 cm (74 in)
深：80 cm ($31^{1}/_{2}$ in)
Autoban, 土耳其
www.Autoban212.se

X 型支架桌（复刻版）

Tapio Wirklkala
桦木 / 樱桃木胶合板，木材，油漆，钢化玻璃
高：45 cm ($17^{3}/_{4}$ in)
宽：124 cm ($48^{7}/_{8}$ in)
深：66 cm (26 in)
Artek，芬兰
www.artek.fi

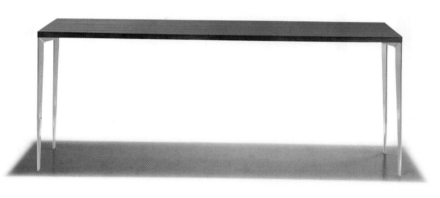

“棱镜”（Prisma）桌

Arik Levy
抛光铝，木材
35 种尺寸可选
Bernhardt 设计公司，英国
www.Bernhardtdesign.com

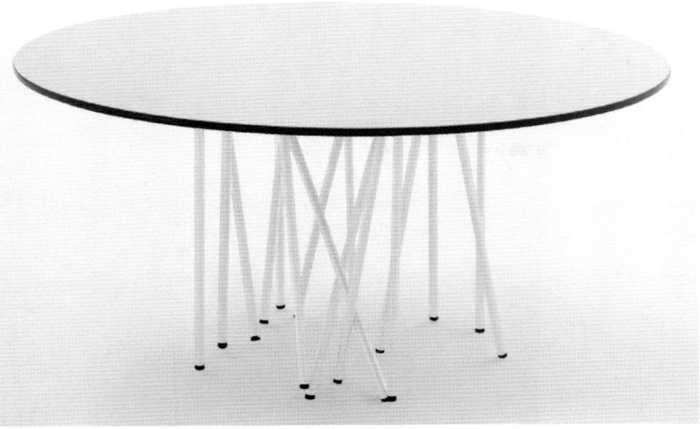

“章鱼”咖啡桌

Carlo Colombo
漆面金属，胶合板
高：42 cm ($16^1/_2$ in)
直径：82 cm ($32^1/_4$ in)
深：80 cm ($31^1/_2$ in)
Artflex, 意大利
www.Artflex.it

Spazio 餐桌

Willerm van Ast
木材
高：75 cm ($29^1/_2$ in)
宽：210 cm ($82^3/_4$ in)
深：128 cm ($50^3/_8$ in)
Arco，荷兰
www.arcofurniture.com

Seven 桌

Jean-Marie Massaud
金属管，中密度纤维板
高：74 cm ($29^1/_2$ in)
宽：234 cm ($92^1/_8$ in)
深：157 cm ($61^3/_4$ in)
B&B Italia，意大利
www.bebitalia.it

Presso 桌

Patrick Norguet
塑料
各种尺寸
Artifort, 荷兰
www.artifort.com

深入介绍

No.3 写字台

设计：Tomáš Gabzdil Libertiny

高：80 cm (31$^1/_2$ in)
宽：200 cm (78$^3/_4$ in)
深：77 cm (31$^3/_8$ in)
材料：木材，美式胡桃木饰面，报纸，钢材
制造方式：自制

在写字台系列设计中，No.3是最具典型性的产品，延续了托马斯•利贝尔提尼（Tomáš Gabzdil Libertiny）的自然与文化研究的产品。这项研究始于反传统的蜜蜂花瓶，也是他硕士研究生论文的一部分。他们在2007年米兰国际家具展览中展出了Droog设计公司的智能家居装饰品之后，收获了来自设计界的空前好评，毕竟，人们对于无法使用的东西会有欲望。利贝尔提尼在蜂巢中放了一个花瓶形状的模具，然后让蜜蜂在这个“脚手架”上创造它们自己的造型和微妙的大厦。在设计界人们会立刻认出这些脆弱的雕塑，褒贬不一。蜂蜡片意味着蜜蜂重复费力的工作所耗费的时间和产生的价值。通过研究什么是工业产品的负面价值如脆弱性、短暂性和原始性，利贝尔提尼试图通过精美细腻的艺术表达方式，或仅仅是那些动人的符号价值与消费标准，就耐久性、功能性和技术创新性方面进行探讨。他引用20世纪60年代“贫穷艺术”设计运动成员之一沃尔夫冈•莱普（Wolfgang Laib）作为其设计影响，利贝尔提尼通过将自然相对于文化来定位，挑战商业化，主要采用自然物质和过程，批判消费社会。尽管这些花瓶让更现代的设计师皱起了眉头，但所表现出来的想象力水平，研究态度和辩证性不容低估。

利贝尔提尼最初在布拉迪斯拉发（捷克斯洛伐克首都）学习工业设计，随后在华盛顿获得艺术奖学金，并最终进入埃因霍温设计学院继续学习。这样的学习背景造就了一个对学科方法和概念感兴趣的设计师，在最近一次接受《图标》杂志采访时利贝尔提尼承认“我正处于职业生涯的最初阶段，随着时间的推移将更多概念融入作品，时间长了也要发展出自己的风格，这同样重要。但我想我不会一直像这样工作，我希望为Cappellini工作”。

写字台系列是他到目前为止最具功能性的设计。其设想来源于早期的一个将纸层叠成块的项目（木材往往代表了当代设计的自然文化延伸），然后用传统木工工具在机床上对其加工成花瓶的形状（见184页）。这次的设计仍旧采用了堆叠的纸做为材料，主要用于桌面的制作，将22000条纸垂直插入、按压，用砂纸打磨制作成光滑的表面。写字台的造型整体、朴素。纸张的白色与美式胡桃木的黑色形成鲜明对比，从而增加了设计的戏剧性。桌面是白色和纯朴的，设计成具有自然光泽，看起来像是经过使用之后的效果。然而，为了降低损害的可能性，以及为了表达自然/文化和纸张/木材等概念，它被设计成只具有书写功能的产品。

“我想赞美纸张带来的感官感受，写字的怀旧感觉，造型的简洁和数字的力量，这些综合于一个物体，激发人们的感受。”利贝尔提尼如是说。他又说，“我试图夸张和放大，为了打击在触摸天鹅绒时潜意识中的色情感受。”

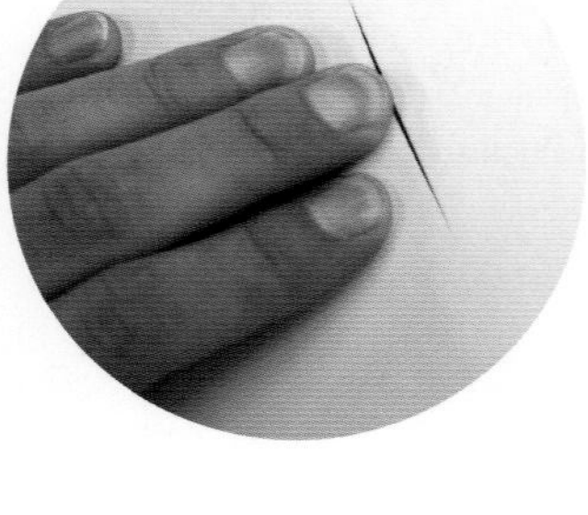

01 写字台的创作灵感来源于一个简单的实验，即用台锯切割书本。切割后的边缘非常光滑，就像丝绸。在将这种效果放大到更大的平面之前，利贝尔提尼进行了深入的研究。

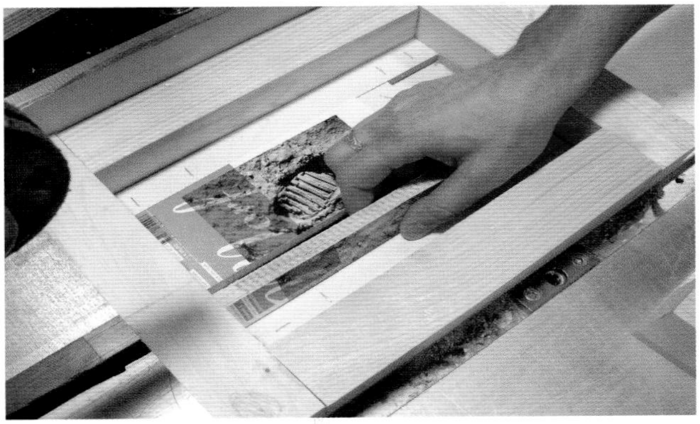

02 技术草图。用金属制作一个，能容纳这些成千上万的纸条的内部结构。

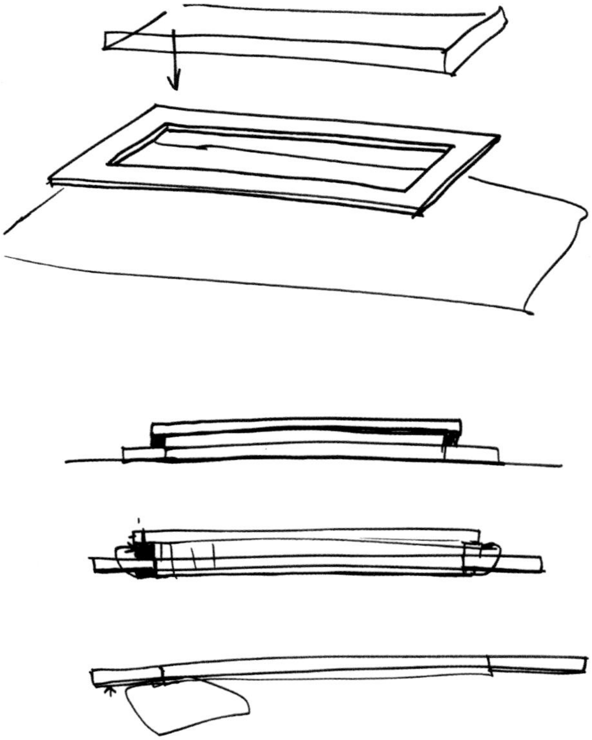

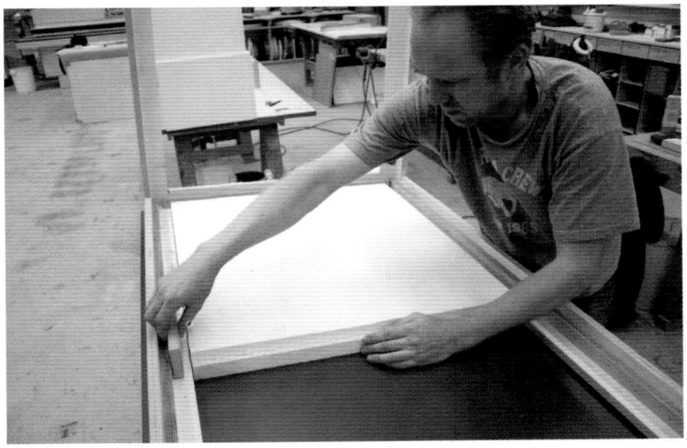

03 桌子的表面是由22000个由很薄的报纸条竖直插入框架中而成。不用胶水而是用压力将它们挤压在一起，这样桌子表面看起来是均匀的，可以承担正常的压力，同时又能像一本书一样轻轻划开。

04 桌子四周的木质框架必须和纸条排列整齐。打磨表面的过程非常困难，因为要保护表面不被破坏，随后会在表面涂一层UV漆。

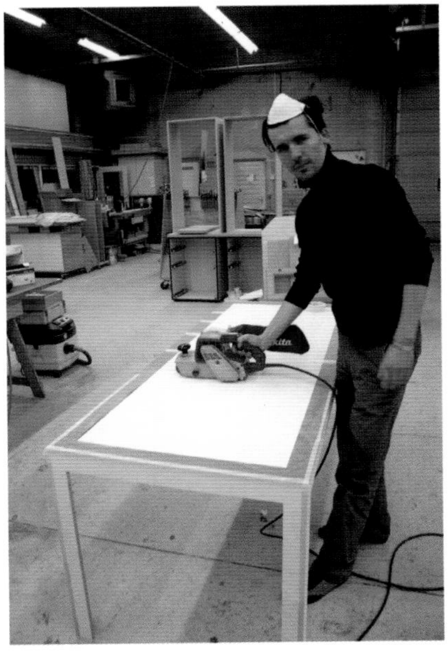

05 纸条被粘在桌面的底部，就像书页。

Etage 系列叠放台桌

Claesson Koivisto Rune
胶合板，胶木高光泽 AR+，镀铬钢
高：29.1 cm (11 1/2 in)
宽：72 cm (28 3/8 in)
深：83 cm (32 3/4 in)
Offecct，瑞典
www.offecct.se

“液体”（Liquid）大型有机形态桌

Ross Lovegrove
手工打磨，铝制
高：72 cm (28 3/8 in)
宽：290 cm (11 3/8 in)
深：162.5 cm (114 1/8 in)
Philips de Pury 及公司，英国
www.philipsdepury.com

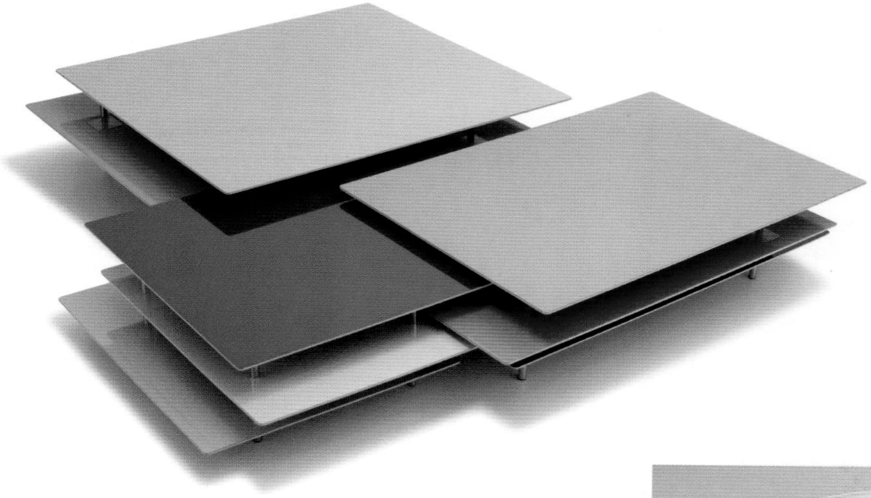

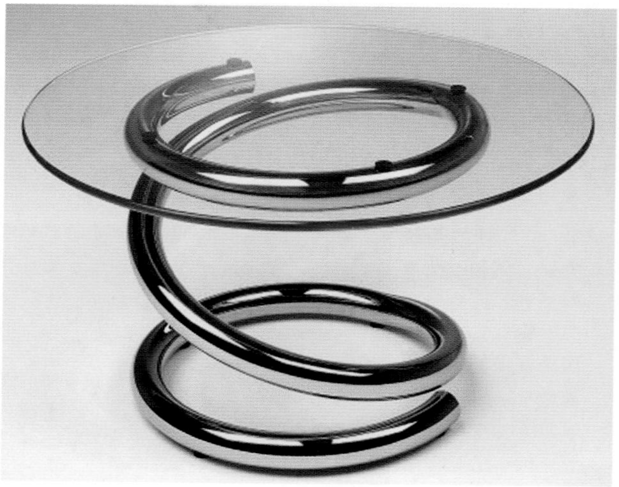

“赫兹”咖啡桌

Arik Levy
金属，玻璃
高：36.5 cm (14 3/8 in)
直径：130 cm (51 1/4 in)
Living Divani，意大利
www.livingdivani.it

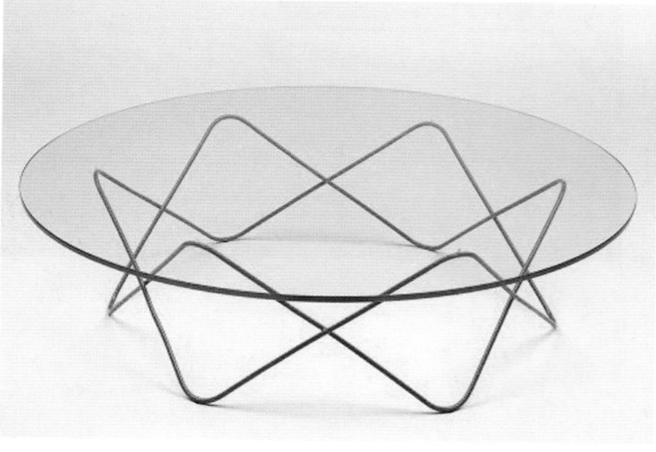

“弹簧”（Spring）桌

Shiro Kuramata
延压镀铬钢，玻璃
高：52 cm (20 3/4 in)
直径：90 cm (35 1/2 in)
Living Divani，意大利
www.livingdivani.it

“滑翔”（Glide）桌

未来系统 / Amanda Levete
铸铝，玻璃
高：74 cm (29$^1/_8$ in)
宽：180 cm (70$^7/_8$ in)
Established & Sons, 英国
www.establishedandsons.com

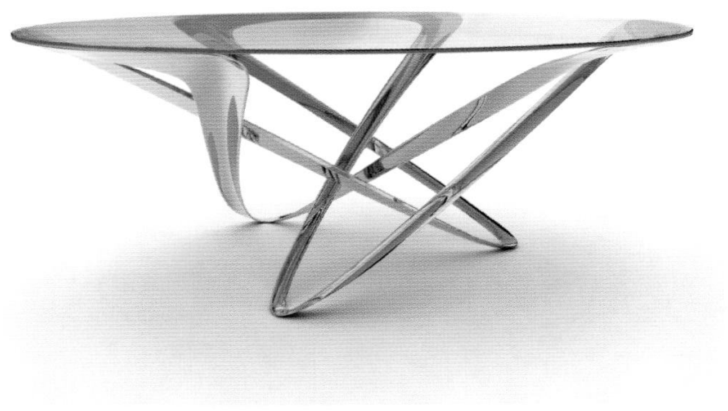

“圆屋顶”阅读桌（带台灯）

Barber、Osgerby
玻璃，铜，白色大理石
高：112 cm (44$^1/_8$ in)
直径：62 cm (24$^3/_8$ in)
Meta, 英国
www.Madebymeta.com

巴布尔（Barber）与奥斯戈比（Osgerby）和具有创新意识的意大玻璃制品公司 Venini 合作，打破了传统的玻璃吹制工艺的界限。该写字台是由 7 个人工吹制的玻璃元素堆叠而成的。顶部和底部由磨具吹成，其他部分则自由吹出。代表了产品名称的顶部圆顶造型，在玻璃材料吹制的物理性能方面已经达到极限。

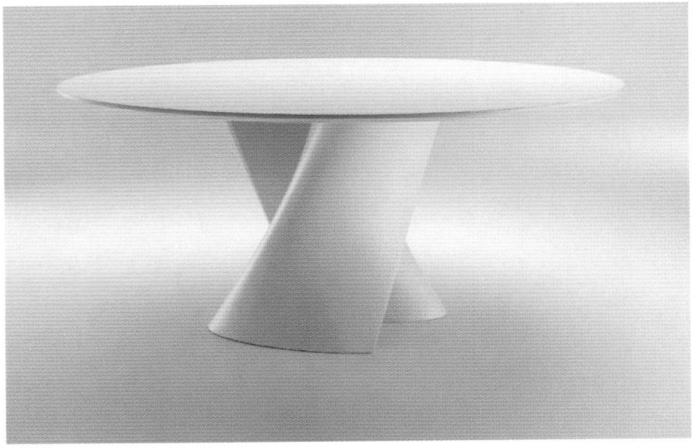

“S”桌

Xavier Lust
高密度聚氨酯树脂（Baydur）
高：73 cm (28$^3/_4$ in)
直径：156 cm (61$^3/_8$ in)
MDF Italia，意大利
www.mdfitalia.it

Tischmich 桌

Jakob Gebert
桦木胶合板
高：74 cm (29$^1/_8$ in)
宽：178 cm (70 in)
深：86(33$^7/_8$ in)
Hils Holger Moormann, 德国
www.moormann.de

Space 桌

Jenhs+Laub
玻璃，钢材
最大高：37 cm (14$^{1}/_{2}$ in)
最大直径：100 cm (39$^{3}/_{8}$ in)
Fritz Hansen, 丹麦
www.Fritzhansen.com

Fractal 桌

平台工作室 Gernot Oberfell，Jan Wertel 与 Matthias Bar 合作
聚酰胺
高：106.4 cm (41$^{7}/_{8}$ in)
宽：249.4 cm (98$^{1}/_{4}$ in)
深：155.7 cm (61$^{1}/_{4}$ in)
MGX by Materalise，比利时
www.mgxbymateralise.com

Basse 矮桌

Ronan、Erwan Bouroullec
木材
多种尺寸
GalerieKreo, 法国
www.galeriekreo.com

Slab 咖啡桌

Tome Dixon
木材
不同构造
Tom Dixon，英国
www.Tomdixon.net

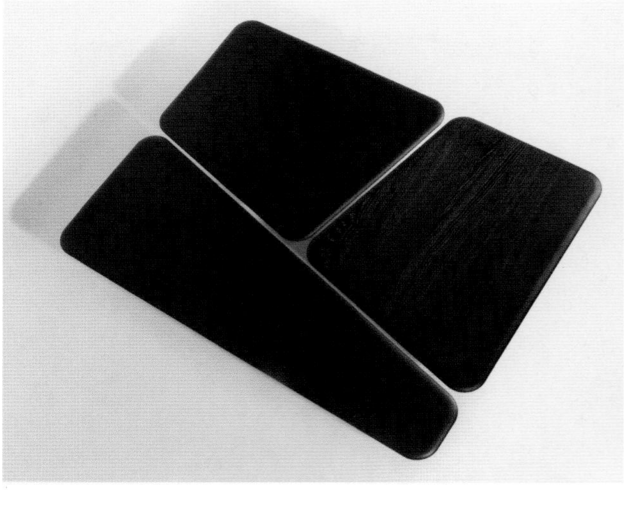

“小花园”桌

Tokujin Yoshioka
金属
高：73 cm (28$^{3}/_{4}$ in)
100 cm (39$^{3}/_{4}$ in)
直径：56 cm (25$^{5}/_{8}$ in)
Moroso，意大利
www.moroso.it

“加法”桌

EI Ultimo Grito
玻璃，热加固环氧喷漆不锈钢，胶合板，橡木贴面
各种尺寸
Uno 设计，西班牙
www.uno-design.com

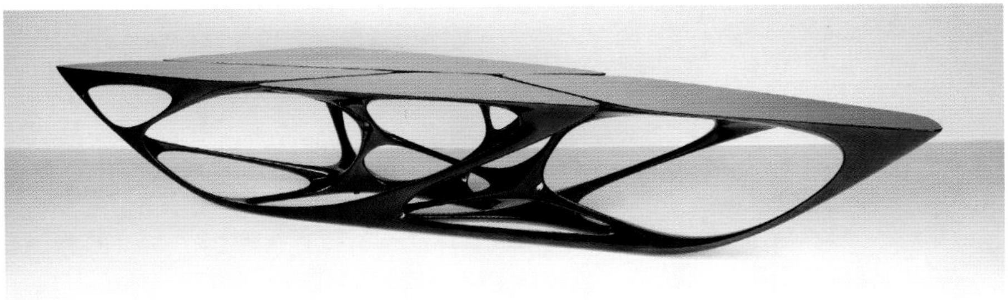

Mesa 桌

Zaha Hadid, Patrik Schumacher
聚氨酯，层压制件，反光表层
高：70 cm (27$^{1}/_{2}$ in)
宽：427 cm (168$^{1}/_{8}$ in)
深：120 cm (47$^{1}/_{4}$ in)
Vitra Edition, 瑞典
www.vitra.com

白蜡凳子（Pewter Stool）

Max Lamb
白蜡
高：40 cm (15$^{3}/_{4}$ in)
宽：40 cm (15$^{3}/_{4}$ in)
深：40 cm (15$^{3}/_{4}$ in)
Max Lamb 工作室，英国
www.maxlamb.org

马克斯·兰姆（Max Lamb）的这个作品和他另外一把钢板椅，一起构成了他在丹麦皇家艺术学院的“坐的练习”的设计作品集。他将其描述为“一个正在进行的项目，更多的是强调研究和参与的过程，而不是产品本身”。产品包括一个由聚氨酯橡胶包裹着聚苯乙烯材料制作的椅子，包覆在聚氨酯橡胶支座（也就是防炸弹)中；“长”在蜡基板上的一个铜凳，使用一种复杂的电沉积过程（类似于电镀）的制作工艺；以及一个激光烧结聚酰胺凳子。以上这一切都是为了在运用高新技术和数字技术的同时，探索那些正在消失的以手工艺为基础的产业的潜力以及原始材料固有的品质。这把椅子便是兰姆最原始的设计，他在海边像小孩子一样用沙子堆出来，这个产品现在已经批量生产，但沿用的还是一开始的造型，这将一直提醒我们，砂型铸造是第一个为人类所知的铸造方法。

“T 小姐”咖啡桌

Philippe Starck
瓷
高：44.5 cm ($17^{1}/_{2}$ in)
宽：44 cm ($17^{3}/_{8}$ in)
直径：38 cm（15 in)
XO 国际，法国
www.xo-design.com

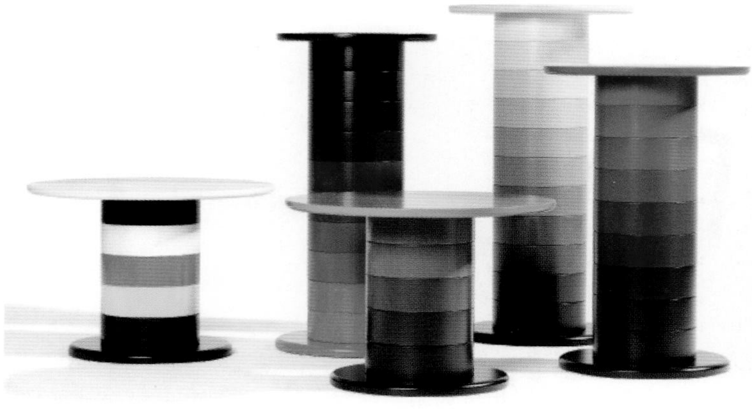

“巴别塔”（Babel）桌

Fredrik Mattson
模压胶合板，环，总配线架
各种尺寸
BLÅ STATION, 瑞典
www.blastation.se

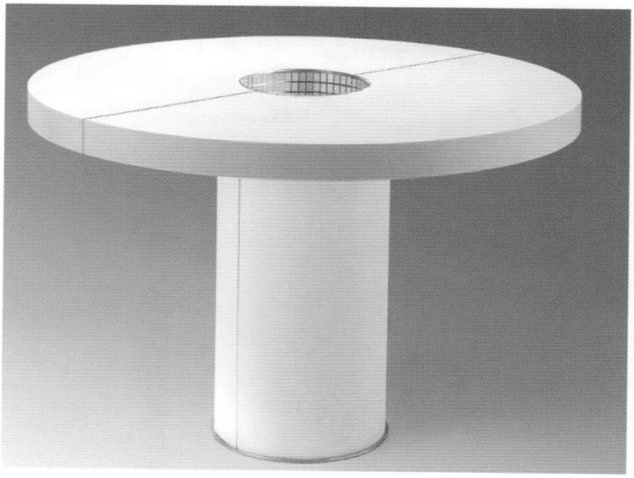

“顶峰”（Zenith）写字台

Andrée Putman
可丽耐，碧莎玻璃拼接
高：75.5 cm ($29^{3}/_{4}$ in)
直径：158 cm ($62^{1}/_{4}$ in)
Bisazza, 意大利
www.bisazza.com

“蝴蝶”餐桌餐凳

蝴蝶，树脂，木材
桌：
高：75 cm ($29^{1}/_{2}$ in)
宽：18 cm ($70^{7}/_{8}$ in)
深：90 cm（$35^{3}/_{4}$ in)
凳：
高：45 cm ($17^{3}/_{4}$ in)
宽：180 cm ($70^{7}/_{8}$ in)
深：40 cm（$15^{3}/_{4}$ in)
Based Upon，英国
www.basedupon.co.uk

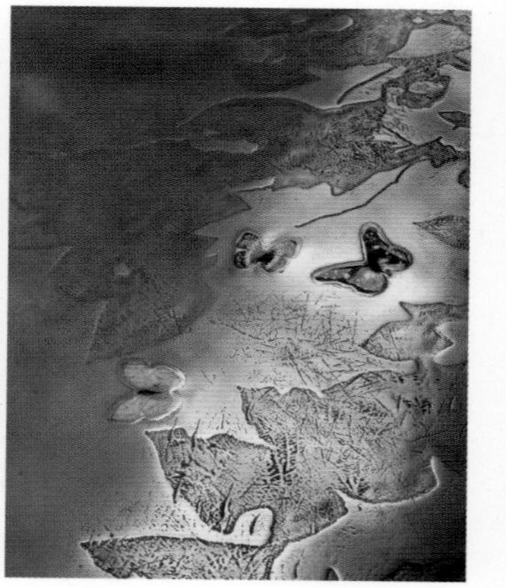

“和服”椅（Kimono Chair）

Tokujin Yoshioka
金属，Alcantara 面料
高：85 cm ($33^{1}/_{2}$ in)
宽：70 cm ($27^{1}/_{2}$ in)
深：62 cm ($24^{1}/_{2}$ in)
Vitra Edition，瑞士
www.vitra.com

吉冈德仁（Tokujin Yoshioka）的设计已经从室内设计、家具（特别是最近为施华洛世奇设计的位于银座的旗舰店）延伸到产品设计如台灯、移动电话等。但是他最为人们熟知的还是他设计的限量版“面包”椅（见 52 页），这把椅子是由聚酯纤维制成的，并在巨大的烤箱里烤制，就像在烤一条面包。这些作品反映了他的信念，即我们正重回一个时代，“人们为自己或者能深入理解自己感受的同一类人设计”。他补充说，“设计不是制作物品那么简单，而是设计人们使用产品时的一种感觉”。“面包”椅和他的另一个设计“和服”椅被视为他们的审美喜好及使用其功能时的感官体验。这些椅子第一眼看过去有些违背常理——怎么可能坐在纤维或者布上？吉冈德仁对自然现象很感兴趣，被大自然或一些非物质的东西启发，如空气、云、光、雪花等，以及他选用作为材料的固有之美。他的作品常被人认为用了新的材料或技术，但事实并非如此。通过观察那些偶然和意外的自然现象，他发现了之前被人们忽视的那些材料中隐藏的美感；塑料吸管、纸巾，以及他最近的一个将椅子状的聚氨酯基体上“种植”出晶片的实验；一个他无法控制的进程。“面包”椅和“和服”椅在技术上都非常构思巧妙，但更吸引人的是坐上去的感觉。他说，“如果坐在上面的人能感受到那种释放了重力的空气感，那我就不能要求一把椅子会做到更多了。一个设计能够魔术般地改变人们的生活，带给人们以及周围世界以快乐。”

这把椅子代表了他的设计立场。虽然名义上是一把椅子，但却代表了他对于椅子的调查，即椅子可以除了实现“坐”这个使用功能之外还能走多远。该设计受到日本的传统和服的启发（一个简单的披上合身的直切造型，并突显了穿着者的身材），即基于一个平坦的、简单的形式转化成体积的想法启发。该织物面料类似于葡萄酒瓶的塑料外包装，椅子的主体结构是由悬垂在钢架上的人工麂皮构成，因为人工麂皮容易实现，质感美观。

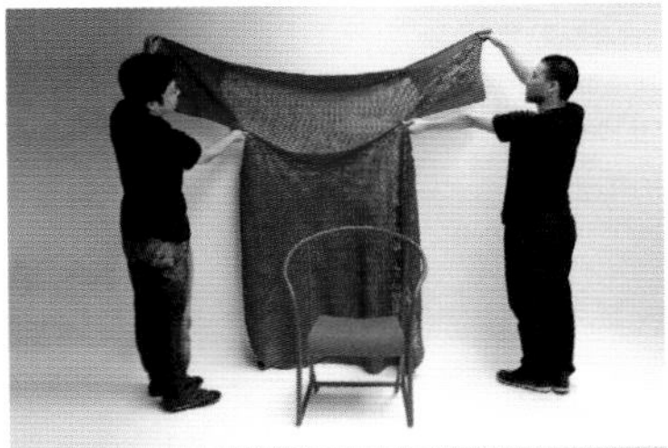

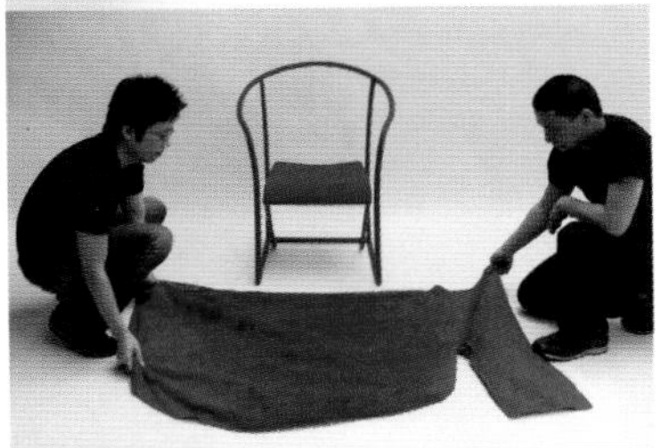

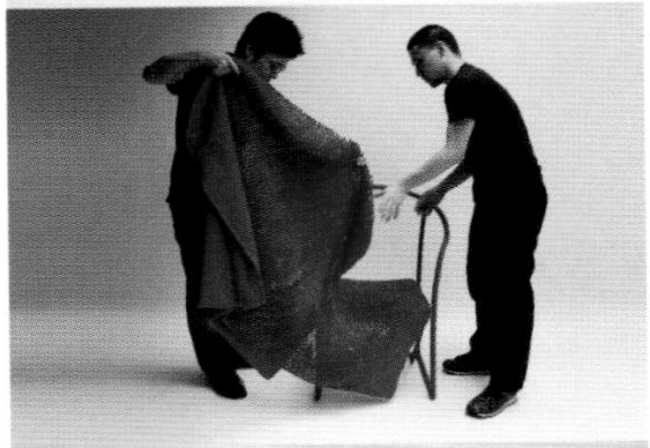

“KI”椅

Mario Bellini
木材
高：80 cm ($31^{1}/_{2}$ in)
宽：43 cm ($16^{7}/_{8}$ in)
深：47 cm （$18^{1}/_{2}$ in)
Horm，意大利
www.horm.it

“球形”扶手椅

Carlo Colombo
不锈钢
高：77 cm ($30^{3}/_{8}$ in)
直径：100 cm ($39^{3}/_{8}$ in)
Artflex，意大利
www.artflex.it

Space 系列休闲椅

Jehs+Laub
塑料，皮革 / 织物，不锈钢
高：76 cm ($29^7/_8$ in)
宽：39 cm ($15^3/_8$ in)
深：85 cm ($33^1/_2$ in)
Fritz Hansen，意大利
www.fritzhansen.com

“俄罗斯方块”（Tetris）桌

Nendo
上漆中密度纤维板，铁管
高：31.5 cm ($12^3/_8$ in)
宽：80 cm ($31^1/_2$ in)
深：80 cm ($31^1/_2$ in)
De Padova，意大利
www.depadova.com

Spoon 系列折叠桌

Antonio Citterio
不锈钢，中密度纤维板
高：72 cm ($28^3/_8$ in)
宽：200 cm ($78^3/_4$ in)
深：90 cm ($35^1/_2$ in)
Kartell，意大利
www.kartell.it

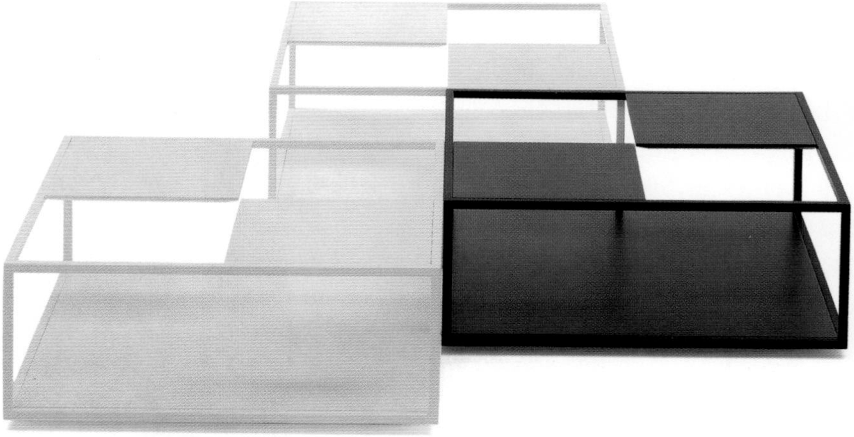

“彩虹女神”系列圆桌

Barber Osgerby
经过单独的阳极氧化处理的实心铝合金
各种尺寸
Established & Sons, 英国
www.establishedandsons.com

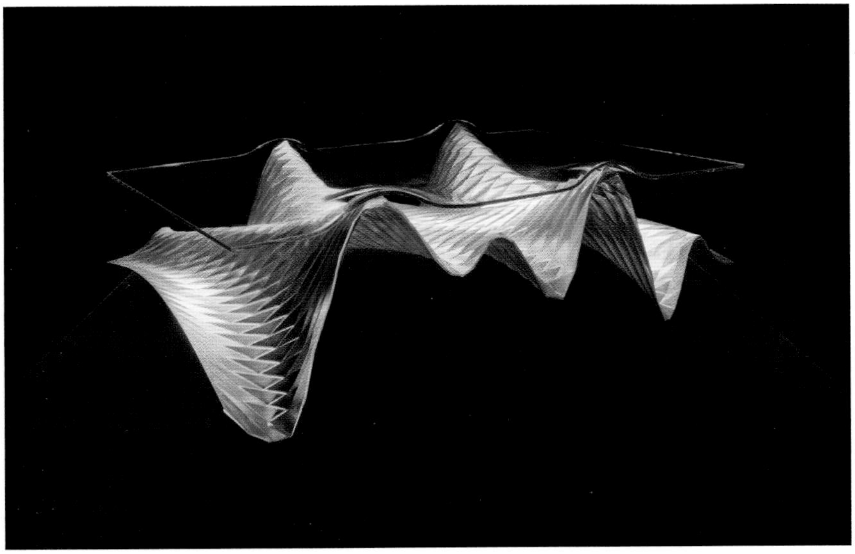

Ivo 咖啡桌

Asymptote
玻璃，图拉钢
高：48 cm ($18^7/_8$ in)
宽：153 cm ($60^1/_4$ in)
深：91.9 cm ($36^1/_8$ in)
Meta，英国
www.madebymeta.com

底座的褶皱和裂缝所呈现的美妙曲线是经过数学计算的，足以支撑上部的玻璃桌面。底座主要是由一种产于俄罗斯图拉的特殊的钢材制成，这种材料是18世纪凯瑟琳大帝家具制造的典范。该材料本已失传，通过对一块原始又稀有的1780年的御用图拉钢的分析，并借鉴负责恢复克里姆林宫的部分工匠的工作，Meta将该材料重新创造出来。外围边缘由手工蚀刻，并使用传统的抛光方法手工完成。

魔幻茶几

John Brauer
丙烯酸树脂（Acrylic），聚甲酯丙烯酸甲酯（PMMA）
高：45 cm ($17^3/_4$ in)
直径：31 cm ($12^1/_4$ in)
材料厚度：3 mm($^1/_8$ in)
Essey，丹麦
www.essey.com

Zipzi 咖啡桌

Michael Young
玻璃，阻燃树脂涂布纸，钢材
高：30 cm ($11^3/_4$ in)
直径：50 cm ($19^3/_4$ in)
Established & Sons, 英国
www.establishedandsons.com

Zero-in 矮桌

Barber Osgerby 设计工作室
高质感的聚脂纤维，透明玻璃，
采用模铸方式加工而成
高：35 cm ($13^3/_4$ in)
宽：90 cm ($35^1/_2$ in)
深：90 cm ($35^1/_2$ in)
Established & Sons, 英国
www.establishedandsons.com

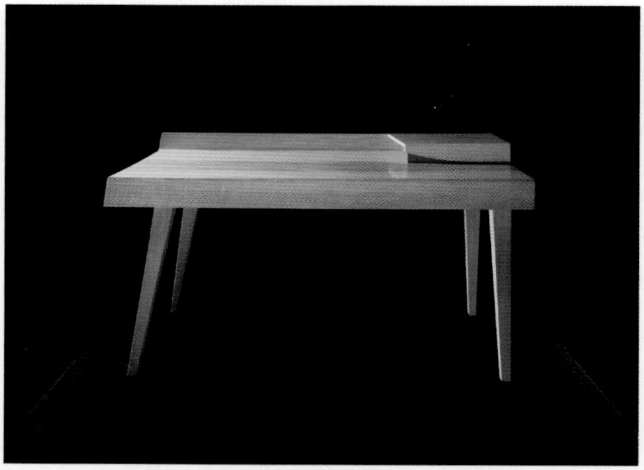

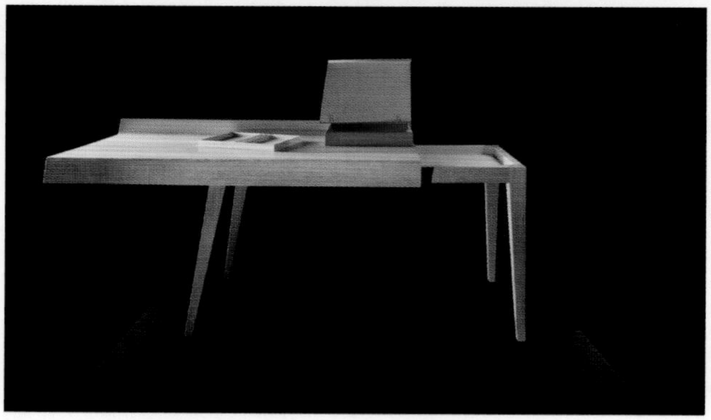

带轮子的家伙，办公室宠物

Hella Jongerius
纤维，钢材
各种尺寸
Vitra Edition, 瑞典
www.vitra.com

Glissade 写字台

Wales&Wales
火山灰，古沼泽橡木，烤漆，摩洛哥皮革
高：81 cm (31$^{7}/_{8}$ in)
宽：145 cm (57 in)
深：64 cm (25$^{1}/_{8}$ in)
Meta, 英国
www.madebymeta.co

优雅的 Glissade 写字台是由火山灰和从剑桥附近的泥炭沼泽挖掘出的古老沼泽橡木制成的，它代表了传统木工的最高标准。顶部优雅的滑轨上横着皮革覆盖的轮子，隐蔽在栗色防尘罩的结构中。由同一个古老橡木材质的“M”字镶嵌部分标记它的秘密位置。在内部，轮子两侧由摩洛哥皮革包裹，顶部上漆的笔盒就像一缕金色的阳光。它的色彩是借鉴于中国清末皇室设计的配色。

“摩罗博士”模块化沙发/板凳系列

El Ultimo Grito
钢，木材，泡沫
各种配置
Uno 设计，西班牙
www.uno-design.com

可叠落的餐桌

Thomas Heatherwick
铝，三合板
高：74.4 cm (29$^1/_4$ in)
宽：132 cm (52 in)
深：77 cm (30$^1/_4$ in)
Magis 设计，意大利
www.magisdesign.com

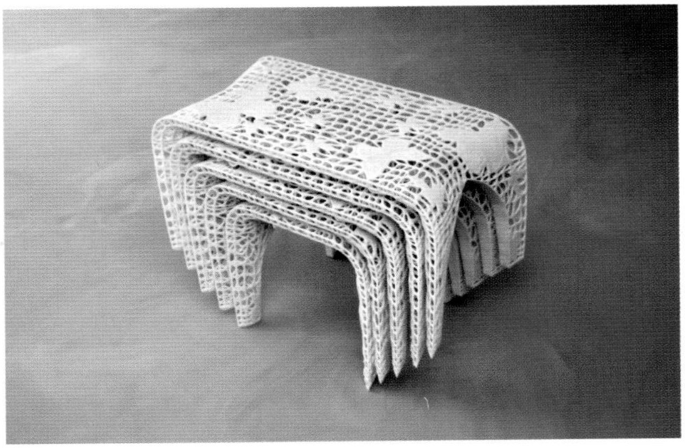

蝴蝶图案坐凳

Janne Kyttänen
玻璃填充聚酰胺
高：56 cm (22 in)
宽：68 cm (26$^3/_4$ in)
深：36 cm (14$^1/_8$ in)
荷兰 Freedom of Creation 设计工作室出品，荷兰
www.freedomofcreation.com

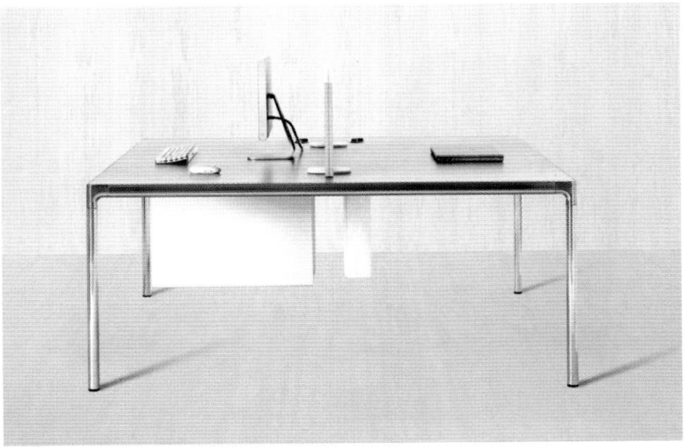

Edge 系列桌

Pearson Lloyd
单板，铝
高：72 cm (28$^3/_8$ in)
宽：220 cm (86$^5/_8$ in)
深：120 cm (47$^1/_4$ in)
Danerka, 丹麦
www.danerka.com

“纽扣”咖啡桌

Wis Design 工作室
铝，三合板
高：74.4 cm (29$^1/_4$ in)
宽：132 cm (52 in)
深：77 cm (30$^1/_4$ in)
Magis 设计，意大利
www.magisdesign.com

Boris 桌

Peter Masters
铝
高：74 cm ($29^{1}/_{8}$ in)
宽：120 cm ($47^{1}/_{2}$ in)
深：82 cm ($32^{1}/_{4}$ in)
Burnt Toast，英国
www.burnttoastdesign.co.uk

可堆叠式（Stacking）桌椅，20-06

Foster and Partners
铝
椅子：
高：80 cm ($31^{1}/_{2}$ in)
宽：47 cm ($18^{1}/_{2}$ in)
深：50 cm ($19^{3}/_{4}$ in)
桌子：
高：76 cm ($29^{7}/_{8}$ in)
宽：61 cm (24 in)
深：61 cm (24 in)
Emeco, 美国
www.emeco.net

Aeon 扶手椅

Earo Koivisto
金属，聚醚泡沫
高：96 cm ($37^{3}/_{4}$ in)
宽：51 cm (20 in)
深：62 cm ($24^{3}/_{8}$ in)
Skandiform，瑞典
www.skandiform.se

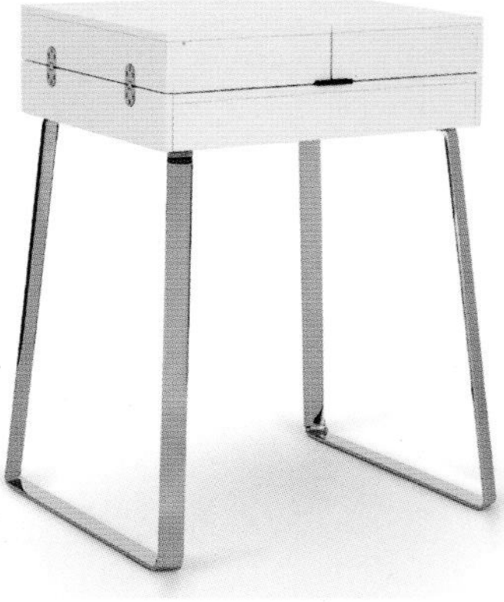

Zelos Weiss 可折叠工作桌

Christoph Boninger
木材，皮革，镀铬钢
高：85 cm ($33^{1}/_{2}$ in)
宽：68 cm ($26^{3}/_{4}$ in)
深：46 cm ($18^{1}/_{8}$ in)
Classicon，德国
www.classicon.com

编织（Ami Ami）桌椅

Tokyo Yoshioka
聚碳酸酯，铝
桌：
高：72 cm (28$^3/_8$ in)
宽：70 cm (27$^1/_2$ in)
深：70 cm (27$^1/_2$ in)
椅：
高：85 cm (33$^1/_2$ in)
宽：41 cm (16$^1/_8$ in)
深：50 cm (19$^3/_4$ in)
Kartell，意大利
www.kartell.it

"样条"（Spline）桌椅

Norway Says
塑料包皮钢
桌：
高：72 cm (28$^3/_8$ in)
直径：60 cm (23$^5/_8$ in)
椅：
高：76 cm (29$^7/_8$ in)
宽：51 cm (20 in)
深：55 cm (21$^5/_8$ in)
Offecct，瑞典
www.offecct.se

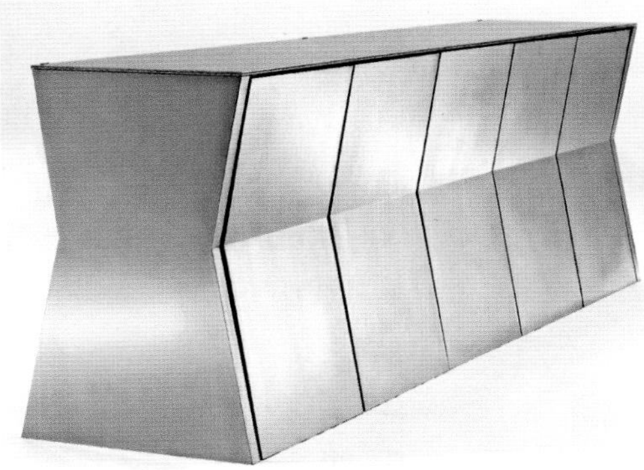

"庞然大物"（Monolith）桌椅

Gioia Meller Marcovicz
不锈钢雕塑
高：45 cm (17$^3/_4$ in)
宽：250 cm (98$^1/_2$ in)
深：74 cm (29$^1/_8$ in)
Gioia Design，意大利
www.gioiadesign.com

双层（Enchord）书桌

Industrial Facility
铝，橡木饰面
高：71 cm (28 in)
宽：157.5 cm (62 in)
深：73.7 cm (29 in)
Herman Miller，美国
www.hermanmiller.com

“幽灵”（Ghost）椅

Ralph Nauta
Lonneke Gordjin, Drift
有机玻璃
高：84 cm (33 in)
宽：48 cm (18⁷/₈ in)
深：36 cm (14¹/₈ in)
Drift, 荷兰
www.designdrift.nl

“幽灵”（Ghost）凳

Ralph Nauta
Lonneke Gordjin, Drift
有机玻璃
高：84 cm (33 in)
宽：36 cm (14¹/₈ in)
深：36 cm (14¹/₈ in)
Drift, 荷兰
www.designdrift.nl

“幽灵”椅的设计者是来自 Drift 设计事务所的设计师拉尔夫·纳塔（Ralph Nauta）和伦涅克·高丁（Lonneke Gordjin），这个理想主义的作品的创意来源于媚俗的纪念品，一种捕捉三维形状的水晶或透明树脂的立方体。两人立即被启发并将这种技术用于产品设计中。“幽灵”是他们最早期的设计作品之一，也是吸引了媒体最大关注的作品，在 2007 年米兰国际家具展一经亮相就受到关注。他们找到一家正在开发激光雕刻机的公司，这将使大规模应用，如建筑装饰板等变得可行。然后，他们开始研发希望能固定在椅子里的空灵的设计。在计算机上绘图可以实现任何效果，因此，他们没有选择做回巴洛克的样式，而是决定尝试一些未来的和混乱的样式，用简单而朴素的外表包裹住 3D 图像，层次分明，强调内部的有机线条的对比。专门设计的激光雕刻机可以将效果图转换为有机玻璃内部的微小气泡，而不必接触材料的表面。幽灵般的效果是由数百万个气泡反射而来，所以实际上你看到的只是空气。“我们发现这项技术的有趣之处在于，你并不只是简单地选取了一种材料并进行外观设计”，高丁说，“除了物理，材料方面，还必须考虑到非物质的、固有的元素，这是使产品最后焕发新生的最重要的一部分”。2008 年 Drift 的产品扩展到椅和凳子。

Don Cavalletto 桌

Jean-Marie Massaud
回火，透明超轻玻璃
高：72 cm (28³/₈ in)
宽：250 cm (98³/₈ in)
深：110 cm (43¹/₄ in)
Glas Italia，意大利
www.glasitalia.com

“后现代”（Post Modern）长桌

Plero Llssoni
超轻玻璃
高：72 cm (23 3/8 in)
宽：130 ～ 220 cm (51 1/8 ～ 86 5/8 in)
深：90 ～ 150 cm (35 3/8 ～ 59 in)
Glas Italia，意大利
www.glasitalia.com

Thalya 椅

Patrick Jouin
聚碳酸酯
高：84 cm (33 in)
宽：40 cm (15 3/4 in)
深：39 cm (15 3/8 in)
Kartell，意大利
www.kartell.it

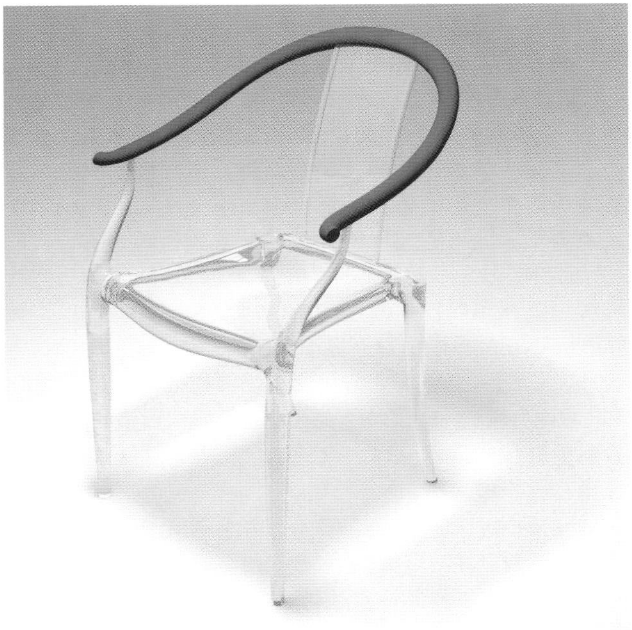

Mi Ming 椅

Philippe Starck
透明 / 彩色聚碳酸酯，木材，塑料 / 铝
高：86.3 cm (34 in)
宽：48 cm (18 7/8 in)
深：49.6 cm (19 1/2 in)
XO 国际，法国
www.xo-design.com

Don Gerrit 矮桌

Jean-Marie Massaud
超轻淬火玻璃，钢
高：54 cm (21 1/4 in)
直径：48 cm (18 7/8 in)
Glas Italia，意大利
www.glasitalia.com

“准晶体（Quasi）”桌子

Aranda/Lasch
胡桃木
高：78.7 cm (31 in)
宽：266.7 cm (105 in)
深：127 cm (50 in)
Johnson Trading
www.johnsontradinggallery.com

Ken 凳子

Marcel Wanders
织物，草，木材
高：46 cm ($18^1/_8$ in)
直径：38 cm (15 in)
Quodes，荷兰
www.quodes.com

尽管在哥伦比亚大学受过建筑学专业的训练，本杰明·阿兰达（Benjamin Aranda）和克里斯·拉什（Chris Lasch）直至2003年才创建他们自己的事业。在过去短短几年时间，他们已经广泛地为公众熟知。这主要得益于与Johnson交易画廊Paul Johnson的合作关系，Paul Johnson赏识他们以数学和计算机为基础的工作能力，委托二人来设计他的展览空间，并资助他们制作灵感来自永不重复的准晶体的几何形状的家具。这些手工制作的作品被有实力的艺术收藏家出价高达95000美元，在2005年合作之前，阿兰达和拉什几乎不为人知，但他们前卫的、挑衅性的数字化理念、研究及安装却有人狂热地追随。尽管他们都受到过正式的训练，地点和材料却不是他们设计思维的基础架构。“我们学会了如何从不同寻常的来源寻找灵感。不是从其他的建筑师身上，而是从一只苍蝇，从一个编篮子的匠人，从一群鸽子，从皇后区一个广告牌等方面寻找灵感。”他们感兴趣的是代码和模板，并受到数学和自然过程的影响。在2006年的出版物《工艺》中，他们依据观察到的自然螺旋，包装，编织，融合，开裂和植绒等现象对项目进行划分。他们对每个现象进行了研究，并转化为算法或简单的原则并用实物表达出来。这些实验性的作品在一个名为Terraswarm的研究中心完成，具有代表性的作品有布鲁克林“鸽子”项目（2003年）；“十英里螺旋”项目（2004年）和将北美最大的视频广告牌变成一个巨大的屏幕，屏幕中跳动出RGB（红，绿，蓝）饱和序列的变换谱（2007年）。在“鸽子”项目中，鸟儿身上装了摄像头和计算机，用于在它们飞跃曼哈顿上空时记录那些“隐藏”的几何形状。通过对数据进行分析，并进行编码可以对羊群行为进行动态分析。“十英里螺旋”项目是将贯穿内华达州和终止于拉斯维加斯大道的州际公路中的一部分天空变换成一个虚拟的扭曲的塔，未来所在城市的娱乐呈现在视野内：轮盘桌、角子老虎机的超现实视觉与星条旗歌舞表演，人们可以体验在天空旅行而不必舍弃车的舒适性。广告牌项目，虽然不是建筑，但却显示了建筑环境可以在不做任何改建的条件下发生变化。通过对数字杂货店的广告屏进行处理，并使用它来显示RGB序列，城市中闪烁着深红色、绿色和蓝色光，范围半径为3公里。“当城市的颜色发生变化时，你可以近距离地看这个城市”，阿兰达说，“你看得到环境的温度”。阿兰达和拉什的目标是继续由政府补贴，并通过其限量版的家具部分资助Terraswarm研究中心的工作。

准晶体（Quasi）系列家具是受到准晶体分子结构启发而设计的。不同于钻石的原子是按照有规律的、不间断的方式排列，准晶体重复可见的只是局部，产生非对称模式。准晶体桌是由3700块实心胡桃木块无序地排列而成，这些木块只有两种形状，排列后形成偶然形式的复杂模式。在接受互联网周刊Dezeen为迈阿密设计聊天秀进行的采访时，拉什说出了这样的结束语，“这是鼓舞人心的，你能想到的最疯狂的事情都在那里，只是因为他们不知道这些的存在，这并不意味着他们不可以”。

“新高迪”（The New Gaudi）堆叠椅

Vico Magistretti
整体注塑成型
高：85 cm ($33^1/_2$ in)
宽：59 cm ($23^1/_4$ in)
深：57.5 cm ($22^5/_8$ in)
Heller，意大利
www.helleronline.com

“无人”（Nobody）椅

Komplot
100% 可回收 PET 毡
高：46 cm (18 1/8 in)
宽：58 cm (22 7/8 in)
深：58 cm (22 7/8 in)
Hay，丹麦
www.hayshop.dk

Level 酒吧高脚凳

Simon Pengelly
镀铬基座，塑料座面
高：94 cm (37 in)（可调）
宽：36 cm (14 1/8 in)
深：37 cm (14 1/2 in)
Johanson Design AB, 瑞典
www.johansondesign.se

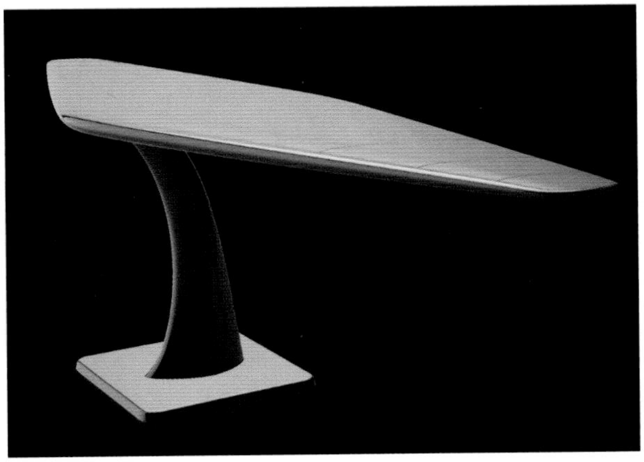

Jetstream 办公桌

Marjin van der Poll
不锈钢和聚酯
高：74 cm (29 1/8 in)
宽：350 cm (137 3/4 in)
深：74 cm (29 1/8 in)
Ahrend,the 荷兰
www.ahrend.com

“莫比乌斯”（Mobius）桌

Lucidi Pevere
玻璃，涂漆金属
高：21 cm (8 1/4 in)
宽：90 cm (35 1/2 in)
深：90 cm (35 1/2 in)
Kristalia, 意大利
www.kristalia.it

“跟踪”（Traccia）咖啡桌

Francesco Bettoni
藤，玻璃 / 桦木，木材
高：36.5 cm ($14^3/_8$ in)
宽：63 cm ($24^3/_4$ in)
深：63 cm ($24^3/_4$ in)
Vittorio Bonacina, 意大利
www.bonacinavittorio.it

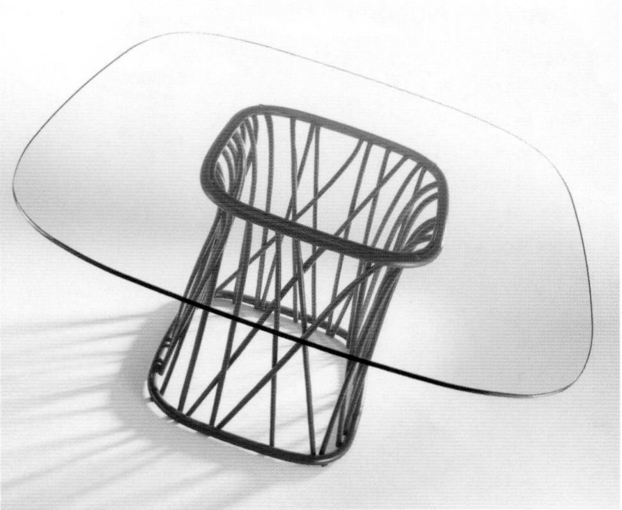

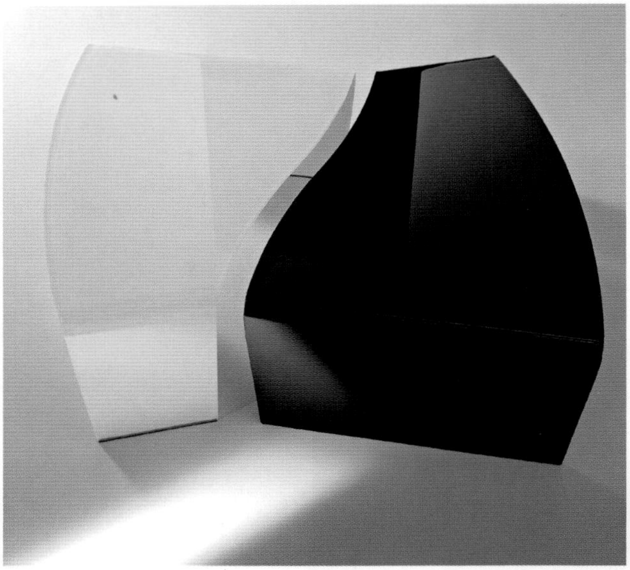

“逗号”（Virgda）咖啡桌

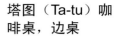

Paolo Rizzatto
玻璃
高：23/40 cm (9/1 $58^3/_4$ in)
宽：98 cm ($38^1/_2$ in)
深：69 cm ($27^1/_8$ in)
Fiam, 意大利
www.fiamitalia.it

塔图（Ta-tu）咖啡桌，边桌

Stephen Burks
亚光镀锌钢
各种尺寸
Artecnica，美国
www.artecnica.com

FurnID 餐桌

FurnID 工作室
模制铝，玻璃纤维，中密度纤维板
高：73 cm ($28^3/_4$ in)
宽：238 cm ($93^3/_4$ in)
深：130 cm ($51^1/_8$ in)
FurnID，丹麦
www.furnid.com

Z 字椅

Natanel Gluska
纤维玻璃
高：75 cm (29$^{1}/_{2}$ in)
宽：70 cm (27$^{1}/_{2}$ in)
深：48 cm (18$^{7}/_{8}$ in)
www.natanelgluska.c

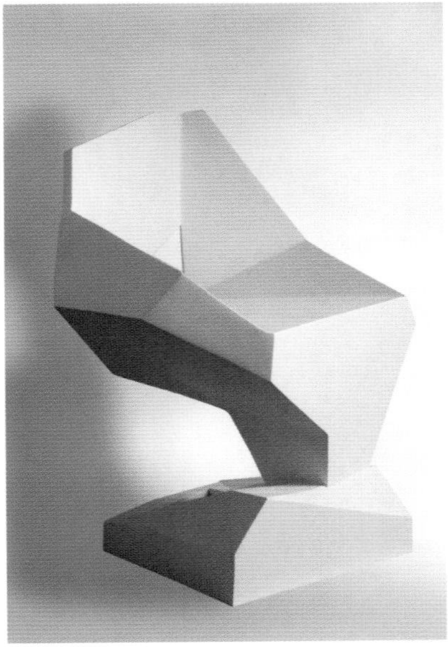

“大老板”（Big Boss）写字台

Narco Zanuso Jr
镀铬金属，中密度纤维板，玻璃
高：21 cm (8$^{1}/_{4}$ in)
宽：90 cm (35$^{1}/_{2}$ in)
深：90 cm (35$^{1}/_{2}$ in)
Kristalia, 意大利
www.kristalia.it

“管子”（Tube）咖啡桌

Arik Levy
Marquina 大理石，玻璃
高：32.2 cm (12$^{3}/_{4}$ in)
宽：96 cm (37$^{3}/_{4}$ in)
深：96 cm (37$^{3}/_{4}$ in)
Living Divani, 意大利
www.livingdivani.it

“光环”（Halo）桌

Shin Azumi
玻璃，木枫，不锈钢
宽：50.8 cm (20 in)
直径：48.3 cm (19 in)
www.bernhardtdesign.com

深入介绍

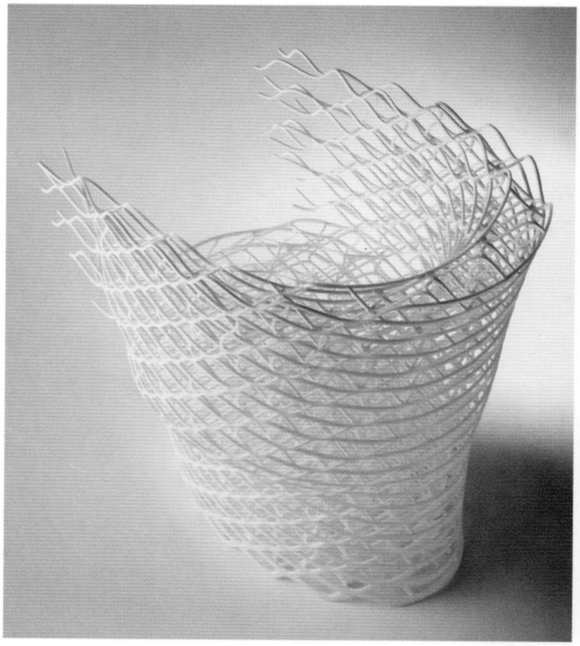

钻石（Diamond）椅

设计：Nendo
高度：60 cm ($23^5/_8$ in)
宽度：50 cm ($19^5/_8$ in)
深度：60 cm ($23^5/_8$ in)
材料：聚酰胺
制造：手工自制

你可能会认为Nendo是一个集团的名字，但实际上该公司是由年轻的日本设计师佐藤大（Oki Sato）在2002年与他的大学朋友伊藤彰共同成立的，伊藤是他的业务经理。两人的公司由一个小团队的建筑师和设计师支持，但佐藤一直单独负责这个多产的投资组合，涵盖建筑、室内、产品、家具和平面设计，这让他与吉冈德仁、砺深泽一道成为设计师中的主导当代日本设计的三巨头。佐藤在东京著名的早稻田大学学习建筑，并于2002年毕业。同年，他参加了米兰国际家具展，就是这趟旅行对他的生活产生了深远影响。在这里，他目睹了那些兴奋性、自主性和自发性，这正是在早稻田大学接受严谨和正规训练的那几年所错过的。于是他受到启发，成立了自己的工作室。“我学习了六年的建筑，这是非常严格的，‘你不能这样做，你不能那样做’，而我认为我们应该更自由地设计”。在日语中，Nendo一词的意思是指泥土——一种坚韧、柔软的物质，这些特质构成了佐藤的作品。

乍一看，我们很乐意将Nendo的系列作品描述为典型的日本风格：纯净、恒定不变的白色和简洁。他的产品确实有一个禅宗般的品质，但他承认这并没有受到他所继承的文化遗产的影响，也没受到他同时代的影响。他的设计中包含着故事，并且从日常生活中汲取灵感，特别是从他的居住的秋叶原一带的邻里之间。“大多数城市都有一个总体规划”，佐藤说，“秋叶原就像是人体的DNA，它从一个小小的创意开始，逐渐成长起来，我们在Nendo会尽量去适应这个想法，从小做起，让它自然生长”。佐藤的工作是从微观到宏观，并基于观察和讲故事。这个概念是第一位的，随后是支持这个概念的材料收集和流程制作。

钻石系列座椅似乎是从Nendo的常规实践出发，它由计算机建模和快速成型加工出来，并具有高科技的外观，但同样也是通过对钻石分子排列的重新观察和构思而来。2008年家具展期间，该作品作为安装在雷克萨斯的L-finesse汽车“弹性钻石”座椅的一部分亮相。Nendo基于晶体的原子排列设计了一个坚固又柔韧的结构，用来比喻汽车中两种相对的因素并存：先进的技术和极度的舒适感。就像切割钻石会分散力量，折断光芒，钻石椅的结晶可吸收压力而不是抵抗压力，试图在坚硬和柔软之间进行对话。

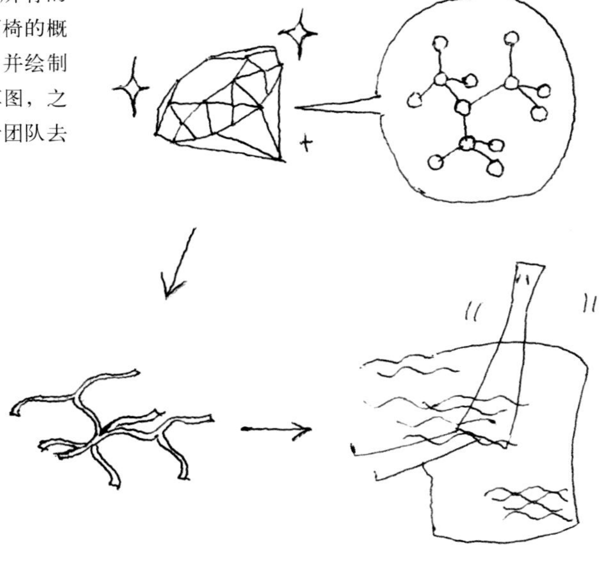

01 就像 Nendo 所有的设计一样，钻石椅的概念由佐藤提出，并绘制了一张简单的草图，之后交给他的设计团队去开发。

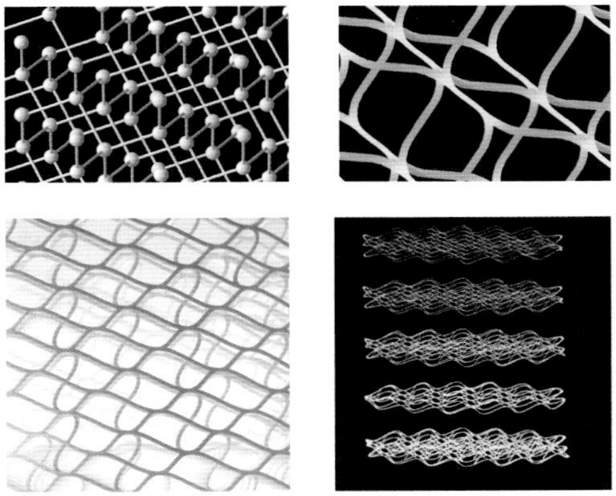

02 钻石椅的设计是基于钻石的分子结构。为了兼顾美观和牢固，设计师们从大量由原子晶体演变而来的造型中选出最终方案。在工作到参数阶段，软件可以将厚度添加到需要的位置，而强调舒适性的地方则可以变得更轻薄、更灵活。

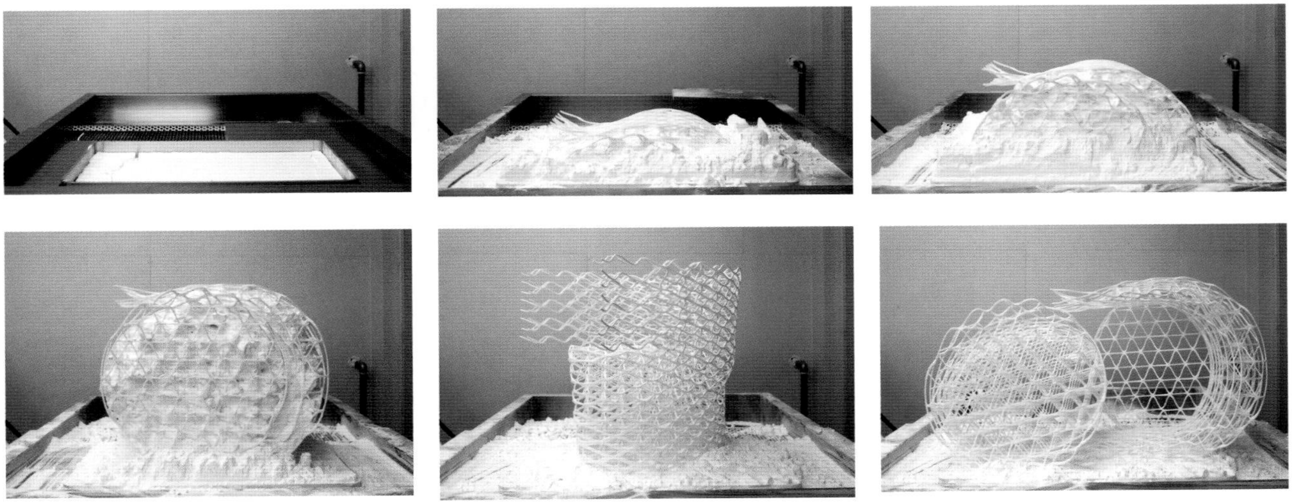

03-08 为椅子制作过程中的一系列照片。加工中使用粉末烧结快速成型技术，即用激光使聚酰胺颗粒进入基于三维 DAD 数据建立的坚硬模型中进行逐层的造型。由于对于加工物品的尺寸有限制，快速成型设备需将椅子分成两部分生产，等两个部分变硬之后再将它们装配在一起。这降低了生产的时间和成本。

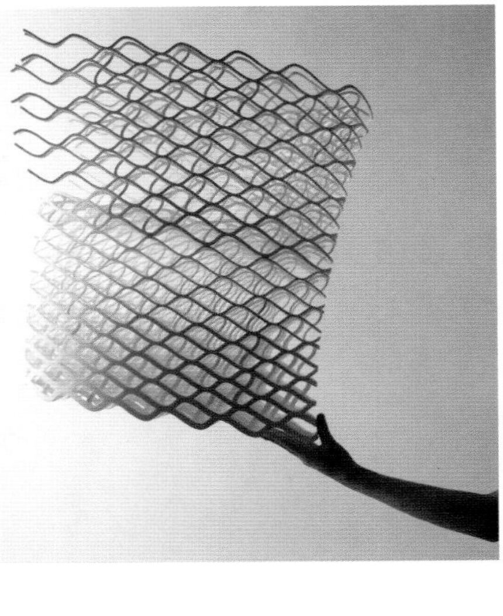

09 该椅子不适合大批量生产，但由于它的生产周期仅为五六天，因此并没有必要囤货也可以满足订单要求。由于它是数字化生产，因此可以将文件传输至海外的快速成型设备上进行加工，这就减少了运输时间、生产成本和环境的影响。

“调色板”（Palette）化妆台，凳

Alex Hellum
木材
化妆台：
高：56 cm (22 in)
宽：100 cm ($39^{3}/_{8}$ in)
深：60 cm ($23^{5}/_{8}$ in)
凳：
高：45 cm ($17^{3}/_{4}$ in)
宽：45 cm ($17^{3}/_{4}$ in)
Ercol，英国
www.ercol.com

“雕塑”（Sculpt）桌

Maarten Baas
不锈钢，胡桃木贴面
各种尺寸
Maarten Baas，荷兰
www.maartenbaas.com

马丁·巴斯（Maatren Baas）的作品不断挑战着我们对于设计的偏见。2004 年的“烟熏”（Smoke）系列作品使他成为一名特立独行的年轻设计师；设计师用喷灯将这些美丽而空灵的作品烤焦，而后将烧焦的表面用环氧树脂密封。俏皮的造型包括限量版手工制作的大型家具，目前为止有沙发、餐椅、茶几、橱柜和桌子。家具的基本机构为不锈钢，加之各种材料的饰面。技术最复杂的为餐桌、橱柜和桌子所使用的胡桃木贴面（如图所示）。通常在制作每件作品之前，设计师都先用聚苯乙烯泡沫塑料手工制作 3D 草模。设计的灵感来自于模型，这就使得设计草图往往比最终成品更具魅力，即当方案被转换成 1:1 的模型时就失去了它的自发性。为了保留作品的灵活性，Baas 决定重新创造而非照搬模型，使之成为实物的同时保留原有特色的精髓。产品的模型、方案原型和最终结果会融为一体。

美人台桌

Feluca
不锈钢，皮革，密度纤维板
高：70 cm ($27^{1}/_{2}$ in)
宽：120 cm ($47^{1}/_{4}$ in)
深：42 cm ($16^{1}/_{2}$ in)
Poltrona Frau, 意大利
www.poltronafrau.it

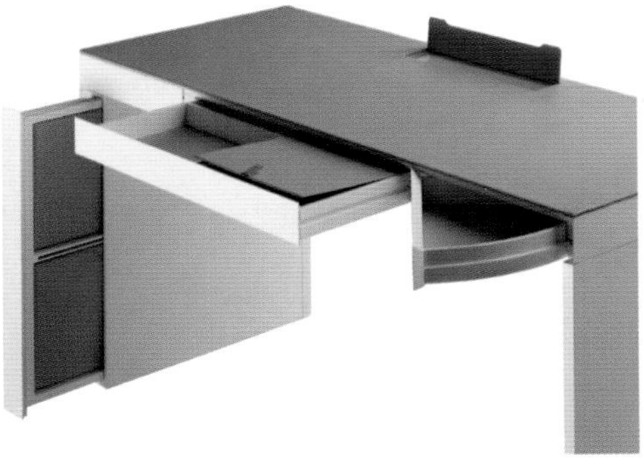

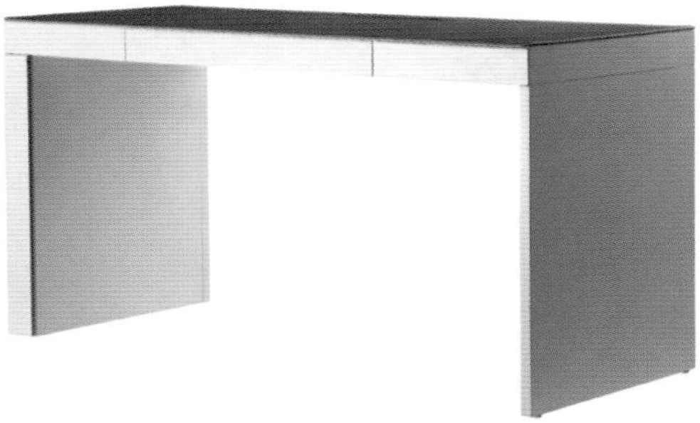

Segreto 书桌

Andrée Putman
中密度纤维板，皮革，泡沫
高：75.5 cm ($29^3/_4$ in)
宽：150 cm (59 in)
深：60 cm ($23^5/_8$ in)
Poltrona Frau，意大利
www.poltronafrau.it

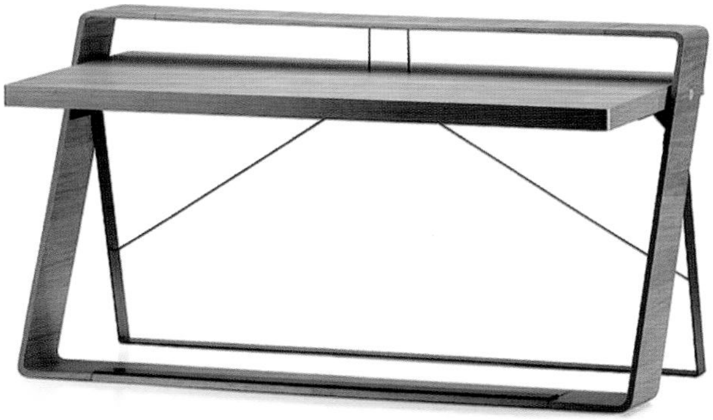

折叠办公（Bulego）书桌

Abad 设计
木材
高：78 cm ($20^3/_4$ in)
宽：160 cm (63 in)
深：75 cm ($29^1/_2$ in)
Nueva Linea，意大利
www.nuevalinea.es

Jen 梳妆台

Marcel wanders
木材
高：59 cm ($23^1/_4$ in)
长：70 cm ($27^1/_2$ in)
直径：40 cm ($15^3/_4$ in)
Quodes，荷兰
www.quodes.com

Correspondances 桌

Andree Putman
漆面木材，玻璃马赛克
高：70 cm ($27^1/_2$ in)
宽：200 cm ($78^3/_4$ in)
深：77 cm ($30^1/_4$ in)
Bisazza, 意大利
www.bisazza.com

“断裂”（Fracture）咖啡桌

Mathew Hilton
实木，钢
高：40 cm ($15^{3}/_{4}$ in)
宽：100 cm ($39^{3}/_{8}$ in)
深：100 cm ($39^{3}/_{8}$ in)
Dela Espada
www.delaespada.com

Sesta 系列，可拉伸的桌子

Lucci & Orlandini
玻璃，钢材
高：73.5 cm ($28^{7}/_{8}$ in)
宽：180-245 cm ($70^{7}/_{8}$-$96^{1}/_{2}$ in)
深：40 cm ($15^{3}/_{4}$ in)
Segis, 意大利
www.segis.it

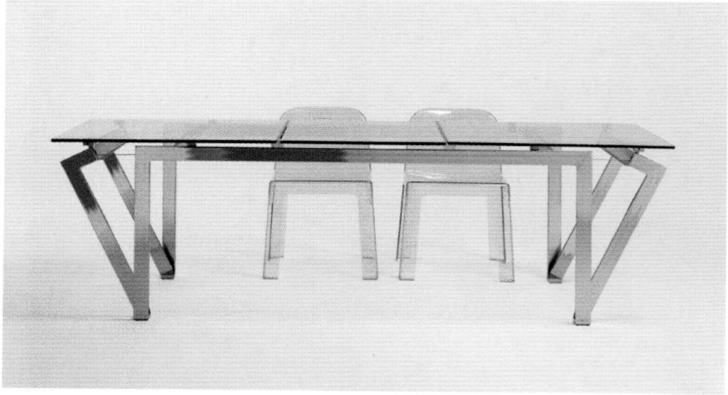

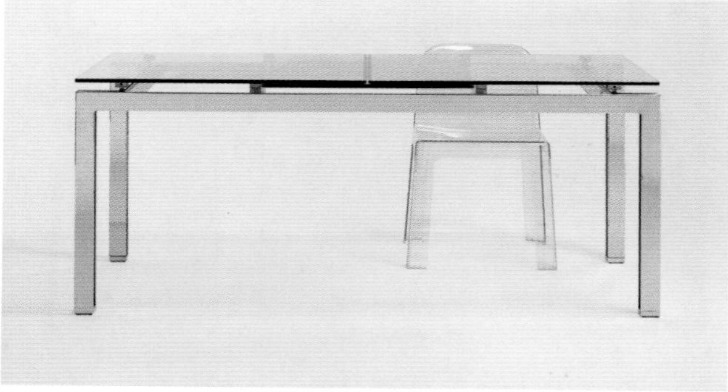

“迁徙”（Migration）桌

Matt Sindall
玻璃纤维增强铝粉末
高：73 cm ($28^{3}/_{4}$ in)
宽：180 cm ($70^{7}/_{8}$ in)
深：100 cm ($39^{3}/_{8}$ in)
VIA，法国
www.via,fr

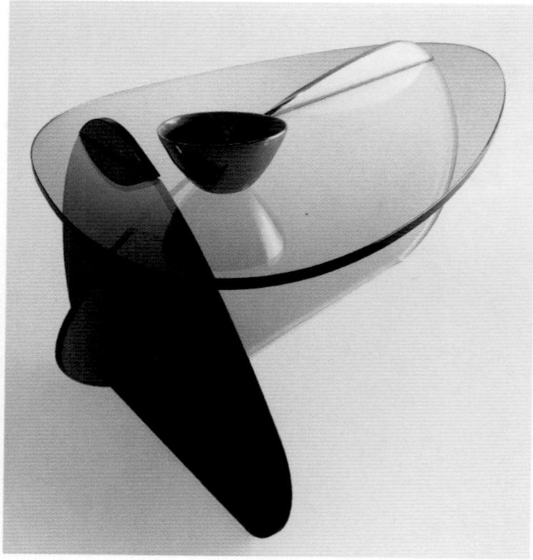

Kut 矮桌

Karim Rashid
玻璃
高：36 cm ($14^{1}/_{8}$ in)
宽：88 cm ($34^{5}/_{8}$ in)
深：63 cm ($24^{3}/_{4}$ in)
Tonelli 设计，意大利
www.tonellidesign.com

“广岛”（Hiroshimo）扶手椅

Naoto Fukasawa
山毛榉，聚氨酯
高：76.5 cm ($30^{1}/_{8}$ in)
宽：56 cm (22 in)
深：53 cm ($20^{7}/_{8}$ in)
Next Maruni, 日本
www.nextmaruni.com

“风筝”（Kite）扶手椅

Shin Azumi
木材，织物 / 皮革
高：69 cm ($27^{1}/_{8}$ in)
宽：66 cm (26 in)
深：67 cm ($26^{3}/_{8}$ in)
Fornasarig, 意大利
www.sediefriuli.com

“首号”（Chair first）折叠椅

Stefano Giovannoni
玻璃纤维与聚丙烯
高：77.5 cm ($30^{1}/_{2}$ in)
宽：52 cm ($20^{1}/_{2}$ in)
Magis 设计，意大利
www.magisdesign.com

环形（Ring）椅

Lagranja
管状钢架，铝，木材，聚氨酯，树脂
高：46 cm ($18^{1}/_{8}$ in)
宽：57.5 cm ($22^{5}/_{8}$ in)
深：52.5 cm ($20^{5}/_{8}$ in)
Thonet, 德国
www.thonet.de

Levenham 椅

Patricia Urquiola
印色塑料座椅
高：76 cm (29 7/8 in)
宽：58 cm (22 7/8 in)
深：51 cm (20 in)
De Padova，意大利
www.depadova.it

Papilio 扶手椅

Naoto Fukasawa
热塑性塑料，管状钢架，纤维
高：83 cm (32 3/4 in)
宽：49 cm (19 1/4 in)
深：57 cm (22 1/2 in)
B&B 意大利，意大利
www.bebitalia.it

“演出时间”（Showtime）椅

Jaime Hayon
漆面木材，塑料
高：79 cm (31 in)
宽：59 cm (23 1/4 in)
深：52 cm (20 1/2 in)
BD 巴塞罗那设计公司，西班牙
www.bdbarcelona.com

低背（Low-backed）扶手椅

Légère
钢，聚氨酯，泡沫，织物 / 皮革，涂粉 / 镀铬铸铁管
高：77 cm (30 1/4 in)
宽：80 cm (31 1/2 in)
深：40 cm (15 3/4 in)
De Padova，意大利
www.depadova.it

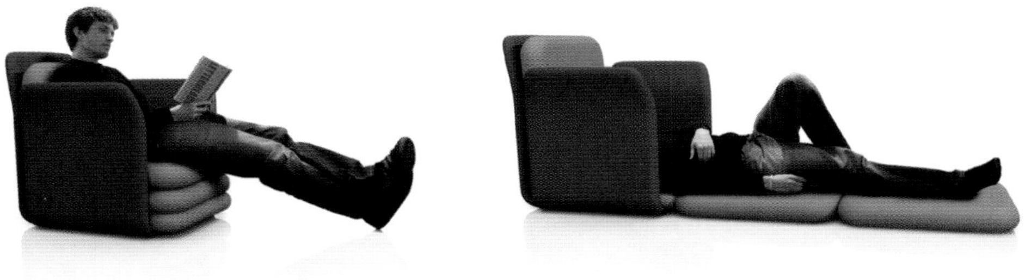

OOCH 扶手椅

Sam Sannia
聚氨酯泡沫，钢
高：74 cm (29 1/8 in)
宽：80 cm (31 1/2 in)
深：76 cm (29 7/8 in)
BBB emmebonacina，意大利
www.bbbemmebonacina.com

“河流”（Stream）椅

Christophe Pillet
不锈钢，聚氨酯
高：84.5 cm (33 1/4 in)
宽：55 cm (21 5/8 in)
深：70 cm (27 1/2 in)
Bals 东京，日本
www.balstokyo.com

Neo country 扶手椅

Ineke Hans
椴木
高：69 cm (27 1/8 in)
宽：57.5 cm (22 5/8 in)
深：62 cm (24 3/8 in)
Cappellini，意大利
www.cappellini.it

科伦坡（Colombo）餐椅

Matthew Hilton
美国黑胡桃实木 / 美国白橡木
高：79 cm (31 1/8 in)
宽：50 cm (19 3/4 in)
深：47 cm (18 1/2 in)
De La Espada，葡萄牙
www.delaespada.com

Tapas 餐椅

Matthew Hilton
橡木或胡桃木铁皮榉木胶合板，美国胡桃实木或美国白橡木
高：78 cm (30 3/4 in)
宽：46 cm (18 1/8 in)
深：53 cm (20 7/8 in)
De La Espada，葡萄牙
www.delaespada.com

Light 可拉伸桌

Matthew Hilton
美国黑胡桃实木 / 美国白橡木
高：73.5 cm (28 7/8 in)
宽：200-290 cm (78 3/4-114 1/4 in)
深：100 cm (39 3/8 in)
De La Espada，葡萄牙
www.delaespada.com

矮休闲椅

Matthew Hilton
美国黑胡桃实木 / 美国白橡木
高：72 cm (28 3/8 in)
宽：72 cm (28 3/8 in)
深：87 cm (34 1/4 in)
De La Espada，葡萄牙
www.delaespada.com

马修·希尔顿（Matthew Hilton）家具品牌亮相于 2007 年伦敦 100% 设计展，给予设计师完全的创作自由，用实木材料，技术独创性结合以手工生产为基础的制造方式，生产一系列雕塑似的桌椅家具。“我会继续与其他公司合作，如 SCP、Case、Ercol 和 Habitat”一位以低调、认真细致的设计风格著称的英国设计师如是说。“但我从业的时间太久，对行业非常了解。我渴望有一个自由的空间，不为其他人的要求工作，因为那样会有很多限制。”这一系列在 2008 年加入该品牌，并不断发展壮大。它现在由当代西班牙 / 葡萄牙木制家具制造商 De La Espada 生产。

在环境危机和政治动荡的大环境下，有关可持续的讨论一直在最近十余年的设计讨论中占据主导地位。在整个 20 世纪，无论是在建筑、工程、产品、信息技术或服务环境的领域，设计已经被看作是一种力量，可为人类创造更美好的未来。由此可见，以其简便地分析问题并与其他学科合作解决复杂问题的能力，设计在今日已面临寻求一种长期的解决办法来平衡‘利益，人和地球’之间关系的巨大挑战。但是对于一个建立于创意之上，并推动创意发展的行业来说，消费的可持续发展是当今设计人员所面临的最棘手的课题之一。“可持续设计”一词很难解释，且充满矛盾。在材料的使用方面，存在着关于能源效率和材料实质性的争论。木材是一种天然材料，但其制品相比工业制品的耐用性较差。另一方面，金属制品使用寿命较长，但在生产过程中却耗费大量能源。如果使用生物可降解材料——即对绿色设计来说更容易接受的方式，则不仅要解决使用寿命的问题，还要处理在废弃时如何将其对水和空气的污染降低到最小的问题。另一方面，塑料被称为环保的黑兽，是因为其生产过程中耗费大量能源和资源，以及与其相关的过度生产和快速消费文化。然而，由于塑料不受到细菌、酸、盐、锈蚀、破损的侵害，甚至在某些情况下可以耐热，它是一种彻底改变了我们生活方式的神奇物质。我们经常忽略的一点是，只要不与其他物质混合，塑料是百分之百可回收的，因为它的惰性符合垃圾填埋对稳定性的要求。对塑料的消极态度在某些方面会造成一些最宝贵资源的浪费。

而最终的问题并不是对于某种物质的使用，而是对于它的过分消耗。无论是设计人员还是最终用户都需要有更多创意和方法来实现可持续性。无论是市场对行业的影响，还是设计对消费者的引导，可持续发展的理念已经在公众意识中确立。但是在社会生活中，我们并没有每天都面临环保意识的挑战，以及考虑买什么和扔掉什么对于环境的影响。社会的重新评估需要在思想上从占有转变过来。使用可持续的产品并不是唯一的问题。消费者需要把钱花在持久耐用的商品上，而不是购买许多一次性的东西。消费者会考虑使用许多功能结合在一起的产品，比如 iPhone 或黑莓手机，这将减少制造成本对环境带来的破坏；平均家庭规模的减小让他们可以生活在较小的空间中；他们可以更负责任地使用环保用品，利用越来越多的“租赁服务”，即只提供产品的使用价值（如车、工具等），而不是选择购买和占有这些产品。

对可持续设计的公认的定义包括设计服务、实物，以及环境的设计，在其中尽量减少使用不可再生资源并降低对环境的负面影响。一些设计师和制造商用积极的方式，如使用低污染材料和节能工艺生产，使用寿命更长、功能性更强，或循环的产品。但许多人仍然认为可持续性对于他们的创造力和商业可行性有巨大约束。新一代的设计和建筑专业的学生都在接受环保意识的训练，但老一代的设计师和生产商往往仍受到价值观和“以盈利为目的”的企业信条的束缚。可持续性已经扩展了设计的内容以及设计师存在的意义，因此我们迫切需要新的观点、方式、方法和工具。

汤姆•迪克森（Tom Dixon），Artek 公司的创意总监，英国最具创新性和知名度的设计师之一，他并不认为自己特别能代表可持续性设计，他自己也承认犯了许多“破坏环境罪”。尽管如此，他却设计了许多环保理念的产品，包括可持续的热固性塑料餐具、竹纤维制成的“环保餐具”系列（见第 188 页），以及为“鳄鱼”品牌设计的限量版 POLO 衫，衣服的包装采用可回收的有机棉。他不拘一格的想法，拓宽了可持续性设计并产生了许多充满想象的设计方法。他认为产品的再加工是最重要的。对于他来说，eBay 网是一个工具，可以让货物更易获取，让一切都变得可回收利用。迪克森与 Artek 公司的合作，使其再利用的概念更具商业性，由阿尔瓦•阿尔托（Alvar Aalto）参与创立的芬兰家具协会自 20 世纪 30 年代起就一直使用当地有代表性的原材料，在同一间工厂生产风格统一的家具，既有机又现代主义的风格。这些家具是老百姓负担得起的，或主要用于公共机构中。在迪克森 2007 年的以“Znd Cycle”命名的家具店中，Artek 公司将人们用过的已经锈迹斑斑的旧家具买回，用于“再销售”系列的创作。他将该项目看作是提升意识消费项目的方式。同年 Artek“竹”系列设计面世。该系列作品由迪克森担任总监，亨里克•特耶比（Henrik Tjaerby）设计，体现了如同阿尔托作品一样的有机和可持续的品质。竹子在工程方面有巨大的潜力，加工后甚至可以比钢的强度更大，而且它又轻便耐用，且它生长速度快，可不断再生。轻巧时尚的薄片材料改变了我们以往对于竹制家具的审美观，证明了可持续设计可以既时尚又环保。“人类有一种积极的力量，它经常设法找到适应的办法，即使是在最严峻的情况下，”迪克森说。“我希望看到创新、资本和政府的共同努力，谋求共同利益。这是我们最终的着眼点，否则我们都注定难逃此劫”。

可持续家具，竹系列

Tom Dixon, Henrik Tjaerby
竹
各种尺寸
Artek, 芬兰
www.artek.fi

卡努（Kanu）椅

Konstantin Grcic
胶合板
高：70 cm (27$^{1}/_{2}$ in)
宽：52 cm (20$^{1}/_{2}$ in)
深：44.5 cm (17$^{1}/_{2}$ in)
Cassina, 意大利
www.cassina.com

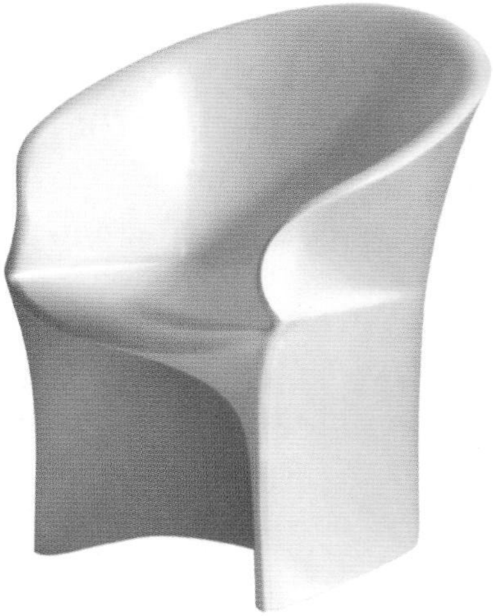

“美人鱼”（Mermaid）椅

Tokujin Yoshioka
聚乙烯
高：83.5 cm (32$^{7}/_{8}$ in)
宽：70 cm (27$^{1}/_{2}$ in)
深：65 cm (25$^{5}/_{8}$ in)
Driade，意大利
www.driade.com

“天堂”（Heaven）扶手椅

Tokujin Yoshioka
钢，无氟聚氨酯泡沫，聚酯纤维
高：91 cm (35$^{7}/_{8}$ in)
宽：98 cm (38$^{5}/_{8}$ in)
深：88.5 cm (34$^{7}/_{8}$ in)
Cassina, 意大利
www.cassina.com

带有振动系统的充气式扶手椅，好旋律（Good Vibration）

Denis Santachiara
莱卡弹力布料
高：90 cm (35$^{1}/_{2}$ in)
宽：85 cm (33$^{1}/_{2}$ in)
深：85 cm (33$^{1}/_{2}$ in)
Campeggi srl，意大利
www.campeggisrl.it

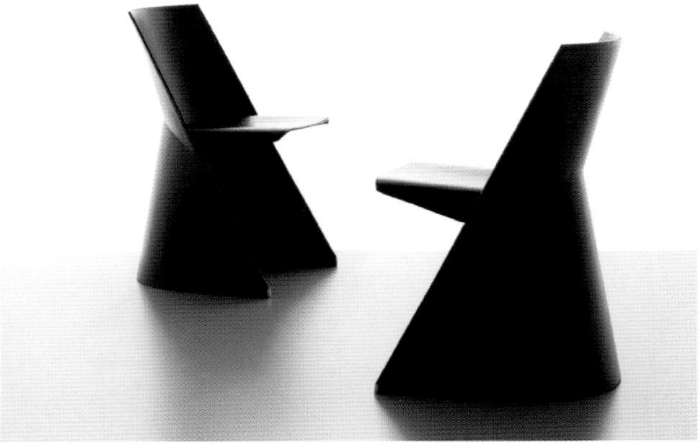

Teepee 椅

Konstantin Grcic
金属，皮革
高：197 cm ($77^1/_2$ in)
宽：55 cm ($21^5/_8$ in)
深：69 cm ($27^1/_8$ in)
Cassina，意大利
www.cassina.com

“影子”（Ombre）椅

Jean Nouvel
聚乙烯拉伸材料
高：87 cm ($34^1/_4$ in)
宽：60 cm ($23^5/_8$ in)
深：62 cm ($24^3/_8$ in)
BonacinaPierantonio, 意大利
wwwbonacinapierantonio.it

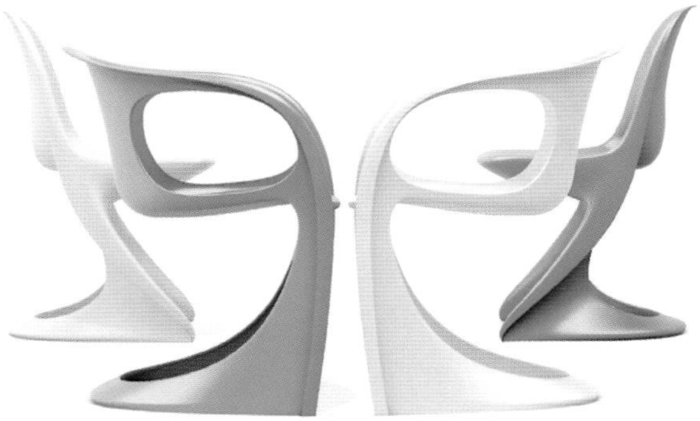

“卡萨丽诺”（Casalino）系列椅

Alexander Begge
塑料
高：72 cm ($28^3/_8$ in)
宽：58 cm ($22^7/_8$ in)
深：54 cm ($21^1/_4$ in)
Casala，荷兰
www.casala.nl

“模特”（Mannequin）椅

Marcel Wanders
聚酯纤维，棉布钢
高：75 cm ($29^1/_2$ in)
宽：50 cm ($19^3/_4$ in)
深：50 cm ($19^3/_4$ in)
Moooi，荷兰
wwwmoooi.com

“他她”椅

Fabio Novembre
聚乙烯
高：87 cm ($34^1/_4$ in)
宽：49.5 cm ($19^1/_2$ in)
深：61.4 cm ($24^1/_8$ in)
Cassina，意大利
www.cassina.com

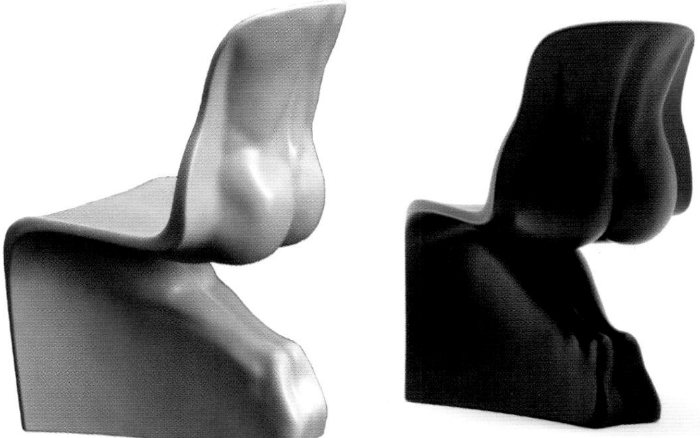

“褶边”（Frilly）椅

Patricia Urquiola
聚碳酸酯
高：80 cm (31$^1/_2$ in)
宽：48 cm (18$^7/_8$ in)
深：48 cm (18$^7/_8$ in)
Kartell，意大利
www.Kartell.it

“不可能先生”（Mr. Impossible）椅

Philippe Starck, Eugeni Quitllet
塑料
高：84 cm (33 in)
宽：55 cm (21$^5/_8$ in)
深：54 cm (21$^1/_4$ in)
Kartell，意大利
www.Kartell.it

“轻慢”（Slow）系列椅 / 凳

Ronan 和 Erwan Bouroullec
表面抛光 / 磨砂钢，针织物，聚氨酯泡沫，聚酯羊毛
高：88.9 cm (35 in)
宽：95.3 cm (37$^1/_2$ in)
深：92.7 cm (36$^1/_2$ in)
Vitra, 瑞士
www.vitra.com

旋风（Blow）椅

Foersom、Hiort-Lorenzen
聚氨酯泡沫，沙发靠垫的软包材料
高：86 cm (33$^7/_8$ in)
直径：60 cm (23$^5/_8$ in)
Hay，丹麦
www.hayshop.dk

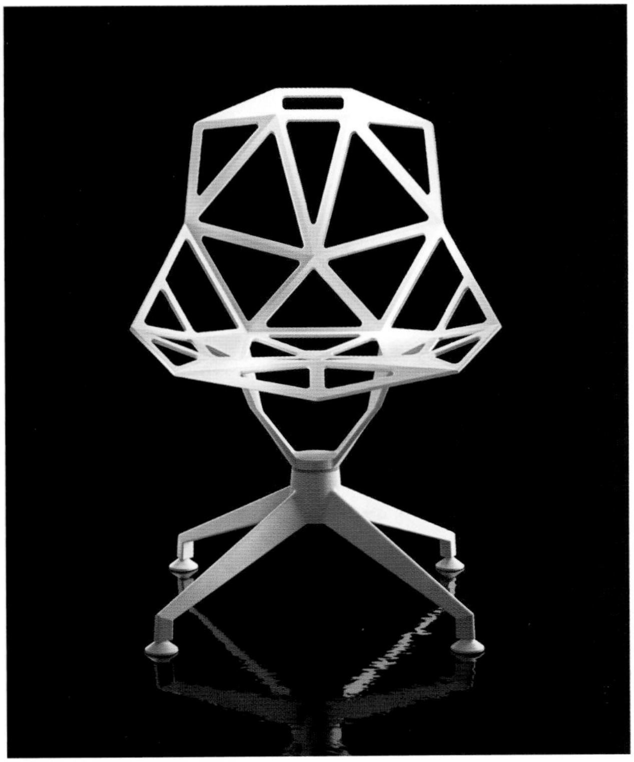

“旋转”（Swivel）座椅

One 4 Star
Konstantin Grcic
铝
高：84 cm (33 in)
宽：51 cm (20 in)
深：41 cm ($16^1/_8$ in)
Magis 设计，意大利
www.magisdesign.com

“Déjà-vu”椅

Naoto Fukasawa
铝，ABS
高：79 cm ($31^1/_8$ in)
宽：40 cm ($15^3/_4$ in)
深：44 cm ($17^3/_8$ in)
Magis 设计，意大利
www.magisdesign.com

Bon 系列折叠椅

Philippe Starck
桃花心木
高：85.2 cm ($33^1/_2$ in)
宽：41 cm ($16^1/_8$ in)
深：47 cm ($18^1/_2$ in)
XO 国际，法国
www.XO-design.com

Soho 系列办公椅

Naoto Fukasawa
钢，聚氨酯
高：80 cm ($31^1/_2$ in)
宽：61 cm (24 in)
深：60 cm ($23^5/_8$ in)
Magis 设计，意大利
www.magisdesign.com

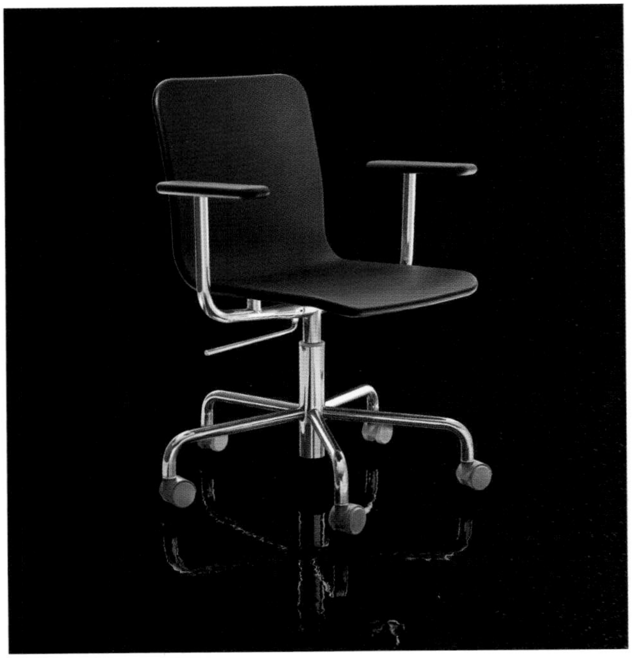

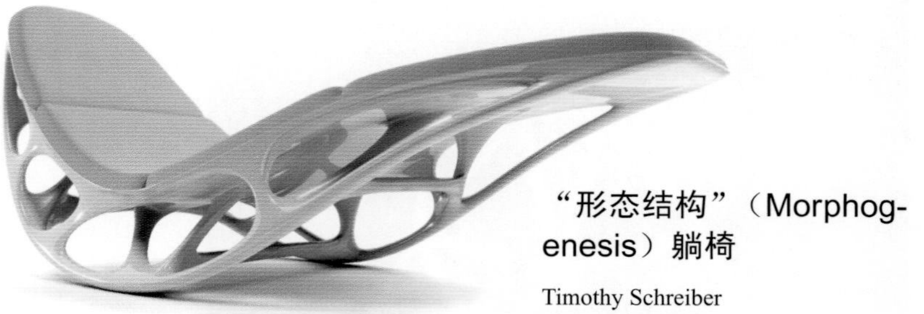

“形态结构”（Morphogenesis）躺椅

Timothy Schreiber
纤维增强塑料
高：65 cm ($25^5/_8$ in)
宽：160 cm (63 in)
深：58 cm ($22^7/_8$ in)
Timothy Schreiber，日本
www.timothy-schreiber.com

“卷心菜”椅

Nendo
纸
高：65 cm ($25^1/_2$ in)
直径：75 cm ($29^1/_2$ in)
Nendo，日本
www.nendo.jp

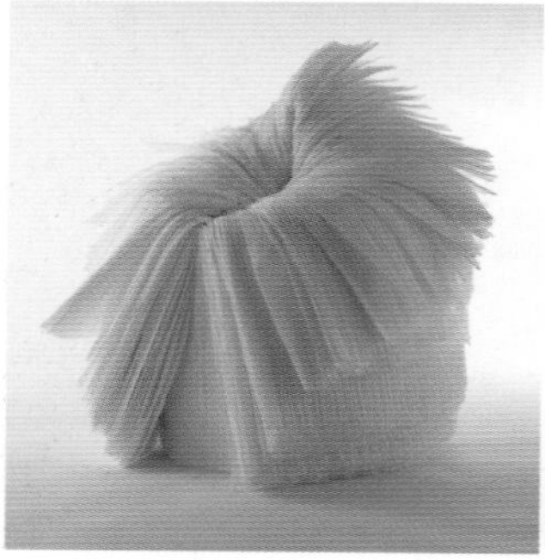

可以说“卷心菜”椅是一款无设计的作品。没有明显的过程，没有特殊的表面处理，也没有钉子、螺钉和任何内部结构。它只是一卷纸，制作它的工具就是一把剪刀。作品的闪光之处在于佐藤（Nendo）的想象力和产品的空灵之美。这把椅子的设计受三宅一生委托，作为其于2007年在东京21-12设计景观画廊策展的“XXlst世纪人”展览的一部分。展览集中展示了新世纪的主题，并为建设一个更美好的未来而探索，同时，展览也是基于三宅一生的信念，即我们将逐渐返璞归真，会越来越少地依赖技术手段。“卷心菜”椅子这个原始的概念似乎很容易，但最初佐藤的想法并非如此。三宅要求以其标志性的“三它褶皱”作为设计元素，使用生产过程中的废弃纸张为原材料设计一把椅子。作为生产过程的一部分的纺织品被夹在两片树脂浸渍的纸张中，以保护其免受褶皱加工时产生的热量和压力破坏。最初佐藤无法妥协于使用纸这种材料来构造家具的想法，但当看到卷轴的时候，设计师的想象力就被解放了。通过对玉米秸秆的思考，他们设计出的椅子外层褶皱可以一层层被剥离，且这些褶皱可以使椅子更有弹性，而树脂可以给椅子以额外的支撑。他们提出，椅子最终以一个压紧的卷轴形式运输到用户那里，从而降低了制造和分销成本，并减少对环境的破坏。然而，对生态环境无害并不是他们唯一的动机，在接收《Frame》杂志采访时，佐藤的主管佐藤大说，“我们想要证明的是废弃材料可以制成家具，同时带给人们小小的惊喜，正如我们其他的设计。”

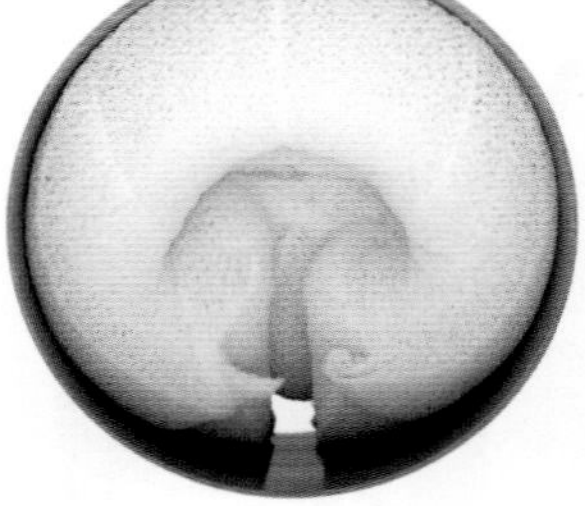

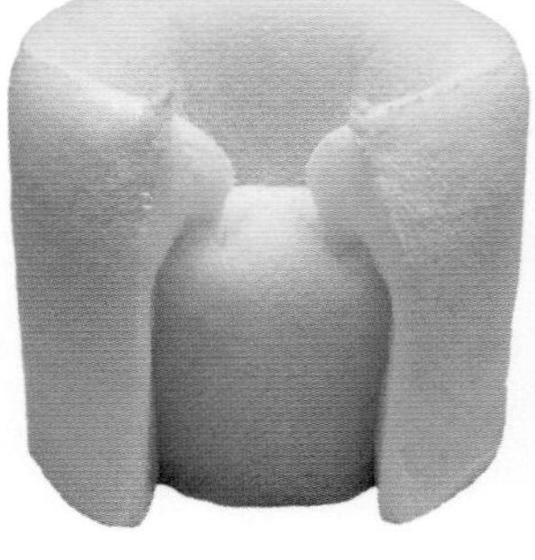

“面包”（Pane）椅

Tokujin Yoshioka
聚酯纤维
高：80 cm ($31^1/_2$ in)
直径：90 cm ($35^1/_2$ in)
Limitd batch production
www.tokujin.com

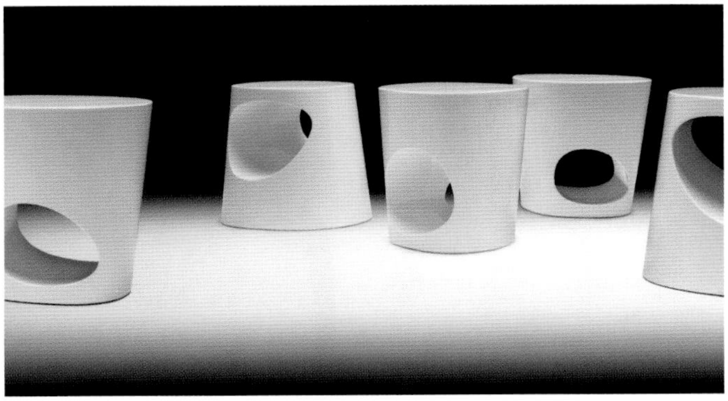

Polar 凳

Pearson Lloyd
聚氨酯
高：49 cm ($19^{1}/_{4}$ in)
宽：43 cm ($16^{7}/_{8}$ in)
深：41 cm ($16^{1}/_{8}$ in)
Tacchini，意大利
www.tacchini.it

“六面体”（Hexa）桌

Can Yalman
碳纤维
高：72 cm ($28^{3}/_{8}$ in)
宽：260 cm ($102^{3}/_{8}$ in)
深：105 cm ($41^{3}/_{8}$ in)
Nurus，土耳其
www.nurus.com

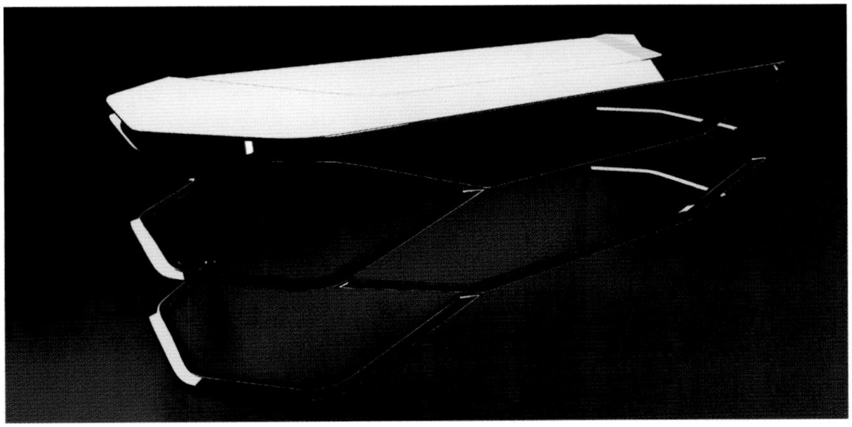

“手套”休闲椅

Barber Osgerby
毡，木材
高：76 cm ($29^{7}/_{8}$ in)
宽：62 cm ($24^{3}/_{8}$ in)
深：60 cm ($23^{1}/_{8}$ in)
Swedese，瑞典
www.swedese.se

“花束”（Bouquet）椅

Tokujin Yoshioka
聚酯纤维，钢，合成橡胶
高：83 cm ($16^{3}/_{4}$ in)
宽：77 cm ($30^{1}/_{4}$ in)
深：83 cm ($16^{3}/_{4}$ in)
Moroso，意大利
www.moroso.it

Pan_07 椅

Timothy Schreiber
尼龙
高：74 cm ($29^{1}/_{8}$ in)
宽：520 cm ($204^{3}/_{4}$ in)
深：420 cm ($165^{3}/_{8}$ in)
Timothy Schreiber，英国
www.timothy-schreiber.com

“好朋友”（Buddy）凳

Archirivolto 设计
透明亚克力，PP 铝，钢
高：可调节
直径：37 cm ($14^{1}/_{2}$ in)
Segis-Delight,
Tecnoformasrl，意大利
www.segis.it
www.delight.it

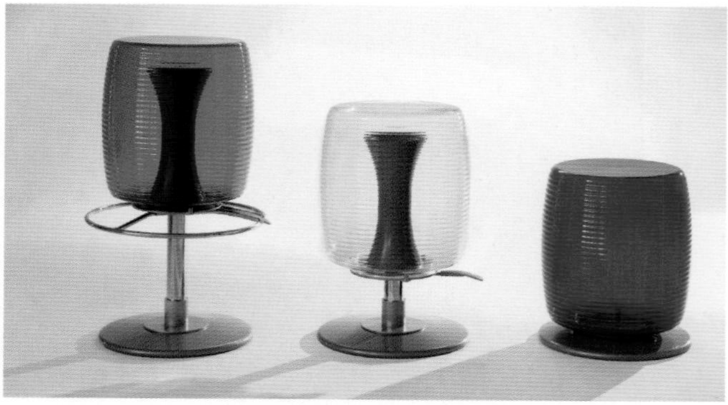

Nine-O 折叠椅

Ettore Sottsass
铝
高：80 cm ($31^{1}/_{2}$ in)
宽：51 cm (20 in)
深：57 cm ($22^{1}/_{2}$ in)
Emeco，美国
www.emeco.net

“坐的单元”

Arne Quinze 工作室
木材，泡沫
各种构造
Quinze&Milan，比利时
www.quinzeandmilan.tv

Log 系列扶手椅和脚凳

Patricia Urquiola
山毛榉木，皮革
扶手椅
高：98 cm (38$^5/_8$ in)
宽：74 cm (29$^1/_8$ in)
深：71 cm (28 in)
脚凳
高：39 cm (15$^3/_8$ in)
宽：36 cm (14$^1/_8$ in)
深：66 cm (26 in)
Artelano，法国
www.artelano.com

Ad-hoc 扶手椅

Jean-Marie Massaud
手工制作黄铜结构
高：56 cm (22 in)
宽：91 cm (35$^3/_4$ in)
深：91 cm (35$^3/_4$ in)
Viccarbe，西班牙
www.viccarbe.com

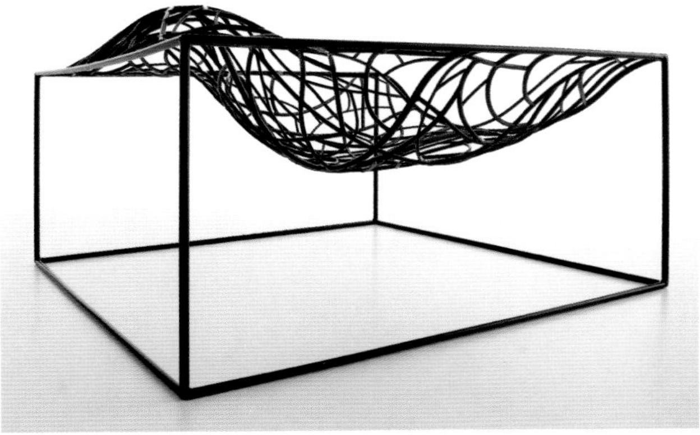

Isis 折叠椅

Jake Phipps
胶合板，实木
高：81cm (31$^7/_8$ in)
宽：47cm (18$^1/_2$ in)
深：50cm (19$^3/_4$ in)
GebruderThonet Vienna，意大利
www.thonet-vienna.com

RJT08 椅

Michael Young
玻璃纤维，皮革
高：81 cm (31$^7/_8$ in)
宽：71.5 cm (28$^1/_8$ in)
深：26 cm (41$^1/_2$ in)
Accupunto，印度尼西亚
wwwaccupunto.com

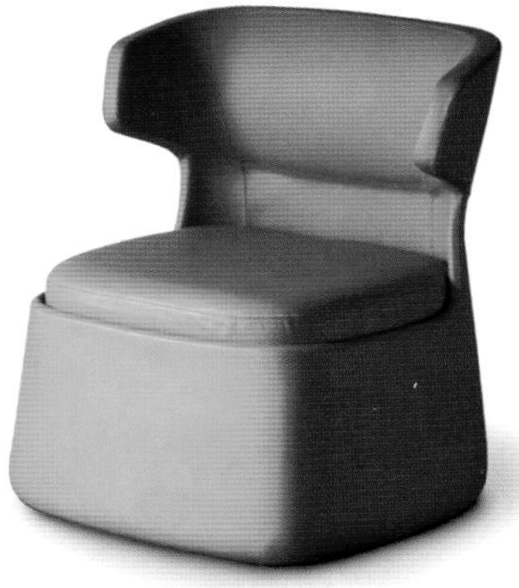

深入介绍

MYTO 椅

设计：KGID-Konstantin
Grcic 工业设计事务所
高：82 cm (32$^1/_4$ in) 宽：51 cm (20 in)
深：55 cm (21$^5/_8$ in)
材料：Ultradur® 高速 PBT 塑料
制造商：Plank，意大利
项目发起人及 Ultradur High Speed 材料供应商：
巴斯夫（BASF）公司

康斯坦丁·葛切奇（Konstantin Grcic）在萨尔茨堡的 Academie Oskar Kokoschka 开始了他的职业生涯。在那里，他对木工和箱柜制造表现出浓厚的兴趣。随后他来到英国，在位于多塞特郡的帕纳姆(Parnham)学院学习，该学院的木工和设计在英国名列前茅。当看到葛切奇技术严谨、具有创新性的工作，并了解了这些工作在过去几年中完全是通过实验与计算机设计软件来完成的时候，我们往往很容易忘记了他这些手工的背景。不过他所受到的传统训练导致了理性主义的设计方法，他会考虑到产品的功能，以及如何实现，也就是他所称之为的“创作的源泉”。早期的实践经验使他成为一个直观的设计师，因此他能从产品的早期模型评估其造型和审美。“MYTO 是我做的第 21 把椅子，也是最独一无二的作品，”葛切奇说。用塑料悬臂梁对造型进行重新诠释，MYTO 椅有可能像其唯一的前身“潘顿”椅（Verner Panton，1968 年）那样成为一个标志性符号。该产品是项目发起人巴斯夫（BASF）公司、设计者 Konstantin 和制造商 Plank 合作的产物。巴斯夫公司是该把椅子所使用的材料——Ultradur® 高速 PBT 塑料的制造商；康斯坦丁·葛切奇做为设计者，以其简约风格和技术创新著称；而意大利制造商 Plank 则以在生产流程中采用深入调查和研究而被认可。巴斯夫（BASF）公司需要以一个商业产品为工具来传达有关材料本身的信息，并让葛切奇有机会拓展材料的可能性。这种高级塑料富含纳米颗粒，拥有优异的机械强度和高流动性，因此具备一次成型出由厚到薄的横截面的潜力。“我们面临的可能的情况就是无穷无尽的椅子设计，而且更艰巨的是要做到尽量不重复。”葛切奇说，“为了缩小范围，我们从材料的那些有可能实现的特点入手，设计一种新的塑料悬臂椅，而不是设计了无数次的椅子。”MYTO 椅子的设计制造时间打破了纪录，从最初草图到最终产品只用了一年多。设计、工程和材料的研发齐头并进。葛切奇说，“这一次的效率是前所未有的，一组专家在这么短的时间内实施该项目，在设计领域内是富有远见的。”

01 Ultradur® 高速 PBT 塑料主要应用于汽车制造领域，Grcic 受到启发，将材料用于家具制造领域。Ultradur 是主要材料，而巴斯夫公司的化学家可以改变其成分，使其变得更强韧或更灵活，Ultradur 可以让悬臂椅更加坚固，同时也很流畅。

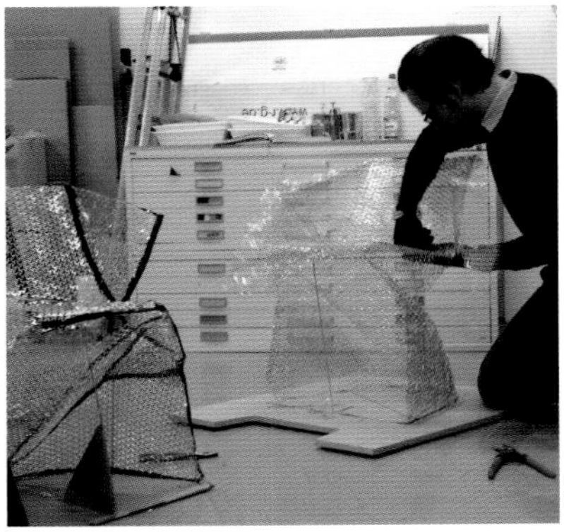

02 MYTO 椅采用了一种比以往 KGID 的产品设计更加新颖流畅的造型，如 Chair-One 折叠座椅就是使用了平板和直角的造型语言。葛切奇说 MYTO 椅的设计有赖于所使用的材料以及处理工艺。产品设计师亚力山大 • 勒尔（Alexander Lohr）解释说，“我们通常会使用纸板制作模型。而这一次我们使用了一种完全不同的材料。它是一种多孔的，灵活的网格。显然，网格很容易用手工操作，也比纸板更容易弯折，更易产生三维造型效果”。

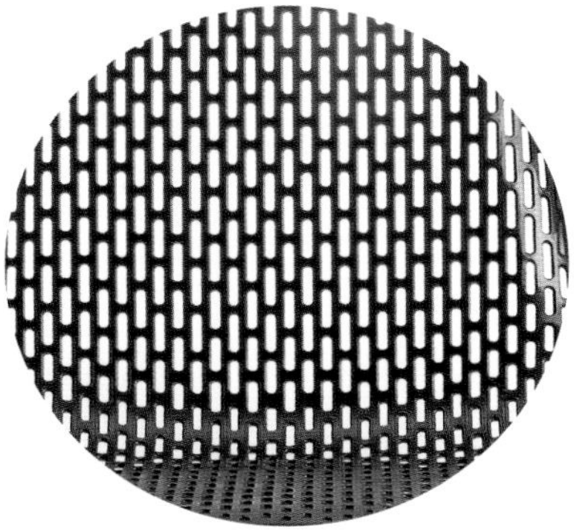

03 从 MYTO 的横截面可以看到结构从厚到薄的独特变化，厚的结构是需要更大强度和支撑力的部位，如椅子腿上部和下部的连接处，而薄的结构则是位于座位和靠背处，轻盈的且有弹性。最右侧的照片是葛切奇在测试座椅的强度和柔韧性。

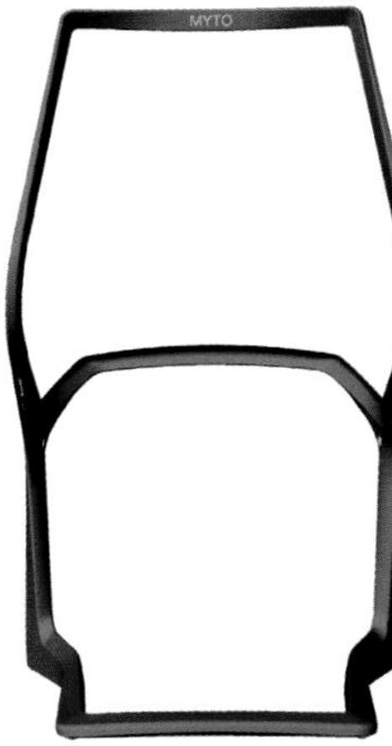

04 MYTO 的模具被放置在注塑机上。“当 Ultradur 被注入模具时，就好像浇蜂蜜和浇水的区别。”葛切奇说，“水流得快，并且会流到模具最薄的地方，而蜂蜜则无法到达。Ultradur 高速 PBT 塑料这种材料就好比是水，因此你可以同时制作一些精细的和庞大的东西。”

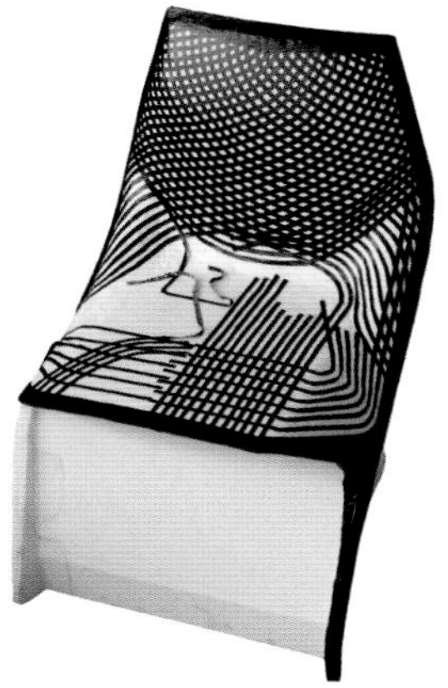

05 座位和靠背的孔是设计的关键，网格造型带来各种变化。葛切奇指出，最后，设计在一定程度上是受制于材料的，“我们突然中止了在一个点上的各类穿孔实验，因为我们意识到机器无法保证热融的塑料理想地流经这个椅子，尤其是最薄的部分，因为它往往会在到达模具最远位置之前就冷却变硬了。在找到最适用于模具的材料之前，巴斯夫公司进行了 15 种不同版本的尝试。”

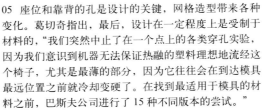

06 首先椅子设计的一个关键要求就是要便于码放，必须对体积和装饰图案进行精确计算，以确保在坚固性和灵活性之间找到平衡点。

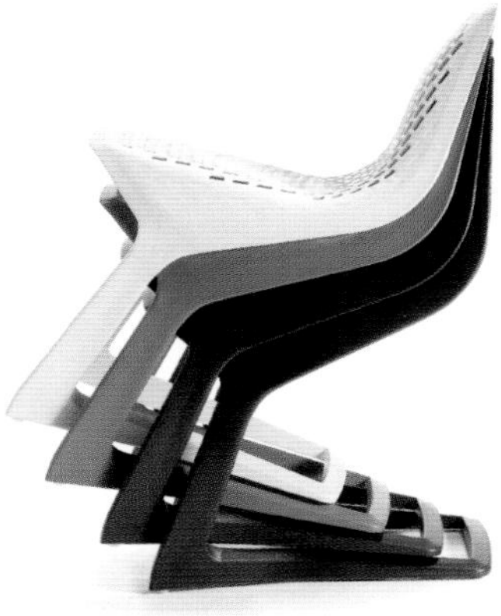

说到手工艺，人们脑海里立刻浮现的就是推车和原始的陶艺。设计学院的老师什么都不想用手工艺来做。对于他们来说，设计是合乎逻辑的、理智的，而手工艺最多就是做装饰。在文化批评家史蒂芬·贝利（Stephen Bayley）发表于2004年星期日独立报的《陶器：社会中的危机》一文中，在辩论中将阻力和怀疑作为例证。在文章中他写道，“手工艺人要求我们宽容，并坚持要求我们将他们视作有创造性的艺术家，至少在大部分时候有机会接触艺术的更高想象力和创造力的功能。他们缺乏准则和技术，而这些对于需要对市场需求负责任的工业设计师来说是非常熟悉的。”

设计师一直都以融合看似非常多样的参考资料、概念和材料从而设计出个性化和创新性的产品而著称。设计师/制造商的出现，或设计师与艺术家的紧密合作，可被看做是这种多功能性的另一种表达，由表达个性化特征的需求所驱使，并且绕过社会已经厌倦了的那些中庸的大批量生产的可能性。对于手工艺有许多种定义，并且在手工艺人和设计师之间有许多不同之处。费尔南多和阿贝托·坎帕纳（Fernando and Humberto Campana）的作品一直与贫民窟的原始美感有关，而他们的观点也往往在这方面被引用。虽然他们已经将手工制作纳入设计实践的一部分，这部分看似简单，实则需要那些传统手工艺人清楚地了解制造的过程。他们为意大利家具制造商Edra进行的家居设计取得的成功，有赖于他们使用那些对工业设计流程很了解的技术工人。他们的目标是刺激和振兴手工艺技术，使之与当代设计进行对话。说起这个转变，即从对工业生产的依赖到强调手工劳动的价值及手工艺技术的独立体系，原设计博物馆负责人、设计批评家Alice Rawsthom说，“当代设计最重要的主题之一，是将个性和人们喜欢的古董和手工艺品的复杂性植入工业产品中。”

贝利争论的禁锢被打破，尽管设计院校仍在坚持，但在技术发明的部分支持下，态度渐渐开明，而埃因霍温（Eindhoven）设计学院却是一个例外。数字化知识的进步，使工业设计师得以开发兼具工业化与个性化特点的产品。讽刺的是，如今的机器可以支持设计师遵守工艺美术运动的定义：一件作品应该由双手做出。

麻烦的是，“工艺”在设计界仍然是一个肮脏的字眼，最好的思想留给了手工艺爱好者。一旦利用现在所谓的“新工艺”，手工艺人现在便是制造商或设计师/制造商，吹制玻璃的工匠便是玻璃艺术家，陶艺匠人就成了陶艺家。甚至英国手工艺中心也成了“当代应用艺术中心”。工艺已成为设计意识，而设计已成为工艺意识。年轻的设计师们现在更愿意用装饰艺术的传统技法进行新的尝试，因为这不仅加深了术语，而且就我们目前关注的环境来说，工业化和批量生产的审美都不那么有吸引力了。相反，人们越来越期望工艺的特质。

对于费尔南多（Fernando）和阿贝托·坎帕纳（Humberto Campana）来说，“形式和功能都应追随诗意”。他们所有的作品都有潜在的涵义，并与回忆相关。“穿越塑料”（TransPlastic）系列讲述了一个虚构的故事。传统的巴西住宅和咖啡馆都会使用的藤椅，已经被无处不在的白色塑料椅替代，这种塑料椅已经污染了全世界的户外空间。这一系列新的手工制品旨在通过抨击这种人造的椅子而对这种设计的“殖民化”现状发表评论。所使用的是一种在巴西树林中可以让树木窒息而死的名为Aquí的纤维材料，和TransPlastic系列相得益彰，因为编织材料似乎让下方的塑料材质也透不过气了：自然从塑料下方生长出来，并击败它。该系列包含椅子、多功能座椅、灯具、照明流星、云和岛屿。该系列中有一件为Cooper Hewitt博物馆而做的一次性扶手椅，其设计是在表达藤条似乎在逐渐消化那些山一样的塑料垃圾。它暗示了自然在人造物面前表现出的应变能力。

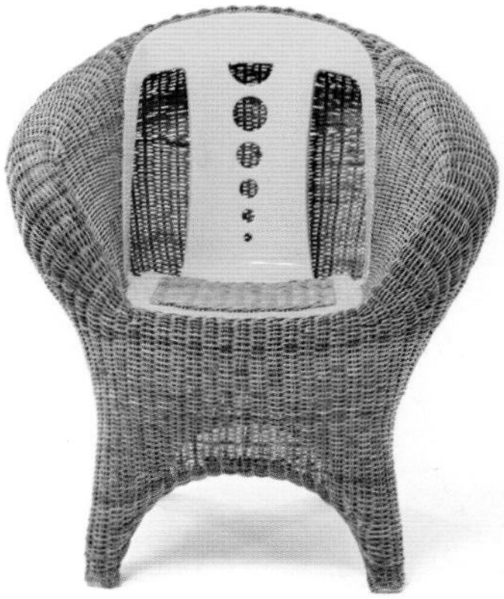

“穿越塑料”（Trans Plastic）的椅子

Fernando、Humberto Campana
藤条、塑料
高：74 cm ($29^1/_8$ in)
宽：67 cm ($26^3/_8$ in)
深：62 cm ($24^3/_8$ in)
Campanas，巴西
www.campanas.com.br

SEZA 椅

Ron Arad
钢，聚亚安酯
高：74 cm ($29^1/_8$ in)
宽：59.2 cm ($23^1/_4$ in)
深：59.2 cm ($23^1/_4$ in)
AMAT-3 国际，西班牙
www.amat-3.com

“蕾丝小姐”休闲椅

Philippe Starck
不锈钢
高：77 cm
宽：58 cm
深：58 cm
Driade，意大利
www.Driade.com

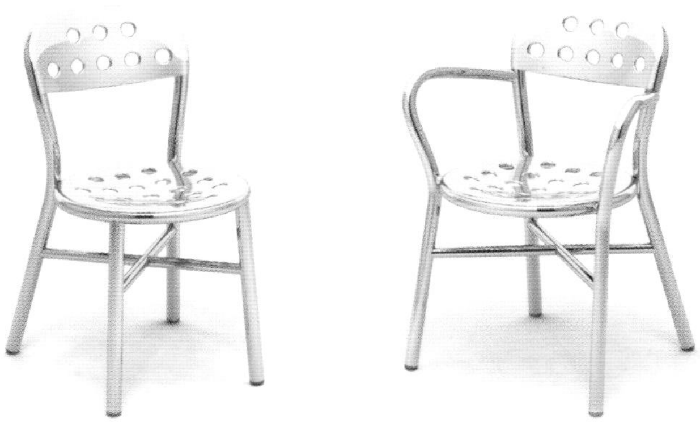

“管子”座椅

Jasper Morrison
管状铝，木材
高：80 cm ($31^1/_2$ in)
宽：47 cm ($18^1/_2$ in)
深：50 cm ($19^3/_4$ in)
Magis 设计，意大利
www.magisdesign.com

“仙人掌”凳子

Enrico Bressan
铸铝
高：44.5 cm ($17^1/_2$ in)
直径：46 cm ($18^1/_8$ in)
Artecnica，美国
www.artecnia.com

迷你 Togo 系列儿童沙发

Michel Ducaroy
聚酯泡沫，聚酯
高：46 cm ($18^1/_8$ in)
宽：61 cm (24 in)
深：68 cm ($26^3/_4$ in)
LingeRoset，法国
www.lingne-roset.com

“眼框”（Orbital）椅

Christophe Pillet
CMHR 泡沫，玻璃纤维增强塑料
高：67 cm ($26^3/_8$ in)
宽：86 cm ($33^7/_8$ in)
深：87 cm ($34^1/_4$ in)
Modus，英国
www.modusfurniture.co.uk

“小瓶子”矮桌

Barber Osgerby
黏土
高：42 cm ($16^1/_8$ in)
直径：45 cm ($17^3/_4$ in)
Cappellini，意大利
www.cappellini.it

针织（Crochet）沙发

Marcel Wanders
棉，环氧树脂
高：65 cm ($25^1/_2$ in)
宽：125 cm ($49^1/_4$ in)
深：120 cm ($47^1/_4$ in)
Marcel Wanders 工作室，荷兰
www.marcelwanders.com

“壁龛的爱”扶手椅

Ronan 和 ErwanBouroullec
聚亚安酯，室内装饰品
高：94 cm (37 in)
宽：126.3 cm (49³/₄ in)
深：83.9 cm (33 in)
Vitra,ru 瑞士
www.vitra.com

“影子”扶手椅

Gaetano Pesce
聚亚安酯，室内装饰
高：120 cm (47¹/₄ in)
宽：110 cm (43¹/₄ in)
深：116 cm (45⁵/₈ in)
Meritalia Spa，意大利
www.meritalia.it

“水滴”椅

Monica Forster
聚氨酯泡沫，木材，聚酯 / 织物 / 皮革
高：34 cm (13³/₈ in)
宽：50 cm (19³/₄ in)
深：72 cm (28³/₈ in)
Modus，英国
www.modusfurniture.co.uk

“软木嘴唇”椅

Rodrigo Vairinhos
泡沫，软木皮革
高：78 cm (30³/₄ in)
宽：50 cm (19³/₄ in)
深：78 cm (30³/₄ in)
Neo 工作室，德国
www.neo-stutios.de

“软木塞”椅

Jasper Morrison
软木
高：75 cm (29¹/₂ in)
宽：48 cm (18⁷/₈ in)
深：72 cm (28³/₈ in)
Vitra Edition，瑞士
www.vitra.com

“飞翔”长凳

Yves Béhar
胡桃木，不锈钢
高：41.3 cm ($16^{1}/_{4}$ in)
宽：152.4/182.9 cm ($6^{9}/_{72}$ in)
深：53 cm ($20^{7}/_{8}$ in)
Bernhardt 设计，英国
www.bernhardtdesign.com

Pinch 叠椅

Mark Holmes
铝，木材
高：82 cm ($32^{1}/_{4}$ in)
宽：48 cm ($18^{1}/_{8}$ in)
深：53 cm ($20^{7}/_{8}$ in)
Established&Sons，英国
www.establishedandsons.com

Venus 椅

Konstantin Grcic
模制木材，实木板，橡胶
高：81 cm ($31^{7}/_{8}$ in)
宽：53 cm ($20^{7}/_{8}$ in)
深：45 cm ($17^{3}/_{4}$ in)
ClassiCon，德国
www.classicon.com

C 系列会议椅

Yves Béhar
枫木，皮革
高：82.5 cm ($32^{1}/_{2}$ in)
宽：61.4 cm ($24^{1}/_{8}$ in)
深：59.7 cm ($23^{1}/_{2}$ in)
HBF，美国
www.hbf.com

Loft 休闲椅

Shellly Shelly
胡桃木
高：69.3 cm (27$^1/_4$ in)
宽：70 cm (27$^1/_2$ in)
深：75 cm (29$^1/_2$ in)
Bernhardt 设计，英国
www.bernhardtdesign.co

“雪橇”扶手椅

SeyhanOzdermir, SeferCaglar
胡桃木，橡木
高：62.5 cm (24$^5/_8$ in)
宽：64 cm (25$^1/_4$ in)
深：80 cm (31$^1/_2$ in)
Autoban, 土耳其
www.autoban212.com

Allwood 椅

William Sawaya
木材
高：74 cm (29$^1/_8$ in)
宽：50 cm (19$^3/_4$ in)
深：57 cm (22$^1/_2$ in)
SawayaMoroni，意大利
www.sawayamoroni.co

Tailored 木凳

Yael Mer、Shay Alkalay
毛边设计工作室
木板，聚氨酯泡沫
高：45-64 cm (17$^3/_8$-25$^5/_8$ in)
宽：50-240 cm (19$^3/_4$-94$^1/_2$ in)
深：25-35 cm (9$^7/_8$-13$^3/_4$ in)
Raw-Edges，英国
www.raw-edges.com

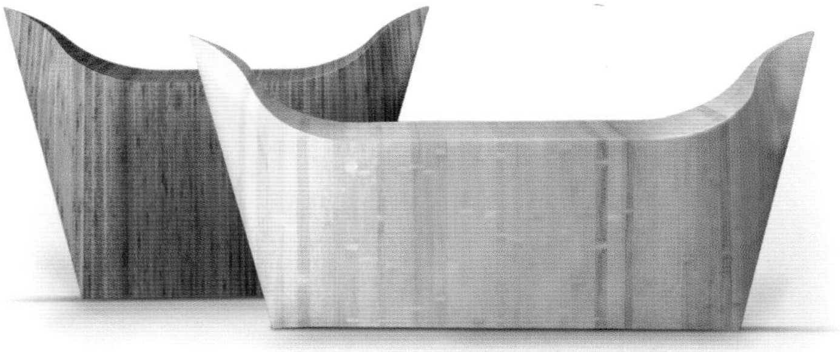

JOE 可堆叠收纳的椅子

Alfredo Häberli
胶合板
高：84 cm (33 in)
宽：50 cm ($19^3/_4$ in)
深：57 cm ($22^1/_2$ in)
Lapalma，意大利
www.lapalma.it

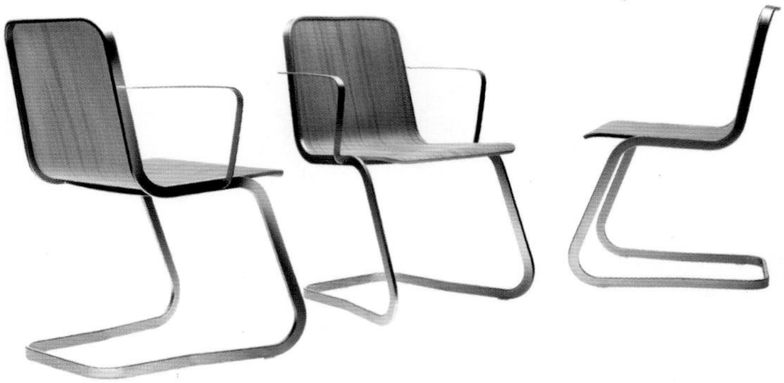

“桥”餐椅

Matthew Hilton
木材
高：77.5 cm ($30^1/_2$ in)
宽：49.4 cm ($19^1/_2$ in)
深：47.9 cm ($18^7/_8$ in)
Case，英国
www.casefurniture.co.uk

404F 椅

Stefan Diez
木材
高：78 cm ($30^3/_4$ in)
宽：60 cm ($23^5/_8$ in)
深：54 cm ($21^1/_4$ in)
Thonet，德国
www.thonet.de

木质塑料椅

Maarten Baas
榆木
高：75 cm ($29^1/_2$ in)
宽：50 cm ($19^3/_4$ in)
深：50 cm ($19^3/_4$ in)
Lapalma，意大利
www.lapalma.it

“激情”（Passion）椅

Philippe Starck
黑色搪瓷钢
高：80 cm ($31^1/_2$ in)
宽：57 cm ($22^1/_2$ in)
深：57 cm ($22^1/_2$ in)
Cassina，意大利
www.cassina.com

Slab 可堆叠收纳的扶手椅

Tom Dixon
橡木
高：75 cm ($29^1/_2$ in)
宽：54 cm ($21^1/_4$ in)
深：54 cm ($21^1/_4$ in)
Tom Dixon，英国
www.tomdixon.net

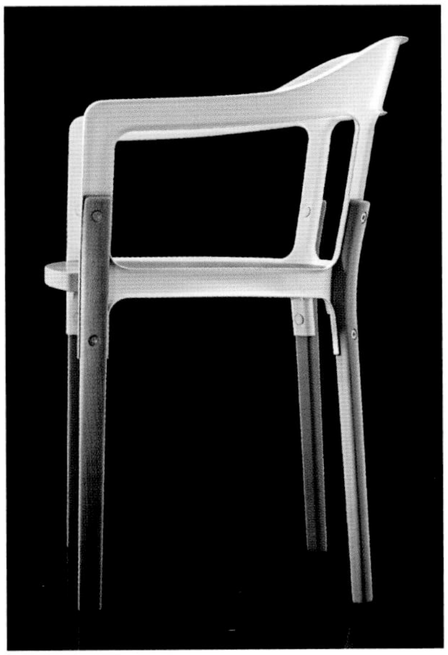

“钢木”（Steelwood）椅

Ronan 和 ErwanBouroullec
木，钢
高：76 cm ($29^7/_8$ in)
宽：55 cm ($21^5/_8$ in)
深：46 cm ($18^1/_8$ in)
Magis 设计，意大利
www.magisdesign.com

巴塞尔（Basel）椅

Jasper Morrison
木，塑料
高：80 cm ($31^1/_2$ in)
宽：42.5 cm ($16^3/_4$ in)
深：47 cm ($18^1/_2$ in)
Vitra，瑞士
www.vitra.net

深入介绍

科恩（Coan）椅

设计：Michael Young
高：76.5 cm (30 1/8 in)
宽：61 cm (24 in)
深：55 cm (21 5/8 in)
材料：红木和柚木
制造商：Accupunto，雅加达

科恩（Coan）椅曾获得由全球最具影响的设计类杂志《Wallpaper》评选的2009年度最佳餐椅称号，这一成就让迈克尔·杨（Michael Young）非常骄傲。科恩椅是由包括让·努维尔（Jean Nouvel）和马克·纽森（Marc Newson）在内的专家团评选出来的，迈克尔·杨非常敬仰他们扎实的工业设计知识。当被问到他的设计风格时，迈克尔·杨并不太情愿发表评论，但如果坚持要他说，他便说“我真的不知道，我猜这个结构是质疑类型学和工业创新的结合。我喜欢用一种全新的方式处理事务，运用那些真正对实际情况有帮助的知识。”科恩椅就是如此，它将审美因素最小化，不仅采用了传统的木质座椅式样（借鉴了阿恩·雅各布森（Arnett Jacobsen）的设计以及一些20世纪四五十年代赫曼·米勒（Herman Miller）制造的家具），而且还包括一些不易被察觉的细节处理方面的技术创新，只有受过训练的专业人员才能注意到这些。迈克尔·杨说，虽然这听起来有傲慢的嫌疑，“21世纪，你在任何一片木制家具上都不会看到这样的细节处理。”我们在电脑上进行设计，之后在三维数控铣床上制作椅子的曲线和连接件，许多人认为这不可能实现。“在我看来一切皆有可能，只要你舍得花时间和金钱在上面，”杨兴奋地说，“我们知道这把椅子会被使用二十年左右，因此它将讲述自己，并且反映计算机和工业设计时代发生的事情。”

在用塑料和工业解决方案进行了多年设计之后，迈克尔·杨希望通过将木材作为加工材料，捕捉那些20世纪60年代就消失了的精神。对于迈克尔·杨来说，弯曲和切割木材的加工方式在市场中是一个必要的商机，但并没有扩展加工的范围。但他坚持认为科恩椅“已经从一些其他地方来了”。他继续说，“当阿恩·雅各布森和20世纪50年代那些帅哥在制作木制家具时，用了许多手工制作的办法来造型，但现在，木制家具的革命却让生产发生了翻天覆地的变化。我想尝试做一些东西，它们似乎应该由塑料制成，但我个人非常厌恶塑料，它们会被弄脏，不好闻，没有生命并且缺乏情感。因此，这把椅子背后的含义是尝试做一些当代和现代作品中通常用塑料作为材质的产品，但事实证明木材是更好的选择。”

他对塑料椅子的厌恶的申明似乎有些异常，鉴于他的成名是借助于对现代塑料家具俏皮地抨击，但是他本人在某种程度上是个谜。他在设计圈以头发凌乱、外观奇特、语言简洁以及多元化和富有远见的工作而为人们熟知，同时他又避开设计圈而生活工作在中国香港，在那里他希望自己可以提升对于亚洲艺术及制造行业的认知和欣赏。

01 科恩椅是迈克尔·杨和 Leonard Theosabrata 工厂一起合作尝试的产物，其总部设在雅加达。迈克尔·杨希望在亚洲工作，并受到 Theosabrata 热情的鼓励，用设计解决一些复杂的问题，如科恩椅。而在此之前许多工厂曾经拒绝过迈克尔·杨的概念。

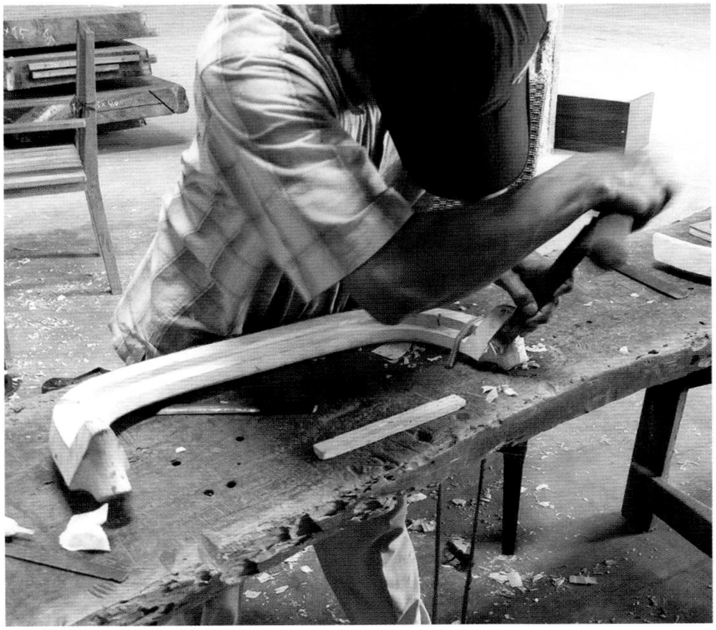

02 早期的草图确定了椅子的基本形式。随后设计被细化，在椅子腿和扶手之间建立了微妙的连接，只能借助于计算机才能表现。

03 科恩椅是在一个生产手工家具的小型手工厂制作出来的。在印尼制造的该产品落后于其竞争对手在越南或世界其他地区生产的产品，但目的是为了重振印尼的出口贸易，并加速其工业现代化。“印尼有着非常传统的手工艺文化，因此生产水平并不精准和简洁，只适合生产一些形状和造型独特的产品。”迈克尔·杨说道。这是工厂第一次接触到 3D 设计，因此要对工人进行培训，还要购入新设备。

05 科恩椅的背部和坐椅部分采用的是染色木材。并使用细木工连接技术和螺钉将其与椅子的框架相连。

04 椅子中最有创新性的部分就是腿和扶手的连接处，一种三维的连接造型，使圆柱形腿和三角形扶手平滑连接。“用木材制造这个部件看似不可能，”迈克尔·杨说，“我设计这样的座椅，是试图尝试并利用机械的可能性，这才是工业化的艺术。这不只是为了尝试而尝试，而是试图以更进步的方式使用设备和机器。”

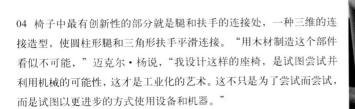

Back 扶手椅

Patricia Urquiola
金属，热成型塑料，聚氨酯，涤纶面料
高：118 cm (46$^{1}/_{2}$ in)
宽：53 cm (20$^{7}/_{8}$ in)
深：57 cm (22$^{1}/_{2}$ in)
B&B 意大利，意大利
www.bebitalia.it

F444 椅

Pierre Paulin
皮革，不锈钢
高：97 cm (38$^{1}/_{4}$ in)
宽：73 cm (28$^{3}/_{4}$ in)
深：82 cm (32$^{1}/_{4}$ in)
Artifort，荷兰
www.artifort.com

Moor(e) 扶手椅

Philippe Starck
抛光不锈钢，纤维玻璃，绗缝皮革
高：96 cm (37$^{3}/_{4}$ in)
宽：99 cm (39 in)
深：99 cm (39 in)
Driade，意大利
www.driade.com

JJ 扶手椅

Antonio Gitterio
镀铬不锈钢棒，木材，羔羊毛
高：95 cm (37$^{3}/_{8}$ in)
宽：87.5 cm (34$^{1}/_{2}$ in)
深：82 cm (32$^{1}/_{4}$ in)
B&B 意大利，意大利
www.bebitalia.it

Mickey Max 扶手椅

Arik Ben Simhon
金属，黑色织布面料
高：90 cm (35 1/2 in)
宽：100 cm (39 3/8 in)
深：90 cm (35 1/2 in)
Arik Ben Simhon，以色列
www.arikbensimhon.co

MY 椅

Ben Van Berkel/UN 工作室
镀铬不锈钢，泡沫软垫座椅
高：80 cm (31 1/2 in)
宽：86.5 cm (34 in)
深：75.5 cm (29 3/4 in)
Walter Knoll，黑伦贝格，德国
www.walterknoll.de

MY 椅由本·范·贝克尔（Ben Van Berkel）设计，他与来自荷兰的卡洛林·博斯（CarolineBos）合伙创立了前卫建筑实践 UN 工作室。这是他第一次涉足家居设计领域，被评论为是一把真正的建筑师座椅。他写道，“用建筑的方式做家具不同于工业设计师所为，因为建筑的设计方法基于椅子所处的空间和环境。设计师会考虑椅子所有细节的空间效果。这种建筑的设计方法设计家具与个人的空间意识有紧密联系。”

Minerva 扶手椅

Alfredo Haberli
钢，皮革
高：107 cm (42 1/8 in)
宽：56 cm (22 in)
深：94 cm (37 in)
Alias，意大利
www.aliasdesign.it

Hopper 扶手椅

Rodolfo Dordoni
金属，皮革
高：77 cm (30 1/4 in)
宽：68 cm (26 3/4 in)
深：98 cm (38 1/2 in)
Minotti，意大利
www.minotti.it

都铎（Tudor）餐椅

Jaime Hayon
泡沫软垫，铸铝，抛光电镀金属，木材
高：92 cm ($36^1/_4$ in)
宽：46 cm ($18^1/_8$ in)
深：56 cm (22 in)
Established&Sons，英国
www.establishedandsons.com

FLY 椅

Ineke Hans
木材
高：69 cm ($27^1/_8$ in)
宽：62 cm ($24^3/_8$ in)
深：57.5 cm ($22^5/_8$ in)
Arco，荷兰
www.arcofurniture.com

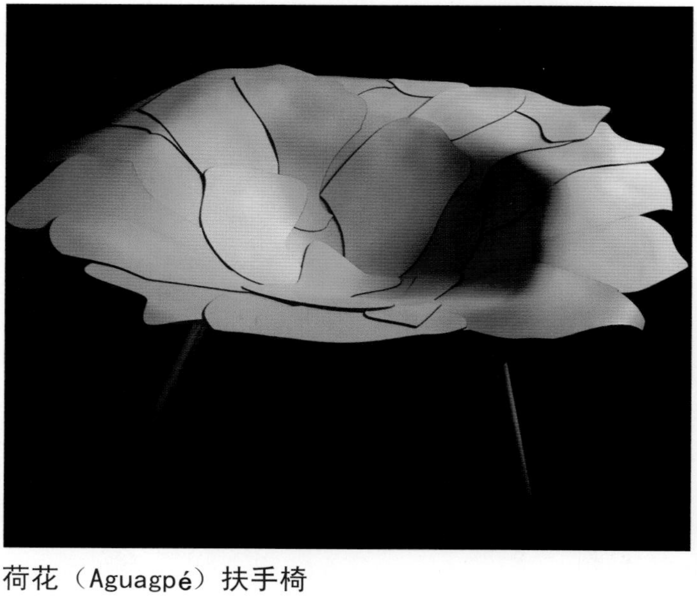

荷花（Aguagpé）扶手椅

Fernando and Humberto Campana
厚激光切割皮革花瓣
高：68 cm ($26^3/_4$ in)
宽：112 cm (44 in)
深：86 cm ($33^7/_8$ in)
Edra，意大利
www.edra.com

Doda 扶手椅

FerruccioLaviani
织物，皮革
高：87 cm (34$^{1}/_{4}$ in)
宽：78 cm (30$^{3}/_{4}$ in)
深：98 cm (38$^{5}/_{8}$ in)
Molteni&C，意大利
www.molteni.it

五斗柜，小餐具柜

高：80 cm (31$^{1}/_{2}$ in)
宽：55 cm (21$^{5}/_{8}$ in)
深：40 cm (15$^{3}/_{4}$ in)

有趣的塑料户外家具

荷兰 JSPR 工作室设计
www.studiojspr.nl

无论是室内家具还是室外家具，JSPR 工作室的巴洛克风格家居都没有比更强调鲜艳色彩的家居更具有代表性。该系列产品（餐椅、沙发、椅子、橱柜、烛台、壁灯）由一些古董家具组成，表面用一种高水平的可调节、可复原的特殊 RealSkin 橡胶涂层处理，以防止恶劣天气对家具的破坏。虽然这里呈现的是经典的黑色，产品还有其他鲜艳的色彩，紫红色、粉红色、金黄色、浓郁的柠檬绿，而沙发还有帝王金的颜色。

伏尔泰（Voltaire1）扶手椅

高：146 cm (57$^{1}/_{2}$ in)
宽：65 cm (25$^{1}/_{2}$ in)
深：60 cm (23$^{5}/_{8}$ in)

雕花椅

Marcel Wanders
手工雕刻固体灰，黑色染色上漆
高：90 cm (35$^{3}/_{8}$ in)
宽：52.5 cm (20$^{3}/_{4}$ in)
深：43.8 cm (17$^{1}/_{4}$ in)
Moooi，荷兰
www.moooi.com

“边后卫”（Wingback）休闲椅

Tom Dixon
木材，绒坐垫
高：130 cm (51$^{1}/_{4}$ in)
宽：71 cm (28 in)
深：87 cm (34$^{1}/_{4}$ in)
Tom Dixon，英国
www.tomdixon.net

花园、露台或阳台不再仅仅是周末和节假日烧烤香肠和汉堡包的地方。如今，它是人们的室外生活空间，正如室内生活一样。它不再是那些摇摇晃晃的塑料桌椅和生锈的烧烤架的代名词。房主将会在室外空间创造亲密的交谈区、安静的阅读角落和设有全天候软垫家具的私人起居室，豪华烧烤厨房，甚至是户外音响系统和等离子平板电视。室外空间已经成为住宅扩建出的一部分，不仅用于晒太阳，还会安装丙烷加热器、火炉和最先进的遮阳篷，全年使用。我们早已习惯于户外的概念，但是现在概念反过来了，随着时尚的室外空间的普及，它现在已经是放在露天的室内部分。

在过去几年中，大体的户外趋势已经出现，但依据住宅建筑师报告中所称人们对户外生活空间，高档的园林绿化，户外用品的需求急剧上升，现在比以往任何时候都应该在提升这些区域品质方面给予更多投资。这是一个未来的增长市场，会吸引室内设计师，产品设计师和国际领先的家具制造商，前者从之前一直止步于室外空间，到冒险涉足户外家居设计（这里一度曾经是景观设计师和建筑设计师的专属领域）。而后者正在模糊室内外空间之间的边界。

Pip-e 扶手椅

Philippe Starck
聚丙烯
高：82 cm (32¹/₄ in)
宽：55 cm (21⁵/₈ in)
深：54 cm (21¹/₄ in)
Driade，意大利
www.driade.com

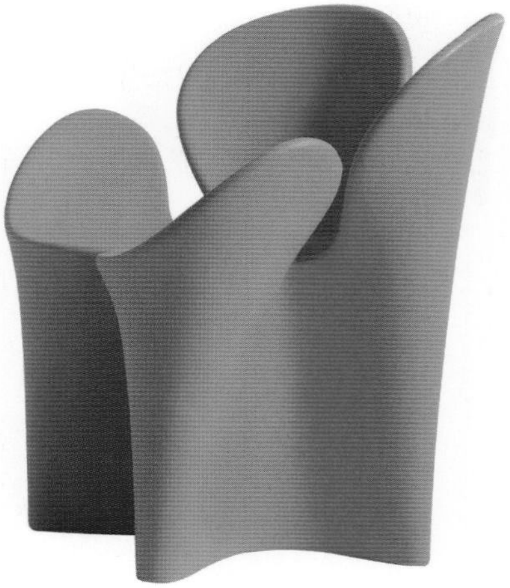

“花瓣”（Clover）扶手椅

Rod Arad
聚乙烯
高：75.5 cm (29³/₄ in)
宽：42.5 cm (16³/₄ in)
深：66 cm (26 in)
Driade，意大利
www.driade.com

“户外”（Open）椅

James Irvine
钢铁
高：79.5 cm (31¹/₄ in)
宽：58 cm (22⁷/₈ in)
深：55 cm (21⁵/₈ in)
Alias，意大利
www.aliasdesign.it

“热带”（Tropicalia）椅

Patricia Urquiola
钢，热塑性材料
高：81 cm ($31^{7}/_{8}$ in)
宽：100 cm ($39^{3}/_{8}$ in)
深：59 cm ($23^{1}/_{4}$ in)
Moroso，意大利
www.moroso.it

Re-trouvé 户外椅

Emmanuel Babled
聚氨酯泡沫，PVC
高：64 cm ($25^{1}/_{4}$ in)
宽：102 cm ($40^{1}/_{8}$ in)
深：89 cm (35 in)
Felice Rossi，意大利
www.felicerossi.it

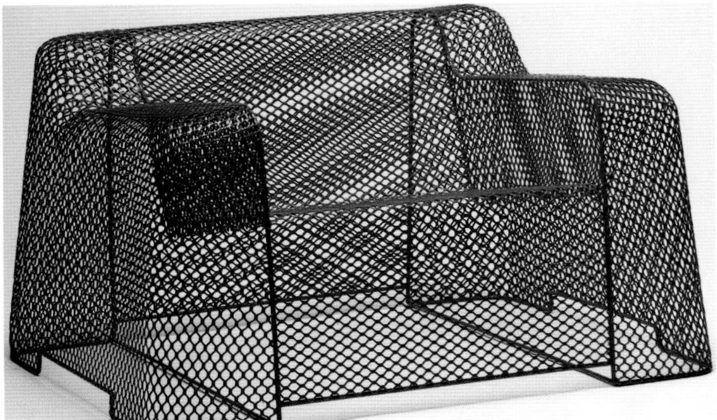

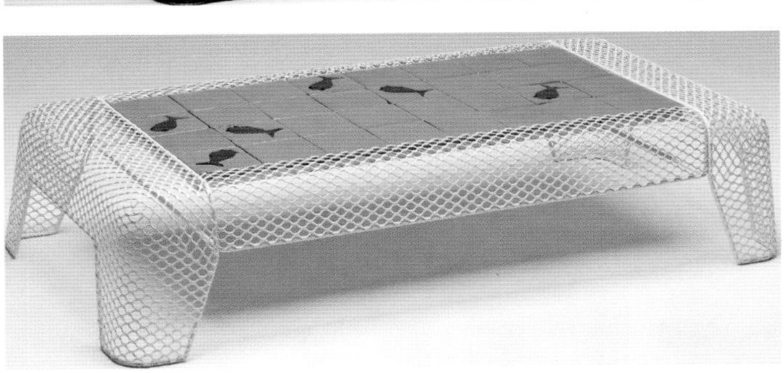

Ivy 户外桌椅

Paola Navone
金属
椅子：
高：66 cm (26 in)
宽：110 cm ($43^{1}/_{4}$ in)
深：90 cm ($35^{1}/_{2}$ in)
桌子：
高：30 cm ($11^{7}/_{8}$ in)
宽：135 cm ($53^{1}/_{8}$ in)
深：74 cm ($29^{1}/_{8}$ in)
Emu，意大利
www.emu.it

“方块”（Square）扶手椅

Patricia Urquiola
钢，热塑性材料
高：81 cm ($31^{7}/_{8}$ in)
宽：100 cm ($39^{3}/_{8}$ in)
深：59 cm ($23^{1}/_{4}$ in)
Moroso，意大利
www.moroso.it

Relax Maia 扶手椅

Patricia Urquiola
高技术纤维，铝
高：97 cm ($38^1/_4$ in)
宽：115 cm ($45^1/_4$ in)
深：86 cm ($33^7/_8$ in)
Kettal，西班牙
www.kettal.es

Maia 咖啡桌系列

Patricia Urquiola
高技术纤维，铝
高：31 cm ($12^1/_4$ in)
宽：119 cm ($46^7/_8$ in)
Kettal，西班牙
www.kettal.es

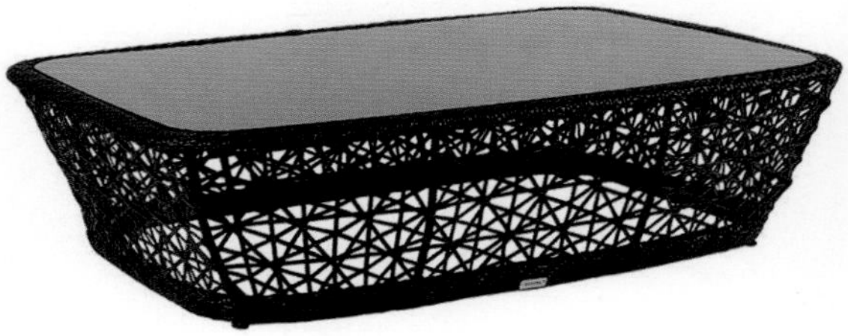

“咏叹调”（Aria）椅，扶手椅，凳子，长凳

Romano Marcato
喷砂不锈钢
各种尺寸
Lapalma，意大利
www.lapalma.it

Plein Air 扶手椅和脚凳

Alfredo Haberlia
铝，高分子材料
扶手椅：
高：107 cm ($42^1/_8$ in)
宽：56 cm (22 in)
深：94 cm (37 in)
脚凳：
高：38 cm (15 in)
宽：69 cm ($27^1/_8$ in)
深：69 cm ($27^1/_8$ in)
Alias，意大利
www.aliasdesign.it

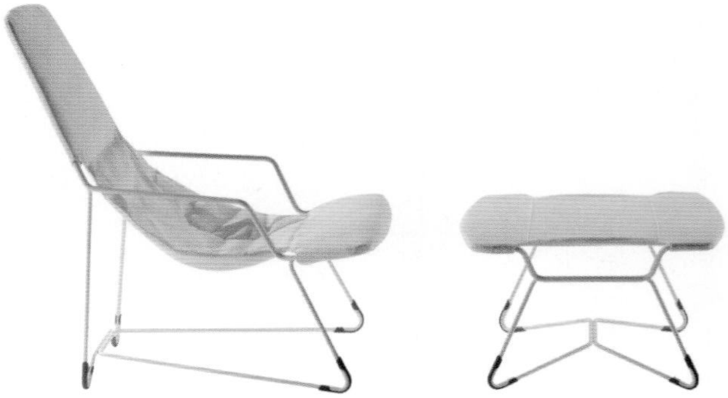

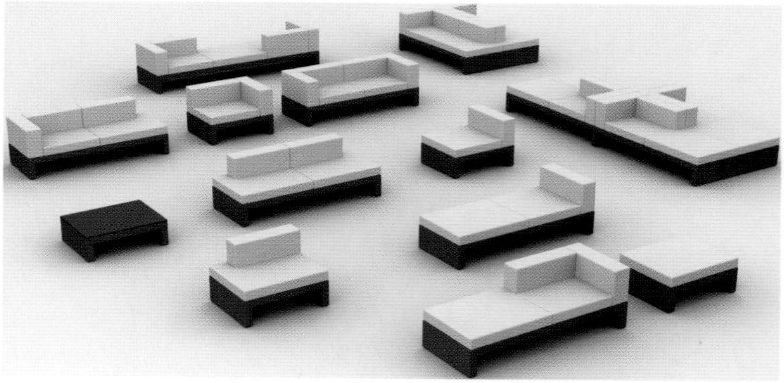

“贝里尼时刻”（Bellini Hour）室内外模块沙发

Claudio Bellini
聚乙烯，织布面料
各种尺寸
Serralungasrl，意大利
www. serralunga.com

摩根（Morgans）椅

Andree Putman
不锈钢
高：80 cm ($31^1/_2$ in)
宽：47 cm ($18^1/_2$ in)
深：50 cm ($19^3/_4$ in)
Emeco，英国
www.emeco.net

Plopp 凳

Oskar Zieta
表面粉涂层钢板
高：51 cm (20 in)
宽：35 cm ($13^3/_4$ in)
Hay，丹麦
www.key.dk

钢板椅

Max Lamb
钢
高：75 cm ($29^1/_2$ in)
宽：50 cm ($19^3/_4$ in)
深：60 cm ($23^5/_8$ in)
Max Lamb 工作室，英国
www.maxlamb.org

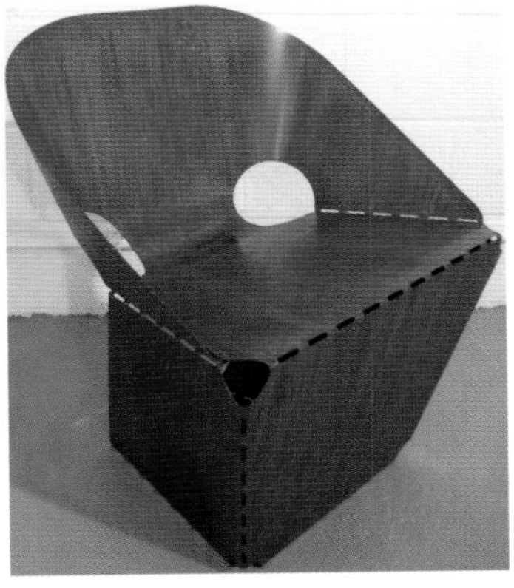

将由计算机控制的工业生产流程和手工组装相结合，钢板椅是由氮辅激光切割 0.9 毫米厚的钢板，之后进行加工而成的预制品。椅子可以徒手折叠，得益于其沿着折叠线排列的菱形穿孔。这消除了 70% 的金属特性，使材料更柔软。它是由双面 VHB 泡棉胶带固定。这个设计是蓝姆（Lamb）2006 年毕业设计中的一部分。两年后，他用生锈椅子的概念，即 21 把用原钢制作的限量版椅子代替了之前的不锈钢钢椅。将椅子组装好后，暴露在室外，受到气候的影响，就会慢慢产生漂亮的蓝色和金色锈蚀。一旦锈蚀到需要的程度，就会将松散的修饰部分扫除，表面喷上清漆，这样既能突出颜色，又可以保持现在的锈蚀程度。每一把椅子锈蚀的程度不同，因此每一把都是独一无二的。

Om 椅

Martin Azua
聚乙烯
高：75 cm ($29^{1}/_{2}$ in)
宽：57 cm ($22^{1}/_{2}$ in)
深：54 cm ($21^{1}/_{4}$ in)
Mobles114，西班牙
www.mobles114.com

BCN 凳

Harry&Camila
抛光镀铬钢，塑料
高：77 cm ($30^{1}/_{4}$ in)
宽：40 cm ($15^{3}/_{4}$ in)
深：42 cm ($16^{1}/_{2}$ in)
Kristalia，意大利
www.kristalia.it

Triton 凳

Kram/Weisshaar
彩色涂层或镀铬钢
高：74 cm ($29^{1}/_{8}$ in)
宽：49 cm ($19^{1}/_{4}$ in)
深：50 cm ($19^{3}/_{4}$ in)
ClassiCon，德国
www.classicon.com

Hi Cut 椅

Philippe Starck
聚碳酸酯
高：78 cm ($30^{3}/_{4}$ in)
宽：48 cm ($18^{7}/_{8}$ in)
深：48 cm ($18^{7}/_{8}$ in)
Kartell，意大利
www.kartell.it

Tototo 可堆叠扶手椅

Hannes Wettstein
聚丙烯
高：75 cm (29 1/2 in)
宽：68 cm (26 3/4 in)
深：58 cm (28 7/8 in)
Maxdesignsrl，意大利
www.masdesign.it

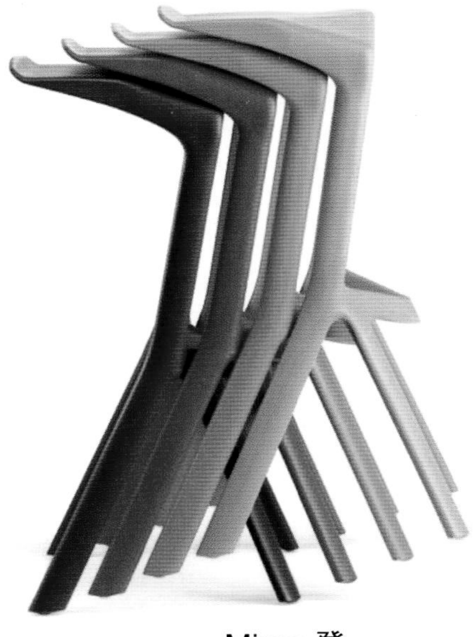

Miura 凳

Konstantin Grcic
增强聚丙烯
高：78 cm (30 3/4 in)
宽：47 cm (18 1/2 in)
深：40 cm (15 3/4 in)
Plank，意大利
www.plank.it

在经过与癌症的漫长斗争之后，50 岁的汉内斯·威特斯坦（Hannes Wettsteine）于 2008 年 7 月英年早逝，而短暂的职业生涯却已经使他在当代设计领域中处于前沿地位。在当前强调设计明星的大环境中，他也许是不够惊艳，也没有像一些其他同时代的设计师一样喜欢高调。因为他不会考虑这些毫无意义的肯定。他喜欢放低身段，也没有时间去做那些华而不实的、一次性或限量版的东西。有一次他对他的朋友，也是设计杂志记者 Sandra Hofmeister 说，如果设计一件特别漂亮的东西，而只有少数怪胎可以在一些限定的地方才能买到，这毫无疑问是没有意义的。对于设计媒体来说他不会迎合陌生人，也不需要这样做。他有技术创新和先进的、无与伦比的简约风格。

威特斯坦于 1958 年在瑞士的阿斯科纳（Ascona）出生，以土木工程师的背景自学设计，主要从事站台的施工和设计。他于 1991 年创立了自己的公司 Zed，随后在产品设计、家具设计、企业形象和室内设计领域获奖无数。知名案例包括 Belux 低电压接触式导线的地铁照明系统；Juliette 堆叠椅，这个设计是他为 Baleri Italia 公司（现在的 CerrutiBaleri 公司）设计的第一个案例，之后又为其设计了许多产品；以及四四方方的 Capri 椅子（见第 216 页），这把椅子成为他们最畅销的产品并获得了 1994 年度的金罗盘奖。在他所致力于的瑞士风格的设计中，最著名的作品恐怕就是为 Ventura 设计的阿尔法数字手表了，产品中有一个可以记录个人数据信息的内置芯片。威特斯坦负责了柏林波茨坦广场君悦酒店的室内设计，并且与美国建筑师斯蒂文·霍尔（Steven Holl）合作完成了位于华盛顿的瑞士大使馆的室内设计。他在灵感突发时，快速不断地绘制草图，表达自己的理念，提出问题，与工作室的成员沟通。他为 Lamy 设计了一款自动铅笔，秉承了他近乎疯狂的自由流动风格。由于这款自动铅笔的笔尖朝前，使用时无须额外施加压力。作为一个工业设计师，他感兴趣的是高科技，着迷的是先进的工艺和专业技巧。他为蔡司公司设计了望远镜和 Diascope 观鸟镜，为瑞士制造商 Piega 设计了声音无法比拟的扬声器，并且是用实验去探索和发现有机发光二极管工业可行方法的先驱之一。与威特斯坦有着 20 年愉快合作经历的 Baleri Italia 创始人 Enrico Baleri 回忆起他时说，“汉内斯总是有好奇心，不断寻找信息，但他设计的首要因素是质量。”威特斯坦在去世前尽可能地采取一切措施确保他的工作室在 Stephen Hürlemann 的带领下，可以继续以他独特的设计理念进行设计。

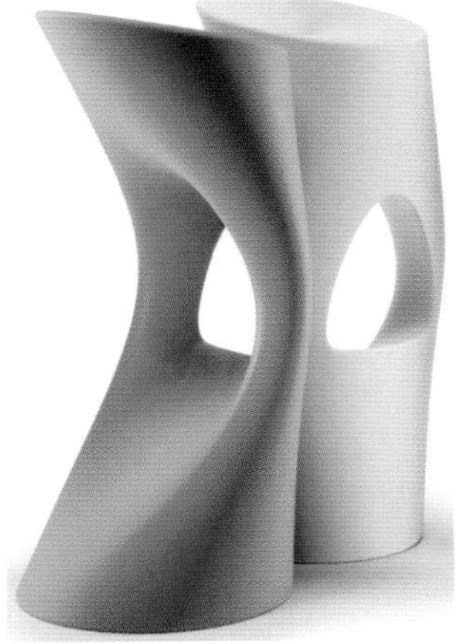

“佛洛依德”（Flod）人体工学凳

Martin Azua,Gaerd Moline
聚氨酯
高：84 cm (33 in)
宽：38 cm (15 in)
深：41.5 cm (16 3/8 in)
Mobles114，西班牙
www.mobles114.com

深入介绍

凳子：旋转体（Sdids of Revolution）

设计：Max Lamb

各种尺寸

材料：蒸压加气混凝土，羊毛毡

制造商：自己生产

我第一次发现马克斯·蓝姆（Max Lamb）时我正在思考一本书的创意。它出现在2006年米兰国际家具展中，皇家艺术学院研究生作品展中一个短暂无声的画面。画面中一个年轻男子动作很快，他在一个荒凉的海滩工作，挖掘沙子，并把熔融的金属倒入他之前做好的模具中，自由拉动，仿佛被施了魔法，就形成了原始的铅锡合金家具的美丽造型。如果没有这段无声的影像片段，我不知道自己是否还会继续那本新书的概念，而它让我如此着迷，提升了我的热情，去找出我们周围的产品是如何制作出来的。蓝姆说他的工作尽可能多地与通信有关，因为那是技术。他坚信事物与人之间的关系非常重要，即产品完全依赖人的参与程度以及人对它的了解。他说，“交流的过程让人们进入一个秘密中，并希望他们能因此着迷”。锡凳（见第23页）构成了蓝姆硕士毕业展“座椅练习”，他将其描述为“一个正在进行的项目，强调的是更多的研究，参与的过程，而不是产品本身”。今天他继续从事这个领域的事情，开发设计语言并沉浸于制作方法的研究，寻找出替代方法，探索当地的技术为基础的产业与手工技术和常用材料相结合，他有时会在其中加入数字流程和高科技。

在短时间内他用手工进行简单直接的制作，借助于简单的工具（锤子和凿子），有时也用机器，无论使用什么材质或制作过程，都着眼于内在品质。这为他赢得了一定程度的成功，这在毕业仅仅四年的设计师中非常罕见。他为Tom Dixon公司设计过限量版作品——The Gallery Libby Sellers艺术馆的椅子；为Habitat设计过一款商业化的产品。他曾经以组展的方式展示其作品，在约翰逊交易画廊举办个展。他展示了用巨石打磨出的家具，将石头打磨成看似自然形成却有使用功能的造型（见80页）。

作品“旋转体”（包括混凝土凳和羊毛毡两个系列，将它们安装在车床上，之后绕轴旋转）让蓝姆与朱莉亚·罗蒙（Julia Lohmann），马蒂诺·甘珀尔（Martino Gamper）和Kram/Weisshar一起在2008年的巴塞尔迈阿密设计博览会（Besign Miami Basel）中赢得了未来设计师称号的荣誉，他们在这两种材料的制作中担任了主要工作。蓝姆对羊毛的密度以及混凝土可以轻到什么程度非常着迷，这两种截然相反的材料可以在重量和属性上非常接近。随后他开始试着将两种材料合二为一。正如他的格言所说，“设计是过程，这也是材料的成果。”

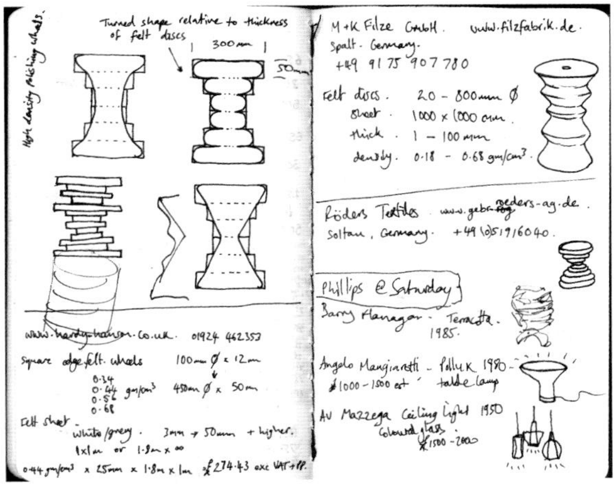

01 “旋转体”始于 Lamb 对材料的密度研究，与建筑公司以及英国的羊毛供应和处理商都建立了联系。

02 这两个系列都是用预成型制品制成，这些预成型制品原本是利用旋转加工成型的工业用品。该混凝土块使用了 18 个蒸压多孔混凝土构建（每个凳子）而成。

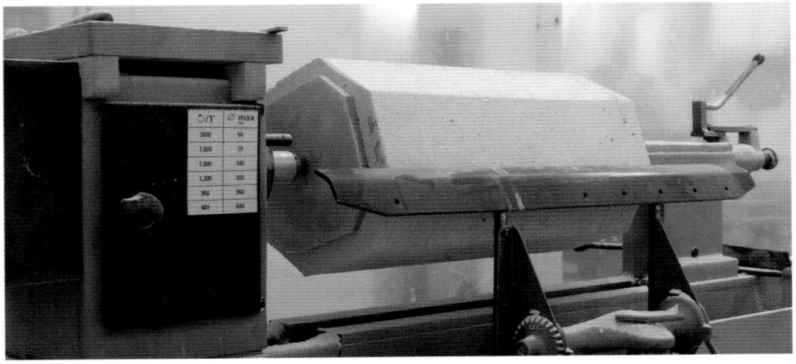

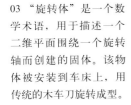

03 “旋转体”是一个数学术语，用于描述一个二维平面围绕一个旋转轴而创建的固体。该物体被安装到车床上，用传统的木车刀旋转成型。

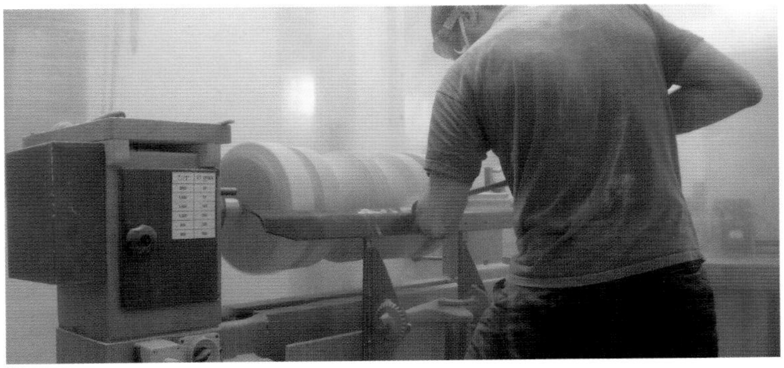

04 每一个凳子都是与众不同的，没有一个是预先确定的。每一个凳子都是它之前一个的后续，并作为蓝姆测试他使用机床的能力的结果。

05 发泡混凝土中含有大量空气，包含在细胞状结构中，它比混凝土轻五倍，并且易于加工。

06 羊毛被加工成羊毛毡。如果该过程继续进行并增大压力，就会形成类似木材质地的天然织物块，可以用于机器加工。凳子就是不同直径的层压毡片块。每个都有不同的机器边缘切面（由于所使用的切割盘不同），主要用于金属、玻璃和石材的切割。

“5”（Five）可调吧台凳

Enzo Berti
钢，木材，织布面料
高：70.5 ～ 89.5 cm (27³/₄ ～ 35¹/₄ in)
宽：40 cm (15³/₄ in)
深：39 cm (15³/₈ in)
Bross Italia，意大利
www.bross-italy.com

Ribbon 凳

Nendo
钢
高：44 cm (17¹/₄ in)
直径：57.5 cm (14³/₄ in)
Cappellini，意大利
www.cappellini.it

Tato Tattoo 座椅或脚凳

Denis Santachiara
无氟软性聚氨酯，塑料
高：41.5 cm (16³/₈ in)
宽：44 cm (17¹/₄ in)
深：65 cm (25⁵/₈ in)
Baleri Italia，意大利
www.baleri-italia273/4.it

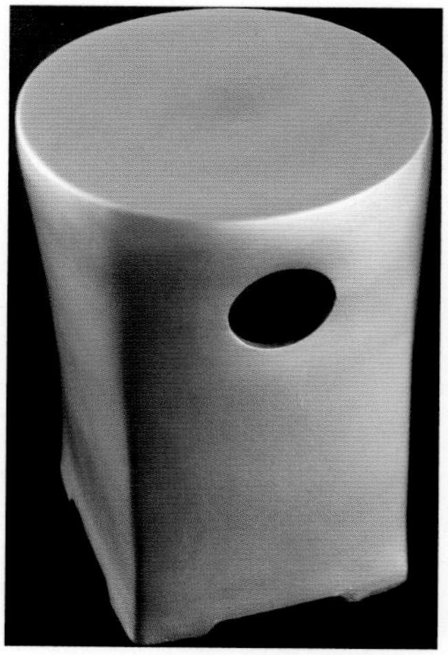

“天地”凳

Jiang Qiong Er
陶瓷
高：48 cm (18⁷/₈ in)
直径：35 cm (13³/₄ in)
Artelano，法国
www.artelano.com

“天地”凳的名称来源于一句中国的古话“天圆地方”。这两者的结合是想表达平静与和谐的涵义。“天地”凳底座为方形，使用中国传统的陶瓷工艺加工而成。圆孔不仅仅有装饰作用，还可用于凳子的搬运，还可以在凳子里面放蜡烛，加热瓷座。

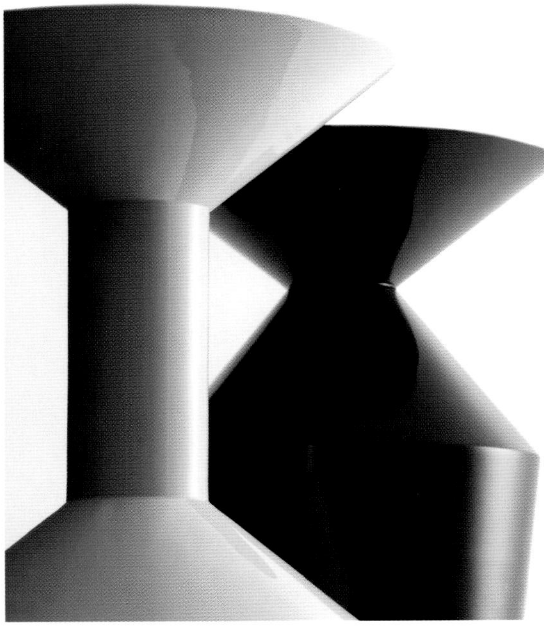

Shape 咖啡桌，凳

中密度纤维板
高：45 cm ($17^{3}/_{4}$ in)
直径：38 cm (15 in)
Viccarbe，西班牙
www.viccarbe.com

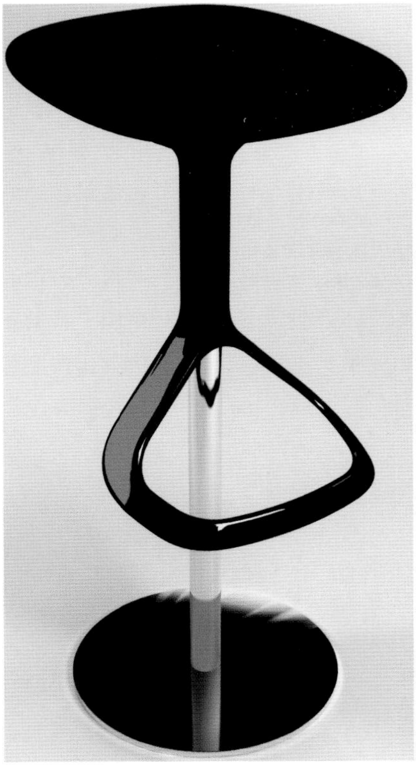

Iox 吧凳

Pearson Lloyd
压模塑料，镀铬钢
高：135 cm ($53^{1}/_{8}$ in)
宽：75 cm ($29^{1}/_{2}$ in)
深：72 cm ($23^{3}/_{8}$ in)
Walter Knoll，德国
www.walterknoll.de

“土星”（Saturn）边桌，凳

Barber Osgerby
山毛榉实木
高：44 cm ($17^{1}/_{4}$ in)
宽：40 cm ($15^{3}/_{4}$ in)
深：40.5 cm (16 in)
ClassiCon，德国
www.classicon.com

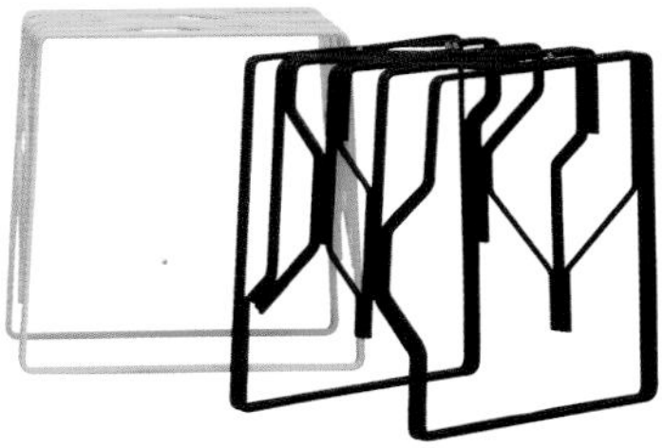

“地铁”（Metro）凳

Peter Johansen
喷涂钢架
高：40 cm ($16^{1}/_{8}$ in)
宽：29 cm ($11^{3}/_{8}$ in)
深：36 cm ($14^{1}/_{4}$ in)
Hay，丹麦
www.hayshop.dk

服务桌，Love 系列 PO/0810 号作品

Stephen Burks
可再生纸
高：40 cm ($15^3/_4$ in)
宽：45 cm ($17^3/_4$ in)
深：45 cm ($17\ ^3/_4$ in)
Cappellini，意大利
www.cappellini.it

Love 系列是朱利奥·卡佩里尼（Guilio Cappellini）与斯蒂芬·伯克斯（Stephen Burks）合作为 Cappellini 设计的新的环保意识标签。这个桌子是由旧杂志碎片（ 说原型是使用《Domus》和《Wallpaper》杂志的复印件，我希望这不是对该出版物所做的评论）和无毒固化剂做成。这种纸是由南非的工匠手工分层的，因此在纸型、密度、颜色和图案等方面有很大差异。该系列设计是由伯克斯和非营利机构“帮助工匠”，以及南非、秘鲁和墨西哥的自然保护协会合作完成的，旨在寻求将手工技术与创新方法相结合的设计方式，为设计寻找国际销路。

“针织”（Tricot）扶手椅

GaelleLauriot-prevost
皮革
高：71 cm (28 in)
宽：135 cm ($53^1/_8$ in)
深：115 cm ($45^1/_4$ in)
Poltrona Frau，丹麦
www.poltronafrau.it

Maui 椅

Terry Dwan
由 75 cm ($29^1/_2$ in) 的雪松凿成
Riva 1920，意大利
www.riva1920.it

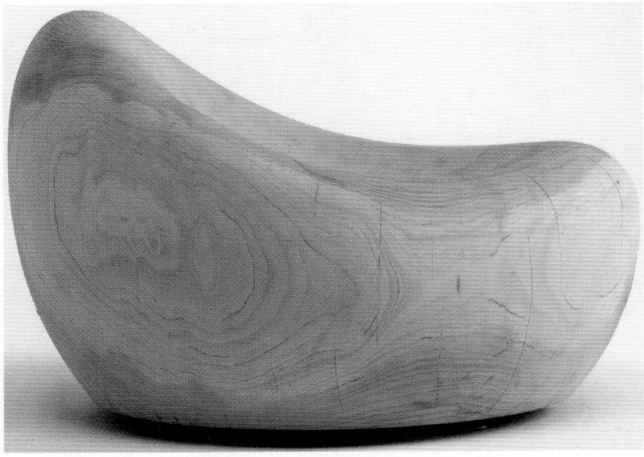

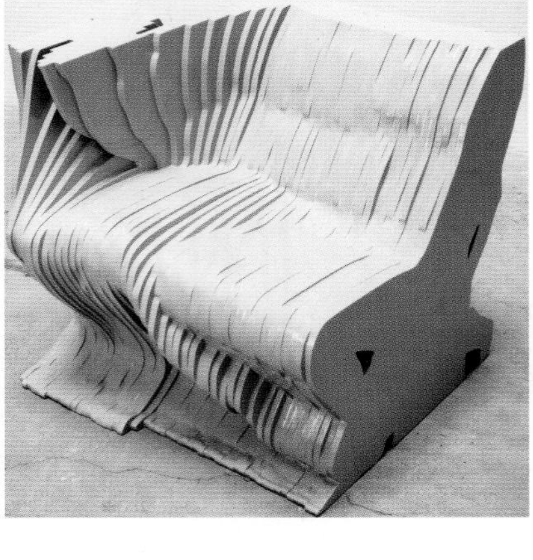

Muybridge 椅

Richard Hutton
木材
高：80 cm ($31^1/_2$ in)
宽：85 cm ($33^1/_2$ in)
深：80 cm ($31^1/_2$ in)
www.richardhutten.com

Muybridge 椅是用数控切割机切割而成的，其造型为 Richard Hutten 从坐姿刚刚站起来的自画像，其灵感来自 10 世纪摄影师 Eadweard Muybridge(1930—1904) 的作品。

“扭”（Wiggle）凳

Frank Gehry
再生瓦楞纸，漆侧板
高：40.6 cm (16 in)
宽：40 cm (15³/₄ in)
深：43.2 cm (17 in)
Vitra，瑞士
www.vitra.com

弗兰克·盖里（Frank Gehry），普利策奖得主，美国建筑师。第一次受到公众关注是 1972 年他所设计的 Easy Edge 纸板家具，Easy Edge 赋予了这种日常材料以一个全新的并且令人惊讶的审美维度，并传达了雕塑家具的概念。这件作品有着犹如其建筑一般的坚固性和机构稳定性。“扭”凳由 Vitra 制造，这是这件标志性的设计第一次批量生产。

“没什么要隐藏”（nothing to Hide）凳

Willem de Ridder
皮革
各种尺寸
Brainporte Eindhoven 设计工厂，丹麦
www.designfactorybrainporteinhoven.com

这些有趣的小凳子看似好像内部有支撑，实则为中空结构。它们是由皮革以及外围被披上“麻袋”的不对称模具构成。将模具和材料用水煮，热水会让皮革更紧实，然后将其冷却后变硬。拿掉模具之后，皮革形状固定并且强度可以支撑人坐在上面的重量。

Ladycross 椅

Max Lamb
石材
各种尺寸
Max Lamb，英国
www.maxlamb.org

自从 2006 年从皇家艺术学院毕业后，针对材料的内在品质和原始工艺的实验对于马克斯·蓝姆（Max Lamb）作品的形成很有帮助。没有什么比他最近所做的雕塑家具更加清楚了，这些家具是用从意大利的 La Cernia，英国的 Ladycross，英国和美国卡茨基尔三角洲所采来的石头制成。“我尽量忠实于材料，一般只使用一种材料并用其基本形式。我要庆祝并利用每一种材料固有的视觉和功能特性、性质以及品质。使用单一材料有助于表现材料本身。我相信我的方法是有逻辑性并且合理的，我从不会强制使用材料，而是引导其成为某种表达形式的功能，却又看似浑然天成”。桌子和椅子是由露天开采的岩石制成，用圆锯片切割。蓝姆找到和他心目中相似的那块石头，并且有天然的裂缝，正好可以从那里切割。然后他用一把石匠锤负责完成这个“反设计”过程。“每一块石头都表达了一件不同的事情，”他说，“我没有在设计，在某种程度上这是我失去设计身份的一种方式”。

沙发和床

Zodiac 沙发

Estudio Mariscal
镀铬钢管，阻燃泡沫，贴面胶合板
两人座沙发：
高：81 cm (31 7/8 in)
宽：173 cm (68 1/8 in)
深：93 cm (36 5/8 in)
边桌：
高：50 cm (19 5/8 in)
宽：50 cm (19 5/8 in)
深：52 cm (20 1/2 in)
Uno Design，西班牙
www.uno-design.com

波普（Pop）沙发

Piero Lissoni, Carlo Tamborini
羽绒枕，塑料板条，聚碳酸酯，沙发软包材料
高：70 cm (27 1/2 in)
宽：175 cm (68 7/8 in)
深：94 cm (37 in)
Kartell，意大利
www.kartell.it

丰满的（Plump）沙发

Nigel Coates
核桃木，棉绒，亚麻
高：98 cm (38 1/2 in)
宽：200 cm (78 3/4 in)
深：110 cm (43 1/4 in)
Fratelli Boffi，意大利
www.fratelliboffi.it

“赫本”（Hepburn）沙发

Matthew Whilton
木材，织布面料
模块尺寸：
高：27 cm (10$^5/_8$ in)
宽：37 cm (14$^1/_2$ in)
深：37 cm (14$^1/_2$ in)
De La Espada，英国
www.delaespada.com

Ami 深沙发

Francesco Rota
钢结构，聚氨酯，聚酯
高：37 cm (14$^1/_2$ in)
宽：157 cm (61$^7/_8$ in)
深：139 cm (54$^3/_4$ in)
Paola Lenti，意大利
www.paolalenti.it

“星云”（Nubola）沙发

Geatano Pesce
聚氨酯，羽毛，织布面料，木材
高：98 cm (38$^1/_2$ in)
宽：277 cm (109 in)
深：115 cm (45$^1/_4$ in)
Meritalia，意大利
www.meritalia.it

“圣马丁”（St.Martin）沙发

Arik Levy
钢，阻燃聚氨酯靠垫，合成材料
高：68 cm (26$^3/_4$ in)
宽：192 cm (75$^5/_8$ in)
深：99 cm (39 in)
Baleri Italia，英国
www.baleri-italia.com

“盒子”（Box）沙发

Seyhan Ozdemir, Sefer Caglar
橡木 / 胡桃木，织布面料 / 真皮内衬
高：70 cm (27$^1/_2$ in)
宽：220 cm (86$^1/_2$ in)
深：80 cm (31$^1/_2$ in)
Autoban，土耳其
www.autoban-delaespada.com

Xarxa 坐垫

Marti Guixé
织布面料，可支撑靠垫
高：10 cm (3$^7/_8$ in)
宽：93 cm (36$^5/_8$ in)
深：93 cm (36$^5/_8$ in)
Danese，意大利
www.danesemilano.com

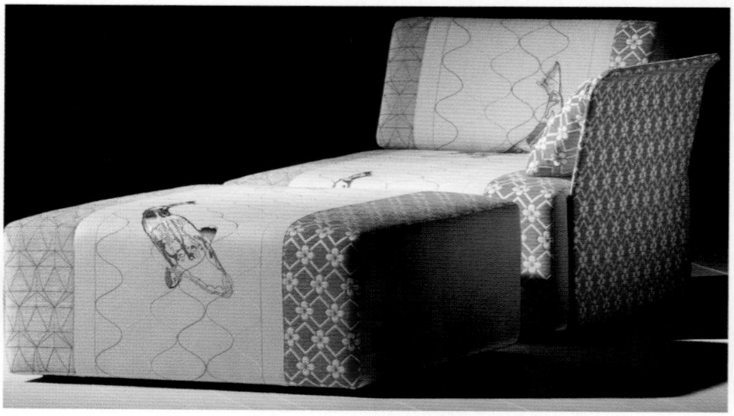

“寿司”系列 Blackseat 沙发

Edward Van Vliet
塑料，铝，穿孔三合板，织布面料
各种尺寸
Morosa，意大利
www.moroso.it

Sinuosa 沙发

Andrée Putman
榉木 / 杨木，靠垫
高：75 cm (29 1/2 in)
宽：118 cm (46 1/2 in)
深：73 cm (28 3/4 in)
Poltrona Frau，意大利
www.poltronafrau.it

Sun-Ra 沙发

Michael Young
铝，泡沫，织布面料
高：150 cm (59 in)
宽：176 cm (69 1/4 in)
深：91 cm (35 7/8 in)
Accupunto，印尼
www.accupunto.org

“殿下”（Monseigneur）沙发

Philippe Starck
不锈钢，木材，聚氨酯，皮革
高：82 cm (32 1/4 in)
宽：201 cm (79 1/8 in)
深：82 cm (32 1/4 in)
Driade，意大利
www.driade.com

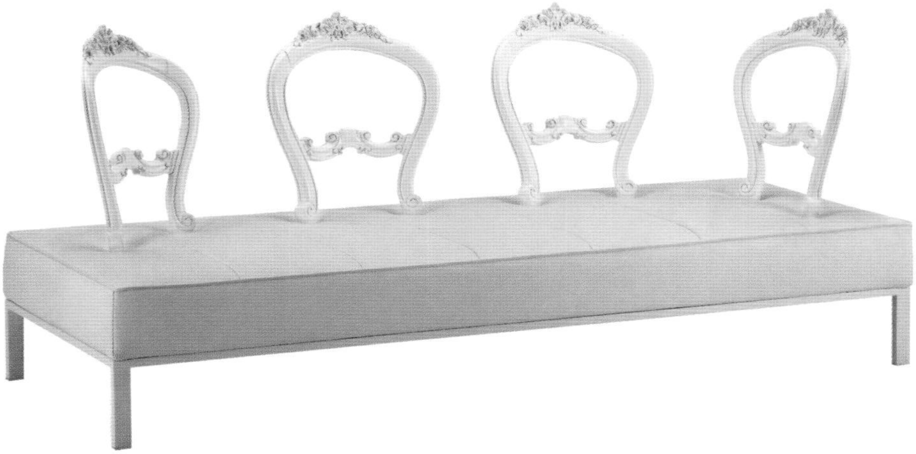

“时尚”（Vogue）沙发

Alessandro Dubini
聚氨酯，泡沫，中密度纤维板，钢
高：89 cm (35 in)
宽：207 cm (81 1/2 in)
深：75 cm (29 1/2 in)
Zanotta, 意大利
www.zanotta.it

“树抱”（Tree Hug）懒人沙发

Donna Wilson
羊毛，棉，聚氨酯球
高：150 cm (59 in)
宽：90 cm ($35^1/_2$ in)
深：60 cm ($23^5/_8$ in)
Case Furniture，英国
www.casefurniture.co.uk

“茄子”（Aubergine）沙发

Xavier Lust
钢架，聚氨酯，洗水棉，织布面料
高：112 cm (44 in)
宽：213 cm ($83^7/_8$ in)
深：103 cm ($40^1/_2$ in)
MDF Italia，意大利
www.mdfitalia.it

“皮肤”（Skin）沙发

Jean Nouvel
皮革，预应力钢管结构
高：67 cm ($26^3/_8$ in)
宽：210 cm ($82^5/_8$ in)
深：96 cm ($37^3/_4$ in)
Molteni&C，意大利
www.molteni.it

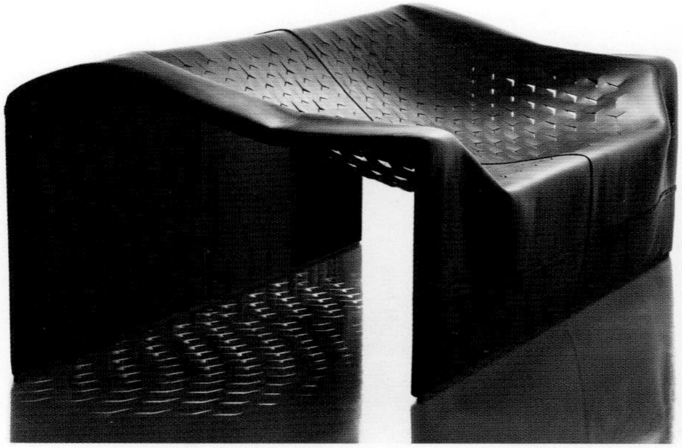

Flos 沙发 / 脚凳

Jasper Morrison
聚氨酯，钢，橡木，沙发软包材料
沙发：
高：74 cm ($29^1/_8$ in)
宽：140 cm ($55^1/_8$ in)
深：72 cm ($28^3/_8$ in)
脚凳：
高：40 cm ($15^3/_4$ in)
宽：210 cm ($82^5/_8$ in)
深：70 cm ($27^1/_2$ in)
Cappellini，意大利
www.cappellini.it

Bora Bora 组合沙发

Piergiorgio Cazzaniga 和 Andrei Munteanu
木材，聚酯，钢，沙发软包材料
高：61 cm (24 in)
宽：390 cm (153$^1/_2$ in)
深：300 cm (118$^1/_8$ in)
MDF Italia，意大利
www.mdfitalia.it

“褶皱”（Pleats）沙发

Stephen Burks
硬木，阻燃高回弹海绵，褶皱织布面料，粉末涂层钢板
高：66 cm (26 in)
宽：176 cm (69$^1/_4$ in)
深：90 cm (35$^3/_8$ in)
Modus，英国
www.modusfurniture.co.uk

“全景”（Panorama）沙发

Emmanuel Babled
聚氨酯泡沫，钢
高：54 cm (21$^1/_4$ in)
宽：150 cm (59 in)
深：96 cm (37$^3/_4$ in)
Felice Rossi，意大利
www.felicerossi.it

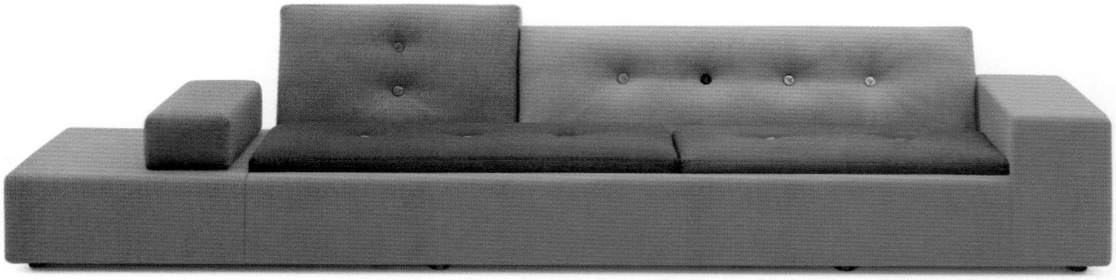

Polder 沙发

Hella Jongerius
木材，聚氨酯泡沫，聚酯羊毛
高：100 cm ($39^{3}/_{8}$ in)
宽：333 cm ($131^{1}/_{8}$ in)
深：100 cm ($39^{3}/_{8}$ in)
Vitra，瑞士
www.vitra.com

“多米诺”沙发

Emaf Progetti
钢，聚氨酯 / 杜邦涤纶
高：84 cm (33 in)
宽：312 cm ($122^{7}/_{8}$ in)
深：222 cm ($87^{3}/_{8}$ in)
Zanotta，意大利
www.zanotta.it

“展翅”（Uolant）沙发

Patricia Urquiola
阻燃聚氨酯泡沫，钢
高：77 cm ($30^{3}/_{8}$ in)
宽：225 cm ($88^{5}/_{8}$ in)
深：103 cm ($40^{1}/_{2}$ in)
Moroso, 意大利
www.moroso.it

Volage 沙发

Philippe Starck
铝制框架，洗水棉，沙发软包材料
高：66 cm (26 in)
宽：242 cm ($95^{1}/_{4}$ in)
深：95 cm ($37^{3}/_{8}$ in)
Cassina，意大利
www.cassina.com

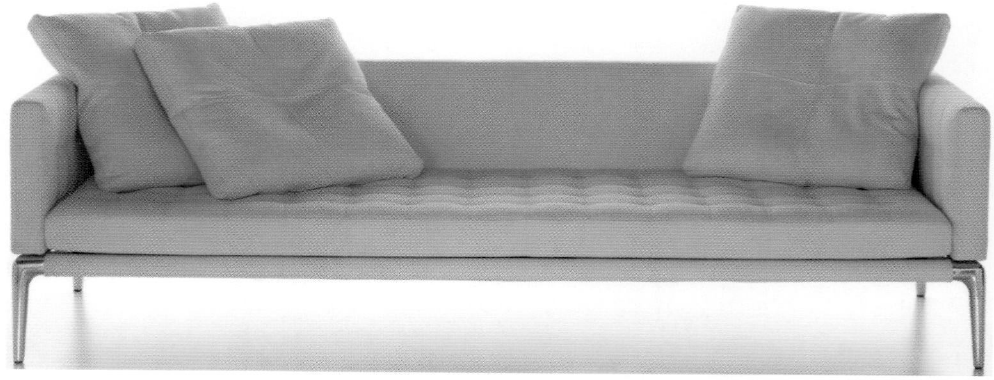

So 模块化沙发

Francesco Rota
木材，聚氨酯泡沫，化纤面料，钢
各种尺寸
Paola Lenti，意大利
www.paolalenti.it

“大汗”（Gran Khan）沙发

Francesco Binfaré
皮革，木棉花
高：38 cm (15 in)
宽：300 cm (118$^{1}/_{8}$ in)
深：276 cm (108$^{5}/_{8}$ in)
Edra，意大利
www.edra.com

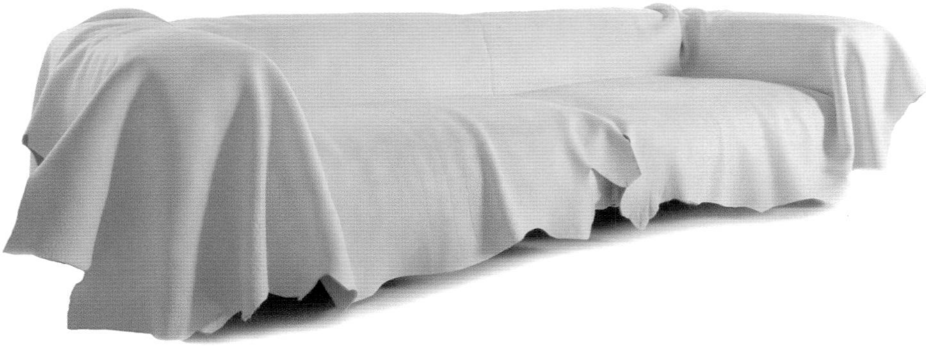

“国王”（King）模块化沙发组合

Thomas Sandell
木材，冷泡沫阻燃纤维，内衬
高：70 cm (27$^{1}/_{2}$ in)
宽：115 cm (45$^{1}/_{4}$ in)
深：115 cm (45$^{1}/_{4}$ in)
Offect，瑞典
www.offecct.se

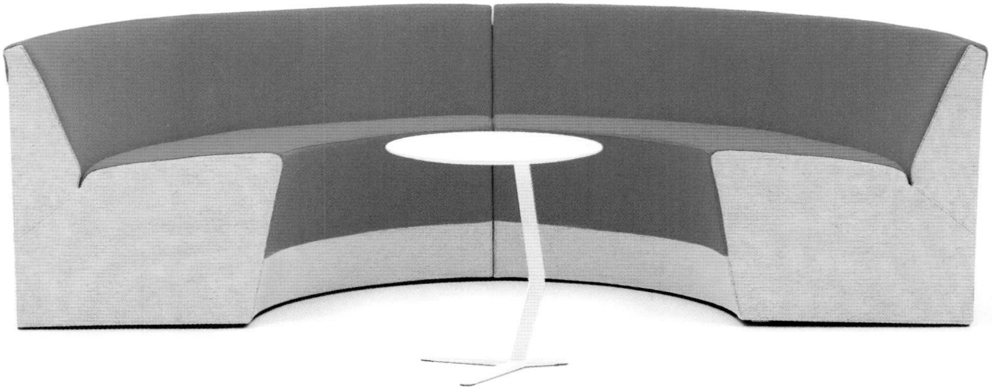

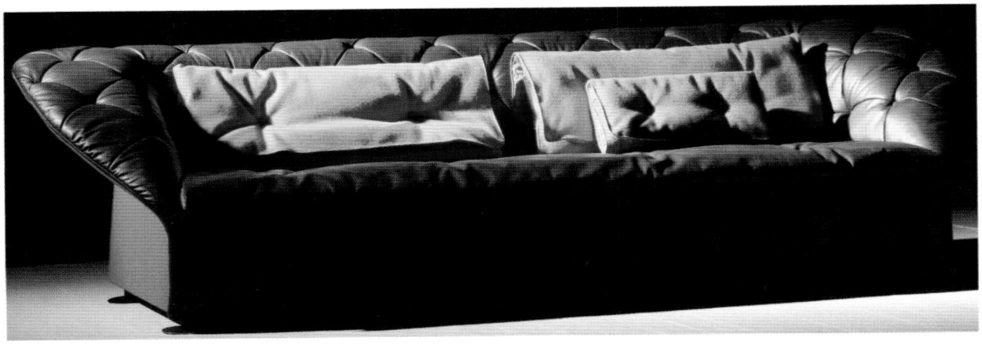

“波西米亚”（Bohemian）沙发

Patricia Urquiola
专用纺织布，仿皮革，靠垫
高：73 cm (28$^{3}/_{4}$ in)
宽：28 cm (110$^{1}/_{4}$ in)
深：114 cm (44$^{7}/_{8}$ in)
Moroso，意大利
www.moroso.it

Shiraz SF03 沙发

Philipp Mainzer, Farah Ebrahimi
木材，聚酯和聚酯泡沫，羽绒
高：85 cm ($33^1/_2$ in)
宽：180 cm ($70^7/_8$ in)
深：96 cm ($37^3/_4$ in)
E15，德国
www.e15.com

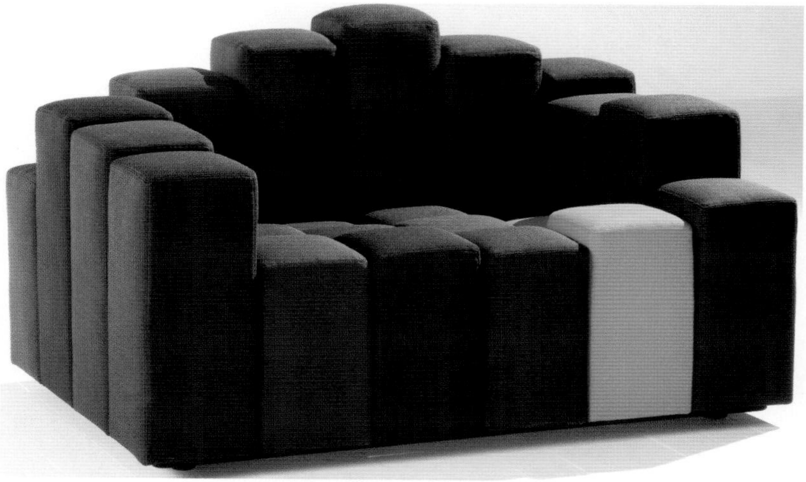

Do-Lo Rez 模块化沙发

Ron Arad
聚氨酯泡沫
每个模块尺寸：
高：27.5 ～ 83 cm ($10^7/_8$ ～ $32^5/_8$ in)
宽：21 cm ($8^1/_4$ in)
深：21 cm ($8^1/_4$ in)
Moroso，意大利
www.moroso.it

Misfits 模块化沙发组合

Ron Arad
聚氨酯泡沫，聚酯纤维填充物
高：97.8 cm ($10^7/_8$ ～ $32^5/_8$ in)
宽：100 cm ($39^3/_8$ in)
深：100 cm ($39^3/_8$ in)
Moroso，意大利
www.moroso.it

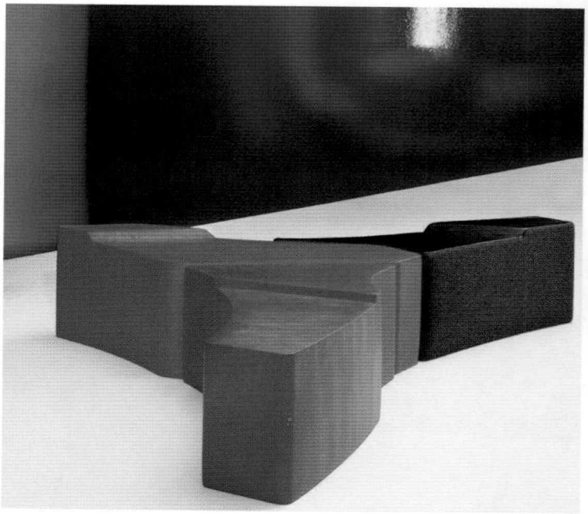

Deer 模块化沙发组合

Arne Quinze
沙发软包材料，聚氨酯
高：39 cm ($15^3/_8$ in)
宽：239 cm (94 in)
深：243 cm ($95^5/_8$ in)
Moroso，意大利
www.moroso.it

“我的美丽靠背 261”沙发

Nipa Doshi, Jonathan Levien
羊毛，丝绸，棉，织布面料，毡，漆木
高：99 cm (39 in)
宽：261 cm (102$^3/_4$ in)
深：89 cm (35 in)
Moroso，意大利
www.moroso.it

“可能”（Possible）坐的雕塑

Robert Stadler
软垫，漆板
高：118 cm (46$^1/_2$ in)
宽：260 cm (102$^3/_8$ in)
深：158 cm (62$^1/_4$ in)
Robert Stadler Studio，法国
www.robertstadler.net

“勺子”（Scoop）沙发

Zaha Hadid
GRP 与珠光面漆
高：83 cm (32$^5/_8$ in)
宽：390 cm (153$^1/_2$ in)
深：141 cm (55$^1/_2$ in)
Sawaya Moroni，意大利
www.sawayamoroni.com

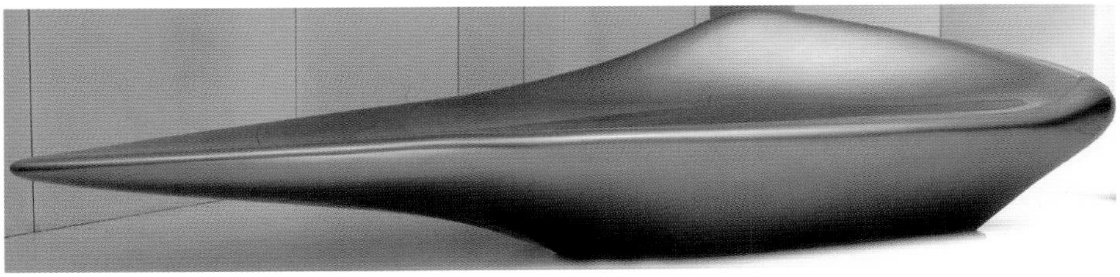

“阳光躺椅”户外座椅

Tord Bootje
塑料
高：94 cm (37 in)
宽：60.9 cm (24 in)
深：162.6 cm (64 in)
Moroso，意大利
www.moroso.it

关于设计与艺术的探讨正在招致争议。无论是赞同、反对还是犹豫不决，与设计相关的媒体和论坛中已经有许多相关的文章。当代艺术画廊为了适应潮流已开始实行多种经营，开始推销和展示限量版作品，而且拍卖行现在也从事专用设计收藏品的销售。

飞利浦拍卖行的设计总监 Alexander Payne 在 1999 年创造了“设计 - 艺术”这个词组，为了区分纯艺术或应用艺术，而产品设计所占的比重则是一次性的或者非常少。2005 年，迈阿密 / 巴塞尔设计博览会（Design Miami/Basel）作为巴塞尔艺术学会的分支成立，巴塞尔学会一年有两次当代艺术展示，作为一个收集、展示、讨论和创造限量版的设计的平台。紧接着是 2008 年伦敦设计展（Design London）的开幕式，与 Frieze 艺术博览会同时进行，进一步强调了这个利润丰厚的协同合作的可能性。

对于公众来说，他们需要花时间接受和欣赏新的艺术形式，对设计来说也是这样。“设计 - 艺术”被一些人怀疑，但一定程度上这只是术语的原因。设计，当然是有美感的，将永远是艺术。前者是我们可以学习的行业，而后者则是与生俱来的天赋。设计师们受到经济或技术考量的制约，而艺术家是为了寻求深刻并质疑我们的文化假设。纽约当代艺术博物馆建筑与设计部门的高级策展人 Paola Antonelli 在接受《Ambidextrous》杂志记者采访时说，“事实上，艺术家可以选择为一些人工作，对一些人负责，或者反之”。她继续说，“这几乎就像是设计师们说了希波克拉底誓言。即使他们打算如此，他们看起来像是在做一些反传统的东西，或者是不计后果的，但他们在心里仍然有人类进步。”

将“艺术”一次用于设计有点混淆概念。现在，飞利浦拍卖行里所有展品都按照“当代艺术”或“当代设计”分类，“设计 - 艺术”已经被公认成为设计的一个方面，而 Alexader Payne 却从他自己创造的这个概念中慢慢脱离出来。最近在伦敦 Rabih Hage 画廊展开的一场争论导致包括 Payne 在内的一些设计专家提出“那些被贴上‘设计 - 艺术’运动标签的替代品”，从平淡无奇的新巴洛克主义，新表现主义，手工艺复兴，到亵渎 - 俗语甚至迪拜的雅致。

无论你想怎么样称呼它，在我们这个对材料纵欲过度的世界里，设计在发挥文化和创意特长以打击全球化和同质化的恶劣影响方面，变得越来越重要，而这些富有表现力的艺术作品在其中扮演重要的角色。尽管这种小众化会让人皱起眉头，但我们不应该过分强调成本因素。限量版为欣赏艺术家潜在的创造力提供了条件，使他们的工作不受批量生产的制约；他们是充满愿望、期望和影响力的。设计大师 Jasper Morrison 在接受采访时认为，设计师应该是人工环境的守护者，并谴责了那些强调创造性的自我的言论。现在他的观点已经变得柔和，“我曾经认为限量版都是魔鬼，但现在我没有那么坚持了，现在我看到，它们是新创意的试验田，甚至其中有一些会变成批量生产的物品。”

这个问题是负责任的。我对于设计已经像艺术一样被展览和收藏的现状没有疑问。有关“设计 - 艺术”趋势让我感到担忧的是，它不被实体化的论调所支持。和它相比较而言的之前的活动背后都有很强的合理性。例如，工艺美术运动起源于经济衰退，并且在批量生产和经济制造方面提升了手工艺人的地位。而以孟菲斯等人为主要代表人物的后现代主义，是工匠、建筑师和设计师共同对现代主义的要求进行评论。他们的工作产生了连锁效应，影响了许多人。显然，现在去说今天的标志性作品是否会转换为明天的经典设计为时尚早，但由于没有理智的理论支持，它们显得有点孤单。它们也许是鼓舞人心的，并且质疑了艺术、手工艺和设计的边界，但大部分仅仅是由画廊资助而作为收藏品，被媒体大肆宣传，并加入了对知名设计师的盲目崇拜。这种趋势对于年轻设计师的诱惑让他们变得疯狂，他们创造出许多没有使用功能，也不从用户体验出发的家具设计作品。《Icon》杂志最近所做的一项有关限量版设计是否正在对设计毕业生的职业生涯产生影响的调查结果令人非常不安，近一半的人不置可否或者想为收藏而设计。而事实是只有非常少数的设计师可以被画廊选出，拥有创作自由、财富和媒体知名度，但这个现象确实对相当多默默无闻的设计师产生了很大影响。

设计历来依靠功能和生产行业，而不只有艺术诉求。在现如今多元化的气候中，可以有两者并行的空间，因为设计藏品不被视作为设计师、生产商和画廊老板实现批量化的性能要求，而是他们大赚一笔的契机。15 年以来乐观的经济形势鼓励这种界限模糊，但 2008 年 10 月索斯比拍卖行有一半的设计藏品没有拍出，这样一来，看看在经济衰退期间会发生什么就变得有意思了，目前高昂的价格是不是可以维持。可以肯定的是，这些富有情感的、扩张性的和探索性的作品已经永久性地扩展了我们对设计的定义，让我们再重新审视设计师的作用，这肯定不是一件坏事。

“保镖”（Bodyguards）雕塑家具

Ron Arad
铝
各种尺寸
Ron Arad Associates，英国
www.ronarad.com

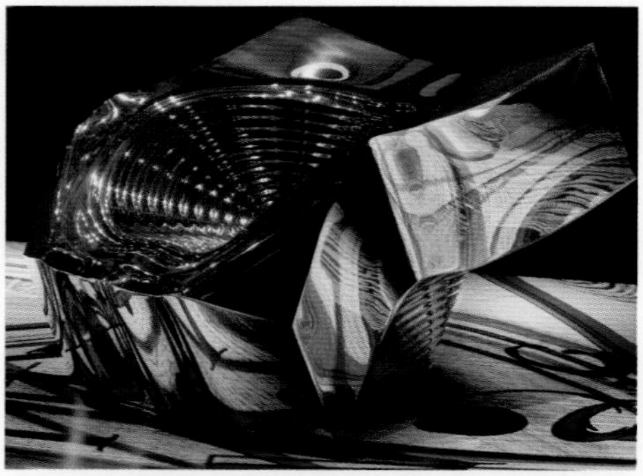

“翻滚”（RollOver）沙发

Nigel Coate
喷涂铝，手编合成纤维，聚氨酯垫脚
高：90 cm ($35^{1}/_{2}$ in)
宽：213 cm ($83^{7}/_{8}$ in)
深：116 cm ($45^{5}/_{8}$ in)
Varaschin，意大利
www.varashin.it

“神曲”（Dirina）沙发

Fabio Novembre
不锈钢，聚氨酯泡沫，皮革
高：143 cm ($56^{1}/_{4}$ in)
宽：240 cm ($94^{1}/_{2}$ in)
深：105 cm ($41^{3}/_{8}$ in)
Driade，意大利
www.driade.com

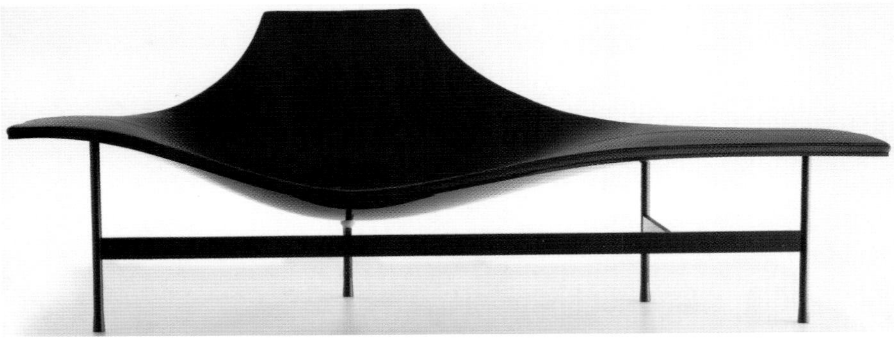

“终点站”（Terminal）沙发床

Jean-Marie Massaud
皮革
高：78 cm ($29^{1}/_{8}$ in)
宽：201.6 cm ($79^{3}/_{8}$ in)
深：80 cm ($31^{1}/_{2}$ in)
B&B Italy，意大利
www.bebitalia.com

“丰满的”（Chubby）沙发

Marcel wanders
聚氨酯
高：56 cm (22 in)
宽：130 cm ($51^{1}/_{8}$ in)
深：120 cm ($47^{1}/_{4}$ in)
Side Design，意大利
www.sidedesign.it

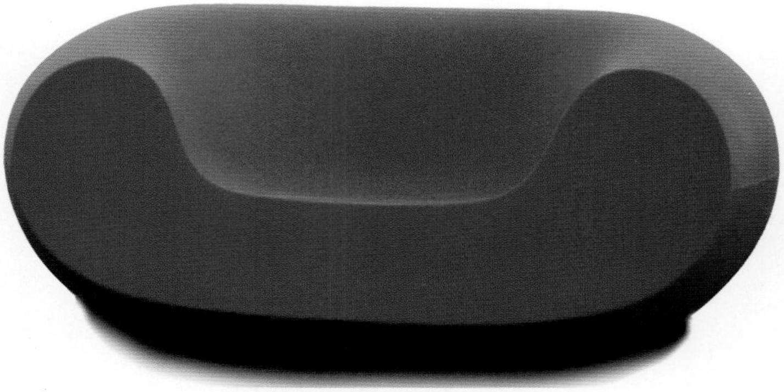

“交集”（Intersection）模块化沙发组合

Philippe Nigro
纤维，聚氨酯泡沫
各种尺寸
Via，法国
www.via.fr

奥兰多（Orlando）沙发

Stefano Gaggero
藤条，聚氨酯，涤纶
高：120 cm ($47^{1}/_{4}$ in)
宽：177 cm ($69^{5}/_{8}$ in)
深：88 cm ($34^{5}/_{8}$ in)
Vittorio Bonacina，意大利
www.bonacinavittorio.it

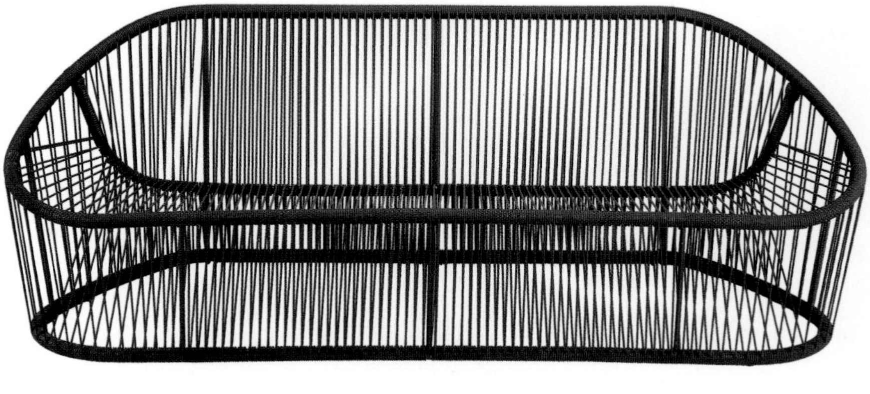

“俱乐部”（Club）室内外沙发

Prospero Rasulo
钢，尼龙 PVC 线
高：64 cm ($25^{1}/_{4}$ in)
宽：190 cm ($74^{3}/_{4}$ in)
深：78 cm ($30^{3}/_{4}$ in)
Zanotta，意大利
www.zanotta.it

Seracs 模块化沙发组合

Alfredo Haberli
Kvadrat 织物，聚氨酯泡沫，木材
各种尺寸
Fredericia 家具，意大利
www.fredIricia.com

Kochy 沙发

Karim Rashid
钢架，聚氨酯泡沫内衬，尼龙
高：64 cm ($25^1/_4$ in)
宽：257 cm ($101^1/_4$ in)
深：145 cm (57 in)
Zanotta，意大利
www.zanotta.it

"迷宫"（A-maze）躺椅

Hannes Wettstein
扭曲棉，纺尼龙线，塑料醋酸
高：81.3 cm (32 in)
宽：89 cm (35 in)
深：152 cm ($59^7/_8$ in)
Baleri Italia，意大利
www.baleri-italia.com

Chantilly 沙发

Inga Sempé
内部框架，坐垫，沙发专用缎面披覆材料
每个模块尺寸：
高：94 cm (37 in)
宽：45 cm ($17^3/_4$ in)
深：115 cm ($45^1/_4$ in)
Edra，意大利
www.edra.com

“行军床”（Charpoy）沙发床

Nipa Doshi Jonathan Levien
手工棉和丝绸床垫，木材，聚氨酯泡沫，毛毡
各种尺寸
Moroso，意大利
www.moroso.it

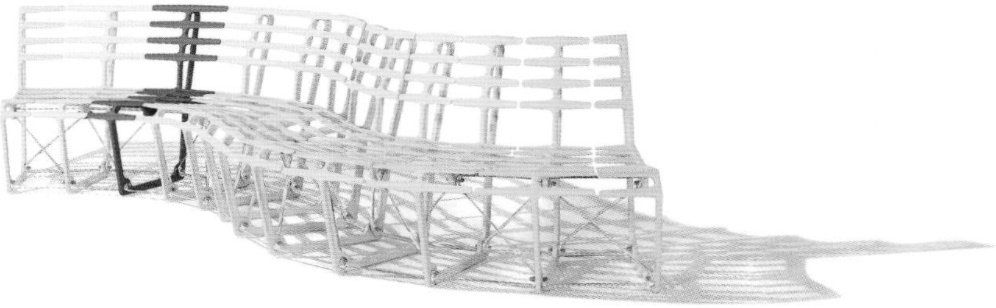

“铸铁”（Ghisa）模块化座椅

Riccardo Blumer, Matteo Borghi
板层铸铁
各种尺寸
Alias 设计，意大利
www.aliasdesign.it

E-turn 造型椅

Brodie Neil
玻璃漆
高：42 cm ($16^1/_2$ in)
宽：185 cm ($72^7/_8$ in)
深：54 cm ($21^1/_4$ in)
Kundalini，意大利
www.kundalini.it

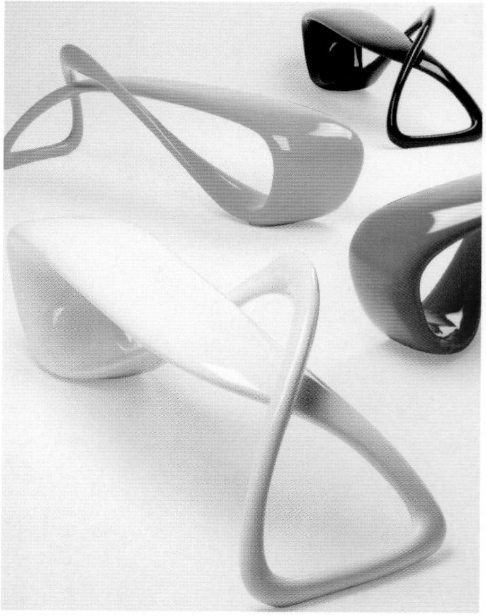

“月亮”（Moon）沙发

Zaha Hadid
钢管，聚氨酯泡沫
高：92.7 cm ($36^1/_2$ in)
宽：287 cm (113 in)
深：198 cm (78 in)
B&B Yitalia，意大利
www.bebitalia.it

“宫女”（Odalisca）沙发

Francesco Binfaré
果冻泡沫，木棉花，Binfaré 设计的布套
高：35 cm ($13^{3}/_{4}$ in)
宽：256 cm ($100^{3}/_{4}$ in)
深：128 cm ($50^{3}/_{8}$ in)
Edra，意大利
www.edra.com

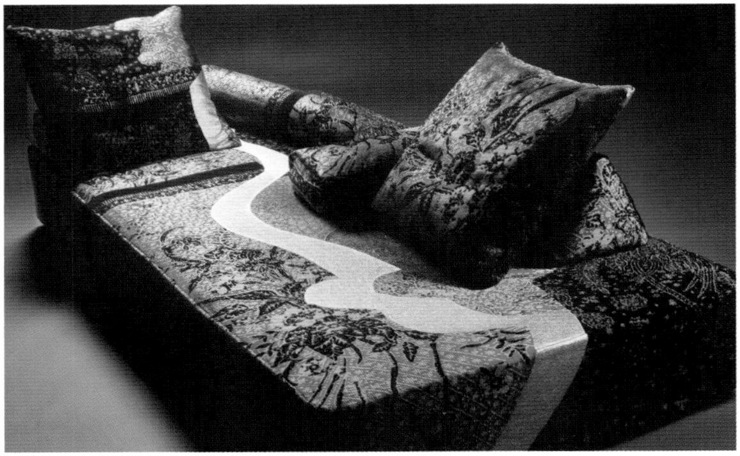

Karbon 中式躺椅

Konstantin Grcic
碳纤维
高：63.5 cm (25 in)
宽：180 cm ($70^{7}/_{8}$ in)
深：50 cm ($19^{3}/_{4}$ in)
Galerie Kreo，法国
www.galeriekreo.com

“骨骼”（Bone）椅

Joris Laarman
铝
高：76 cm ($29^{7}/_{8}$ in)
宽：45 cm ($17^{3}/_{4}$ in)
深：77 cm ($30^{1}/_{4}$ in)
Joris Laarman 工作室，荷兰
www.jorislaarman.com

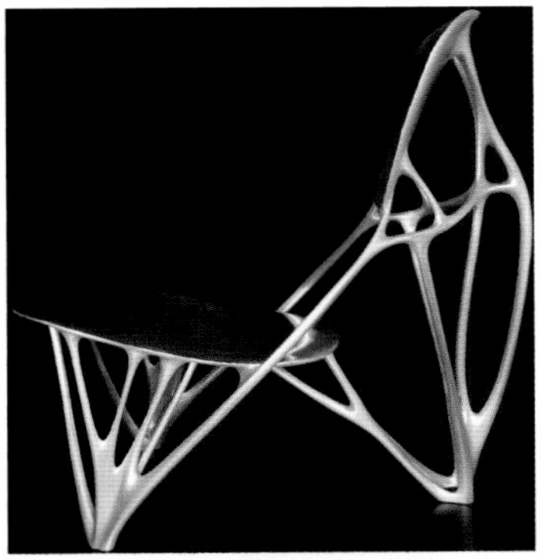

“骨骼”（Bone）贵妃椅

Joris Laarman
聚氨酯 UV- 支撑橡胶
高：77.3 cm ($30^{1}/_{2}$ in)
宽：148 cm ($58^{1}/_{4}$ in)
深：77.3 cm ($30^{1}/_{2}$ in)
Joris Laarman 工作室，荷兰
www.jorislaarman.com

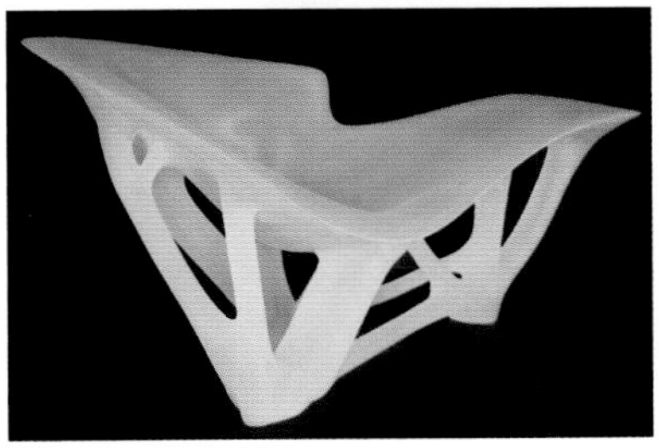

第一眼看上去尤西斯·拉尔门（Jorrs Laarman）的作品显得有些怪诞，也许比其他被埃因霍温（Eindhoven）设计学院录取的人更甚，他一向强调概念设计，他创造的所有作品都有其合理性。无论这些作品看起来多么有机，多么富有诗意，它们都会有一个功能性的需求体现在造型上。“骨骼”家具模仿骨骼的生长方式，是一种处理材料和重量的有效方式。Klaus Mattheck 教授开发了一套基于骨骼断裂行为的计算机程序，德国汽车制造商 Opel 目前将该程序应用于超轻部件的设计中。在与 Klaus Mattheck 教授讨论后，拉尔门采用了该软件，制作出一系列不对称的家具，每个组成部分分别承重。设计师将基本椅子和躺椅的信息数据输入计算机中，进行数字化分析，计算出承重力以及哪里需要加强承受能力。无法承重的材料被替换掉，在承重的部位增加更多材料。CAD 是骨骼，每一个支撑处都有结构上的功能。使用快速成形技术将曲折蜿蜒的造型一次加工成形。任何材料都可以用于加工这些部件，因为软件可以自动补偿材料的相对优势和劣势，并生成不同的剖面。椅子由手工抛光的铝制成，躺椅是由透明聚氨酯制成，给人粉嫩的感觉。“我的工作室制作功能性的产品，并且尽可能做得漂亮。”拉尔门说，“我找到了一种模仿自然中最聪明的成长原则的方法。”

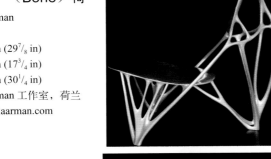

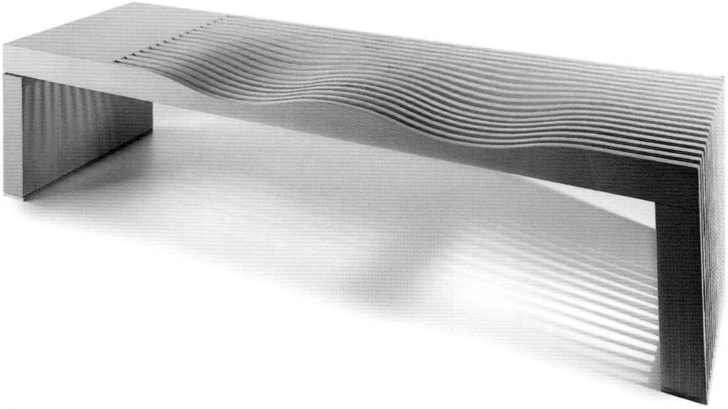

“塔克拉玛干”（Tak lamalean）凳

Atilla Kuzu
木材
高：45 cm ($17^3/_4$ in)
宽：185 cm ($72^7/_8$ in)
深：49.5 cm ($19^1/_2$ in)
Nurus，土耳其
www.nurus.com

“弧形”（Arc）凳

Bertjan Pot
橡木，木质贴皮
高：44 cm ($17^3/_8$ in)
宽：212 cm ($83^1/_2$ in)
深：45 cm ($17^3/_4$ in)
Arco，荷兰
www.arcomeubel.nl

“板”（Slab）凳

Tom Dixon
橡木
高：45 cm ($17^3/_4$ in)
宽：160 cm (63 in)
深：40 cm ($15^3/_4$ in)
Tom Dixon，英国
www.tomdixon.net

“色狼”（Satyr）沙发

ForUse
镀铬或粉末涂层的钢，木材，聚氨酯泡沫，聚酯纤维
高：45 cm ($17^3/_4$ in)
宽：160 cm (63 in)
深：40 cm ($15^3/_4$ in)
Tom Dixon，英国
www.tomdixon.net

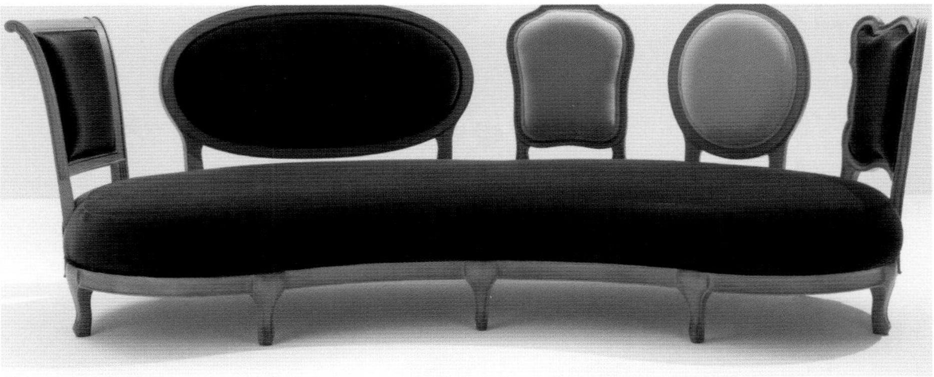

“背靠背”（Back to Baek）沙发

Nigel Coates
棉绒，木材，石板
高：94 cm (37 in)
宽：265 cm ($104^3/_8$ in)
深：110 cm ($43^1/_4$ in)
Fratelli Boffi，意大利
www.fratelliboffi.it

Kennedee 模块沙发

Jean-Marie Massaud
聚氨酯泡沫，涤纶聚酯纤维，木材，钢
各种尺寸
Poltrona Frau 意大利
www.poltronafrau.it

Milix 沙发

Arik Levy
内衬，拉丝镍雪橇状底座
高：76.5 cm ($30^1/_8$ in)
宽：243 cm ($95^5/_8$ in)
深：90.8 cm ($35^3/_4$ in)
Bernhardt 设计，美国
www.bernhardtdesign.com

“流动”（Flow）沙发

Xavier Lust
铝，靠垫
高：68 cm ($26^3/_4$ in)
宽：92 ～289 cm ($36^1/_4$ ～ $113^3/_4$ in)
深：79 cm ($31^1/_8$ in)
Indera，比利时
www.indera.be

Frank 沙发系统

Artonio Cittero
织物，皮革
高：43 cm ($16^7/_8$ in)
宽：156 cm ($61^3/_8$ in)
深：156 cm ($61^3/_8$ in)
B&B Italia，意大利
www.bebitalia.com

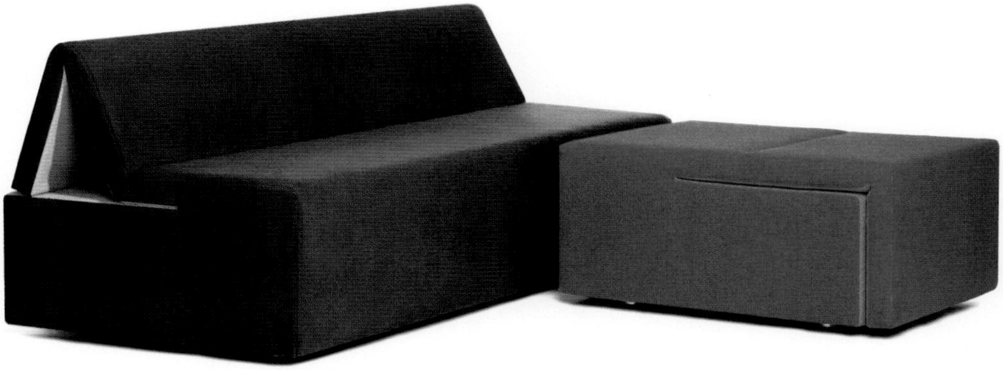

“果皮”（Peel）敞篷座椅

Khodi Feiz
100% 羊毛内衬
高：75 cm ($29^1/_2$ in)
宽：200 cm ($78^3/_4$ in)
深：95.2 cm ($37^1/_2$ in)
Council 设计
www.councildesign.com

Anteo 沙发

Antonio Citterio
实木，织物，皮革
高：56 cm (22 in)
宽：245 cm ($96^1/_2$ in)
深：122 cm (48 in)
B&B Italia，意大利
www.bebitalia.com

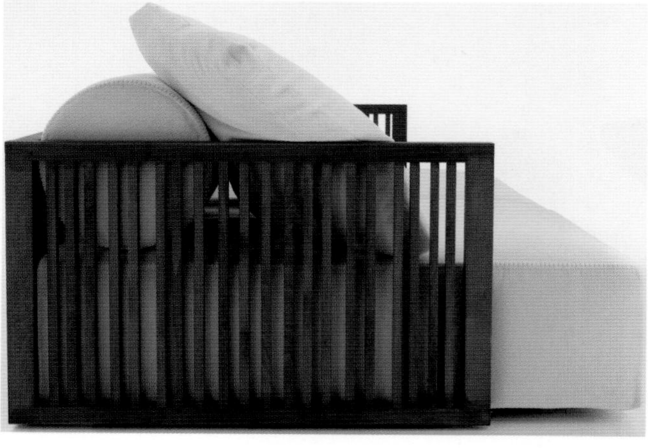

“工人”（Worker）沙发

Hella Jongerius
橡木，铸铝，聚氨酯泡沫，超细纤维填充坐垫
高：80.6 cm ($31^3/_4$ in)
宽：135.2 cm ($53^1/_4$ in)
深：78.1 cm ($30^3/_4$ in)
Vitra，瑞士
www.vitra.com

“公园”（Park）沙发

Jasper Morrison
抛光铝，实木，聚氨酯泡沫，聚酯羊毛内衬
高：78.7 cm (31 in)
宽：229.8 cm ($90^1/_2$ in)
深：85 cm ($33^1/_2$ in)
Vitra，瑞士
www.vitra.com

Mambo 沙发

Massimo Iasa Ghini
木材，聚氨酯，聚酯
高：64 cm ($25^1/_4$ in)
宽：299 cm ($117^3/_4$ in)
深：97 cm ($38^1/_4$ in)
Domodinamica，意大利
www.domodinamica.com

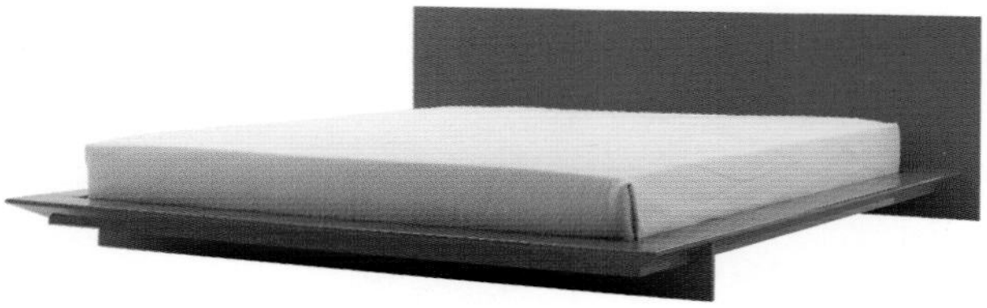

“蜃景”（Mirage）床

Ola Rune,E.Koivisto 和 Marten Claesson
木材，抛光漆
高：72 cm (28$^{3}/_{8}$ in)
宽：196 cm (77$^{1}/_{8}$ in)
深：225 cm (88$^{1}/_{2}$ in)
Capellini，意大利
www.cappellini.it

pardis SL05 床

Phillipp Mainzer
木材，聚酯和聚酯泡沫，羽绒，织物
高：85 cm (33$^{1}/_{2}$ in)
宽：165 cm (65 in)
深：215 cm (84$^{5}/_{8}$ in)
E15，德国
www.e15.com

on.Air 充气床 / 沙发

Giulio Manzoni
PVC 床垫，电动充气泵
高：89 cm (35 in)
宽：190 cm (74$^{3}/_{4}$ in)
深：87 cm (34$^{1}/_{4}$ in)
Campeggi srl，意大利
www.campeggisrl.it

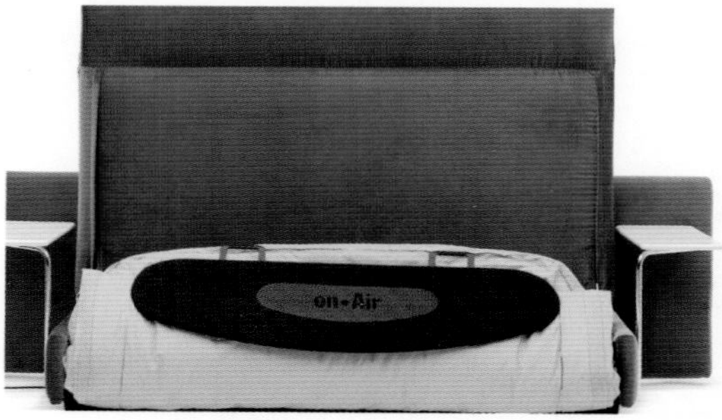

Principessa 沙发床

Doshi Levien
丝绸床垫，提花，硬木与黑色漆面底架
高：90 cm (35$^{1}/_{2}$ in)
宽：203.5 cm (80$^{1}/_{8}$ in)
深：108 cm (42$^{1}/_{2}$ in)
Moroso，意大利
www.moroso.it

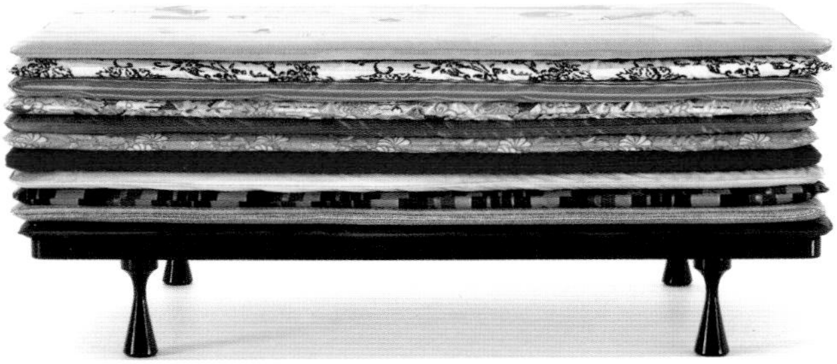

“豌豆公主”床（限量版）

Richard Hutten
床垫
高：76 cm (29$^{7}/_{8}$ in)
宽：160 cm (63 in)
深：210 cm (82$^{5}/_{8}$ in)
Richard Hutten 工作室，荷兰
www.richardhutten.com

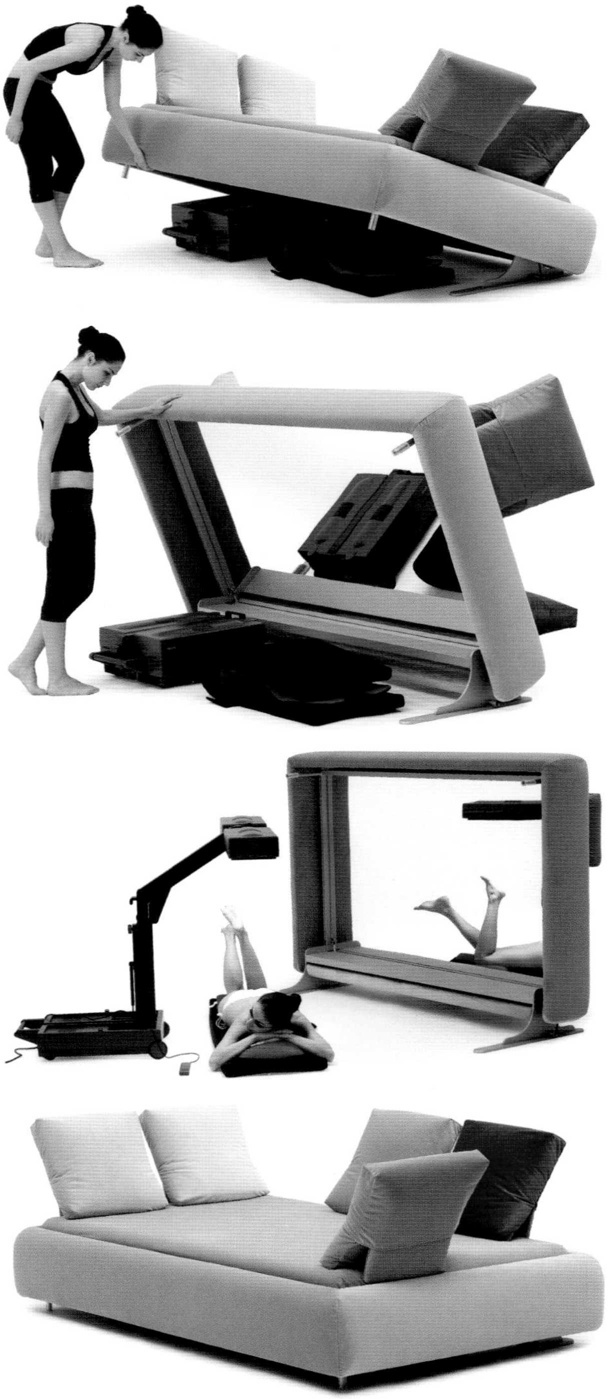

“开关”（OnOff）多用空间沙发 / 床

Giulio Manzoni
中密度纤维板，内饰，泡沫
高：50 cm (19$^{5}/_{8}$ in)
宽：160 cm (63 in)
深：210 cm (82$^{5}/_{8}$ in)
Campeggi srl，意大利
www.campeggisrl.it

Dehors 贵妃椅

Michele De Lunchi, Phillip Nigro
陶瓷金属，防水靠垫
高：65.5 cm ($25^3/_4$ in)
宽：166 cm ($65^3/_8$ in)
深：90.5 cm ($35^5/_8$ in)
Alias 设计，意大利
www.aliasdesign.it

Dehors 沙发

Michele De Lunchi, Phillip Nigro
陶瓷金属，防水靠垫
高：65.5 cm ($25^3/_4$ in)
宽：246.5 cm (97 in)
深：87 cm ($34^1/_4$ in)
Alias 设计，意大利
www.aliasdesign.it

Prins 床

Carlo Colombo
聚氨酯，靠垫，钢
高：89 cm (35 in)
宽：183 cm (72 in)
深：230 cm ($90^1/_2$ in)
Flou，意大利
www.flou.it

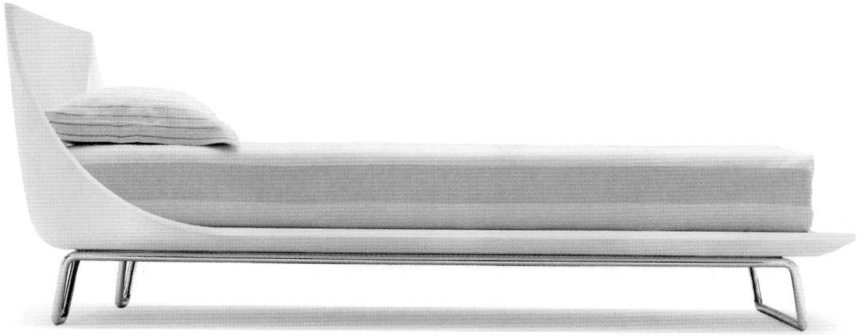

Lomme 床

Agnieszka Bernacka, Andreas Batliner, Günther Thöny
聚氨酯，床垫，床板架，木材
高：146 cm ($57^1/_2$ in)
宽：315 cm (124 in)
深：210 cm ($82^5/_8$ in)
Cycle13 转型成立，列支敦士登
www.lomme.com

假设我们一生中有三分之一的时间是在床上，“Lomme 世界”的使命就是去创造所谓的“最轻松，被保护，最自然的场所，为新一天的到来恢复能量”。列支敦士登公司对睡眠模型进行了为期两年的研究，以开发结合自然疗法、灯光、音响和按摩，最终产生夜间体验的尖端技术。有机形态的床配备有一个特殊的系统，阻止有害的电磁波和辐射，而床垫可为用户提供按摩的选择。使用者被模拟夕阳的逐渐变暗的灯光所包围进入睡眠，再由模拟日出的灯光唤醒，灯光的强弱和颜色可以调节，以增强机体的能量。Lomme 限制了外部噪声，形成保护茧，并配合一只装有程序的 iPhone 手机播放轻松的音乐或声音。

Nerone Aureo 床

Caliari 工作室 &Trealcubo
皮革，实木
高：200 cm ($78^{3}/_{4}$ in)
宽：179 cm ($70^{1}/_{2}$ in)
深：219 cm ($86^{1}/_{4}$ in)
Bernni，意大利
www.bernni.it

“灰色 81”（Gray 81）床

Paola Navone
木材
高：260 cm ($102^{3}/_{8}$ in)
宽：240 cm ($94^{1}/_{2}$ in)
深：221 cm (87 in)
Gervasoni，意大利
www.gervasoni1882.com

RobinWood 豪华系列户外床

Philippe Starck
柚木，铝制细节，不锈钢
高：267 cm ($105^{1}/_{8}$ in)
宽：213 cm ($83^{7}/_{8}$ in)
深：221 cm (87 in)
Sutherland 家具，美国
www.sutherlandfurniture.com

Maia 系列带有可旋转顶篷的户外躺椅

Patricia Urquiola
藤条，铝
高：98 cm ($38^{1}/_{2}$ in)
宽：213 cm ($83^{7}/_{8}$ in)
深：221 cm (87 in)
Kettal，西班牙
www.kettal.es

“多米诺”（Domino）床

Emaf Progetti
聚氨酯泡沫，中密度纤维板，钢
高：64 cm ($25^1/_4$ in)
宽：232 cm ($91^3/_8$ in)
深：232 cm ($91^3/_8$ in)
Zanotta，意大利
www.zanatta.it

Letto Air 床

Daniele Lago
玻璃，金属
高：50 cm ($19^3/_4$ in)
宽：180 cm ($70^7/_8$ in)
深：200 cm ($78^3/_4$ in)
Lago，意大利
www.lago.it

Siena 床

Naoto Fukasawa
钢管，聚氨酯泡沫，聚酯纤维，木材
高：77 cm ($30^1/_4$ in)
宽：176 cm ($69^1/_4$ in)
深：244 cm (96 in)
B&B Italia，意大利
www.bebitalia.it

Flavia 床

Patrick Norguet
聚氨酯泡沫，聚酯填料，钢
高：85 cm (33$^{1}/_{2}$ in)
宽：191 cm (75$^{1}/_{4}$ in)
深：226 cm (89 in)
Paola Lenti，意大利
www.paolalenti.it

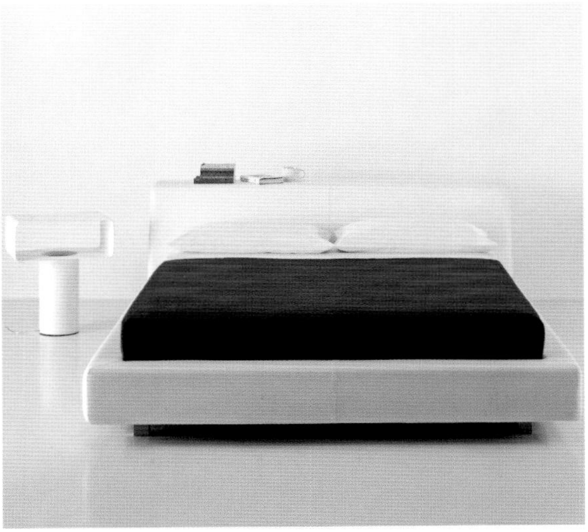

“景观”（Land scape）床，带储藏空间

Arik Levy
皮革
高：75 cm (29$^{1}/_{4}$ in)
宽：189 cm (69$^{1}/_{4}$ in)
深：260 cm (102$^{3}/_{8}$ in)
Verardo，意大利
www.verardoitalia.it

“丛生”（Tufty）床

Patricia Urquiola
钢管，聚氨酯泡沫，聚酯纤维，木材
高：77 cm (30$^{1}/_{4}$ in)
宽：200 cm (78$^{3}/_{4}$ in)
深：247 cm (97$^{1}/_{4}$ in)
B&B Italia，意大利
www.bebitalia.it

“慵懒之夜”（Lazy Night）床

Patricia Urquiola
钢管，聚氨酯泡沫，聚酯纤维，木材，靠垫
高：113 cm (44$^{1}/_{2}$ in)
宽：172 cm (67$^{3}/_{4}$ in)
深：222 cm (87$^{1}/_{2}$ in)
B&B Italia，意大利
www.bebitalia.it

储物用品

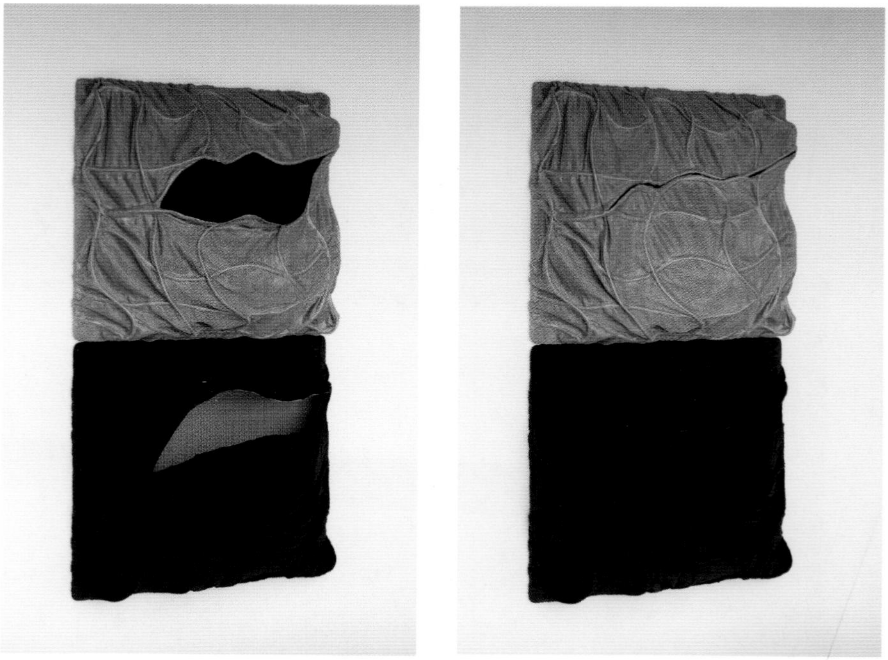

柔软的容器，“茅膏菜”家的口袋

Fernando and Humberto Campana
铜线，天鹅绒
高：80 cm ($31^{1}/_{2}$ in)
宽：90 cm ($35^{1}/_{2}$ in)
深：30 cm ($11^{3}/_{4}$ in)
Vitra Edition，瑞士
www.vitra.com

桌案

Andrea Branzi
玻璃，中密度纤维板，不锈钢
高：106 cm ($41^{3}/_{4}$ in)
直径：56 cm (22 in)
Andrea Branzi，意大利
www.andreabranzi.it

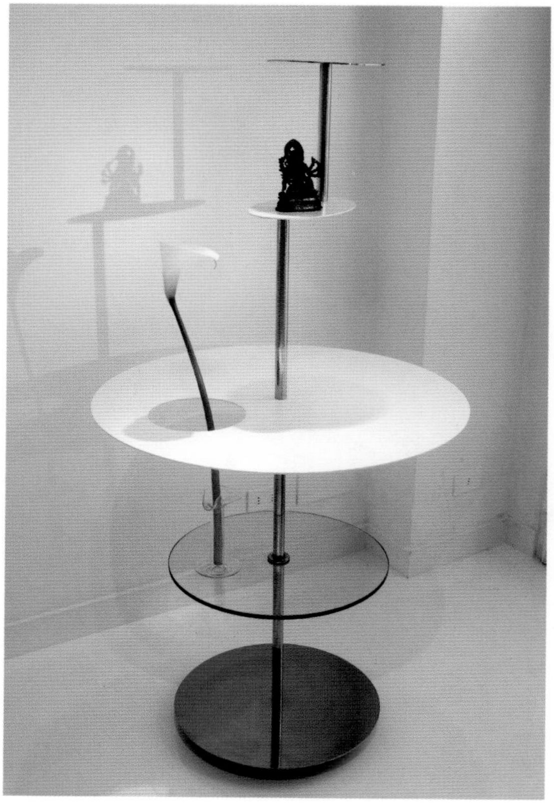

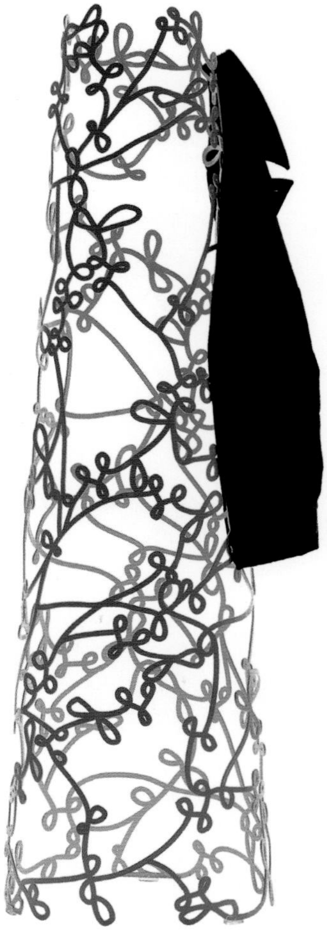

PO/0802 衣架

Nendo
金属，塑料
高：170 cm ($66^{1}/_{8}$ in)
直径：50 cm ($19^{3}/_{4}$ in)
Cappellini，意大利
www.cappellini.it

脸形衣架

Andrea Branzi
不锈钢
高：182 cm (71 5/8 in)
宽：70 cm (27 1/2 in)
深：30 cm (11 3/4 in)
Andrea Branzi，意大利
www.andreabranzi.it

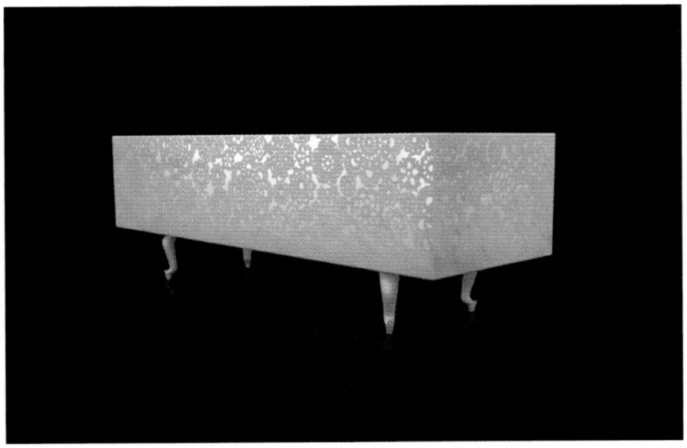

Pizzo Carrera 边桌

Marcel Wanders
白色卡拉拉大理石，喷砂
高：60 cm (23 5/8 in)
宽：80 cm (31 1/2 in)
深：23 cm (9 in)
Marcel Wanders 个人版，荷兰
www.marcelwanders.com

“盒子柜”橱柜

Marcel Wanders
Matryshka 盒，玻璃，金属，大理石，木材
各种尺寸
Marcel Wanders 个人版，荷兰
www.marcelwanders.com

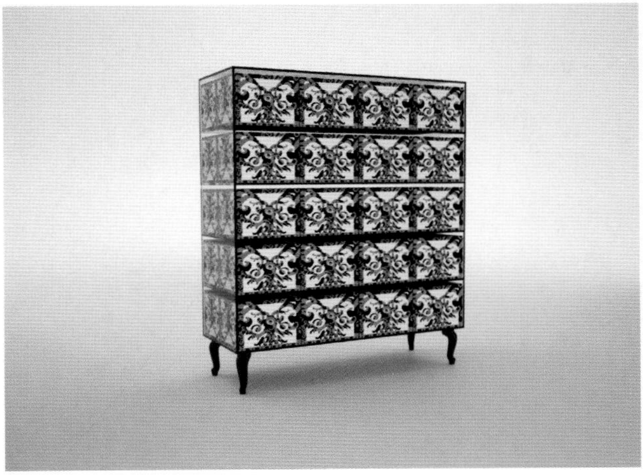

Vasu 模块化储物系统

Mikko Laakkonen
钢
高：35.5 cm (14 in)
宽：45.5 cm ($17^{7}/_{8}$ in)
深：25.5 cm (10 in)
Covo，意大利
www.covo.com

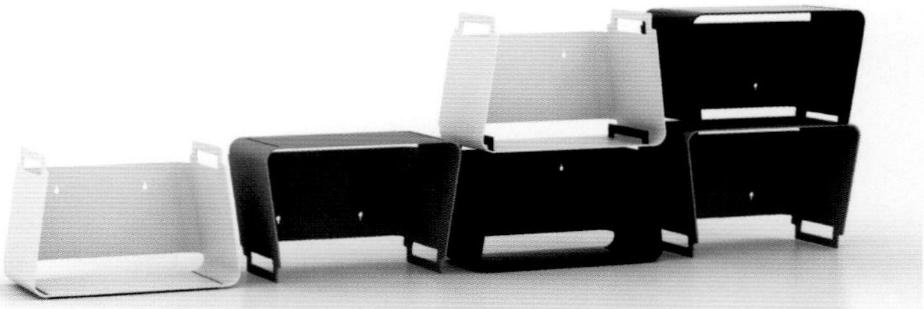

“卫星”（Satellite）边柜

Barber Osgerby
中密度纤维板上漆
高：78.5 cm ($30^{7}/_{8}$ in)
宽：270 cm ($106^{1}/_{4}$ in)
深：55 cm ($21^{5}/_{8}$ in)
Quodes，荷兰
www.quodes.com

“滑”（Shelf）架

Simon Pengelly
中密度纤维板上漆
高：204 cm ($80^{1}/_{4}$ in)
宽：81.6 ～ 125 cm ($32^{1}/_{8}$ ～ $49^{1}/_{4}$ in)
深：28.7 cm ($11^{1}/_{4}$ in)
Modus，英国
www.modusfurniture.co.uk

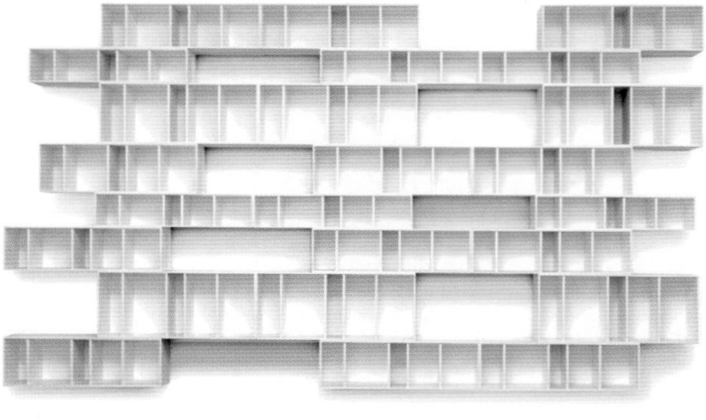

“立方米”（Cubic Meter）储物单元（限量版）

Arik Levy
铝制，黑色橡木或橡木原木款式可供选择
各种尺寸的 7 个模块，组合成 1 m^3 的储物空间
Rove TV，英国
www.roveTV.net

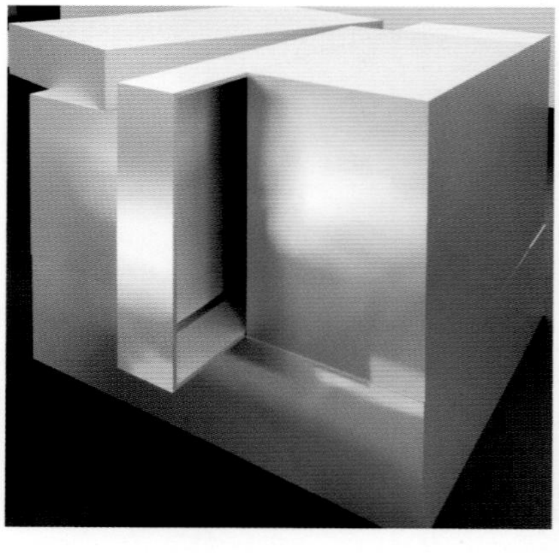

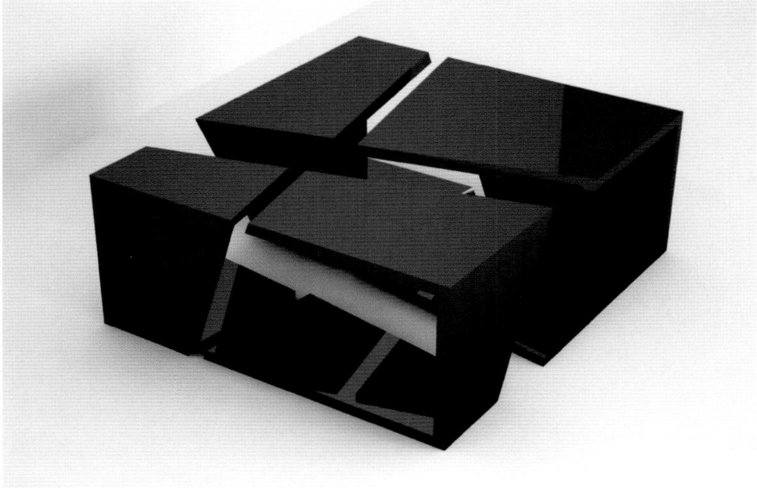

Slicebox 储物盒 / 桌

Voon Wong 和 Benson Saw
木材
高：36 cm ($14^1/_8$ in)
宽：80 cm ($31^1/_2$ in)
深：80 cm ($31^1/_2$ in)
Decode London，英国
www.decodelondon.com

Vita 储物架木块系统

Massimo Mariani
MD 木纤维板，白色亚克力聚氨酯漆，钢
各种尺寸
MDF Italia，意大利
www.mdfitalia.it

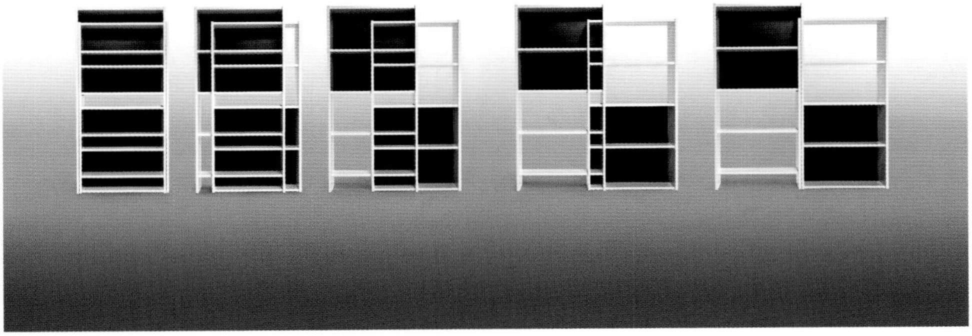

“索引”（Index）书架

Carlos Tiscar
中密度纤维板
高：198 cm (78 in)
宽：100 cm ($39^3/_8$ in)
深：38.5 cm ($15^1/_8$ in)
Liv’it 意大利
www.livit.it

Shahnaz 边柜

Philipp Mainzer
木材，不锈钢
高：45 cm ($17^3/_4$ in)
宽：90 cm ($35^1/_2$ in)
深：45 cm ($17^3/_4$ in)
E15 德国
www.e15.com

“地平线”（Horizon）抽屉柜

Pearson Lloyd
木材，镜面
各种尺寸
Martinez Otero，西班牙
www.martinezotero.com

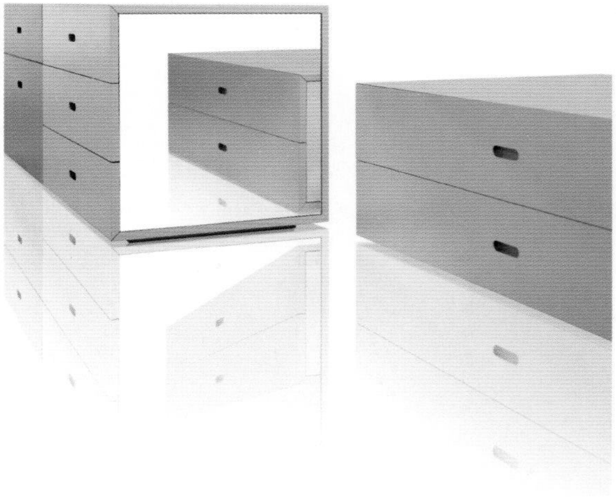

Slicebox 储物盒 / 桌

Voon Wong 和 Benson Saw
木材
高：36 cm ($14^1/_8$ in)
宽：80 cm ($31^1/_2$ in)
深：80 cm ($31^1/_2$ in)
Decode London，英国
www.decodelondon.com

“枢纽”（Pivot）抽屉

Shay Alkalay
木材
高：100 cm ($39^3/_8$ in)
宽：82 cm ($32^1/_4$ in)
深：63 cm ($24^3/_4$ in)
Arco，荷兰
www.arcomeubel.nl

“枢纽”（Pivot）存储单元

Tower&Pivot Wagon Curiosity
木材
高：45 ～ 80 cm ($17^3/_4$ ～ $31^1/_2$ in)
宽：38 cm (15 in)
深：38 cm (15 in)
Cassina IXC，日本
www.cassina-ixc.com

深入介绍

“无花果树叶”（FigLeaf）衣柜

设计：Tord Boontje
高：236 cm (93 in)
宽：164 cm ($64^1/_2$ in)
深：85 cm ($33^1/_2$ in)
材料：黄铜，青铜，铜，搪瓷，皮革，石灰，丝绸，钢
制造商：Meta，英国

Meta 是伦敦和纽约著名的老字号古董店 Mallett 新成立的当代设计公司，其第一个系列在 2008 年的米兰家具展展出。一组在设计风格上各有所长的当代设计师，有机会得以将 18 世纪的工艺结合现代设计的理念进行创作。创意总监 Louise-Anne Comeau 和 Geoffrey Monge 说，“很少有人会有 Mellett 对于材料和工艺的知识水平，以及最优秀的手工艺人和最佳的设计作品的方式，能够经得住时间的检验”。来自 10 个城市的 54 位手工艺人参与制作，并将设计师引入到特殊材料和百年历史的制作方法的设计范畴中。

Meta 系列的所有产品都有生产，仅由设计工艺的复杂程度和所用的材料对产量产生影响。因此，不同于一次性或限量版的作品，其零售价保持不变，它们不太可能被拍卖行抢购，并再被当作设计艺术作品以高倍的价格重新出售。这是 Mellett 的宗旨：从十年前到现在一直保持只销售原创。手工艺不应只由成本定义，还包含工匠和设计师合作，尽可能多地保留即将失传的工艺，为古老的工艺找到当代的表达方式。

托德 • 布歇尔（Tord Boontje）的里程碑式作品“无花果树叶衣柜”是该系列的样板。布歇尔不相信现代主义等同于极简主义，也不认为现代的设计需要抛弃传统。他的创作以自然为灵感，采用一种可以启发观察者想象力和情感的设计语言。这个衣柜也是在同样的创意中诞生，特别是看到古代的工匠争相用精湛的工艺吸引富有的顾客。对于为有 10 种基本形状的 616 片珐琅叶子进行手绘工作的工匠来说，这是近年来完成的最具有挑战和最不同寻常的作品。那些精美的悬挂式的层叠结构由许多形态纠结的藤条手工编织而成，支撑这些藤条的是一套特制的悬挂系统。在衣柜里面，衣服悬挂在一棵用失蜡法制造的青铜树上面，内壁上覆盖了手工染色、编织的丝绸，上面是超现实主义风格的天堂到地域的图案；衣柜的背面使用了手工点画错视画效果。

01 法国雕塑家 Patrick Blanchard 正按照布歇尔的草图雕刻栩栩如生的树。

02 用失蜡法加工铜制的树。

03 用于悬挂那些树叶的花式窗格由 Atelier de Forge 制造，这是一个传统的法国乡村的铁器店。他们用特制的工具冲压加热后的铁，这就是衣柜具有大自然般质感的“秘密武器”。

04 最终颜色效果的秘诀就是，在火里面烧制的流程就如同作画的过程一样。使用英国 KSE 瓷漆依据不同窑炉温度，来烧制不同颜色的叶子。

05 为了适应衣橱的形状，叶片必须被模制到不同程度，这取决于它们的唯一编号的位置。每片树叶都需要被木制模板挤压，以实现柔和的弧度。

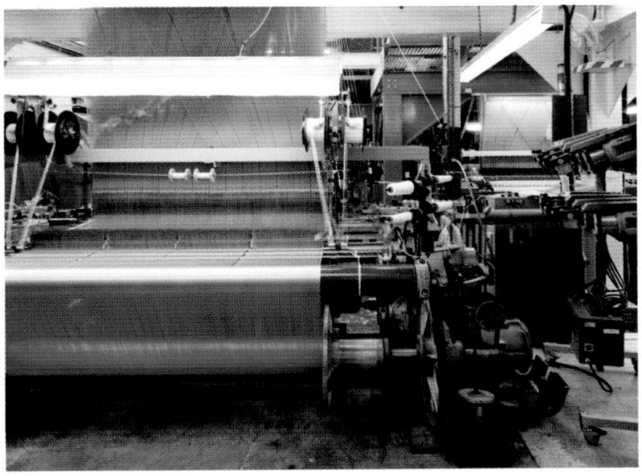

06 衣柜内的丝绸内衬是由总部在英国的 Gainsborough Silk 公司生产的，他们承担了从螺纹的定制染色到面板的织造的每一步过程。

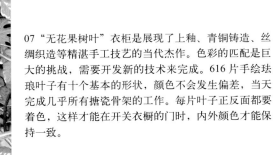

07“无花果树叶”衣柜是展现了上釉、青铜铸造、丝绸织造等精湛手工技艺的当代杰作。色彩的匹配是巨大的挑战，需要开发新的技术来完成。616 片手绘珐琅叶子有十个基本的形状，颜色不会发生偏差，当天完成几乎所有搪瓷骨架的工作。每片叶子正反面都要着色，这样才能在开关衣橱的门时，内外颜色才能保持一致。

“运动”（Motion）模块化储物柜

Elisabeth Lux
木材，铝
各种尺寸
Pastoe，荷兰
www.pastoe.com

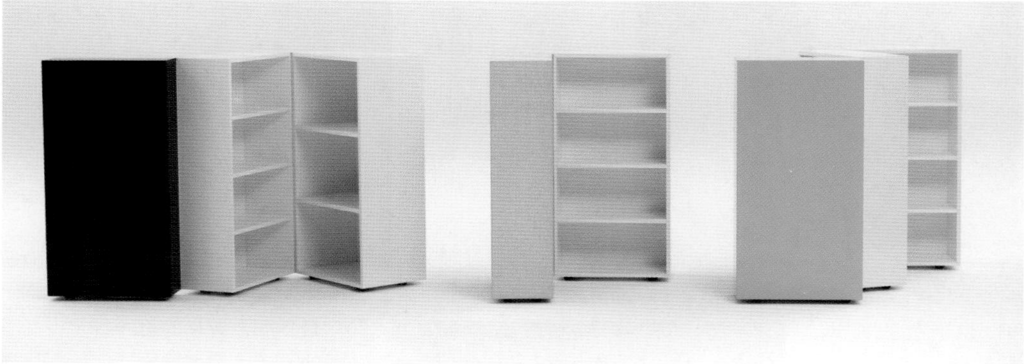

纺织花卉书柜，边柜

Jethro Macey
木材，数控铣削CNC板，织物
高：70 cm (27 $^{1}/_{2}$ in)
宽：120 cm (47 $^{1}/_{4}$ in)
深：55 cm (21 $^{5}/_{8}$ in)
Decode London，英国
www.decodelondon.com

“雪橇”（Snowflake）储物架系统 / 空间分隔系统

Richard Shemtov
中密度纤维板，木贴皮或高光聚氨酯
高：193 cm (76 in)
宽：242.6 cm (95 $^{1}/_{2}$ in)
深：39.4 cm (15 $^{1}/_{2}$ in)
Dune，美国
www.dune-ny.com

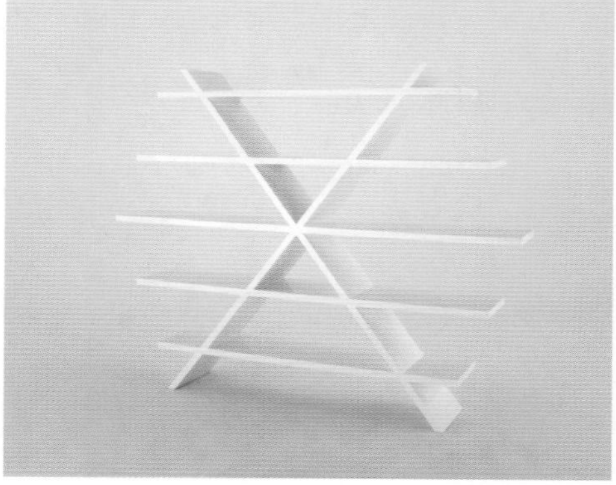

Ala 系统储物架系统

Alberto Basaglia、Natalia Rota Nodari
金属，环氧漆
高：200 cm (78 $^{3}/_{4}$ in)
宽：120 cm (47 $^{1}/_{4}$ in)
深：60 cm (23 $^{5}/_{8}$ in)
青年设计师工厂，意大利
www.ydf.it

纸质柜子

Studio Job
纸，橱柜
高：243 cm (95$^{5}/_{8}$ in)
宽：132 cm (52 in)
深：61.5 cm (24$^{1}/_{4}$ in)
Moooi，荷兰
www.moooi.com

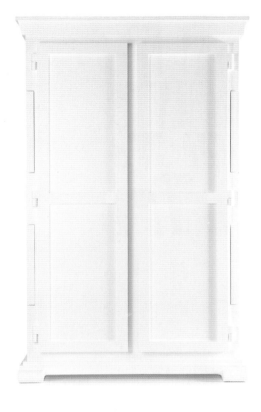

纸衣柜

Studio Job
纸，橱柜
高：228 cm (89$^{3}/_{4}$ in)
宽：146 cm (27$^{1}/_{2}$ in)
深：75 cm (29$^{1}/_{2}$ in)
Moooi，荷兰
www.moooi.com

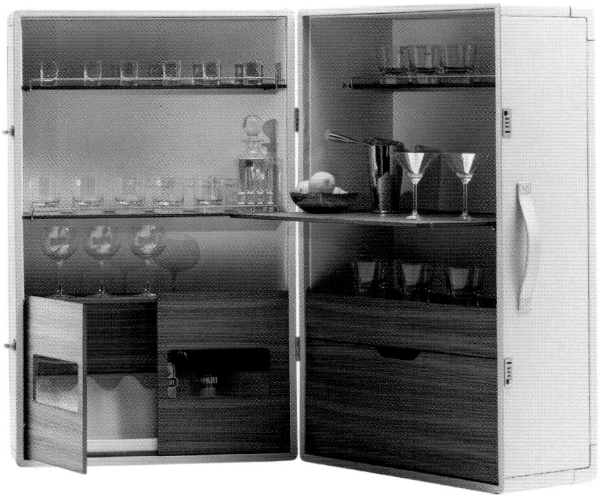

Isidoro 酒柜

Jean-Marie Massaud
皮革，木材，金属，织布面料
高：117 cm (46 in)
宽：51 cm (20 in)
深：75 cm (29$^{1}/_{2}$ in)
Poltrona Frau，意大利
www.poltronafrau.it

Bachus 模块化酒窖

Marcel Wanders
聚氨酯
高：55 cm ($21^{5}/_{8}$ in)
宽：80 cm ($21^{1}/_{2}$ in)
深：40 cm ($15^{3}/_{4}$ in)
Slide Design，意大利
www.slidedesign.it

Nureyev 圆形书架

Roderick Vos
复合漆桦木，中密度纤维板
高：192 cm ($75^{1}/_{2}$ in)
直径：105 cm ($41^{3}/_{8}$ in)
Linteloo，荷兰
www.linteloo.nl

WrongWoods 床头柜／五斗柜

Sebastian Wrong, Richard Woods
木材
高：59.5 cm ($23^{1}/_{2}$ in)
宽：58.4 cm (23 in)
深：35.6 cm (14 in)
Established&Sons，英国
www.establishedandsons.com

Sema 咖啡桌，杂志架

ünal&böler
中密度纤维板，钢
高：50 cm ($19^{5}/_{8}$ in)
直径：65 cm ($25^{1}/_{2}$ in)
Unal&boler，土耳其
www.ub-studio.com

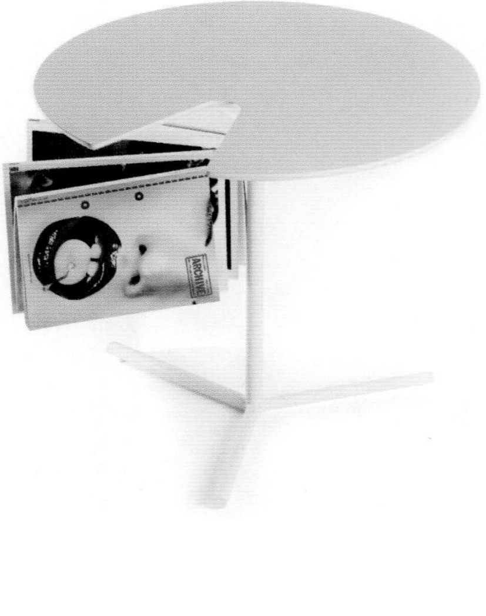

Maolow 衣橱

Pinch Design
实木
高：180 cm (70$^{7}/_{8}$ in)
宽：66 cm (26 in)
深：55 cm (21$^{5}/_{8}$ in)
Pinch Design，英国
www.pinchdesign.com

Frey 衣橱

Pinch Design
实木
高：180 cm (70$^{7}/_{8}$ in)
宽：132 cm (52 in)
深：55 cm (21$^{5}/_{8}$ in)
Pinch Design，英国
www.pinchdesign.com

“OTO100 储物系统

Pil Bredahl
玻璃纤维
高：160 cm (63 in)
宽：105 cm (41$^{3}/_{8}$ in)
Muuto，丹麦
www.muuto.com

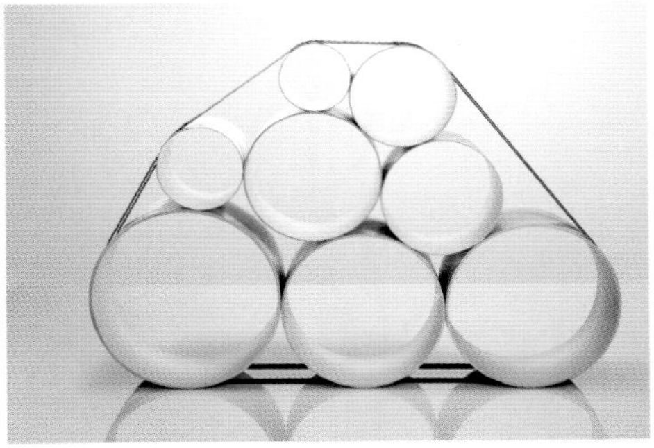

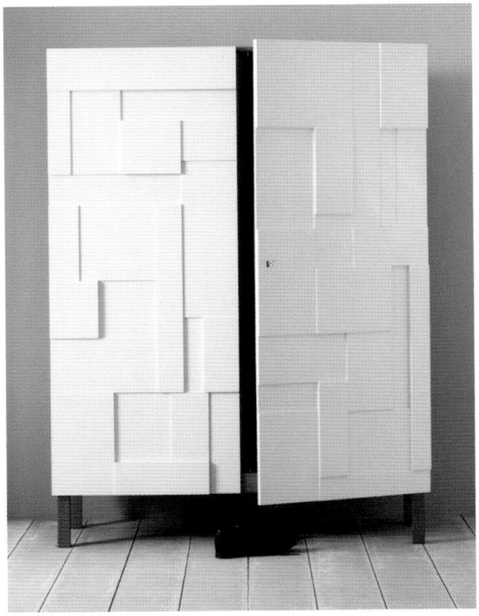

Alba 衣橱

Pinch Design
实木，灰泥浮雕
高：180 cm (70$^{7}/_{8}$ in)
宽：132 cm (52 in)
深：55 cm (21$^{5}/_{8}$ in)
Pinch Design，英国
www.pinchdesign.com

Alba 操作台

Pinch Design
实木
高：75 cm (29$^{1}/_{2}$ in)
宽：18 cm (70$^{7}/_{8}$ in)
深：53 cm (20$^{7}/_{8}$ in)
Pinch Design，英国
www.pinchdesign.com

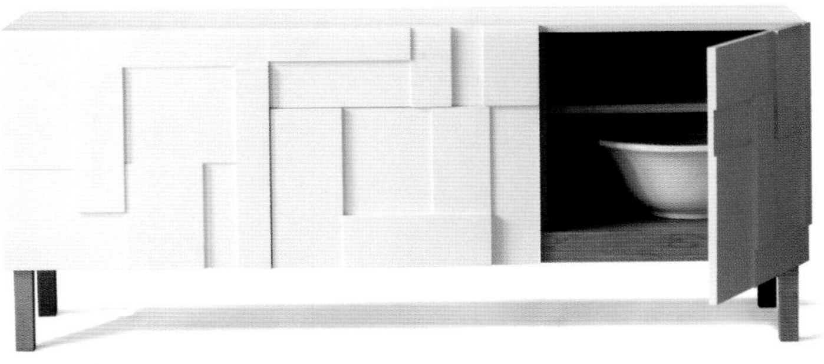

“紧跟着我”衣帽架

ADDI
白色或黑色粉末喷涂或镀铬，橡胶
高：190 cm ($74^{3}/_{4}$ in)
宽：72 cm ($23^{3}/_{8}$ in)
Mitab，瑞典
www.mitab.se

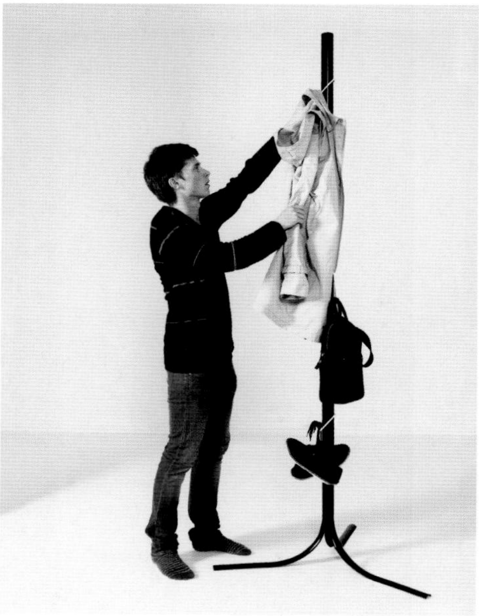

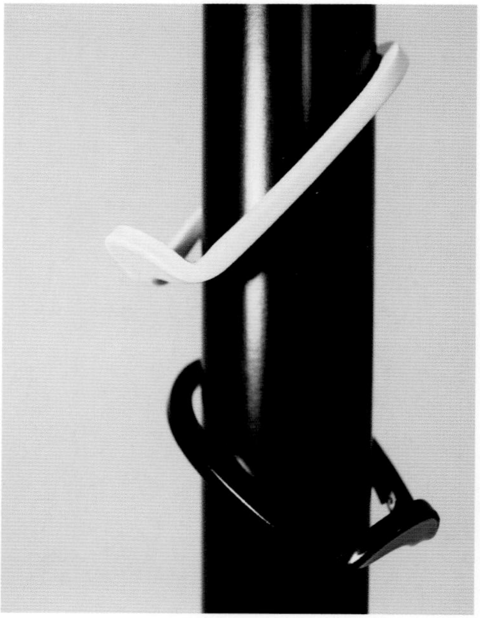

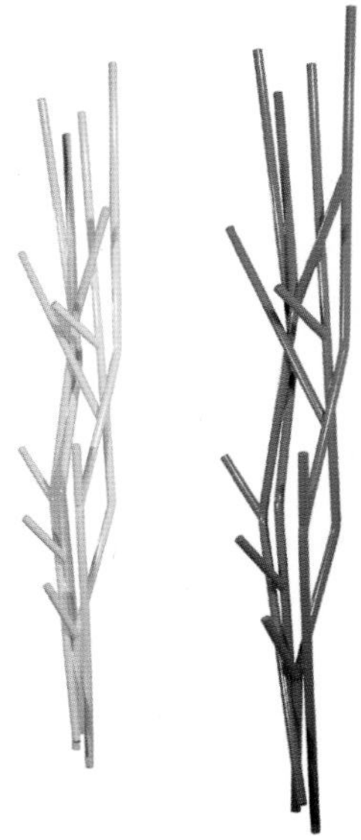

Latvawall 衣架

MikkoLaakkonen
钢管
高：104 cm (41 in)
宽：14 cm ($5^{1}/_{2}$ in)
直径：22 cm ($8^{5}/_{8}$ in)
Covo，意大利
www.covo.com

Kanca 杂志架

ünal&böler
钢，水泥
高：55 cm ($21^{5}/_{8}$ in)
直径：25 cm ($9^{7}/_{8}$ in)
Unal&boler，土耳其
www.ub-studio.com

衣帽架，衣架

Takashi Sato
榉木，铝
高：170 cm ($66^{7}/_{8}$ in)
宽：60 cm ($23^{5}/_{8}$ in)
深：60 cm ($23^{5}/_{8}$ in)
Takashi Sato Design，日本
www.takashisato.jp

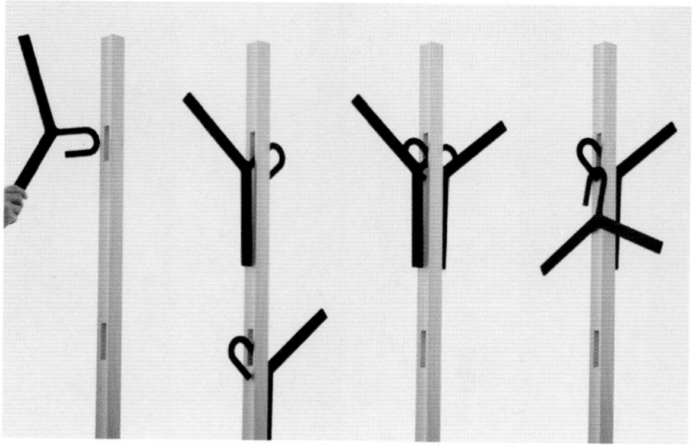

Wall Masket 多功能架

Teppo Asikainen
钢
高：23 cm (9 in)
宽：25 cm ($9^7/_8$ in)
深：73 cm ($28^3/_4$ in)
Muuto，丹麦
www.muuto.com

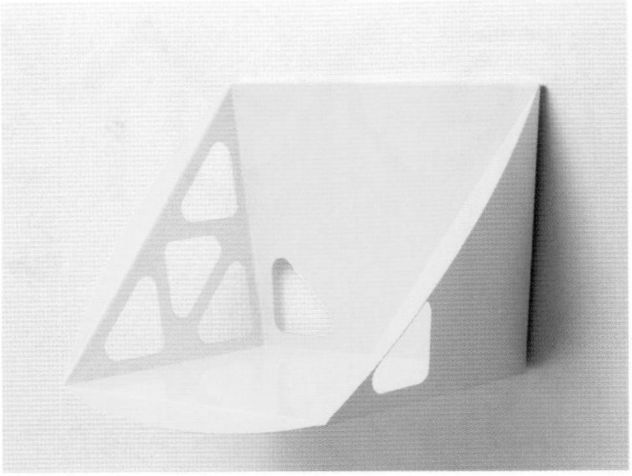

“蝴蝶”（Marli）衣帽架

Steven Blaess、LPWK
榉木，铝
高：170 cm ($66^7/_8$ in)
宽：60 cm ($23^5/_8$ in)
深：60 cm ($23^5/_8$ in)
Alessi，意大利
www.alessi.com

“蝴蝶”衣架是史蒂芬·布拉斯（Steven Blaess）在2008年为Alessi设计工厂设计的LPWK系列中的一件，该系列产品的特点是有着空气动力学的外形轮廓。在澳大利亚的土著语言中，Marli意为“蝴蝶”。镀铬的翅膀结构可以打开，并且盛放更多东西，如一篮子水果、面包或者饼干。

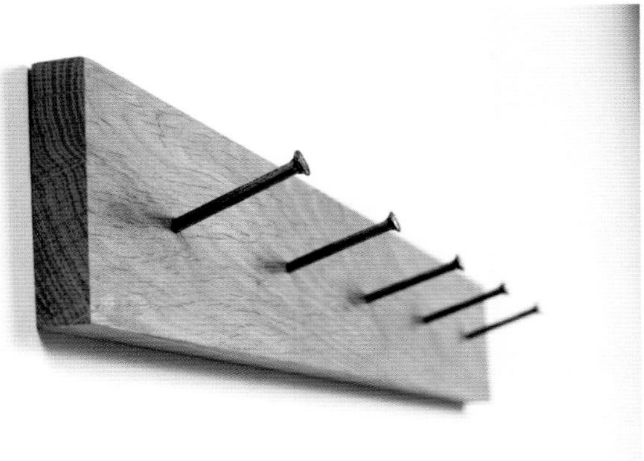

Hanger 衣挂

Nanto Fukasawa
橡木
高：9 cm ($3^1/_2$ in)
宽：64 cm ($25^1/_8$ in)
深：7 cm ($2^3/_4$ in)
GalerieKreo，法国
www.galeriekreo.com

Roter 模块化衣架系统

Kai Richter
钢
各种尺寸
Kai Richter 工作室，德国
www.kairichte.com

Rotor是个模块化的衣帽架。这些模块一层套在另一层外面，用户可以根据需要调整产品的高度和构造。整个系统只需要一颗螺钉组装起来。

Rokumaru 衣帽架

Nendo
木材，塑料
高：181 cm ($71^1/_4$ in)
直径：62 cm ($24^3/_8$ in)
De Padova，意大利
www.depadova.it

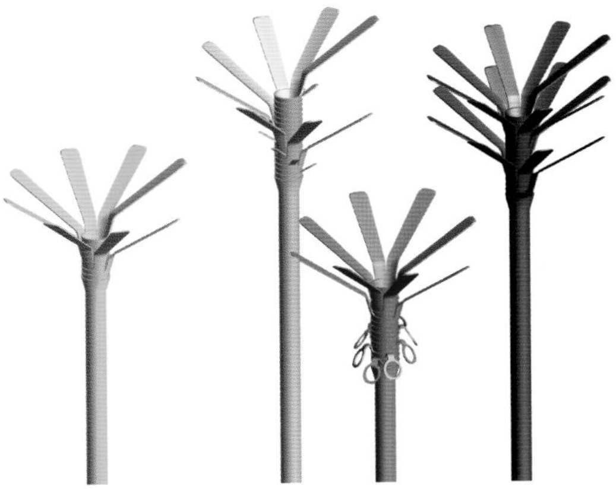

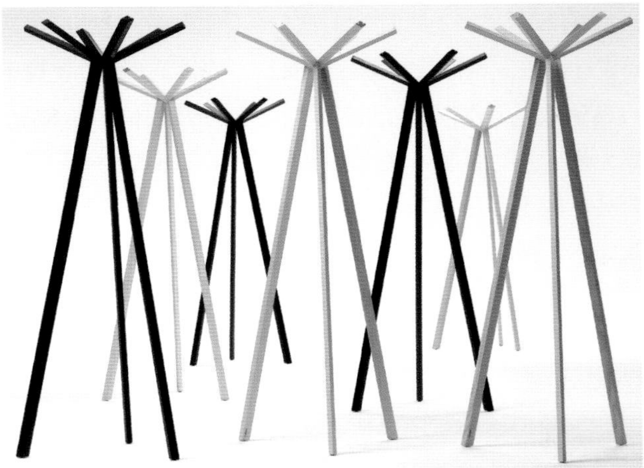

深入介绍

“猴面包树”（Baobab）衣帽架

设计：Xavier Lust
高：163 cm ($64^1/_8$ in)
整体直径：55 cm ($21^5/_8$ in)
聚酯树脂
制造商：MDF Italia，意大利

第一眼看上去很难将“猴面包树”衣帽架的有机造型和这位比利时最著名设计师克威尔•拉斯特（Xavier Lust）一贯宁静含蓄的审美风格联系起来，但时间长了就会发现，这件衣帽架与设计师以往的设计哲学有共同之处。

拉斯特在位于布拉班特的圣卢卡斯（St.Lucas）学院完成了室内设计的学习，毕业后在布鲁塞尔成立了自己的工作室，但他职业生涯的关键点毫无疑问是2000年他向意大利的制造公司MDF介绍了自己。通过这种合作，拉斯特已经设计了许多被认可的作品（如2001年的Le Banc，2002年的La Grande桌和2008年的S形桌），同时推动这位年轻设计师进军国际设计界。然而，他的迅速成功让他觉得沮丧，“一切都太慢了”，他说。他想设计一些产品，减少使用高技术的设备，降低成本。虽然人们对于限量版的艺术作品并不陌生，拉斯特对于设计的定义是“工业化，规模化的生产以及易用性”。

“表面形变”是拉斯特为其用切割铝的方式创建产品雕塑造型的新技术创造的术语。这种使用激光或水射流切割铝片，然后冷却成形来制作的家具，将审美和技术创新与实用功能结合起来了。“对于我来说，这意味着一个好的产品从无到有的创造过程，也是人机工程学和经济学的结果，揭示了什么是可以设计的”。由于形态的形成和形变都直接受到铝的性能的直接影响，该方法需要透彻理解结构和材料，一旦获得了这些知识，拉斯特也会将其用于其他环节。“我用于完成那些形态的技术，对于设计来说以一种新方法。当我理解了某一种材料如何运动，那它就会被应用于其他方面。这些形态是我们所熟悉的，自然的形态；理解了如何处理曲线，以及如何严格掌握材料的变化，是非常重要的。”

“猴面包树”衣架看起来自然而富有诗意，但它能有一个精确的几何形状，多亏了那些形变部件的作用。过程类似于拉斯特在S形桌的设计中采用的方式。本来是打算做形变，但桌子的横切面太复杂了，即连结两个“S”形形成一个曲面。这个造型对于金属折叠机来说太复杂了，于是形成了最终的曲面效果。如果不是压模技术那么复杂，“猴面包树”衣帽架可以用相似的方式加工它那令人费解的弯曲造型，该产品的概念由计算机开发，使用犀牛3D建模程序由Lust和MDF的研发部门完成，“S形桌”的研发也是由他们来完成的。它和S形桌使用同样的材料：矿物和聚酯树脂的复合物，加入大量亚光白色色素，使其具有可丽耐的质地和外观，但成本只有可丽耐的一小部分。这件作品非常重（约63千克），不能交付完整的一块，因为担心拆包过程中“树枝”部分会损坏。现在它被拆为两部分运输，波浪形的中空的树干，和不规则分支的树冠。

拉斯特曾经说过“自然是世界上最伟大的设计师”。“猴面包树”衣帽架的设计是受到非洲神圣的猴面包树的启发而得来的灵感。拉斯特常常会寻找功能的本质而不是随波逐流。有什么能比树枝这件有史以来第一件衣帽架更加自然呢？

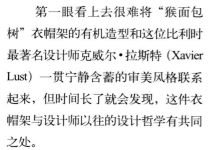

01 这款衣帽架的设计灵感来源于非洲的猴面包树，被喻为生命之树。成熟的树木是中空的，可以提供居住的空间。树皮用于制作布料，果实中含有丰富的维生素 C，树中能存储数百升的水。

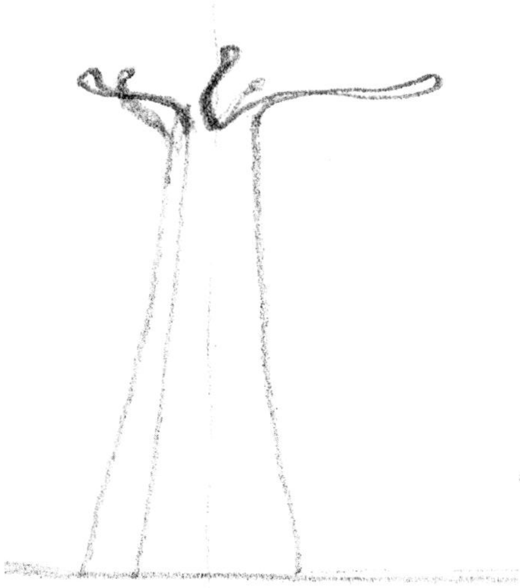

02 衣帽架的设计是将手绘草图转换成计算机三维建模，第一个模型是独立开发的，交由各个公司，但它们都找不到可以经济地生产这个复杂造型的方式。

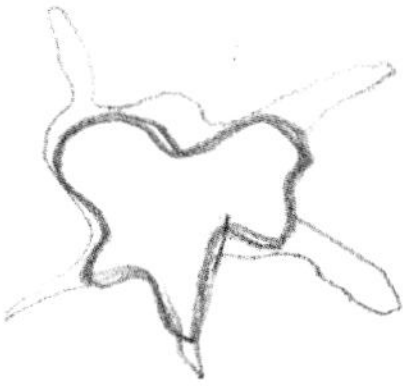

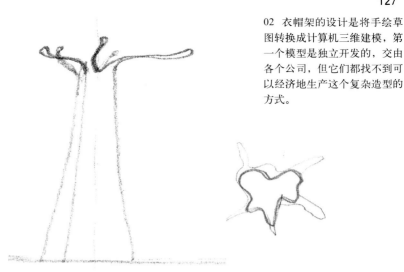

03 意大利的 MDF 公司看到了计算机模型。他们考虑了各种方法和材料，但是由于产品需要大规模批量生产，成本是一个非常重要的因素，因此，最后采用了一种传统的手工浇注模型的技术，比注塑成型的成本大大降低了。每一个树枝内部都有一个金属条，以确保其耐挠曲性。

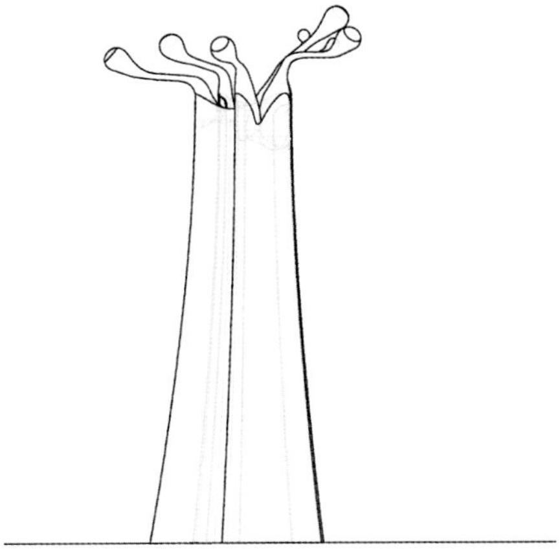

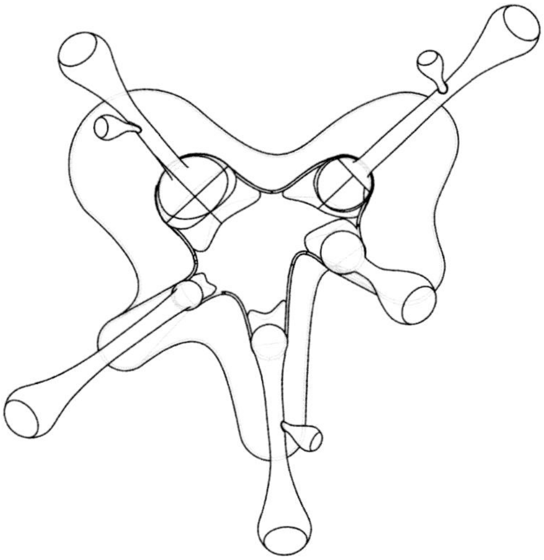

04 衣帽架是分为几部分浇注的：一个主干及五个分支。最大的技术挑战是如何设计开发树枝的底座，使其优雅地和树干的内部连接和固定。

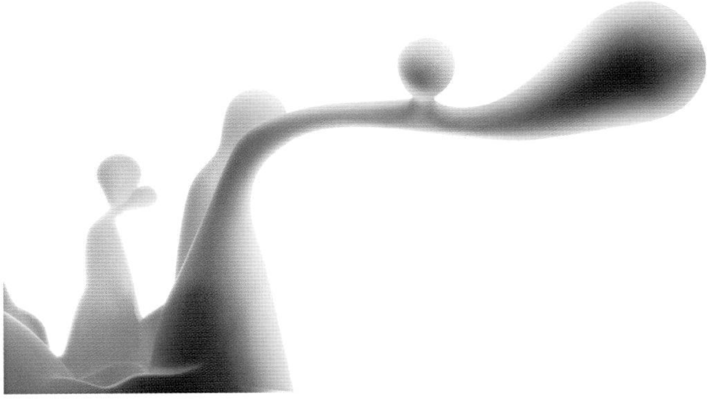

05 每个树枝的末端都是圆的，旨在表现“猴面包树”的果实。一些树枝还有刚刚发出的新芽，意味着富裕和希望。

Obo 模块化搁架单元

Jeff Miller
高光塑料，钢
每个单元：
高：38 cm (15 in)
宽：38 cm (15 in)
深：35 cm ($13^3/_4$ in)
Baleri Italia，意大利
www.baleri-italia.com

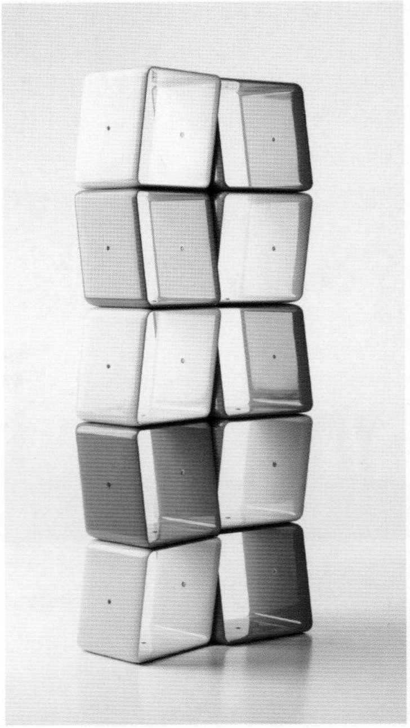

Gran Livorno 书架

Marco Ferreri
涂漆金属板
高：210 cm ($82^5/_8$ in)
宽：80 cm ($31^1/_2$ in)
深：20 cm ($7^7/_8$ in)
Danese SRL，意大利
www.danesemilano.com

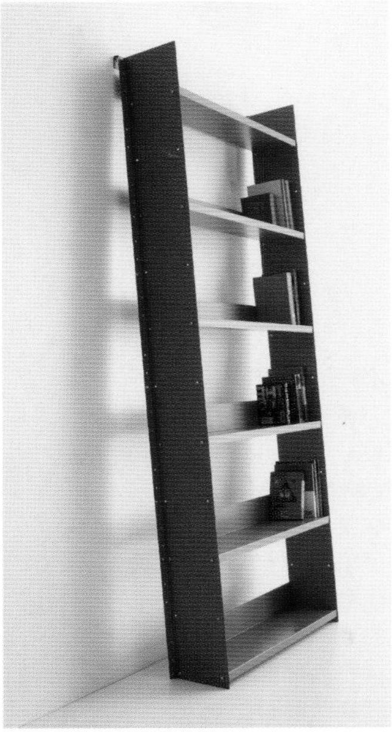

“交叉”（Cross）架

Carlo Contin
白蜡木或鸡翅木
高：210 cm ($82^5/_8$ in)
宽：100 cm ($39^3/_8$ in)
深：40 cm ($15^3/_4$ in)
Meritalia，意大利
www.meritalia.it

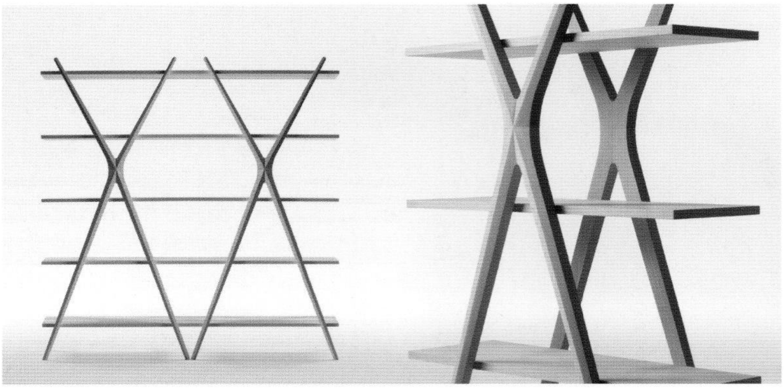

随机 08 书架

Neuland
LG HI-MACS
高：216.3 cm ($85^1/_8$ in)
宽：81.6 cm ($32^1/_8$ in)
深：22 cm ($8^5/_8$ in)
MDF 意大利，意大利
www.mdfitalia.it

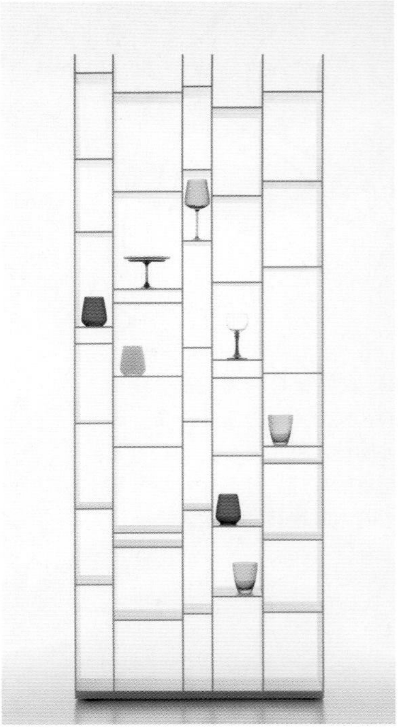

GAP 搁架系统

Pearson Lloyd
镀铬钢管，橡木
高：170 cm (67 in)
宽：58 ～ 103 cm ($33^{1}/_{2}$ ～ $40^{1}/_{2}$ in)
深：35 cm ($13^{3}/_{4}$ in)
Case Furniture，英国
www.casefurniture.co.uk

“秋”（Autum）书架

David Sanchez&PCM
金属
高：200 cm ($78^{3}/_{4}$ in)
宽：100 cm ($39^{3}/_{8}$ in)
深：25 cm ($9^{7}/_{8}$ in)
Domodinamica，意大利
www.domodinamica.com

Kovan 模块化搁架系统

ünal&böler
木面，金属连接
高：40 cm ($15^{3}/_{4}$ in)
宽：80 cm ($31^{1}/_{2}$ in)
深：40 cm ($15^{3}/_{4}$ in)
ünal&böler，土耳其
www.ub-studio.com

“流体”（Fluid）多功能系统

Arik Levy
钢棒模块
高：35 cm ($13^{3}/_{4}$ in)
宽：42 cm ($16^{1}/_{2}$ in)
深：27 cm ($10^{5}/_{8}$ in)
Desalto，意大利
www.desalto.it

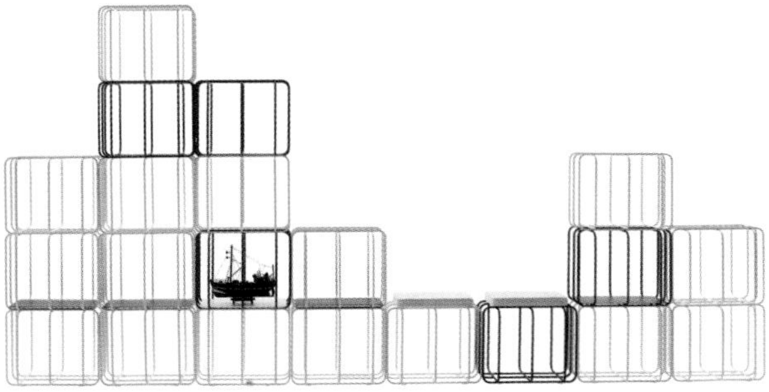

Booxx 书架

Denis Santachiara
钢，金属
高：155 cm (6 in)
宽：97 cm ($38^{1}/_{4}$ in)
深：25.5 cm (10 in)
Desalto，意大利
www.desalto.it

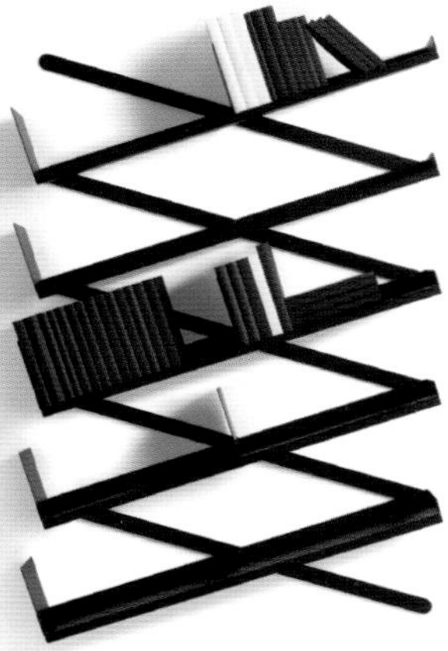

Wogg25 架子

Christophe Marchand
HPL，铝，丙烯酸树脂
高：202 cm ($79^{1}/_{2}$ in)
宽：75 cm ($29^{1}/_{2}$ in)
深：15 cm ($5^{7}/_{8}$ in)
Wogg，瑞士
www.wogg.ch

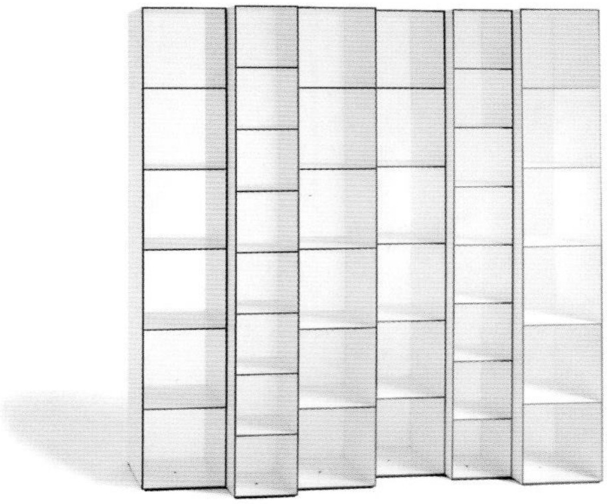

Eileen 书架

Antonia Astori
木材
高：192 cm ($75^{5}/_{8}$ in)
宽：80 cm ($31^{1}/_{2}$ in)
深：29.5 cm ($11^{5}/_{8}$ in)
Driade，意大利
www.driade.com

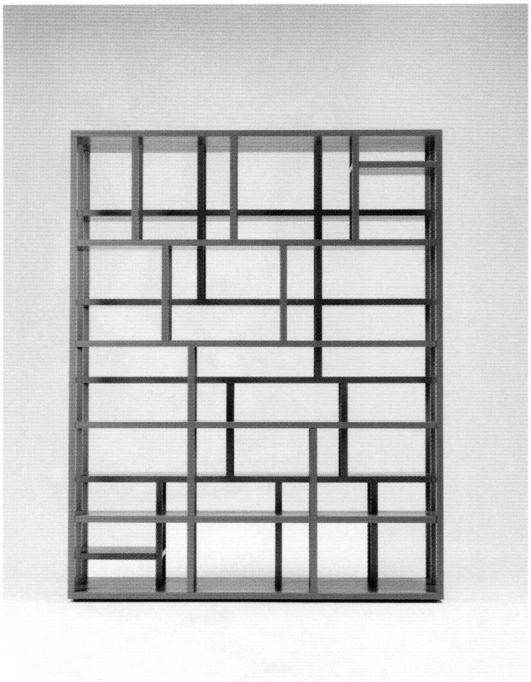

“双接口”（Double Access）架

Inga Sempe
中密度纤维板
高：222 cm ($87^{3}/_{8}$ in)
宽：170 cm ($66^{7}/_{8}$ in)
深：40 cm ($15^{3}/_{4}$ in)
David 设计，瑞典
www.daviddesign.se

“书腿”（Book Leg）展柜

Nigel Coates
玻璃，木材
高：188 cm (74 in)
宽：110 cm ($43^{1}/_{4}$ in)
深：50 cm ($19^{3}/_{4}$ in)
FratelliBoffi，意大利
www.fratelliboffi.it

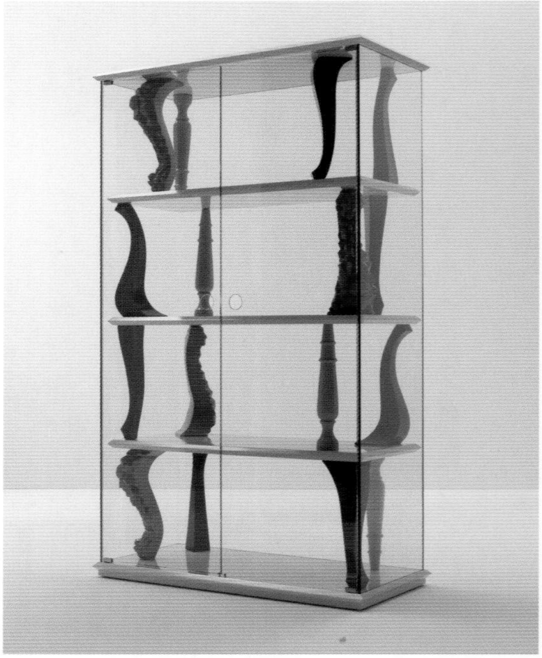

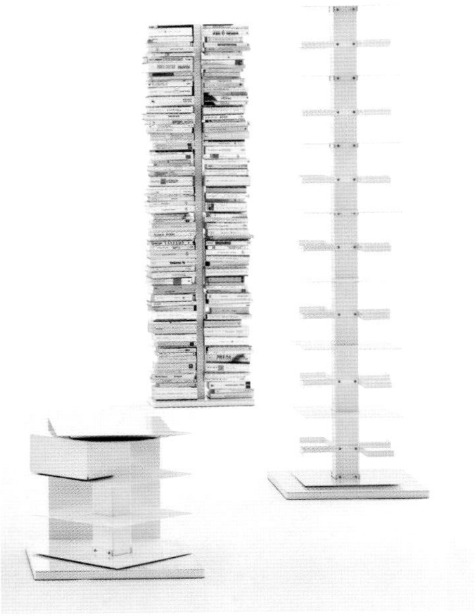

Ptolomeo 书架

Bruno Rainaldi
钢，木材
各种尺寸
Opinion Ciattis.r.l，意大利
www.opinionciatti.com

Infini 搁架系统

Sebastien Servaire, Arnaud Guffon
Lacquered
聚氨酯树脂
高：88 cm (34$^5/_8$ in)
宽：88 cm (34$^5/_8$ in)
深：30 cm (11$^3/_4$ in)
Gallery R'Pure，美国
www.galleryrpure.com

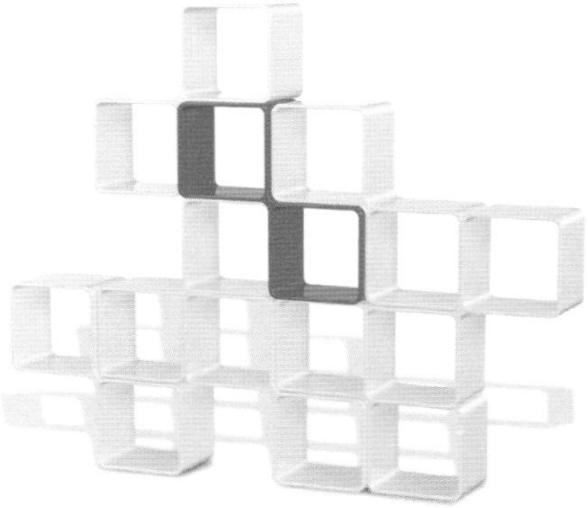

Chiku 独立书柜

Nick Rennie
黑色 HPL，金属板
高：172 cm (67$^3/_8$ in)
宽：240 cm (94$^1/_2$ in)
深：40 cm (15$^3/_4$ in)
Porro，意大利
www.porro.com

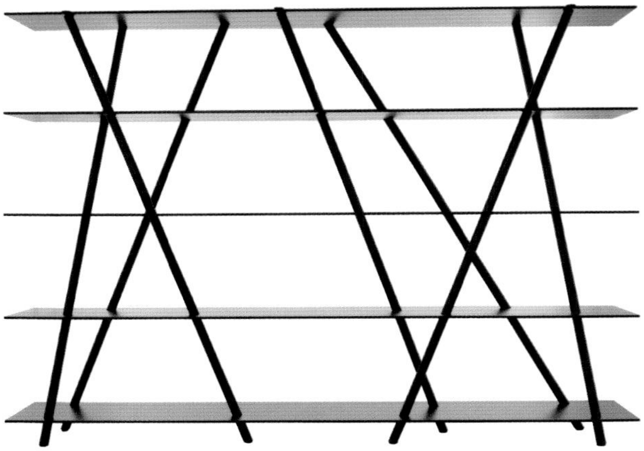

“钢木”(Steelwood)，架子

Erwan Bouroullec，Ronan Bouroullec
白涂榉木和榉木贴面有白色环氧涂层钢板
各种尺寸
Magis，意大利
www.magisdesign.com

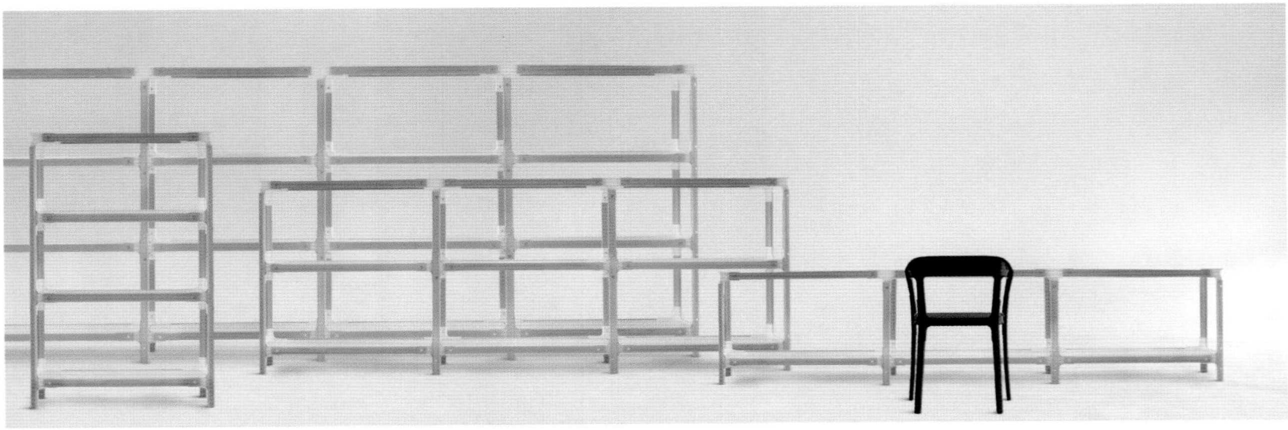

“模式”（Pattern）架

Alfredo Haberli
复合铝
高：195 cm (76^3/$_4$ in)
宽：130 cm (51^1/$_4$ in)
深：36 cm (14^1/$_8$ in)
Quodes，荷兰
www.quodes.com

“帝国”（Empire）书架

Alfredo Haberli
上漆中密度纤维板
高：200 cm (78^3/$_4$ in)
宽：45 cm (17^3/$_4$ in)
深：35 cm (13^3/$_4$ in)
Quodes，荷兰
www.quodes.com

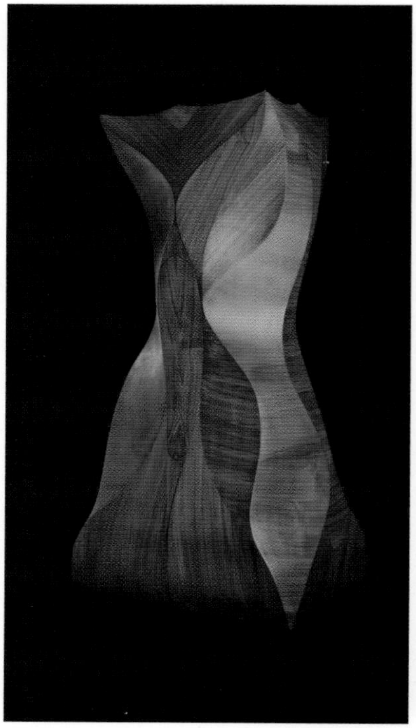

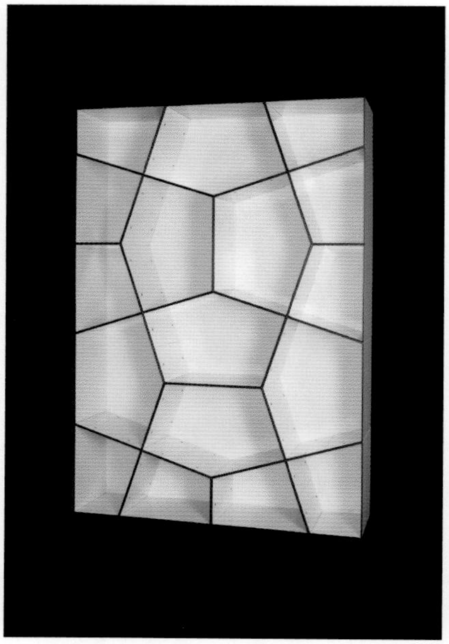

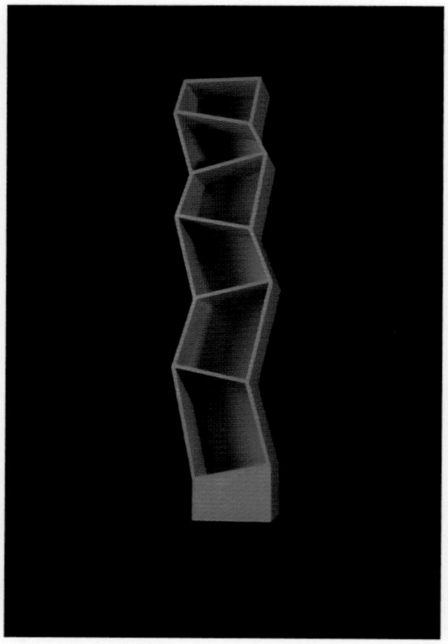

Armoire 衣橱，衣柜

Tord Boontje
黄檀木，红木，非洲紫檀
高：212 cm (8 3^1/$_2$ in)
宽：112 cm (44 in)
深：80 cm (31^1/$_2$ in)
Meta，英国
www.madebymeta.com

这个优雅的设计重新诠释了 18 世纪的古典实木贴面家具，并由手工制作而成的黄檀木贴面，之所以选择黄檀木是由于其可塑性和柔软的质地。这种质地可以满足衣柜内部及外观复杂曲线造型的要求。按照 18 世纪的传统，打开门之后露出一个有 11 个抽屉的隐蔽的板子，里面还有另外三个抽屉等待发现。抽屉越隐蔽，其开合机构越复杂。

Kubo 储物架

Karim Rashid
层压塑料
各种尺寸
Meritalia，意大利
www.meritalia.it

'93-'08 书架系统

Carlo Cumini
中密度纤维板，木材
高：217.5 cm ($85^{5}/_{8}$ in)
宽：128 cm ($50^{3}/_{8}$ in)
深：34.7 cm ($13^{5}/_{8}$ in)
Horm，意大利
www.horm.it

Teca 衣柜

Alfredo Häberli
上漆中密度纤维板
各种尺寸
Quodes，荷兰
www.quodes.com

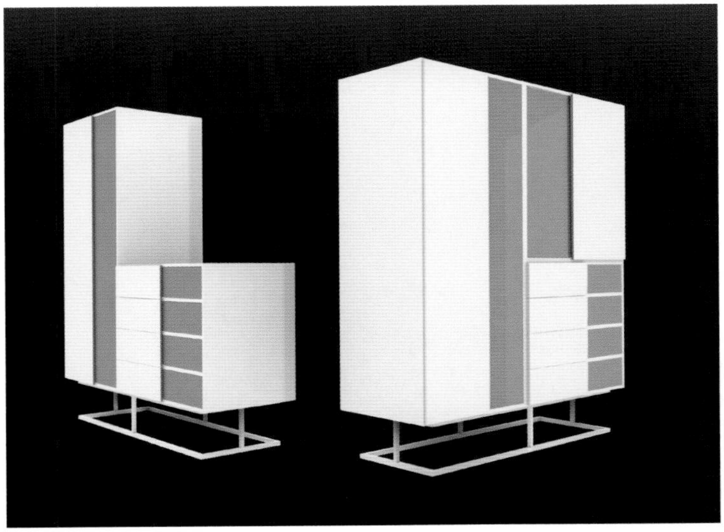

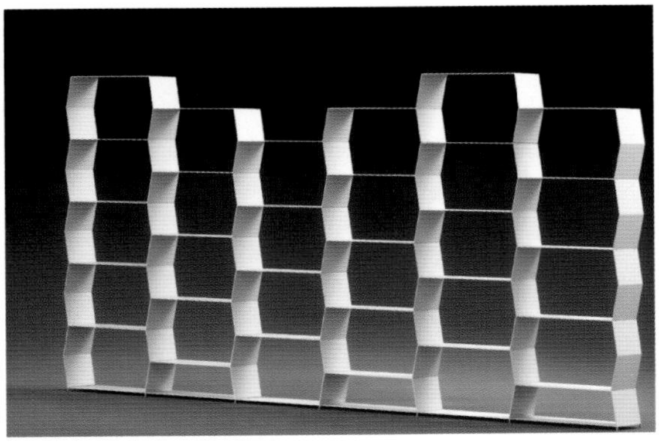

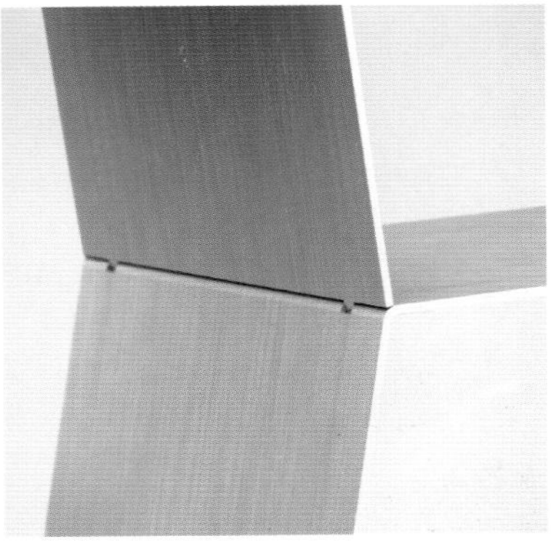

Morph 2 搁架系统

Wolfgang Tolk
不锈钢，斑马木贴面
高：220 cm ($86^{5}/_{8}$ in)
宽：220 cm ($86^{5}/_{8}$ in)
深：230 cm ($90^{1}/_{2}$ in)
Norbert Wangen
www.norbert-wangen.com

770 乌木边柜

Caolo Scarpa
檀木木料
高：90 cm ($35^1/_2$ in)
宽：153 cm ($60^1/_4$ in)
Bernni，意大利
www.bernni.it

“钉条”模块化搁架系统

Jean-Philippe Bonzon
橡木木材，有机玻璃，钢
各种尺寸
Design A4，瑞士
www.jpdb.ch

Alice e il Bianconiglio 柜子

Alberto Sala
木材，玻璃，抛光钢
高：171 cm ($67^3/_8$ in)
宽：112 cm (44 in)
深：45cm ($17^3/_4$ in)
Bernni，意大利
www.bernni.it

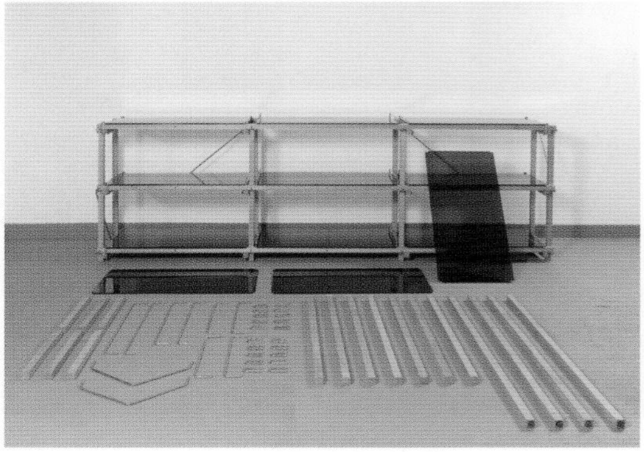

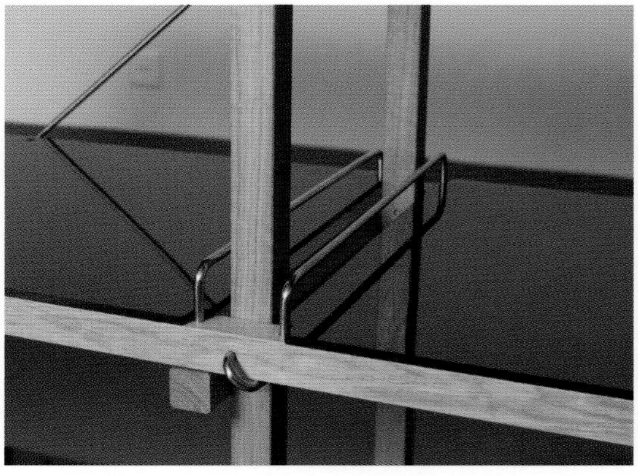

Schubladenstapel 抽屉

Susi 和 Ueli Berger
木材
高：105 cm ($41^3/_8$ in)
宽：55 cm ($21^5/_8$ in)
深：50 cm ($19^3/_4$ in)
Rothlisberger，瑞士
www.roethlisberger.ch

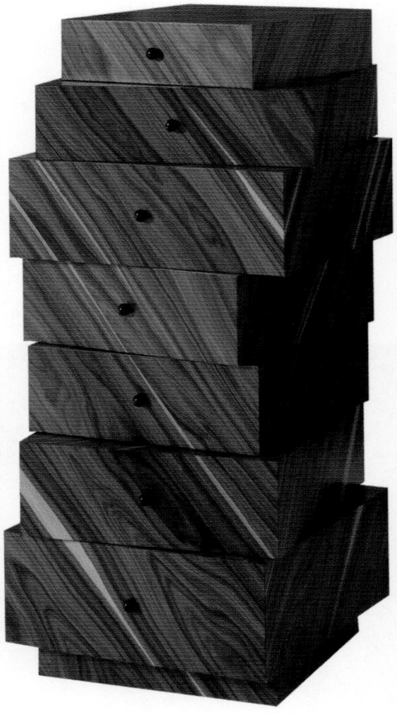

George 3 五斗柜

Gareth Neal
木材
高：81 cm ($31^7/_8$ in)
宽：109 cm ($44^7/_8$ in)
深：51 cm (20 in)
Gareth Neal Design，英国
www.garethneal.co.uk

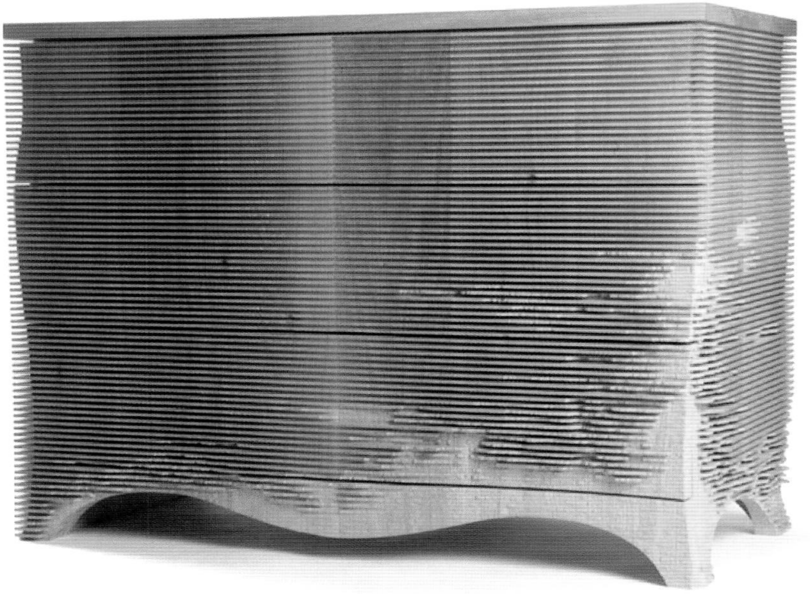

“箱子”（Grate）系列书架

Jasper Morrison
黄松木，夹板，合成织带
高：130 cm ($51^1/_8$ in)
宽：138 cm ($54^3/_8$ in)
深：32.5 cm ($12^3/_4$ in)
Established&Sons，英国
www.establishedandsons.com

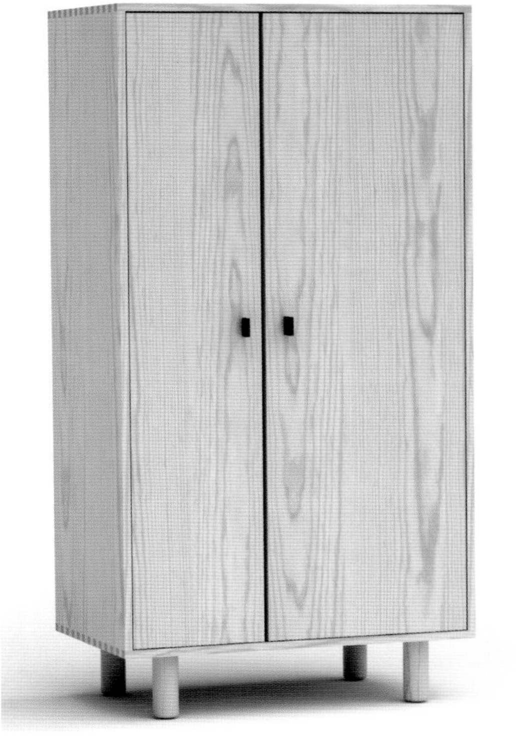

“箱子”（Grate）衣柜

花旗松
黄松木，夹板，合成织带
高：195 cm ($51^1/_8$ in)
宽：100 cm ($54^3/_8$ in)
深：57.5 cm ($12^3/_4$ in)
Established&Sons，英国
www.establishedandsons.com

Legno 移动储物系统

Alfredo Haberli
上漆中密度纤维板，不锈钢
各种规格
Alias 设计，意大利
www.aliasdesign.it

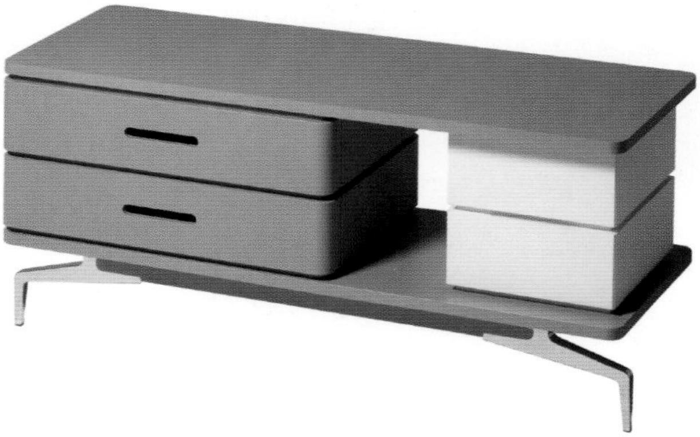

“层叠”（Stack）抽屉柜

Raw Edges/Shay Alkalay
复合胶合板，钢材，油漆
高：108/180 cm ($42^{1}/_{2}/70^{7}/_{8}$)
Established&Sons，英国
www.establishedandsons.com

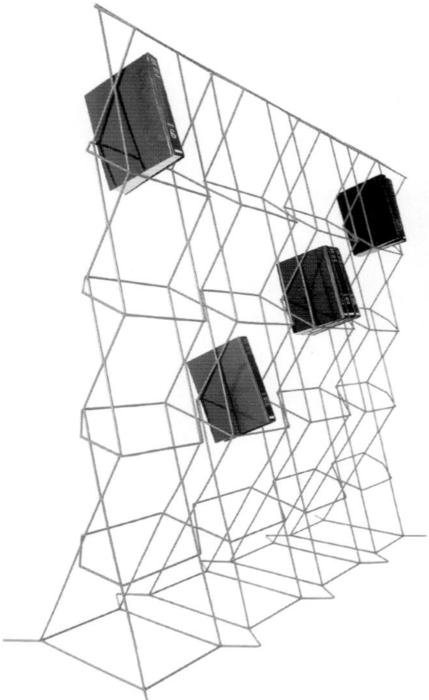

Petek 独立书架

ünal&böler
钢
高：180 cm ($70^{7}/_{8}$ in)
宽：180 cm ($70^{7}/_{8}$ in)
深：60 cm ($23^{5}/_{8}$ in)
Unal&boler，土耳其
www.ub-studio.com

Bookwave 屏风式书架

Demirden 设计事务所
皮革
各种尺寸
Ilio，土耳其
www.ilio.eu

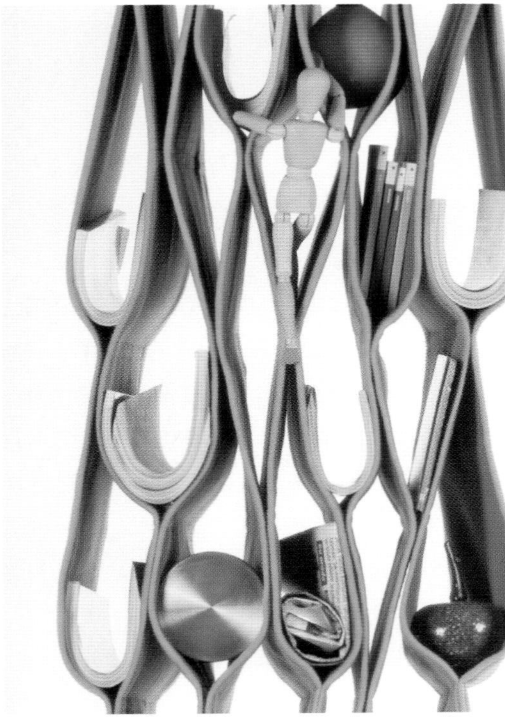

“奥斯卡”（Oscar）可旋转书架

Kay+Stemmer
橡木饰面，黑色层压板分隔
高：72.6 cm ($28^{1}/_{2}$ in)
宽：55 cm ($21^{5}/_{8}$ in)
深：55 cm ($21^{5}/_{8}$ in)
SCP，英国
www.scp.co.uk

Anteo 边柜

Antonio Citterio
木材，玻璃
高：54.5 cm ($21^{1}/_{2}$ in)
宽：240 cm ($94^{1}/_{2}$ in)
深：60 cm ($23^{5}/_{8}$ in)
B&B Italia，意大利
www.bebitalia.it

深入介绍

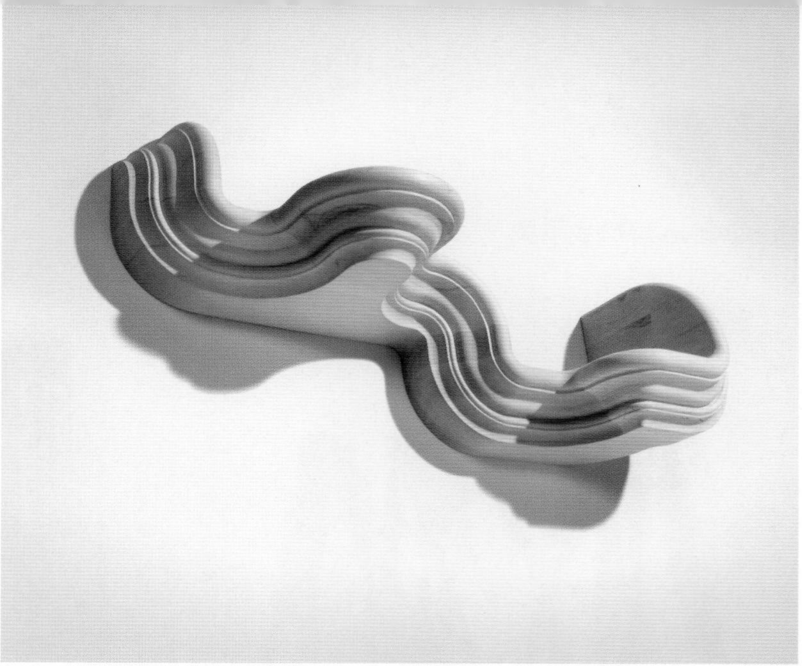

搁架空间

设计：Paul Loebach
高：53 cm (20$^{7}/_{8}$ in)
宽：114 cm (44$^{7}/_{8}$ in)
深：38 cm (15 in)
材料：椴木
制造商：自己生产

“创新设计是一小部分发明和一大部分已经存在的东西，并以一种新的方式使用这些东西”。保罗•勒巴赫（Paul Loebach）如是说。这位年轻的美国设计师用计算机生成和数控铣的方式制作的经典原木家具在 2008 年的米兰国际家具展上进行展出，并引起了广泛的兴趣，勒巴赫来自一个德国的木匠世家，他的父亲是一名工程师，在 20 世纪 70 年代为 Union Carbide 公司研发了新型塑料成型技术，同时也涉足家居设计行业。尽管勒巴赫本人在罗德岛设计学院学习的是工业设计，但毕业后他花了几年在 Hone Davies 的家具制造车间锻炼自己，他成为 Hone Davies 的学徒，学习传统的木制工艺。基于这种对传统和科技的双重热爱，他在布鲁克林成立了自己的设计工作室，而跟他同期毕业的许多同学都去了国外，比如米兰、荷兰等地。在勒巴赫看来，美国只能用其尖端的生产来弥补其当代设计文化的缺失，这是美国的设计师可能有超过来自欧洲或亚洲竞争对手的唯一优势。

“搁架空间”是为米兰家具展设计的作品之一，将传统的形式和材料非传统的制作工艺相结合，勒巴赫想通过这个产品的开发展示高端的美国科技，但不知何故仍然和集体意识相关。同时，借助于一些设计草案，他冒昧地给航空制造商 Midwestern 打了个电话，询问他们是否愿意采用他们公司最新的设备来支持他的产品开发。由于看到了未来批量生产的可能性，公司最终同意与他合作。结果就设计出一系列将传统与现代精密技术相结合的家具，建立了一个家居设计视觉史上的新关联。“搁架空间”的造型由于受到 18 世纪木工技术的启发，由一个 5 轴数控刀具将堆叠的木料切开而形成，而这个工具之前是用于修整飞机机翼。这个复杂的造型可以通过许多常规方法得来，如手工雕刻。木材的使用，是一种对过去旧时光的强烈渲染，是以设计为基础的，就像其造型一样，散发着历史的标记。

“我的许多工作是和基本概念的延续性相关的——什么是支撑它的，它的中断点在哪里”，勒巴赫说，“在这个项目中，我的本质兴趣是挑战木质结构的制约，找到一些意料之外而又在情理之中的点。”

01 勒巴赫有大量的木工和建筑细节的照片存档，“搁架空间”的灵感来自于木角线窗飞檐、楼梯扶手、相框和贯穿历史记录中的这些形式的造型语言。他走访了跳蚤市场收集古老的维多利亚相框，然后拆开仔细研究。

02 在项目一开始绘制了一系列简单的草图（下图），制作了纸模型（右图）。

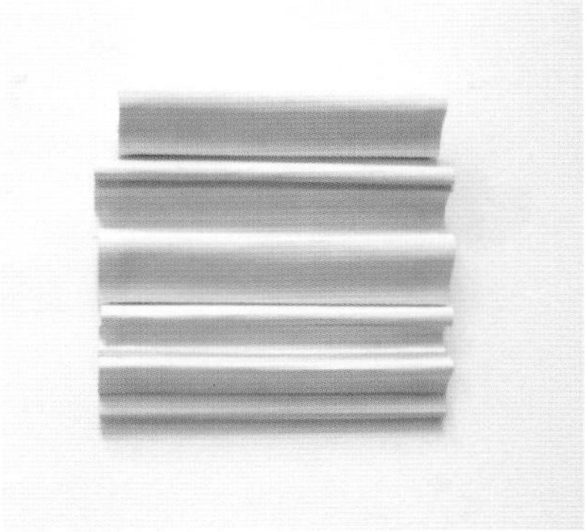

03 草图被转换为数字模型，以便探讨更复杂模型的可能性，然后按照等比例打印在纸上，来确定各部分比例。

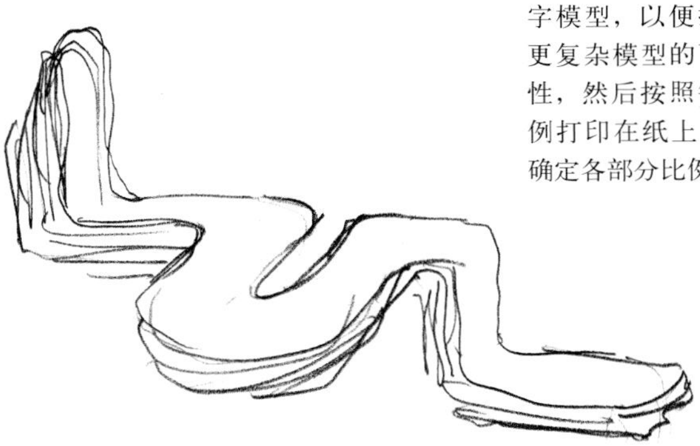

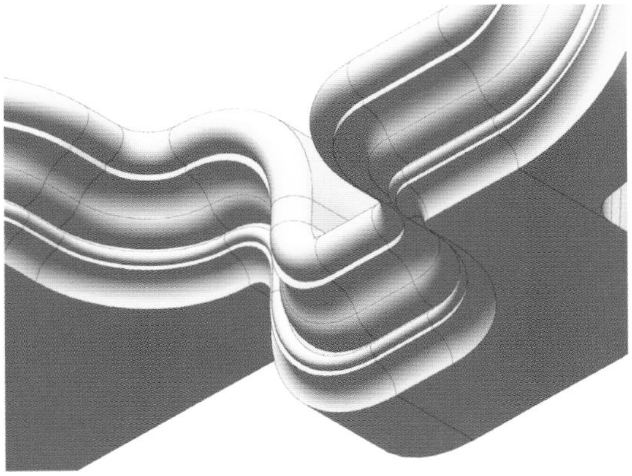

04 设计的修改历经数周，之后根据制造商的反馈意见来优化走刀路径。虽然自动化制造工艺听起来符合逻辑，可是需要反复多次的试验和测试，得到正确的程序。

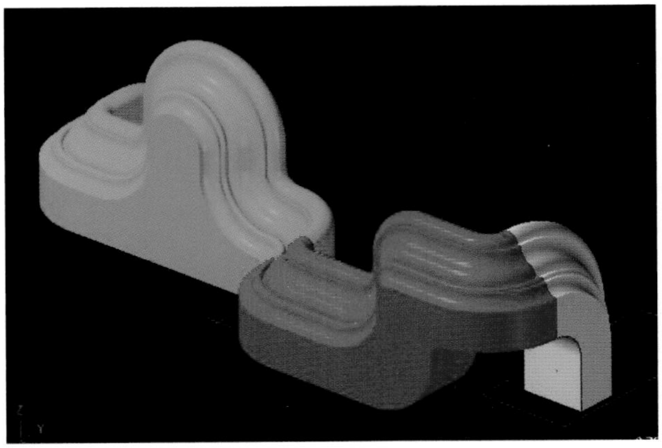

05 在用机器加工之前，将模板对叠成成品对象的总体形状。

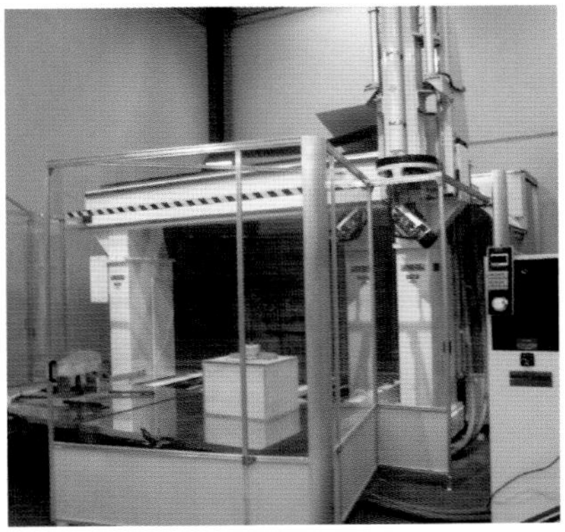

06 三维计算机模型有助于精确非流体材质的造型。数字文件被输入 5 轴数控切割机，此时应如何切割以达到最终形状已经被定义好。尽管需要花费几个月来完善这一程序，但最终每个架子的切割时间只有 20 min。

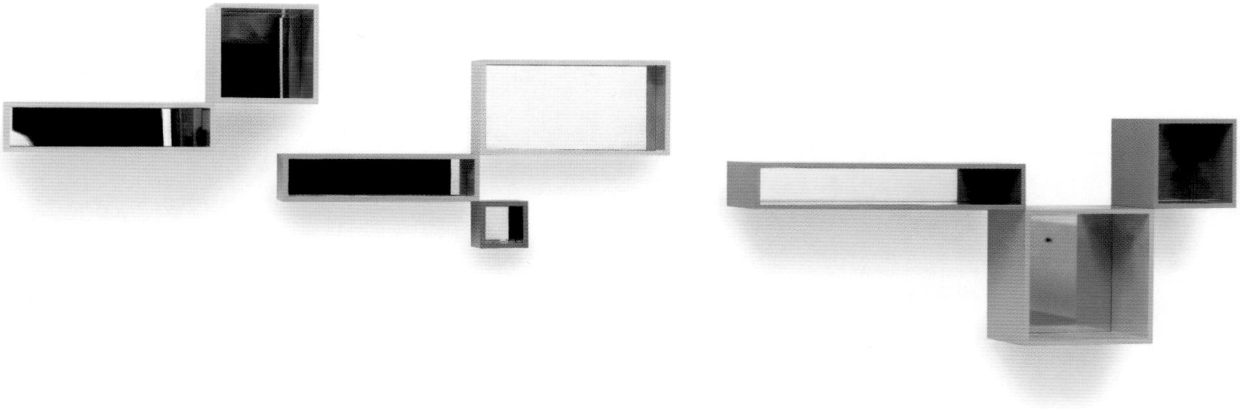

“镜子镜子”搁架单元

Pearson Lloyd
上漆木制贴皮，镜子
各种尺寸
Martinez Otero，西班牙
www.martinezotero.com

“XS”抽屉架（限量版）

Tejo Remy
旧抽屉，枫木，黄麻带
各种尺寸
Droog，荷兰
www.droog.com

“一堆旅行箱”模块化衣橱系统

Marten De Ceulaer
皮革
各种尺寸
Casamania，意大利
www.casamania.it

Drawerment 存储单元安装

Jaroslav Jurica
中密度纤维板
高：192 cm ($75^5/_8$ in)
宽：445 cm ($175^1/_4$ in)
深：24 cm ($23^3/_4$ in)
HuberoKororo，捷克共和国
www.huberokororo.net

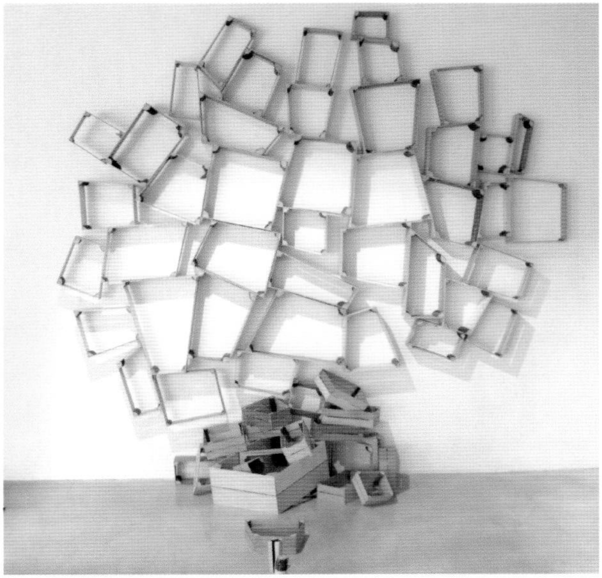

“分裂的盒子”（Split Boxes）组合架系统

Peter Marigold
木材
各种尺寸
Peter Marigold，英国
www.petermarigold.com

“现代”（Modern）存储系统

Piero Lissoni
铁杉木
各种尺寸
Porro，意大利
www.porro.com

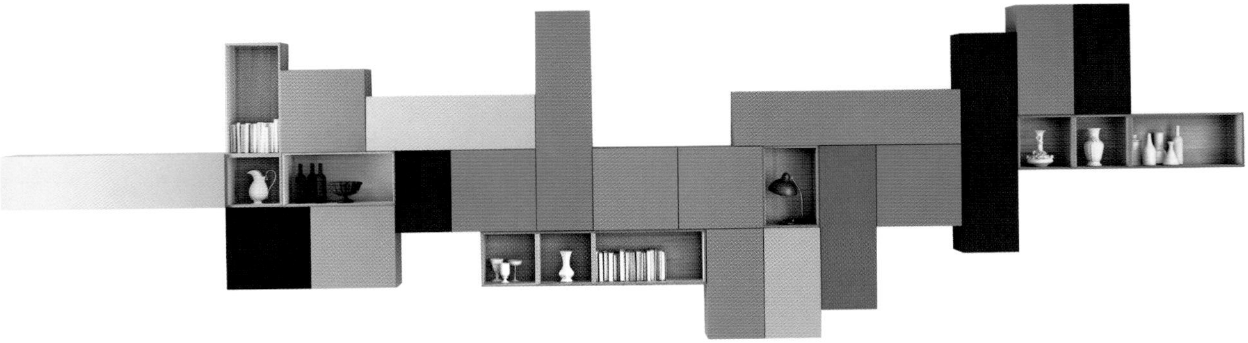

厨房和
卫生间

LACUCINAALESSI 厨房系统

Alessandro Mendini
玻璃，木材
各种尺寸
Valcucine，意大利
www.valcucine.it

P'7340 模块化厨房系统

Porche 设计
铝，浮木，深色橡木，缎面光泽，玻璃
各种尺寸
Poggenpohl，德国
www.poggenpohl.co.uk

Ola 抽油烟机

Elica 设计团队
不锈钢
高：36 cm ($14^1/_8$ in)
宽：51 cm (20 in)
深：36 cm ($14^1/_8$ in)
Elica，意大利
www.elica.com

E1_01 厨房系统

Palomba Serafini Associati 工作室
不锈钢，大绿柄桑，玻璃，聚合物
各种尺寸
Elmar Cucine，意大利
www.elmarcucine.com

Gorenje Ora-Ïto 系列厨房系统

Ora Ïto
黑玻璃，铝，不锈钢
各种尺寸
Gorenje，斯洛文尼亚
www.gorenje.com

K14 厨房单元

Norbert Wangen
铝，橡木，三聚氰胺，不锈钢，木质贴面，可丽耐，石材
订做
Boffi，意大利
www.boffi.com

Atelier 厨房单元

Claudio Silvestrin
天然石材
各种尺寸
Minotti Cucine，意大利
www.minotticucine.it

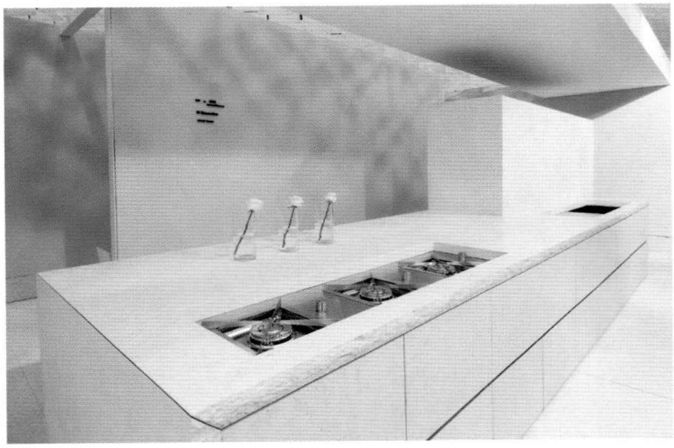

“干燥”（Dry）浴室柜

Dror 工作室
铝，镜面
关闭时的尺寸
高：68 cm (26$^{3}/_{4}$ in)
宽：64 cm (25$^{1}/_{8}$ in)
深：13 cm (5$^{1}/_{8}$ in)
Boffi，意大利
www.boffi.com

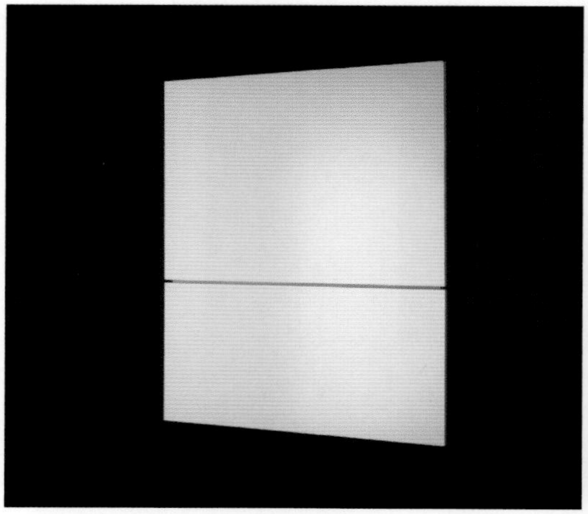

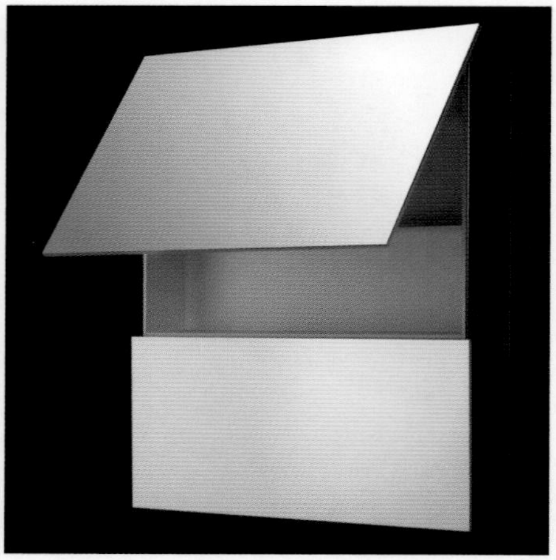

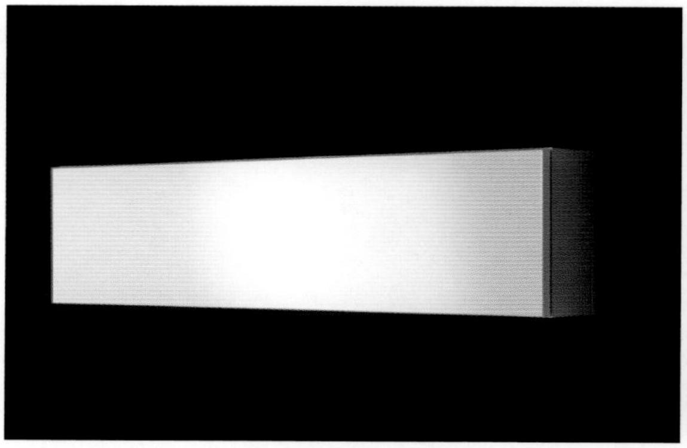

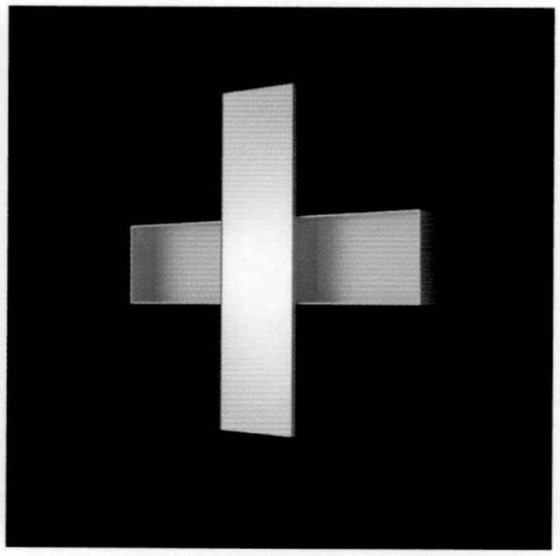

“+/–” 浴室柜

Dror 工作室
铝，镜面
高：30 cm (23$^{5}/_{8}$ in)
深（关闭时）：17.5 cm (6$^{7}/_{8}$ in)
深（打开时）：15 cm (5$^{7}/_{8}$)
Boffi，意大利
www.boffi.com

Inspiro 烤箱

伊莱克斯
不锈钢
高：59.4 cm (23$^{3}/_{8}$ in)
宽：59.4 cm (23$^{3}/_{8}$ in)
深：57.6 cm (22$^{3}/_{8}$ in)
伊莱克斯，美国
www.electrolux.com

Inspiro 烤箱使用了热量管理技术，并且有数以千计的食谱数据库，可以自动完成美食的烹饪。一系列传感器可以确保能源使用的数量和时间，以确保一盘菜 可以达到理想温度。烤箱的工作原理就像一个自动相机，会根据不同的光照条件以及取景框中的对象自动设定光圈、曝光时间和焦点。

Cinqueterre 厨房系统

Vico Magistretti
铝，柚木，花梨木，黑胡桃，鸡翅木或竹
各种尺寸
Schiffini，意大利
www.schiffini.it

Stone Gallery 抽油烟机

拉瓦尼亚石，卤素灯
高：50 cm (19 $^3/_8$ in)
宽：80 cm (31 $^1/_2$ in)
深：38 cm (15 in)
Elica，意大利
www.elica.com

Etna 厨房系统

Rodolfo Dordoni
不锈钢，木材
各种尺寸
RossanaR.B.S.r.l，意大利
www.rossana.it

Tivai 封闭独立灶台

Dante Bonuccelli
不锈钢挤压铝，层压板
各种尺寸
Dada，意大利
www.dadaweb.it

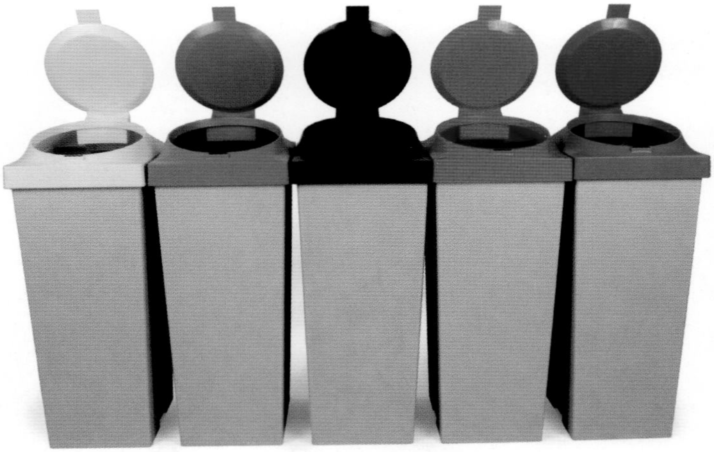

Top 回收箱

Konstantin Grcic
塑料，ABS
高：60 cm (23⁵/₈ in)
宽：23 cm (9 in)
深：29 cm (11³/₈ in)
Authentics，德国
www.authentics.de

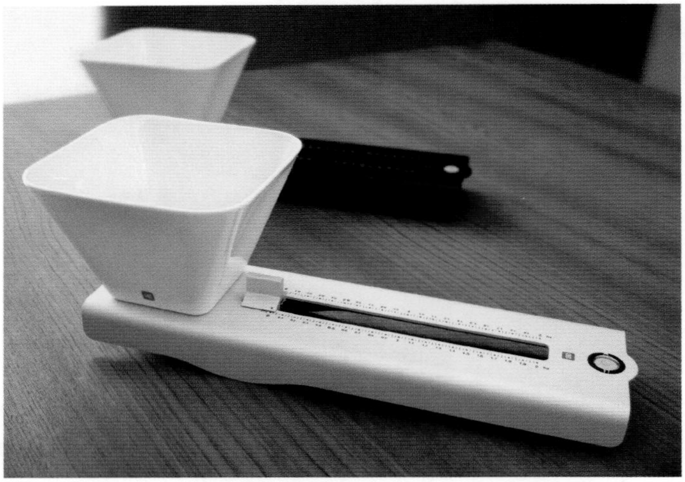

“平衡”（Balance）厨房秤

Hannes Mayer
铝，硬瓷
高：17 cm (6³/₄ in)
宽：43 cm (16⁷/₈ in)
深：12 cm (4³/₄ in)
Mayer&Thiele，德国
www.mayerundthiele.de

Naoto Fukasawa 电壶

Satyendra Pakhale
哑光塑料
高：17.8 cm (7 in)
宽：20.7 cm (8¹/₈ in)
深：14.3 cm (5⁵/₈ in)
Plusminuszero，日本
www.plusminuszero.jo

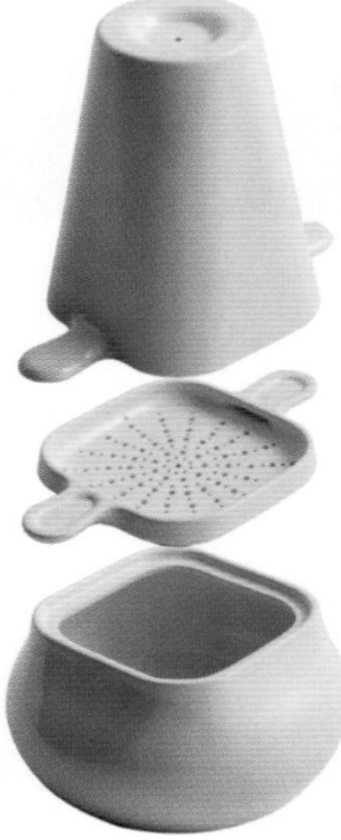

“好食物”蒸锅

Satyendra Pakhale
陶瓷
高：36 cm (14¹/₈ in)
宽：28.4 cm (11¹/₈ in)
深：24 cm (9¹/₂ in)
Bosa Ceramiche，意大利
www.bosatrade.com

Directing Boards 切菜板三件套（含底座）

Eva Solo
塑料
高：33 cm (13 in)
宽：48.3 cm (19 in)
深：15.2 cm (6 in)
Eva Solo，丹麦
www.evasolo.dk

“草本花园”（Herb Garden）蔬果盆

Officeoriginair
三聚氰胺
高：11.6 cm ($4^1/_2$ in)
宽：39.1 cm ($15^3/_8$ in)
深：17.6 cm ($6^7/_8$ in)
Royal Vkb，荷兰
www.royalvkb.com

Plancha 盘

Emmanuel Gallina
竹子，瓷器
高：2 cm ($^3/_4$ in)
宽：32 cm ($12^1/_2$ in)
深：22 cm ($8^5/_8$ in)
Eno，法国
www.enostudio.net

Flower Power 自动吸水花盆

Eva Solo
塑料，尼龙，瓷器
高：32.4 cm ($12^3/_4$ in)
直径：13 cm（5 in）
Eva Solo，丹麦
www.evasolo.dk

Eva Solo 花盆由玻璃水容器和陶瓷盆组成。花盆底部的尼龙芯可以按照植物的需要将水从底部的容器内送到植物周围的土壤中。因此只要玻璃容器中有水，土壤就可以一直保持湿润，这种容器可以免去每周浇水的麻烦。

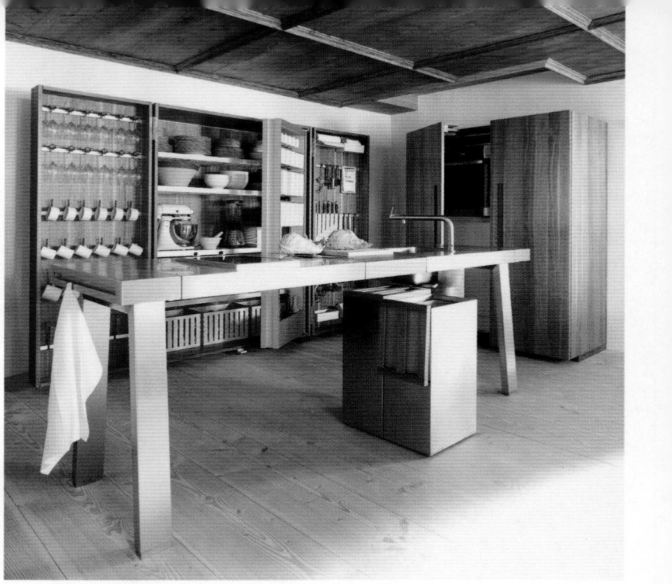

深入分析

b2 厨房工作站

设计：EOOS
各种尺寸
材料：不锈钢，橡木，胡桃木，砂石
制造商：Bulthaup，德国

在希腊神话中，EOOS 是太阳神赫利俄斯的 4 个飞马坐骑之一。这个名字是马丁·伯格曼（Martin Bergmann），杰尔诺特·褒曼（Gernot Bohmann）和哈拉德·古伦德（Harald Gruendel）在 1995 年创立公司的时候取的，代表了他们的设计方法：在古老的原始技巧与新技术的对比中创建理念和产品。

“EOOS 的工作基于对他们自创的词“诗意分析”的深入研究项目”，Gruendel 解释道，“我们相信，前进的动力在于构想出那些深深植根于人类未来的概念和行为。就像我们创造出一个词，一句话或者一个图像，这就会产生一个关于这一目标的充满诗意的构想。所有的目标都可以在这些元素内被描述以及设计。”在 b2 厨房工作站的设计中，EOOS 收集了有关烹饪场景、厨房和灶具的新旧两种图像，用于调查旧的东西和高科技之间的差异。这包括奥地利建筑师，设计师 Margarete Schutte-Lihotzky 为“法兰克福厨房”创作的未发表的画作，以及一副描绘大约 1570 年的罗马教皇厨房的画作。这两幅画对 b2 的创作都有影响。前者描绘了一套打开的容器，从中得到的创意是，如果所有的器皿都容易看到，烹饪就变得简单多了，而后者描绘的是一个偌大的房间，只放了一张木桌，后来被设计历史学家用于解释 16 世纪厨房的装修风格，即只用一张可以移动的桌子，可以经常改变，桌子只是作为工具，而不是永久的家具。

Bulthaup 的理念是厨房看起来要像没有经过设计的，EOOS 用可以移动的厨房概念来回应，就是将一个现代的厨房比喻成传统的木工作坊。作为现代的内置厨房的范例，b2 厨房工作站中所有的东西都摆放在外面。没有抽屉，每个器皿都有自己摆放的位置。设计包含两部分外加一个电器柜，看上去就像是个木匠用的柜子，所有的工具都一目了然，易于取得，而模块化的桌子就是工作台。在移动厨房的概念中包含三个元素，它们都可以像家具一样，任意挪动。灵活性是关键，而且可以随时改变，也可以从一处挪到另一处。为了做到这一点，EOOS 开发了一个特殊的截面连接件，可以保证卫生、有弹性、美观，用夹子密封确保了工作面可以放大和缩小，并且外观和功能可以根据需要进行改变。就像教皇的桌子，就是被设想为以各种方式来使用的工具。

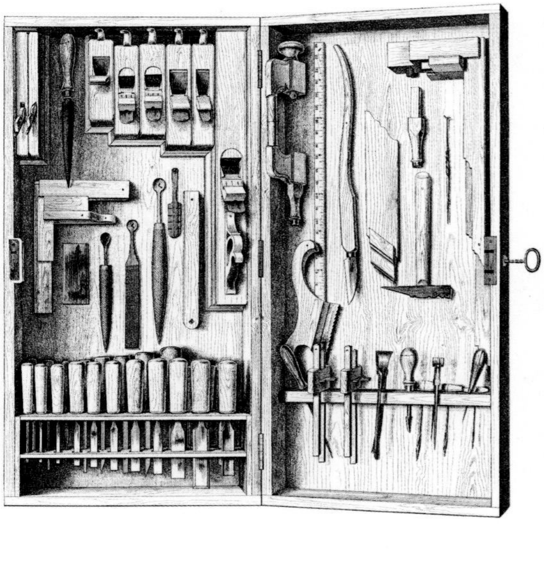

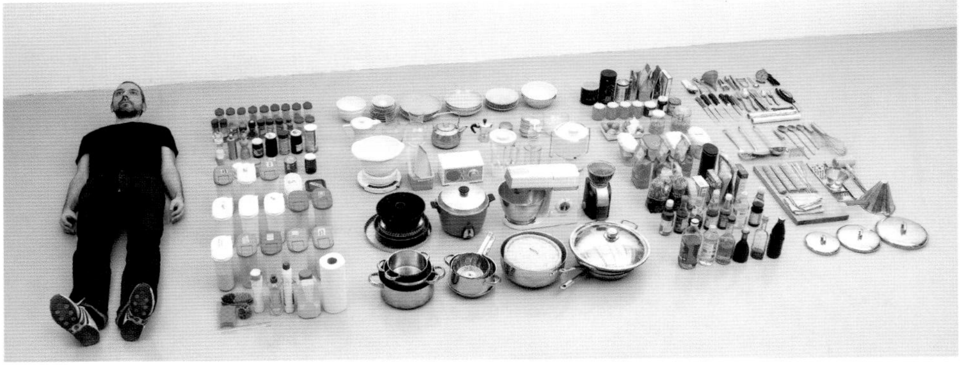

01 为了确定“厨房工具柜”的容量，EOOS将一个内置式的厨房完全清空。所有放在吊柜和橱柜中的器皿都被按照功能分组，并摆在地上。摆放顺序作为设计的出发点。Harald Gruendel在画面中和那些按照顺序码放好的器皿并排躺在一起。

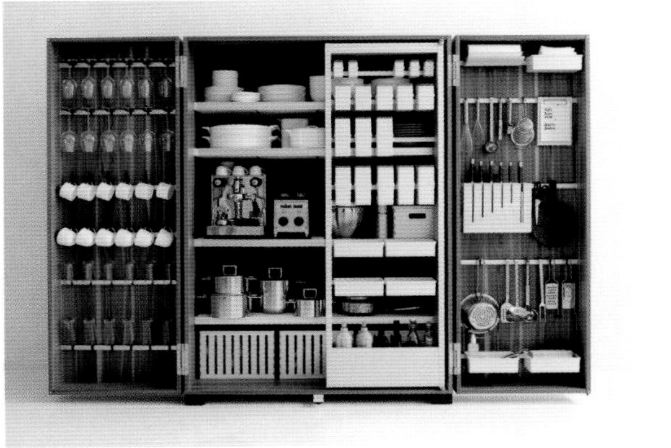

02 整个橱柜被设计成一套通用的悬挂和器具系统，打开柜门后，所有的器具一目了然。还可以对局部单元和部件进行拆卸和调换，以适应厨师的个性化需求。当“厨房工具柜”关闭后，看起来就像一件家具，可以适应所有的环境。

03 绘制于2005年的工作台草图。这个厨房经历了三年的研究开发。模块化工作台的创意相对较早，而橱柜的概念更难制定。EOOS花了一年的时间才拿出想法。

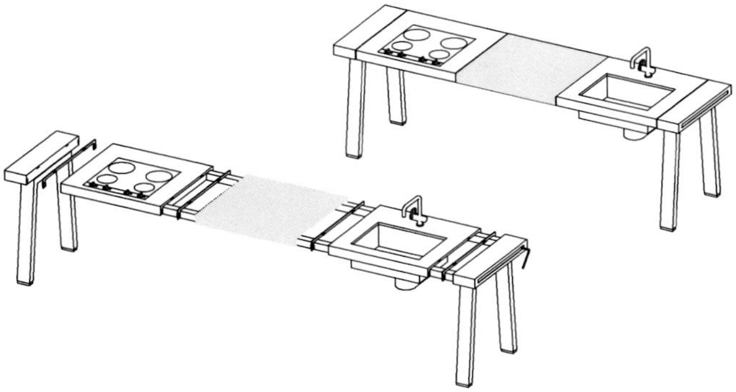

04 绘制于2008年的模块化工作台（左图）的设计草图，以及工作台的最终效果（右图）。工作台是基于台面和表面开发的，通过一个简单的机械装置紧固在一起。炉子、水槽和台面的位置可以互换，桌子的长度可以随意调节。

Neo 煮饭锅

Claesson Koivisto Rune
不锈钢
各种尺寸
Iittala，芬兰
www.iitala.com

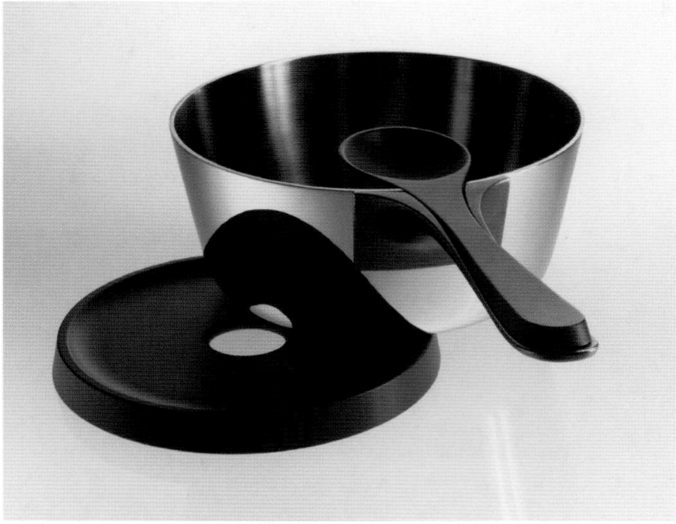

沙拉勺

John Pawson
乌木
长：30 cm (11 3/4 in)
宽：4.9 cm (1 7/8 in)
When Objects Work，比利时
www.whenobjectswork.com

烹饪单元（面条锅和勺）

Patrick Jouin
不锈钢，三聚氰胺
高：12.5 cm (4 7/8 in)
直径：23 cm (9 in)
Alessi，意大利
www.alessi.com

Coolepots 锅

John Pawson
不锈钢
各种尺寸
Demeyere，比利时
www.demeyere.be

“环”（Loop）壶

Scott Henderson
不锈钢，注射成型的尼龙
高：22 cm ($8^{5}/_{8}$ in)
直径：24 cm ($9^{1}/_{2}$ in)
Chantal，泰国
www.chantal.com

锅和平底锅

Konstantin Grcic
不锈钢
各种尺寸
Serafino Zani，意大利
www.serafinozani.it

Delfts 烤面包盘

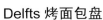

Minale Maeda
铝，瓷器
高：3.6 cm ($1^{3}/_{8}$ in)
宽：39.6 cm ($15^{1}/_{2}$ in)
直径：12.2 cm ($4^{3}/_{4}$ in)
Minale-Maeda，荷兰
www.minale-maeda.com

漂浮的汤勺

Seongyong Lee
ABS 塑料
高：35 cm (14 in)
宽：10.2 cm (4 in)
直径：6.4 cm ($2^{1}/_{2}$ in)
Seongyong Lee，韩国
www.seongyonglee.com

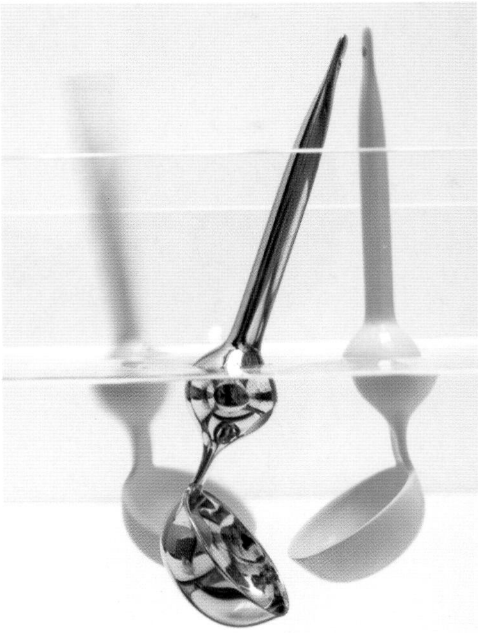

“新鲜旅行”双层瓶

Arian Brekveld
不锈钢，高档塑料
高：18.5 cm ($7^{1}/_{4}$ in)
直径：9.3 cm ($3^{5}/_{8}$ in)
Royal Vkb，荷兰
www.royalvkb.com

Jamie Oliver 系列厨具

Ed Annink，Ontwerpwerk
三聚氰胺，竹，聚乙烯，聚氨酯，丙烯酸
各种尺寸
Merison，荷兰
www.merison.nl

坚果夹子

Ineke Hans
高级塑料
高：8.5 cm ($3^{3}/_{8}$ in)
直径：7.5 cm (3 in)
Royal Vkb，荷兰
www.royalvkb.com

“女巫的厨房”厨房用具和锅

Tord Boontje
陶瓷，红木
各种尺寸
Artecnica，美国
www.artecnicainc.com

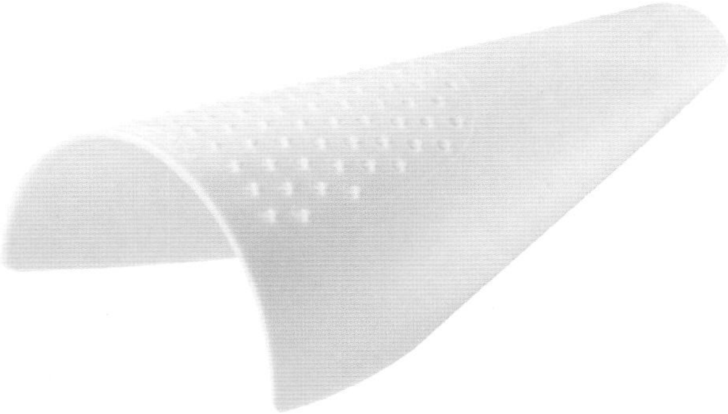

4cheese
奶酪刨丝器

Alejandro Ruiz
塑料
高：6.2 cm ($2^3/_8$ in)
宽：8.7 cm ($3^3/_8$ in)
直径：21 cm ($8^1/_4$ in)
Authentics，德国
www.authentics.de

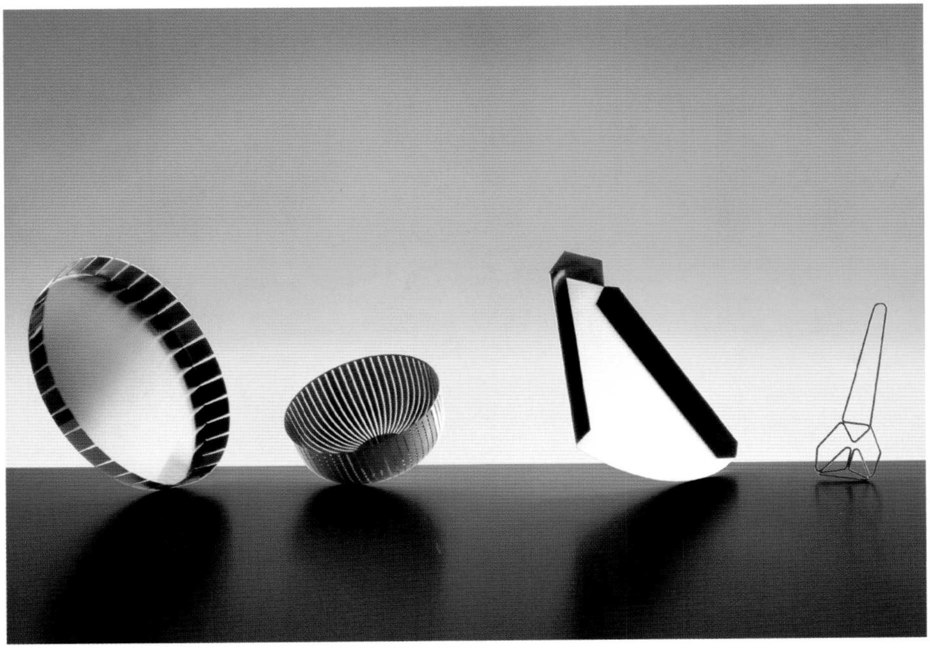

“请把盐递给我”（Passami il sale）餐具

Konstantin Grcic
不锈钢
各种尺寸
Serafino Zani，意大利
www.serafinozani.it

Sen Curiosity 浴室系列

木材，cristalplant，铝
各种尺寸
Agape，意大利
www.agapedesign.it

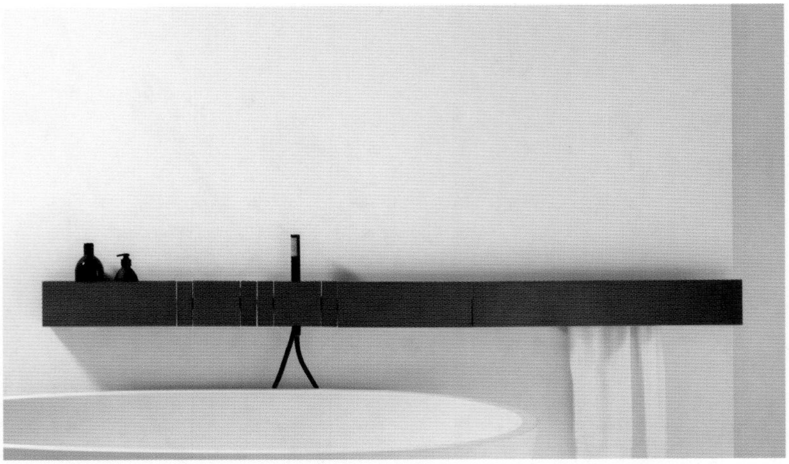

Sen 系统由同样名字的拉丝阳极氧化铝水龙头和淋浴头组成，以匹配其他配件。该系列包括可以盛放各种尺寸物品的托架，一个皂液器和一个毛巾架，它们适合用于浴缸、洗脸盆和卫生设备。

Lavasca 独立浴缸

Matteo Thun
Titanic 树脂
高：71 cm (28 in)
宽：200 cm ($78^3/_4$ in)
直径：110 cm ($43^1/_4$ in)
Rapsel，意大利
www.rapsel.it

Arne 独立浴缸

Nada Nasrallah、Christian Horner
Titanic 树脂
高：94 cm (37 in)
宽：166 cm ($65^3/_8$ in)
直径：100 cm ($39^3/_8$ in)
Rapsel，意大利
www.rapsel.it

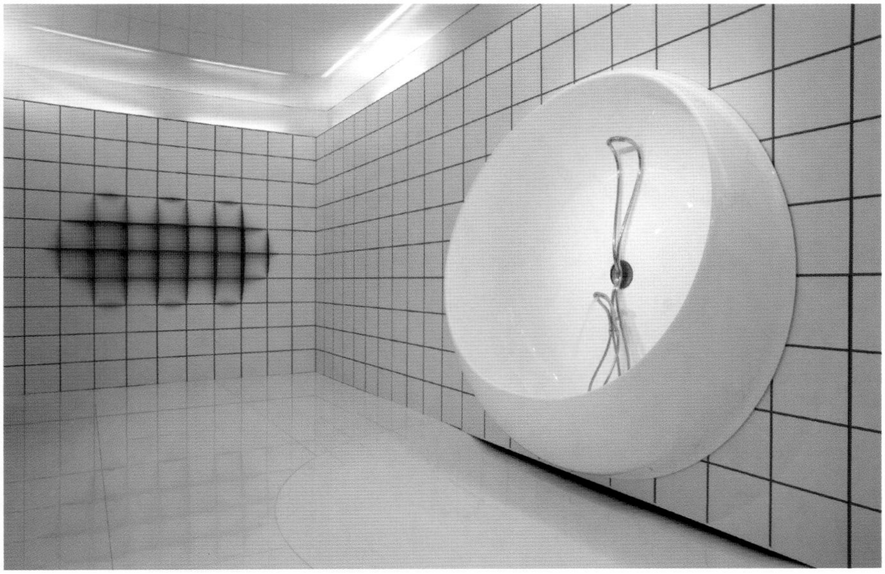

“旋转”（Rotator）淋浴 / 浴缸

Ron Arad
Duralight
直径：240 cm ($94^1/_2$ in)
Teuco，意大利
www.teuco.com

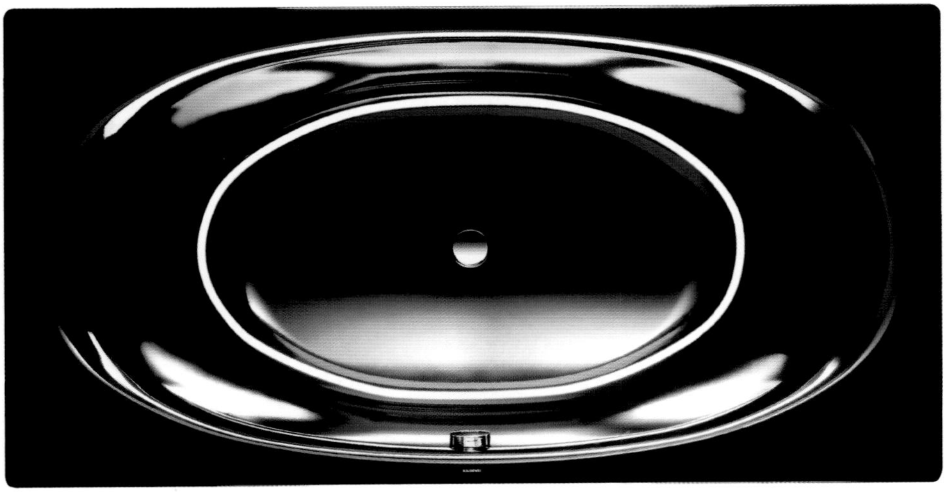

Ellipso Duo 浴缸

Phoenix 设计工作室
卡德维钢瓷釉
高：45 cm ($17^3/_4$ in)
宽：190 cm ($74^3/_4$ in)
深：100 cm ($39^3/_8$ in)
Franz Kaldewei GmbH&Co.KG，德国
www.kaldewei.com

Euclide 面盆水龙头

Alessandro Mendini
不锈钢
高：11.5 cm ($4^{1}/_{2}$ in)
宽：6 cm ($2^{3}/_{8}$ in)
深：17 cm ($6^{5}/_{8}$ in)
Mamoli，意大利
www.mamoli.it

Leggera 浴缸

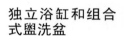

Glida Borgnini
Pietraluce
高：90 cm ($35^{1}/_{2}$ in)
宽：220 cm ($86^{5}/_{8}$ in)
深：180 cm ($70^{7}/_{8}$ in)
Ceramica Flaminia，意大利
www.ceramicaflaminia.it

独立浴缸和组合式盥洗盆

Il Bangno Alessi,Dot, WielArets
丙烯酸树脂
浴缸：
高：62 cm ($24^{3}/_{8}$ in)
宽：190 cm ($74^{3}/_{4}$ in)
深：90 cm ($35^{3}/_{8}$ in)
组合式盥洗盆：
高：40 cm ($15^{3}/_{4}$ in)
宽：36 cm ($14^{1}/_{8}$ in)
深：48.5 cm (19 in)
Laufen，瑞士
www.laufen.com

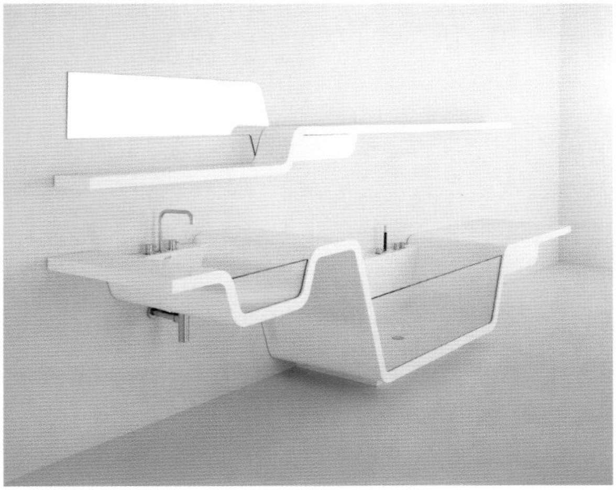

EBB 浴缸

Us Together
LG HI-MACS，强化玻璃
高：91 cm ($35^7/_8$ in)
宽：442 cm (174 in)
深：26 cm ($10^1/_4$ in)
Us Together，欧洲
www.ustogether.eu

“梨形切割”浴缸

Patricia Urquiola
Cristalplant，金属
高：65.2 cm ($35^1/_2$ in)
宽：173.5 cm ($86^5/_8$ in)
深：79.5 cm ($70^7/_8$ in)
Agape，意大利
www.agapedesign.it

Void Collection 壁挂式面盆 / 浴盆 / 马桶

Fabio Novembre
陶瓷
面盆：
高：50 cm ($19^5/_8$ in)
宽：70 cm ($27^1/_2$ in)
深：52 cm ($20^1/_2$ in)
浴盆：
高：42 cm ($16^1/_2$ in)
宽：36 cm ($14^1/_8$ in)
深：56 cm (22 in)
马桶：
高：42 cm ($16^1/_2$ in)
宽：36 cm ($14^1/_8$ in)
深：56 cm (22 in)
Ceramica Flaminia，意大利
www.ceramicaflaminia.it

Axor Citterio 浴缸

Antonio Citterio
丙烯酸树脂
高：68 cm (26$^3/_4$ in)
宽：152 cm (59$^7/_8$ in)
深：68.5 cm (27 in)
Duravit，德国
www.duravit.com

“日光浴甲板”浴缸

Eoos 设计工作室
柚木，cristal plant
高：90 cm (35$^3/_8$ in)
宽：210 cm (82$^5/_8$ in)
深：80 cm (31$^1/_2$ in)
Duravit，德国
www.duravit.com

Le Acque 浴室系列

Claudio Silvestrin
岩石，木材
各种尺寸
Toscoquattro，意大利
www.toscoquattro.it

Viteo Shower 户外淋浴器

Danny Vanlet
防滑，防紫外线塑料，不锈钢
高：11.5 cm ($4^1/_2$ in)
直径：78 cm ($30^5/_8$ in)
Viteo，奥地利
www.viteo.at

踏上 Viteo Shower 的圆盘后，水柱会自动从底座射出来，高度为4米，之后会轻轻落回圆盘中间，带给人感性的淋浴体验。

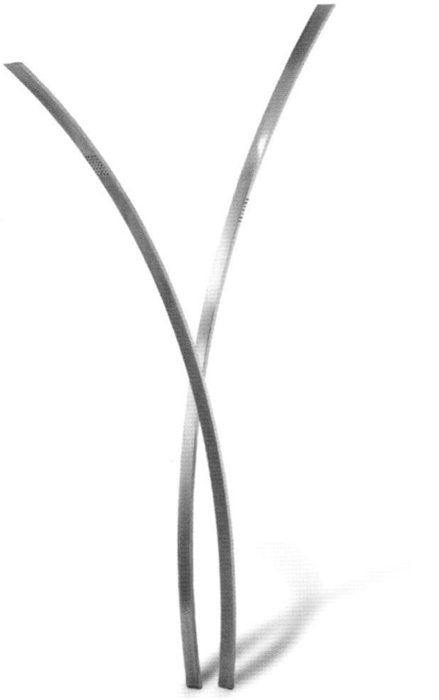

“最小”（Minimal）落地式淋浴柱

Mod.459，Newform
不锈钢
高：221.4 cm ($87^1/_8$ in)
宽：57.7 cm ($22^3/_4$ in)
深：17 cm ($6^5/_8$ in)
Nerform，意大利
www.newform.it

“淋浴天堂”头顶花洒，照明

Philippe Starck
不锈钢
宽：97 cm ($38^1/_8$ in)
深：97 cm ($38^1/_8$ in)
Axor，德国
www.axor-design.com

Beauty“任性的浴室美女”浴室系列

Tomek Rygalik
概念设计
Ideal Standard，英国
www.idealstandard.co.uk

“任性的浴室美女”是 Ideal Standard 公司与英国皇家艺术学院 Helen Hamlyn 中心合作设计的第二件作品。前者是卫浴产品的供应商，主张以设计为驱动的卫浴设计，致力于鼓励新设计师和创新的设计解决办法。而后者则以其对包容性设计的支持和调查研究获得了全世界的认可。托梅克·瑞嘉立克（Tomek Rygalik）（英国皇家艺术学院产品设计系的博士后）的样机旨在为老龄化消费者提供“呵护美丽”的设计概念。当考虑到为老年人设计浴缸时，在我们脑海里通常会先想到异常洁净的空间，里面有防滑垫和防滑的扶手。托梅克·瑞嘉立克放弃了这个贫乏的内容，将设计概念注入奢华感，同时时刻不忘应用人体工程学，易于清洁和维护以及利于行动不便的人使用。早期的观察和研究关注的重点是，50 岁以上的人如何洗澡，如何取用物品以及如何在浴室里放松。对相关产品，如卧室梳妆台也进行了研究。最终的设计采用了有雕塑感的浴盆、两面镜子、照明、座椅和储物空间。浴盆“浮”离墙面因此解决了不卫生的问题，并且有一个水平面可以放东西，可抽出式的储物空间，还有一个可调节的水龙头，方便使用者洗头发。主镜面周围被均匀照射的光线包围，可以减少照镜子时的皱纹。还有一面小镜子，用磁铁固定在墙上，可以取下来照后脑勺和头的侧面。凳子和体重秤结合，可以在镜面上读出体重的数值。Ideal Standard 的设计总监评论说，“设计需要不断地探索，推进边界以提供灵感，不仅对消费者，而且对于厂商亦是如此。这个项目一直是创新的探索”。如果在这本书出版的时候这个产品还没有生产出来，那么在将来也应该被生产。

“梨”（Pear）独立面盆

Patricia Urquiola
Cristal plant
高：90 cm ($35^{3}/_{8}$ in)
宽：55.5 cm ($21^{7}/_{8}$ in)
深：40.9 cm ($16^{1}/_{8}$ in)
Agape，意大利
www.agapedesign.it

Lab01 洗脸盆

Ludovica、Roberto Palomba
抛光的石材
高：83 cm ($32^{5}/_{8}$ in)
宽：34.2 cm ($13^{1}/_{2}$ in)
深：43.6 cm ($17^{1}/_{8}$ in)
Kos，意大利
www.kasitalia.com

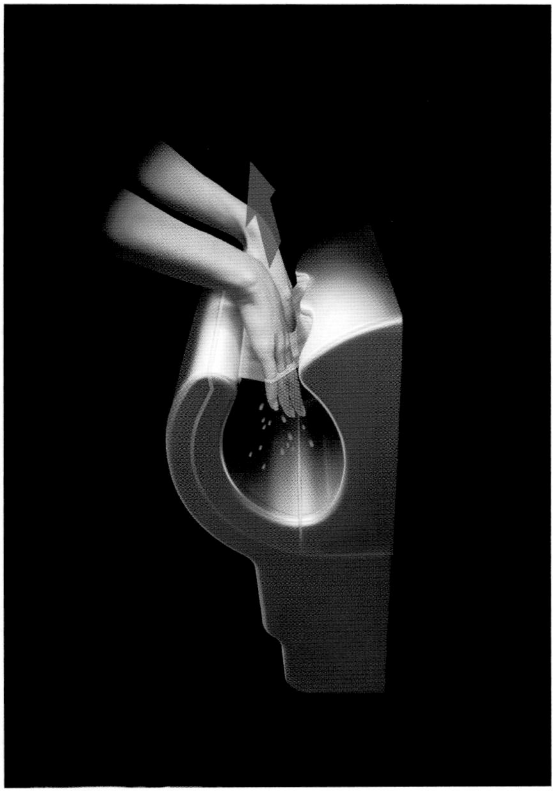

Dyson 的工程师花了三年的时间来研发、测试和细化 Airblade 技术，可以做到 10 秒钟之内将手烘干并消毒。肮脏的洗手间空气被数字马达吸入，循环释放出医院级别的过滤空气，消灭了 99.9% 的细菌。被净化的空气从电子设备中释放出，确保任何时候都是冷却的。当空气到达电动机后被引导向上并穿过机器冲成空气管道，以降低噪音。最终气流从两个小孔中被挤出，每层气流以 400 英里的时速将手吹干，高效电机比普通烘干器所用的空气量少了 80%，可以直接减少能源消耗，显著降低碳排放量。

Airblade 烘手器

James Dyson
压铸铝
高：64.1 cm (25¹/₄ in)
宽：30.5 cm (12 in)
深：25.4 cm (10 in)
Dyson，英国
www.dysonairblade.co.uk

“鸟巢”（Nest）浴缸

Hannes Wettstein
Pietraluce
高：53.5 cm
宽：190 cm
深：85 cm
Rifra，意大利
www.rifra.com

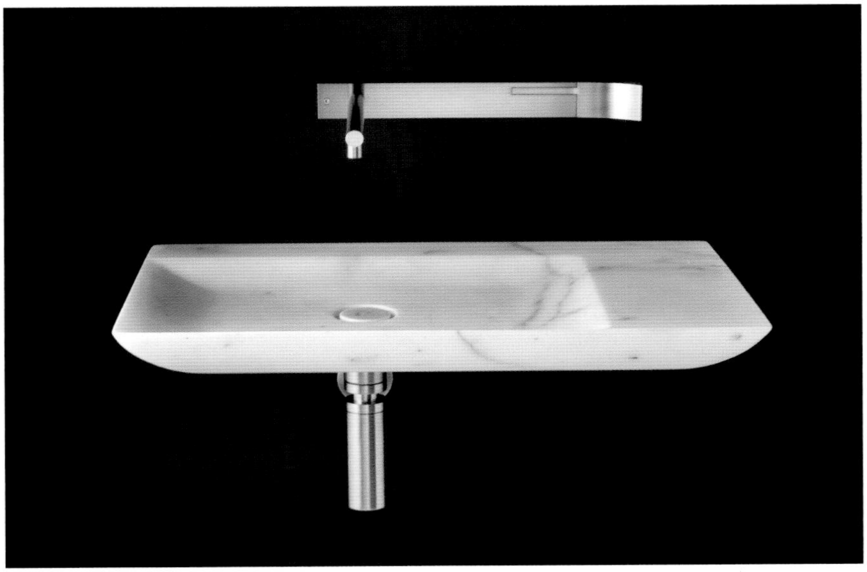

L10 洗脸盆

Norbert Wangen
大理石
高：65 cm (25⁵/₈ in)
宽：70 cm (27¹/₂ in)
深：40 cm (15³/₄ in)
Boffi，意大利
www.boffi.com

Terra 浴缸

Naoto Fukasawa
Cristal plant
高：55 cm ($21^{5}/_{8}$ in)
宽：15 cm ($59^{1}/_{2}$ in)
深：171 cm ($67^{3}/_{8}$ in)
Boffi，意大利
www.boffi.com

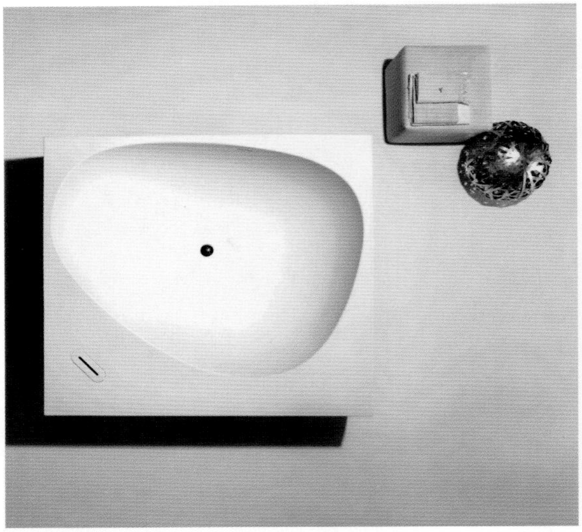

“伊斯坦堡”壁挂式面盆

Ross Lovegrove
陶瓷
高：45 cm ($17^{3}/_{4}$ in)
宽：60.5 cm ($23^{3}/_{4}$ in)
深：61.5 cm ($24^{1}/_{4}$ in)
VitrA，土耳其
www.vitra.com.tr

面盆和淋浴头

Jean-Marie Massaud
面盆：
矿物铸件
高：16.9 cm ($6^{5}/_{8}$ in)
宽：57 cm ($22^{1}/_{2}$ in)
深：45 cm ($17^{3}/_{4}$ in)
淋浴头：
不锈钢
高：12.1 cm ($4^{3}/_{4}$ in)
宽：24.6 cm ($9^{5}/_{8}$ in)
深：4.6 cm ($1^{7}/_{8}$ in)
Axor，德国
www.axor-design.com

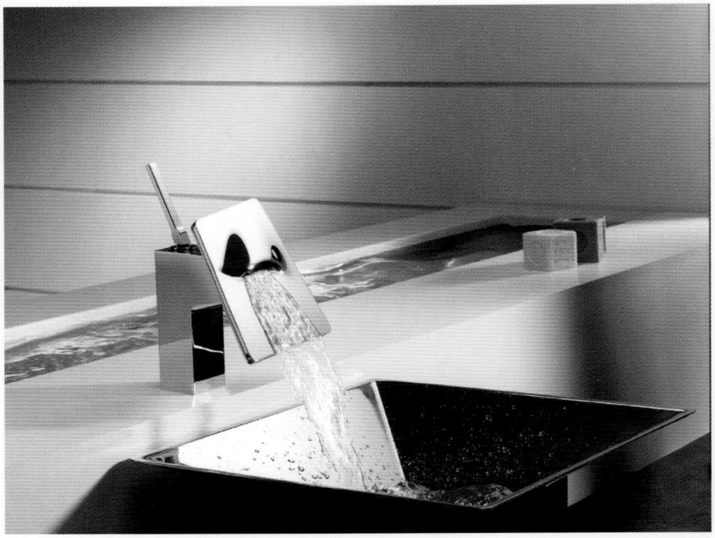

Riva 浴盆龙头

Marco Poletti
不锈钢
高：24.8 cm ($9^{3}/_{4}$ in)
宽：14.7 cm ($5^{3}/_{4}$ in)
深：17.4 cm ($6^{7}/_{8}$ in)
BongioS.r.l，意大利
www.bongio.it

Riva 改变了水龙头的传统形象。水不再是由管子和通道流出，而是从一个平面流淌下来。这主要是利用了水分子的表面张力。

伊莱克斯 4Springs 带过滤器的水龙头

Electrolux
钢
高：37.5 cm (9$^3/_4$ in)
直径：27.5 cm (5$^3/_4$ in)
Electrolux，瑞典
www.electrolux.com

这个水龙头不仅可以流出冷 / 热水，还可通过电源对其过滤、冷却，使之更可口，并且加入了气泡。

La Ciotola 面盆

SandroMeneghello、Marco Paoleli
陶瓷
直径：46cm (18$^1/_8$ in)
Artceram，意大利
www.artceram.it

Triflow 厨房水龙头

ZahaHadid，Patrikschumacher
镀铬黄铜
高：20 cm (7$^7/_8$ in)
宽：23 cm (9 in)
深：12 cm (4$^3/_4$ in)
Triflow Concepts Limited，英国
www.triflowconcepts.com

Postsink 面盆

InciMutlu，Drrog 设计原创
可循环黏土
高：32.5 cm (12$^3/_4$ in)
直径：37 cm (14$^1/_2$ in)
VitrA 浴室，土耳其
www.vitra.com.tr

Sabbia 面盆

Naoto Fukasawa
Cristal plant
高：50 cm (19$^5/_8$ in)
宽：45 cm (17$^3/_4$ in)
深：40 cm (15$^3/_4$ in)
Boffi，意大利
www.boffi.com

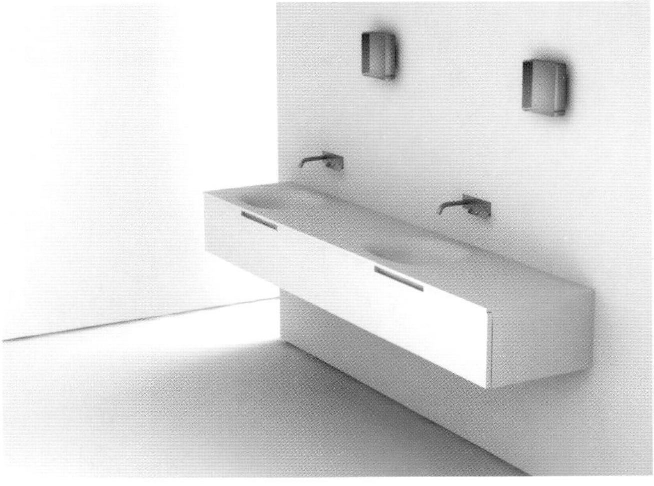

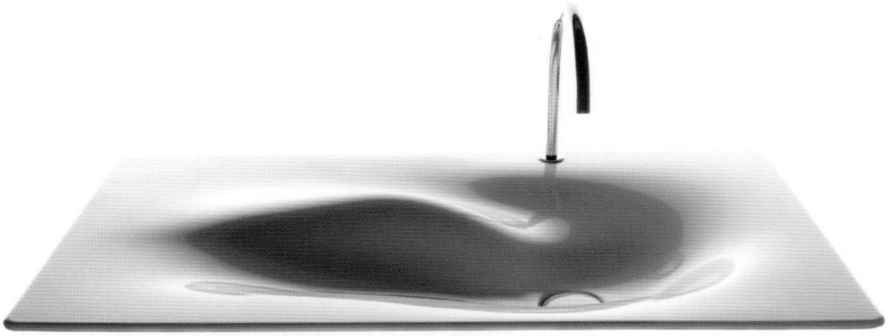

Kanera1E 洗脸盆

Graft 工作室
100%可回收的天然复合搪瓷钢
高：5 cm (2 in)
宽：95 cm ($37^3/_8$ in)
深：55 cm ($21^5/_8$ in)
Kanera，德国
www.kanera.de

H7 浴缸

Giorgio Zaetta
杜邦可丽耐
高：56 cm (22 in)
宽：168 cm ($66^1/_8$ in)
深：70 cm ($27^1/_2$ in)
Axolute 设计，意大利
www.axolutedesign.com

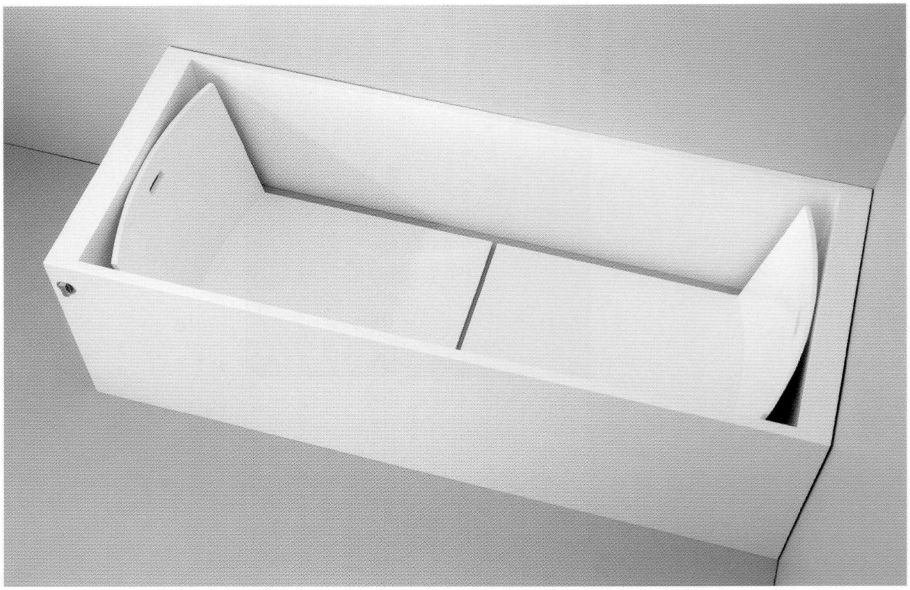

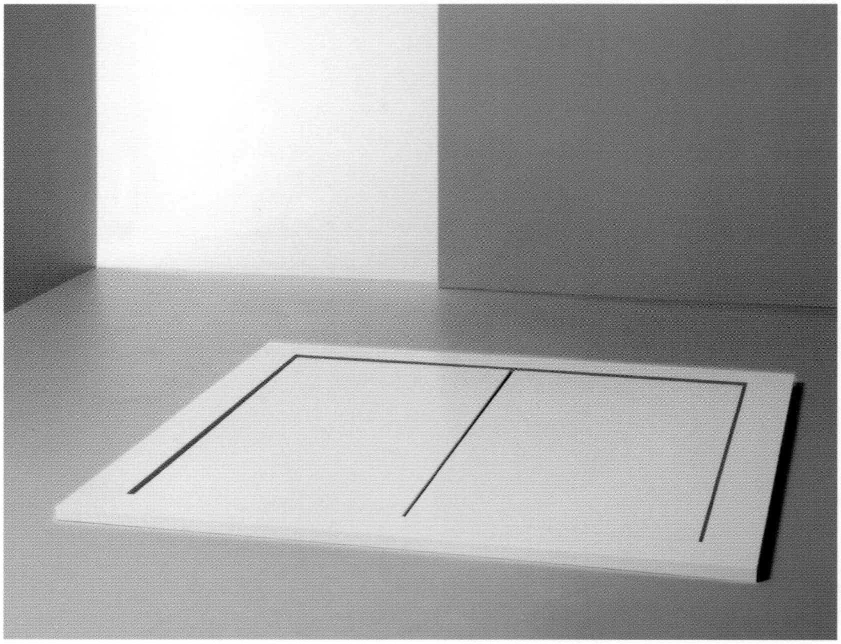

H7 淋浴盆

Giorgio Zaetta
杜邦可丽耐
高：7 cm ($2^3/_4$ in)
宽：84 cm (33 in)
深：63 cm ($24^3/_4$ in)
Axolute 设计，意大利
www.axolutedesign.com

Settesotto 存储单元

Ares 设计工作室
漆木
高：70 cm ($27^{1}/_{2}$ in)
宽：49 cm ($19^{1}/_{4}$ in)
深：77 cm ($30^{3}/_{8}$ in)
Axolute 设计，意大利
www.axolutedesign.com

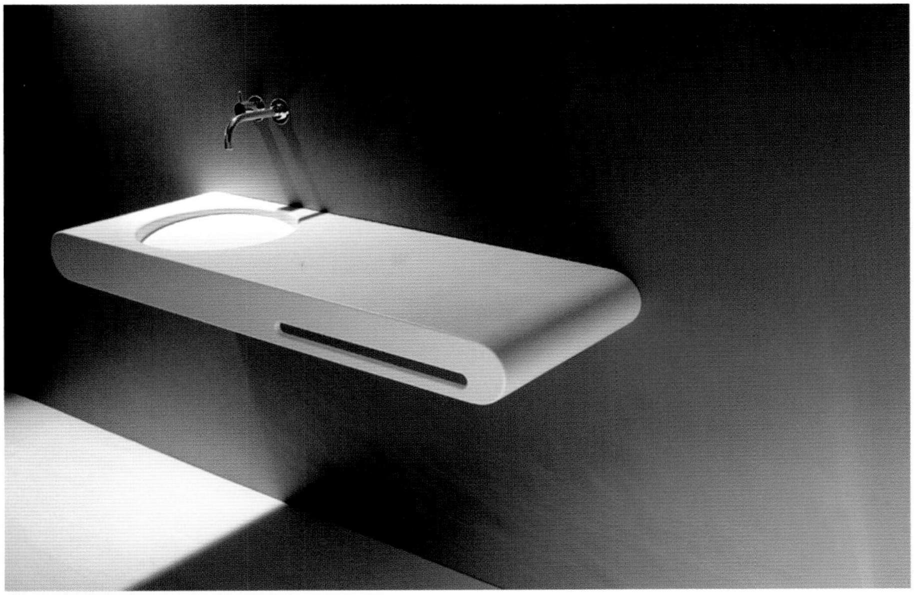

SP11 洗脸盆

Marco Casgrande
杜邦可丽耐
高：11 cm ($4^{3}/_{8}$ in)
宽：125 cm ($49^{1}/_{4}$ in)
深：45 cm ($17^{3}/_{4}$ in)
Axolute 设计，意大利
www.axolutedesign.com

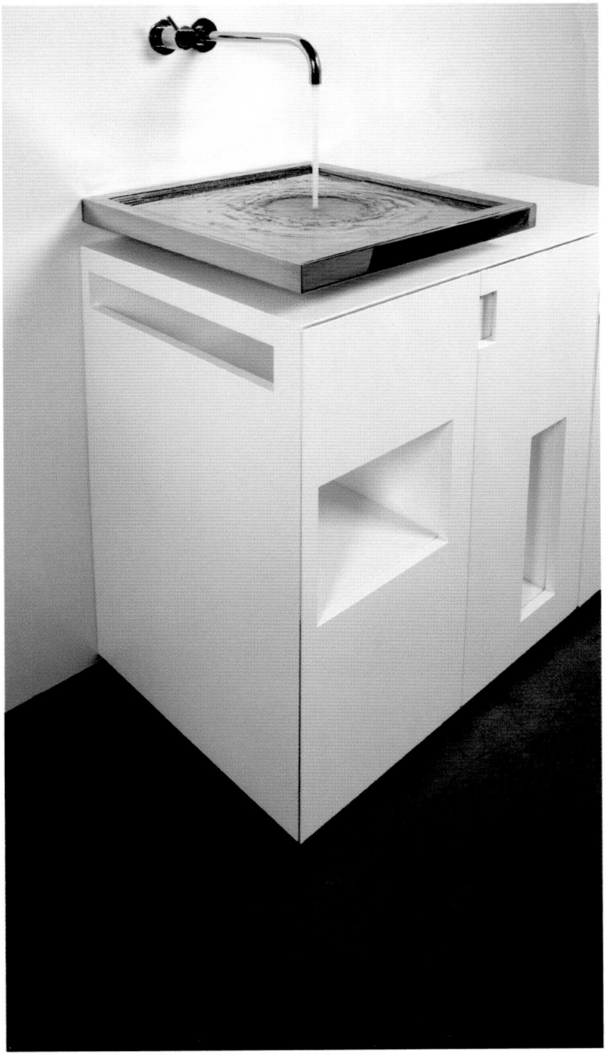

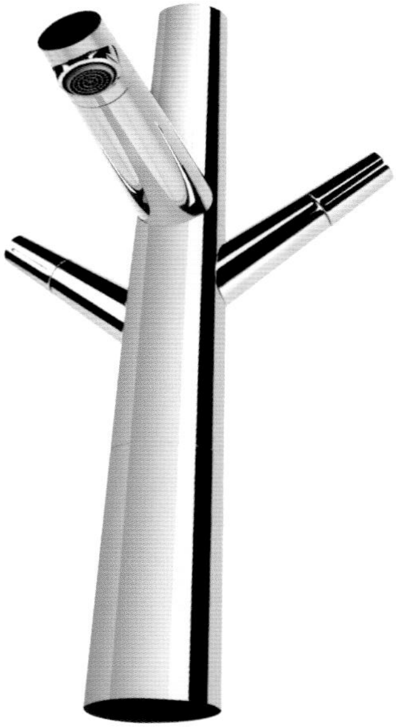

“树”洗脸盆龙头

Ulfficio Progetti
Euromobil e R. Gobbo
高：32.9 cm (13 in)
宽：18.3 cm ($7^{1}/_{4}$ in)
深：20 cm ($7^{7}/_{8}$ in)
Teorema Rubinetterie,
意大利
www.teoremaonline.it

Axolute 设计的产品采用了 Horizontal Integrated Siphon HIS 专利技术。有了这个革命性的系统，就不再需要传统的洗脸盆和淋浴盆下方的坑状的基座，因此可使洗脸盆的深度减少了 4 ～ 7 厘米。

“设计师系列”之洗脸盆和龙头

Toyo Ito
面盆：
可丽耐
宽：70 cm (27$^1/_2$ in)
深：55 cm (21$^5/_8$ in)
龙头：
镀铬
高：11.6 cm (4$^1/_2$)
宽：29 cm (11$^3/_8$ in)
直径：3.5 cm (1$^3/_8$ in)
Altro，西班牙
www.altro.es

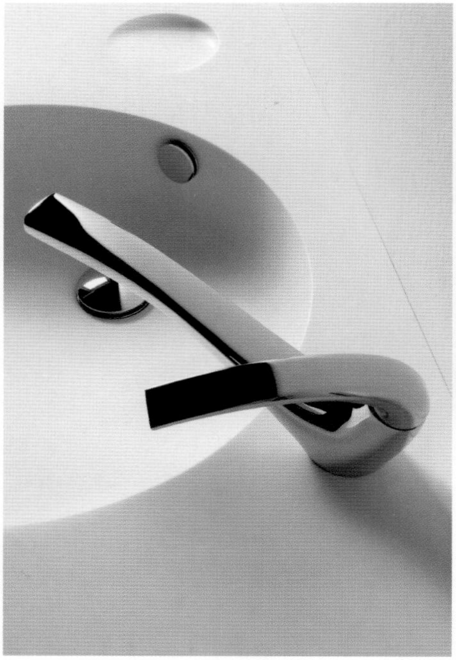

“简单美丽”洗脸盆龙头

Matthew Thun
高：24 cm (9$^1/_2$ in)
宽：5.5 cm (2$^1/_8$ in)
深：16.2 cm (6$^3/_8$ in)
Zucchetti，意大利
www.zucchettionline.it

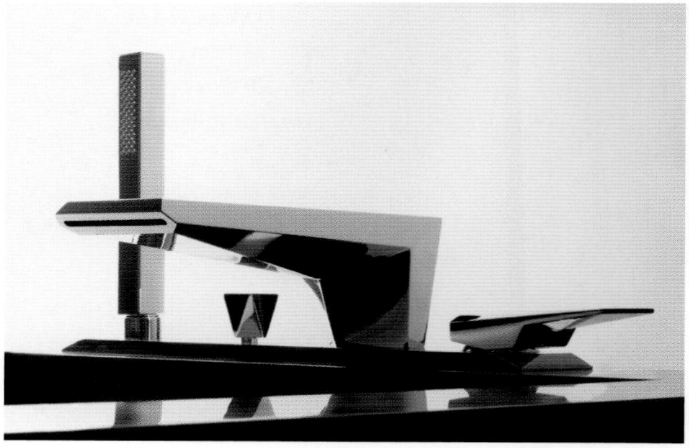

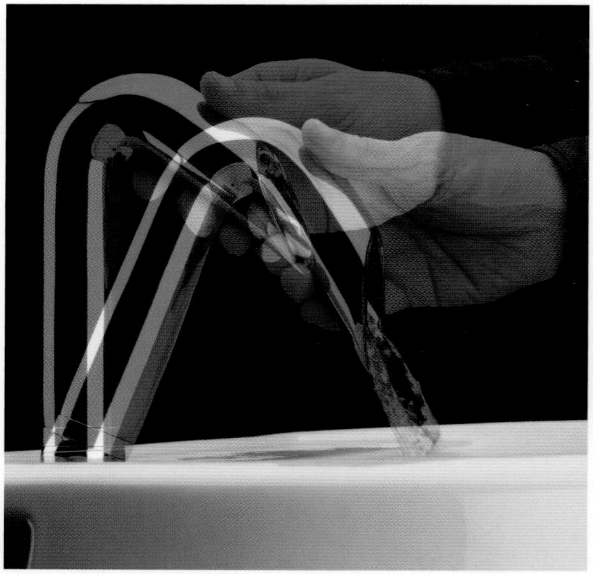

浴缸 / 淋浴龙头带手持花洒

William Sawaya
不锈钢
高：11.5 cm (4$^1/_2$ in)
宽：31.7 cm (12$^1/_2$ in)
深：21.5 cm (8$^1/_2$ in)
Zucchetti，意大利
www.zucchettionline.it

OnlyOne 简单清晰的造型掩盖了其技术创新的锋芒。直径恒定的圆形截面和曲率使得产品可以轻松装卸。水龙头就像一个操纵杆：上下摆动调节出水量，左右摆动调节水温。一切都被简化到只留本质，将水流和动作完美结合。

OnlyOne 龙头

Lerenzo Damiani
镀铬黄铜
高：19.5 cm (7$^3/_4$ in)
深：4 cm (1$^1/_2$ in)
IB Rubinetterie，意大利
www.ibrubinetterie.it

Hansa2day 花洒

Reinhard Zetsche
塑料，镀铬
高：19.1 cm ($7^1/_2$ in)
深：16 cm ($6^3/_8$ in)
Hensa，德国
www.hansa.com

滑动式水龙头

Alain Berteau
镀铬黄铜，塑料滑动装置
高：7 cm ($2^3/_4$ in)
宽：5 cm (2 in)
深：15 cm ($5^7/_8$ in)
RVB，比利时
www.rvb.be

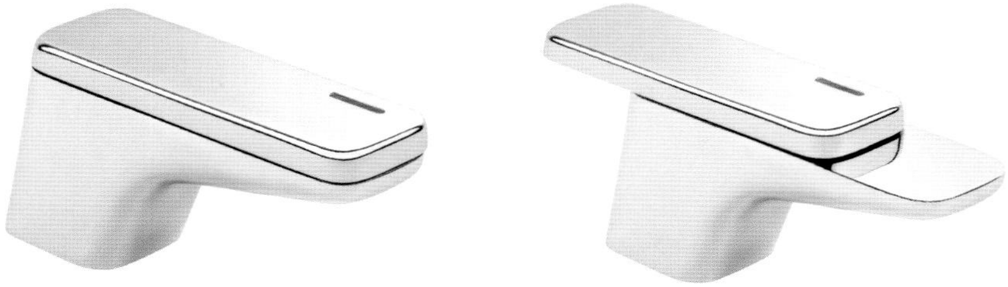

“伊斯坦堡”浴室系列

Ross Lovegrove
不锈钢
各种尺寸
VitrA，土耳其
www.vitra.com.tr

餐具

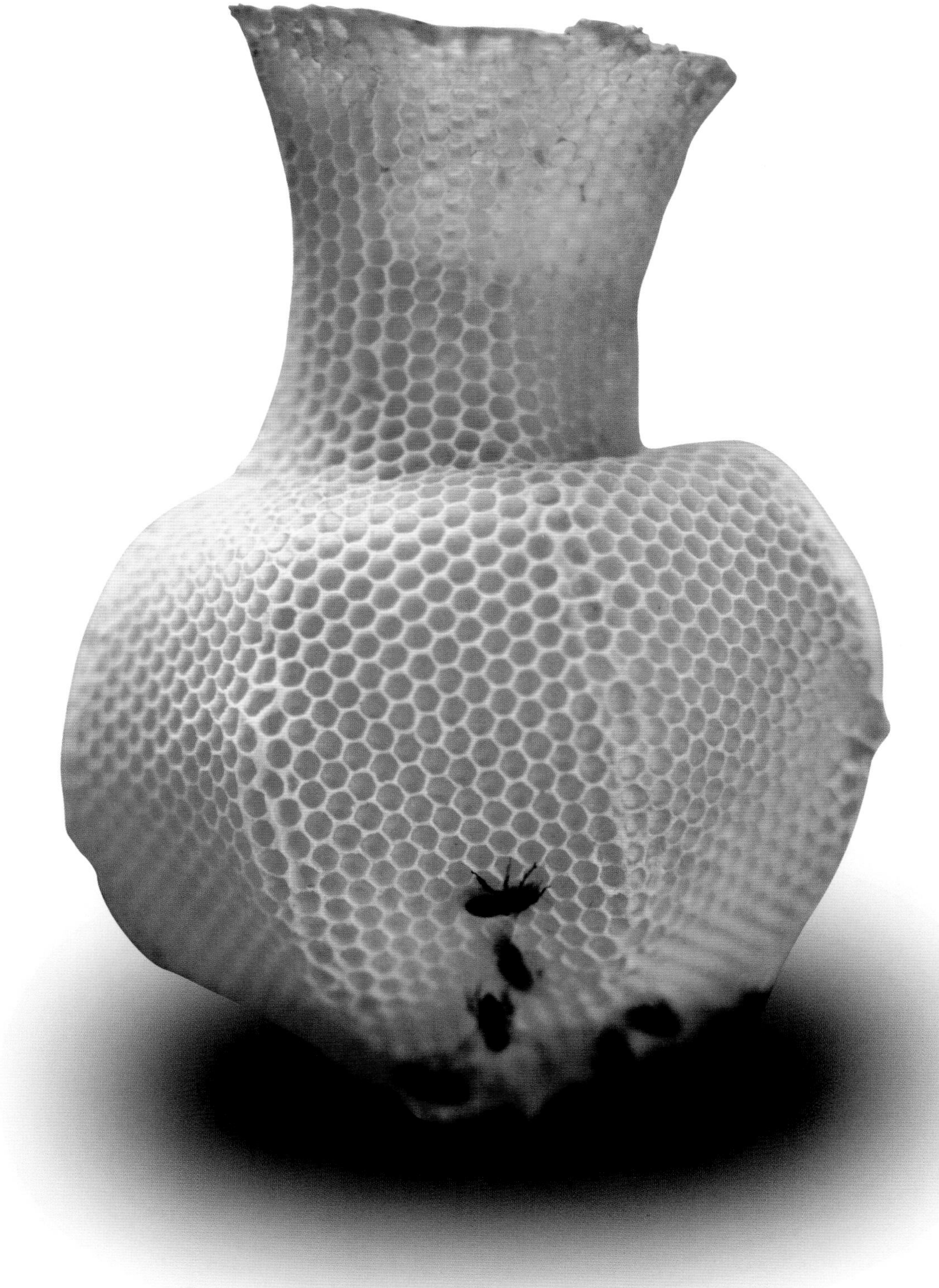

PlateBow/Cup 成套餐具

Jasper Morrison
白瓷
各种尺寸
Alessi，意大利
www.alessi.com

Anatolia 茶具系列

Anatolia Astori
陶瓷
各种尺寸
Driade，意大利
www.driade.com

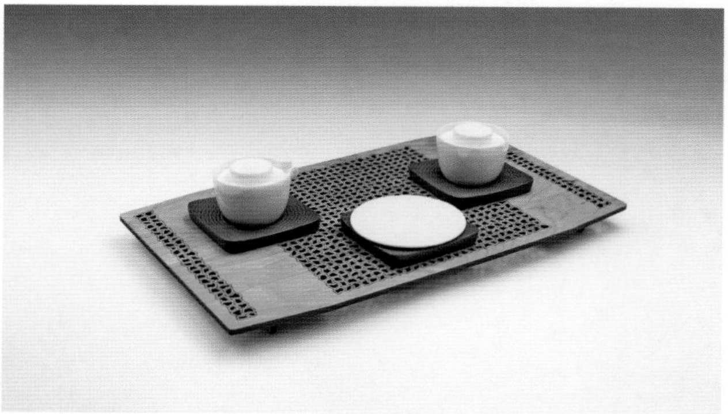

Nina 托盘

Maurizio Meroni
木材
高：3 cm (1¼ in)
宽：50 cm (19¾ in)
深：30 cm (11⅞ in)
Industreal，意大利
www.industreal.it

茶壶和茶杯

Hiroaki Sakai
陶瓷
各种尺寸
Guzzini，意大利
www.gratelliguzzini.com

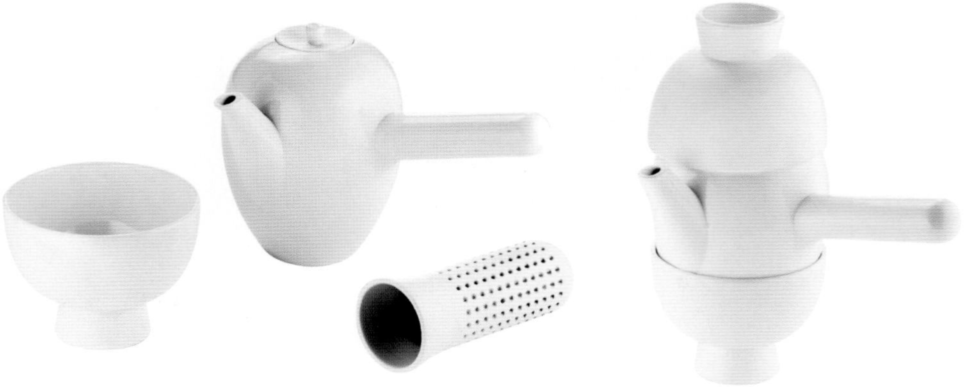

Paysages 餐具

Normal 工作室
白色光泽搪瓷成型瓷
各种尺寸
Ligne Roset，意大利
www.ligne-roset.co.uk

Familia 餐具

Ole Jensen
陶瓷
各种尺寸
Normann Copenhagen，丹麦
www.normann-copenhagen.com

Creemy 咖啡、茶具系列

Karim Rashid
纯骨瓷
各种尺寸
Gaia&Gino，土耳其
www.gaiagino.com

“存在”（Exist）餐具系列

Mehtap Abuz
精瓷，竹子
高：17.8 cm (7 in)
宽：12 cm ($4^3/_4$ in)
Ilio，土耳其
www.ilio.eu

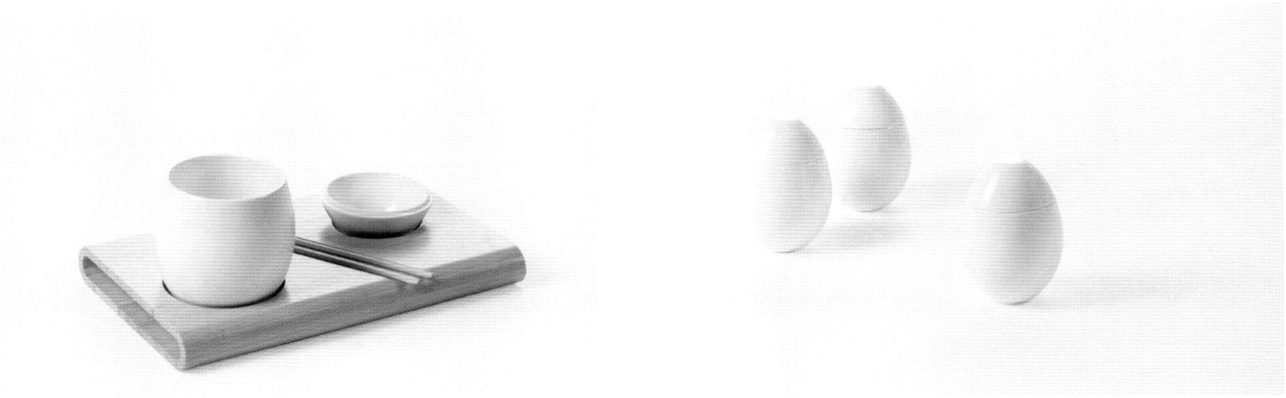

“立方体”托盘

纯瓷
精瓷
高：23.5 cm ($9^1/_4$ in)
宽：22.8 cm (9 in)
深：22.8 cm (9 in)
Ilio，土耳其
www.ilio.eu

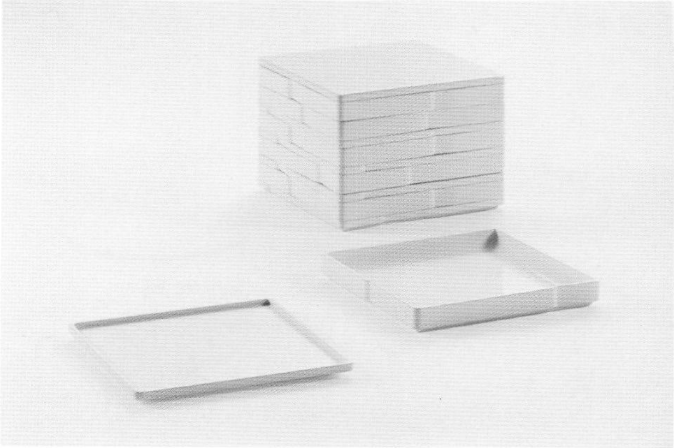

水瓶

Arian Brekveld
陶土，硅
高：28.2 cm ($11^1/_8$ in)
直径：8.2 cm ($3^1/_4$ in)
Royal VKB，荷兰
www.royalvkb.com

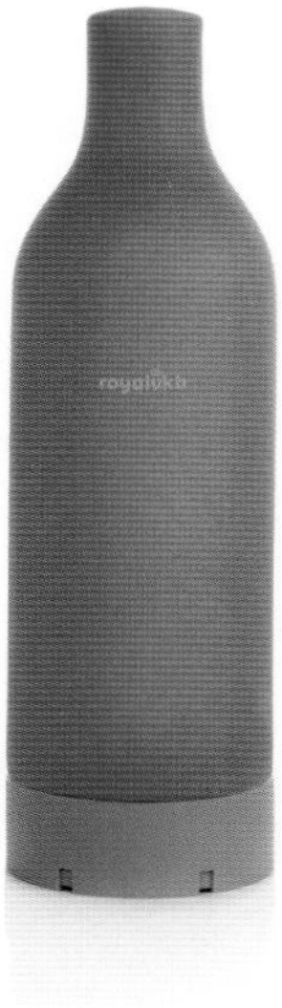

为挪威国家歌剧院设计的陶瓷套装

Johan Verde
陶瓷
各种尺寸
Porsgrund，挪威
www.porsgrund.com

Bettina 系列餐具

未来系统工作室
水晶玻璃，PMMA
各种尺寸
Alessi，意大利
www.alessi.com

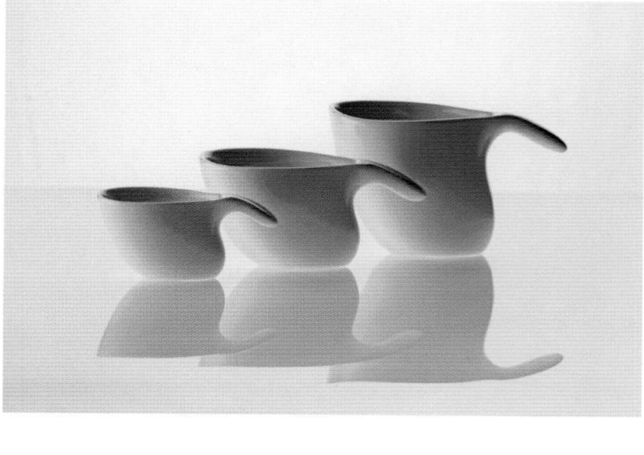

Inout 大水罐

Todd Bracher
陶瓷
高：24 cm (9$^1/_2$ in)
直径：10 cm (3$^7/_8$ in)
Mater 设计，丹麦
www.materdesign.com

Vin Eau 玻璃水瓶

Scott Henderson
陶瓷
高：32 cm (12$^5/_8$ in)
宽：16.3 cm (6$^1/_2$ in)
直径：10.6 cm (4$^1/_4$ in)
MINT Inc，中国
www.mintnyc.com

“冰”玻璃水瓶

Officeoriginair
聚碳酸酯，有机硅
高：28.5 cm (11$^1/_4$ in)
直径：8.5 cm (3$^3/_8$ in)
Royal VKB，荷兰
www.royalvkb.com

“哥伦比亚系列之FM12”盐罐，胡椒罐

Doriana O. Mandrelli、Massimiliano Fuksas
骨瓷
高：3.5 cm (1$^3/_8$ in)
宽：7 cm (2$^3/_4$ in)
深：2.3 cm ($^7/_8$ in)
Alessi，意大利
www.alessi.com

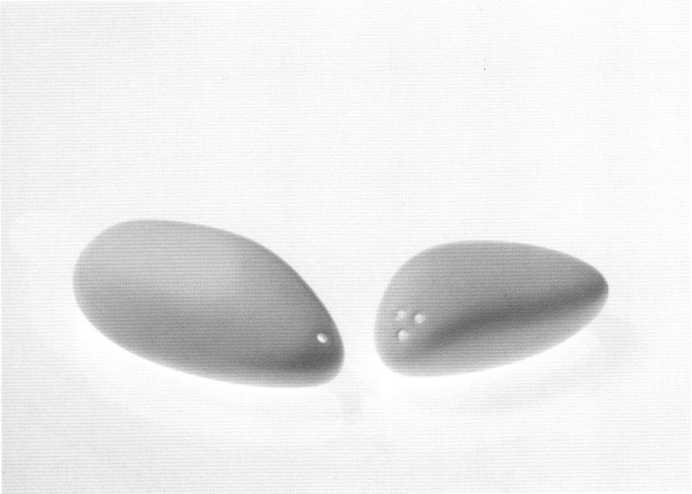

“动物”花瓶

Brendan Young
雪莉酒瓶和动物玩具包裹（在热收缩表皮中）
高：17 cm (6$^3/_4$ in)
直径：5.5 cm (2$^1/_8$ in)
Studiomold，英国
www.studiomold.co.uk

“飞翔”花瓶

Doodle
瓷，无烟煤涂层
高：30 cm ($11^7/_8$ in)
直径：10 cm ($3^7/_8$ in)
Industreal，意大利
www.industreal.it

“网格”花瓶

Jaime Hayon
金属
三种规格，四个颜色
Gaia&Gino，土耳其
www.gaiagino.com

Royal Actual 杯系列

Sam Baron
陶瓷
各种尺寸
Vista Alegre，葡萄牙
www.vistaalegre.pt

Quing 花瓶

Vittorio Locatelli
玻璃
高：11.6 ~ 45 cm ($4^1/_2$ ~ $17^3/_4$ in)
直径：27.1 ~ 35.3 cm ($10^5/_8$ ~ $13^7/_8$ in)
Driade，意大利
www.driade.com

Adelaide 餐具

Xie Dong
白色骨瓷
各种尺寸
Driade，意大利
www.driade.com

“月亮”（Moon）托盘

Matthias Demacker
表面喷漆钢
直径：35 cm (17 3/4 in)
Normann Copenhagen，瑞典
www.normann-copenhagen.com

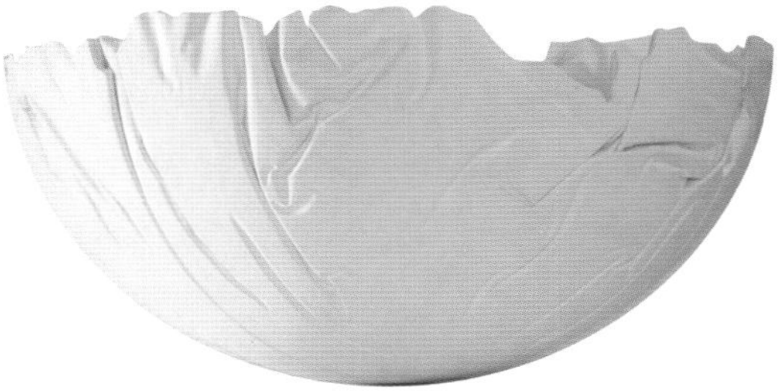

PO/0701 碗

Lorenzo Damiani
陶瓷
高：20 cm (7 7/8 in)
直径：40 cm (15 3/4 in)
Cappellini，意大利
www.cappellini.it

“幸运”（Lucky）碗和花瓶

Andree Putman
陶瓷
各种尺寸
Gaia&Gino，土耳其
www.gaiagino.com

深入介绍

景观

设计：Patricia Urquiola
尺寸：各种尺寸
材料：陶瓷
制造商：Rosenthal AG，德国

为了配合意大利维罗纳家居展，帕奇希娅•奥奇拉（Patricia Urquiola）在 2007 年策划了一个名为“驴皮”的节目，名称由来于夏尔•佩罗的著名童话，这是一种比喻，我们用驴皮保护自己不受到外界的注意。节目主要是针对物体的表面以及工艺和技术互动的现有趋势。

奥奇拉在她对于 2007 年国际设计年鉴的介绍中写道，“最近我一直都着迷于皮肤的概念。经过多年来的以功能为重的设计理念，设计似乎变得更加主观，更适应我们的需求、欲望和乐趣。我见到在设计界和建筑界在关注纹理、图案、表面、包装物，在一个比较新的流派中强调二者的结合。将艺术和手工艺技术与现代技术相结合，与传统结合实现一个更新、更先进的结果，这一前景让我很兴奋。”随后在同一篇介绍中，她提出是否可以将手工艺和工业相结合，以及复杂性和个性化是否可以与延续性共存这些问题。她主要关心的是更加要求审美的诠释，可能会导致产品更注重美感而轻视功能，而图形或装饰可能会成为一条捷径以避免技术和实用性的问题。她认为在技术人员和工匠之间建立联系，利用他们的技能，不仅美化形式，而且在表面和触感方面做文章，用他们的双手过滤体验和学到的知识，从而解决问题。她还认为，设计师使用 3D 技术将个性化引入到他们的工作中，个性化就可以被商业化地复制。对于奥奇拉来说，设计师面临的挑战是解决两个极点，“当今的设计师处于两个看台之间，他们的任务是协调沟通的流程，推动技术的极限，同时完善数字专家的选择，结果应结合愿望、梦想和想象力以及实用功能和触摸的愉悦感这些特点。”

Rosenthal 的景观系列是奥奇拉第一次尝试使用陶瓷进行创作，她选择将传统制作流程和现代的、数字化的语言相结合。主旨是创造一套奢华的餐具。陶瓷的奢华是指透明度，但是对于奥奇拉来说也意味着质量，特别是适应性。“景观系列”餐具是对 Rosenthal 丰富的历史档案研究之后的结果，而该套服务则是不同造型和图案的混合使用或部分使用。所有的作品都有一些微小的不同，混合了光滑和有质感的表面，以及规则和不对称的造型。奥奇拉用陶瓷进行的创作不是解决问题，而更多的是在创造图案、透明度、形状、传统和怀旧。这套创作从东西方的影响中勾起了对至关重要的、纯粹的象征主义的回忆。“我的想法是创造出一系列‘景观’作品，代表不同时期的历史汇聚在一起，每次都会得到灵活的或独一无二的东西——有时候是永恒的。”

01 陶瓷对于奥奇拉来说是一个新的材质，与Rosenthal的创意团队和技术人员合作，花费了数年的实践，用工业生产的方式来实现她对透明度和模式的渴望。

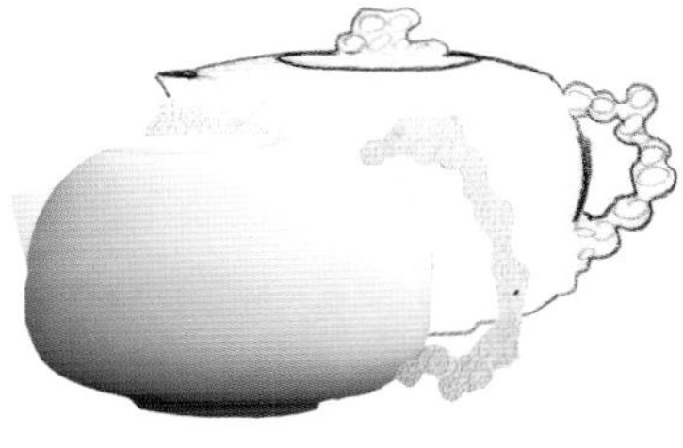

02 在工作室，她尝试使用不同的材料，从纸到塑料，对造型、图案、材质和透明度进行实验——后者是项目的灵魂。之后将设计草图和手绘发给 Rosenthal。

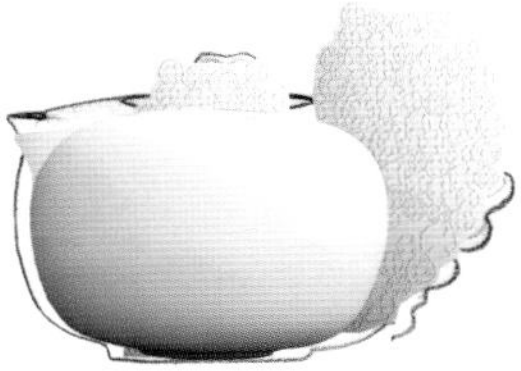

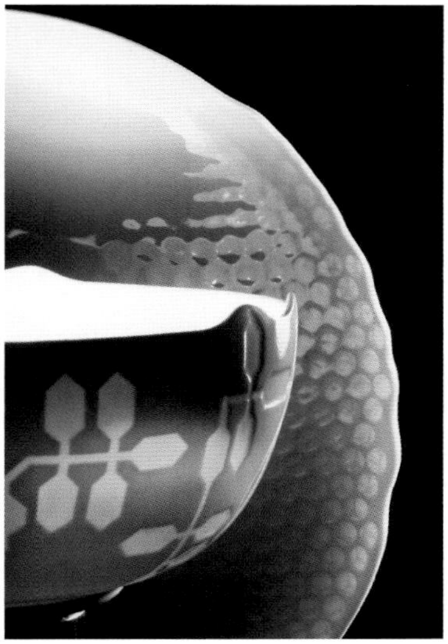

04 透明图案由数字建模，创意来源于病毒从边缘向内部入侵、变形和腐蚀。实验中产生的九种风格独特的不同浮雕图案具有不同的厚度，从而产生三维效果的透明度。该图案是对文化记忆进行考古勘探的结果。并采用现代化、数字化的语言进行新的诠释。

03 模型制作。不同网格重叠，压进黏土中，这是纸的图案。

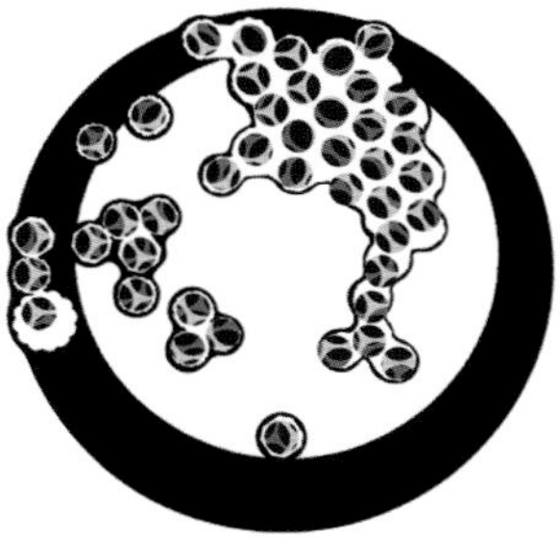

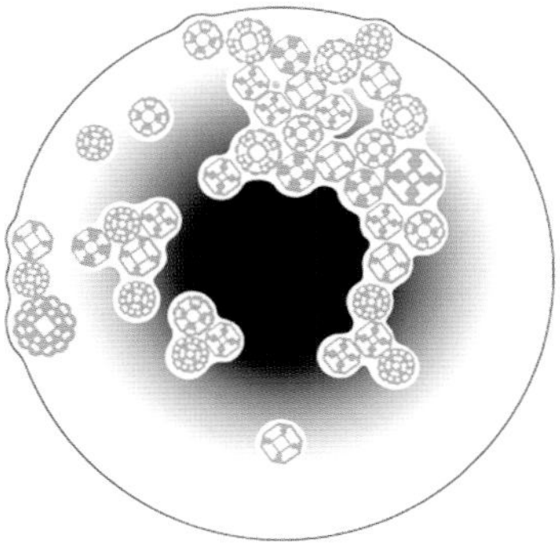

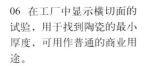

05 这种瓦片的形式被当做陶瓷帆布用来对图案进行尝试。

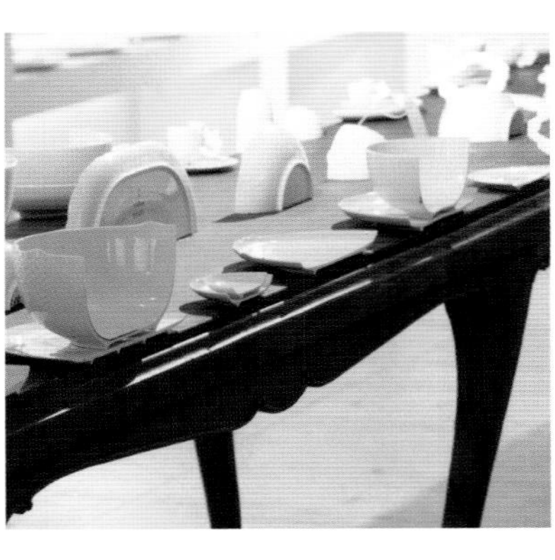

07 Rosenthal 和奥奇拉花费了四年时间进行实验和技术革新，以克服生产的技术难题。过程有非常高的技术性。凸纹图案厚度 1 毫米的差别就意味着要重新制作复杂的模具。

06 在工厂中显示横切面的试验，用于找到陶瓷的最小厚度，可用作普通的商业用途。

Cuco 花瓶

ding3000
陶瓷
高：25 cm ($9^{7}/_{8}$ in)
直径：21 cm ($8^{1}/_{4}$ in)
Ding3000 GbR，德国
www.ding3000.com

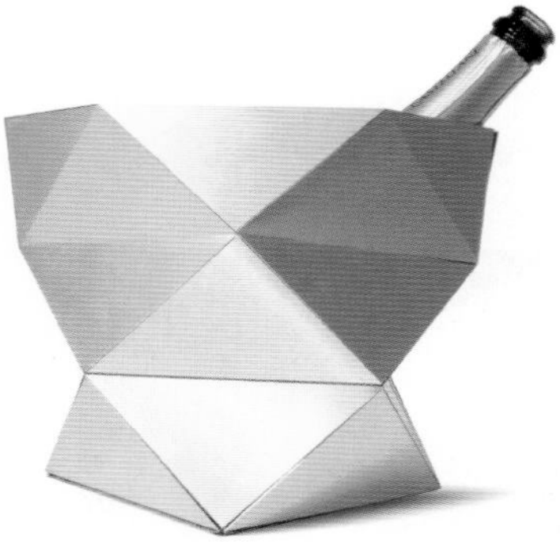

UP 香槟桶

Mathias van de Welle
PVC
高：28 cm (11 in)
宽：7 cm ($2^{3}/_{4}$ in)
厚度：0.5 cm ($^{1}/_{4}$ in)
Mathias van de Walle，比利时
www.mathiasvande-walle.com

水晶糖果：九点以后系列玻璃器皿

Jaime Hayon
透明紫水晶和橄榄绿色水晶
高：54 cm ($21^{1}/_{4}$ in)
直径：22 cm ($8^{5}/_{8}$ in)
25 个限量版
Baccarat，法国
www.baccarat.com

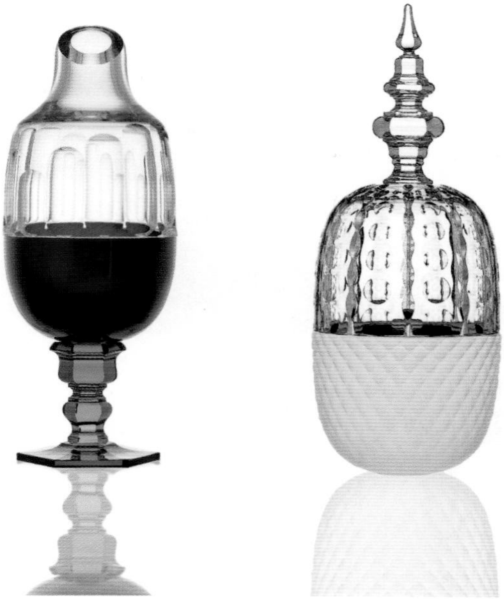

“交谈”花瓶

Jaime Hayon
陶瓷
高：52 cm ($20^{1}/_{2}$ in)
直径：33 cm (13 in)
Lladro，西班牙
www.lladro.com

Transglass 香槟菜容器

Tord Boontje, Emma Woffenden
可回收的香槟瓶
高：3.68 cm ($1^1/_2$ in)
宽：29.8 ($11^3/_4$ in)
直径：8.76 cm ($3^1/_2$ in)
Artecnica，美国
www.artecnicainc.com

Portafrutta Doodle 盘

激光切割樱桃木
高：8 cm ($3^1/_8$ in)
宽：46($18^1/_8$ in)
直径：29 cm ($11^3/_8$ in)
Industreal，意大利
www.industreal.it

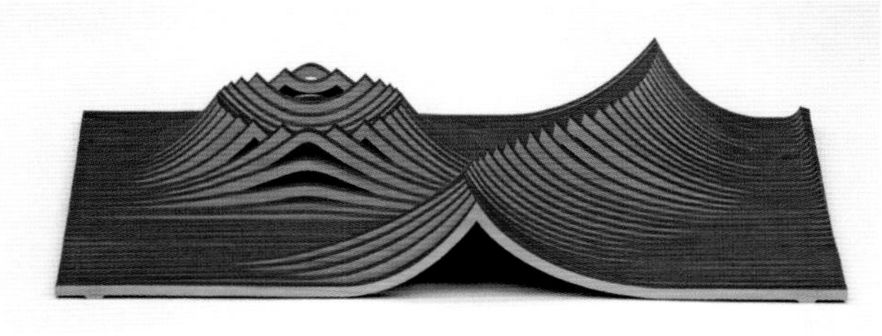

Wedgwoodn't 汤碗

Michael Eden
Z.Corp131powder 专利浸润剂和粗瓷涂层
高：22 cm ($8^5/_8$ in)
宽：23.5($9^1/_4$ in)
直径：19 cm ($7^1/_5$ in)
Axiatec，法国
www.edenceramics.co.uk

2009 年 1 月，Wedgewood 公司申请破产，证明了就算是拥有几个世纪历史的制造商，在当前经济的衰退面前也自身难保（Rosenthal，德国陶瓷制造商，Waterford Wedgewood集团的一部分，随后也未能幸免）。乔舒亚·威基伍德（Josiah Wedgewood）在1759 年创立了这家公司，他是工业革命、社会改革和废奴制的先驱人物，他在位于史塔福郡的陶瓷工厂创造了用古典浮雕装饰的黑色玄武岩制品和蓝碧玉制品“Etruria”。从一开始，公司引进先进的营销技术并沿用了整整一代，不仅生产传统的作品，还邀请设计师和艺术家打造限量版收藏品。

为了庆祝其 250 周年纪念日，2008 年威基伍德邀请了年轻的陶艺家 Michael Eden 设计了一系列产品，当时 Michael Eden 设计的 Wedgewoodn't 陶瓷汤碗由于融合了手工艺和尖端数码技术而获得了 2008 年 Design Directions 陶瓷家具竞赛的大奖。我们到现在可能还无法看到 Eden 如何将他 21 世纪的视角转换成具有商业可行性的产品，但是快速成型汤碗如果不是鼓舞人心的，就将毫无意义。它是 Eden 在皇家艺术学院硕士毕业作品的一部分，基于 1817 年 Wedgewood 公司 Creamware 系列目录，该目录用于介绍用于陶瓷业批量化生产的汤碗原型的各种模型。Eden 希望挑战传统，通过用一种在 18 世纪不可能的方式重新思考这个原型，进行研究（因此命名为 Wedgewoodn't），同时又保留和传承与 Wedgewood 和黑色玄武岩洁具的密切关系。通透的、海绵质地和图案的灵感来源于骨骼的结构，并用 3D 打印机制作。他将汤碗的各个部分分别用计算机辅助建模的方式来完成：手柄、碗、盖和底座用 CAD 软件建模，剩下的部分忠实于 Creamware 原来的产品，但混合了形式和细节。图案是在 Photoshop 中单独制作的，通过将数字文档转换为 2D 图层，因此每一层都可以被打印机读取。打印机通过连续分层将 2D 文件转换为 3D，并粘接截面。在这个过程之后，这个固体造型就从陶瓷粉末中诞生了。整个过程测试了这个技术的局限性，最终的结果非常纤细，因此 Eden 需要与法国的陶瓷专家 Axiatec 合作以解决单片的强度和黑色的染色问题。与大多数设计师 / 制造者使用电脑一样，Eden 不用 3D 设计和制作代替传统手工艺，而是将其视作实验的一种补充方式，将电脑使用和手工制作相结合。

Panier Perce 碗

Guillaume Delvigne 和 Ionna Vautrin
瓷器，刺绣套装
高：12 cm ($4^3/_4$ in)
直径：17 cm ($6^3/_4$ in)
Industreal，意大利
www.industreal.it

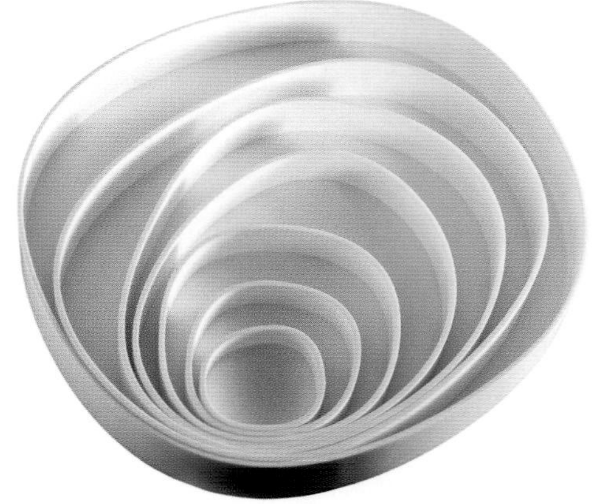

Vertigo 碗

Nanto Fukasawa
可丽耐
各种尺寸
B&B Italia，意大利
www.bebitalia.it

纸花瓶

Libertiny 工作室
纸
高：20,25,30 cm ($7^7/_8$,$9^7/_8$,$11^3/_4$ in)
直径：25 cm ($9^7/_8$ in)
Libertiny 工作室，荷兰
www.studiolibertiny.com

Skase 茶杯套装

Steve Watson
釉面陶瓷，红木
高：13 cm (5 1/8 in)
直径：16 cm (6 1/4 in)
Steve Watson，英国
www.steve-watson.com

Trepied 果盘

Sebastian Bergne
榉木
高：19 cm (7 1/2 in)
直径：26 cm (10 1/4 in)
Eno，法国
www.enostudio.net

“破裂的白”碗

Simon Heijdens
陶瓷
各种尺寸
Droog，荷兰
www.droog.com

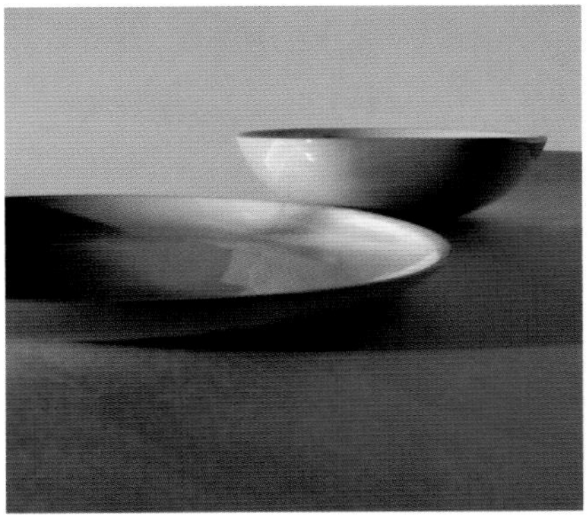

西蒙•海登斯（Simon Heijdens）通过用白色瓷釉上的一块破裂来质疑陶瓷的静态特质。随着使用，瓷釉会慢慢沿着裂纹不断发展出花卉的图案，就像真的花的生长过程。一开始是白色，就像处女，之后你最喜欢的碗或者碟子就会被慢慢装点，脱颖而出。陶瓷中的裂纹通常会被看作是失误，而此处的裂纹则是有用的，通过其变形来绘制图案。由于材料本身可以进行装饰，因此油漆是多余的。在设计和使用中，陶瓷总是一个固定的，不会变化的物体。“破裂的白”就是通过用时间来打开其内部的特性。

“管子部落”花瓶（限量版）

Arik Levy
陶瓷
各种尺寸
Flavia，意大利
www.flavia.it

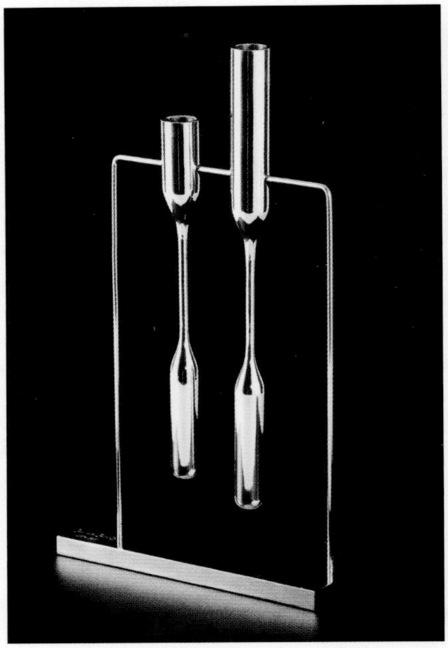

“平衡”花瓶 / 烛台

Arik Levy
金属
各种尺寸
Gaia&Gino，土耳其
www.gaiagino.com

“非限量版”花瓶

Pieke Bergmans
陶
各种尺寸
Pieke Bergmans，荷兰
www.piekebergmans.com

“非限量版”花瓶是褒曼（Bergmans）和费鲁伦（Fleuren）研究开发一个生产流程来生产单个物体的结果。将只做好的模型放入黏土挤压机，可以做出无限长的黏土管子。因为黏土的灵活性和用机器挤压的速度，会生成各种随机形状的管子。将其切断、烘干，就制作出独一无二的批量化生产的花瓶。

“产卵花”花瓶

Ikuko Iwamoto
瓷器
高：30 cm (11 $^{7}/_{8}$ in)
宽：13 cm (5 $^{1}/_{8}$ in)
直径：9 cm (3 $^{1}/_{2}$ in)
Ikuko Iwamoto，英国
www.ikukoi.co.uk

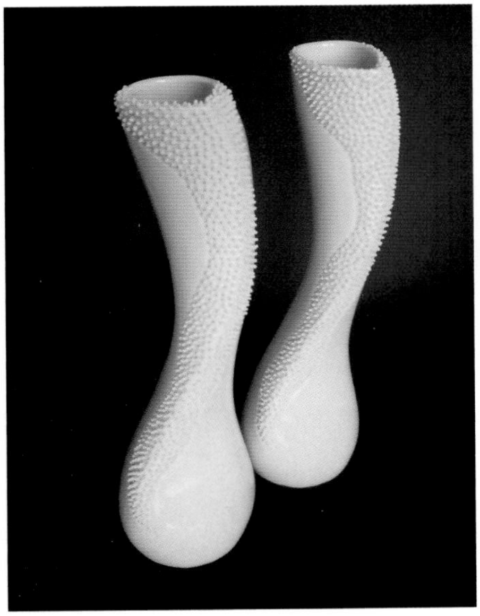

“错落的花”花瓶

Ikuko Iwamoto
瓷器
高：30 cm (11 $^{7}/_{8}$ in)
直径：18 cm (7 in)
Ikuko Iwamoto，英国
www.ikukoi.co.uk

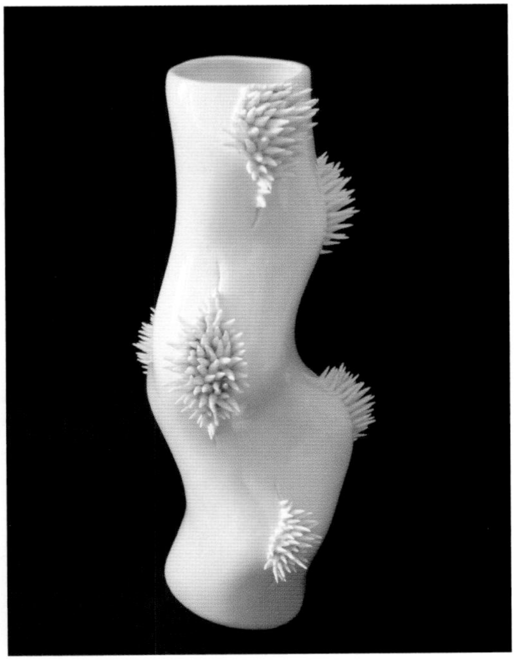

Fabrica del Vapore 容器

Ionna Vautrin 和 Guillaume Delvigne
陶瓷，玻璃
各种尺寸
Industreal，意大利
www.industreal.it

Lovepotion 1 号花瓶

Kris Henkens,
Sem de l'anverre
玻璃
高：65 cm (25 $^{5}/_{8}$ in)
直径：40 cm (15 $^{3}/_{4}$ in)
L’ Anverre，比利时
www.lanverre.com

盐磨器和胡椒磨

Wiel Arets
不锈钢，三聚氰胺，陶瓷
高：17 cm ($6^{3}/_{4}$ in)
宽：7.5 cm (3 in)
直径：5 cm (2 in)
Alessi，意大利
www.alessi.com

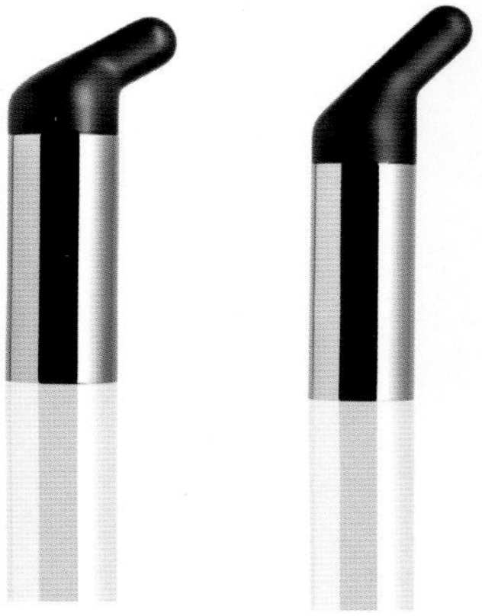

Eco Ware 碗

Tom Dixon
可降解塑料，竹，合成材料
高：9 cm ($3^{1}/_{2}$ in)
直径：14.5 cm ($5^{3}/_{4}$ in)
Tom Dixon，英国
www.tomdixon.net

PINT 啤酒杯

IKUKO Iwamoto
陶瓷
高：16 cm ($6^{1}/_{4}$ in)
直径：11 cm ($4^{3}/_{8}$ in)
IKUKO Iwamoto，英国
www.ikukoi.co.uk

Potter 茶壶

Markus Jehs, Jurgen Laub
不锈钢，ABS
高：18 cm (7 in)
宽：18.5 cm ($7^{1}/_{4}$ in)
Stelton，美国
www.stelton.com

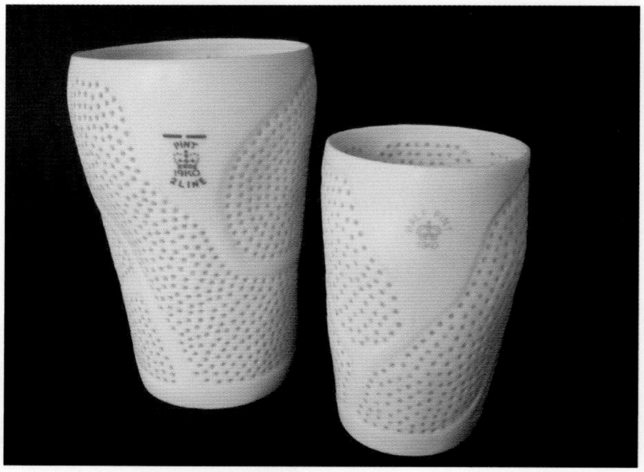

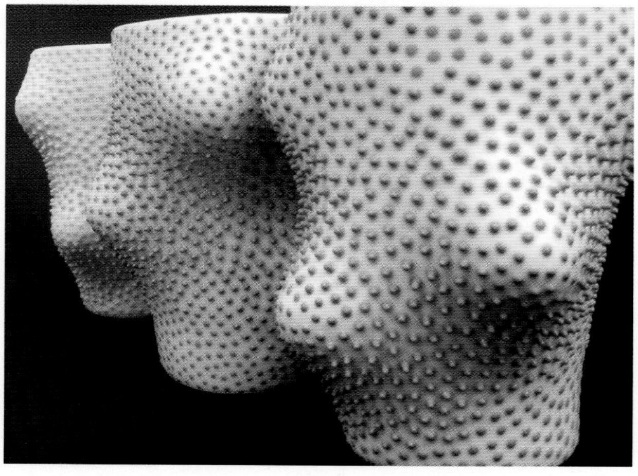

“彩色的刺”烧杯

陶瓷
高：11.5 cm ($4^{1}/_{2}$ in)
直径：9 cm ($3^{1}/_{2}$ in)
IKUKO Iwamoto，英国
www.ikukoi.co.uk

Kyokai 餐布和餐具

Atsuhiko Yoneda
织布面料，陶瓷
各种尺寸
Guzzini，意大利
www.fratelliguzzini.com

“早餐和药片”餐具

Jo Nakamura
陶瓷
各种尺寸
Droog 设计，荷兰
www.droogdesign.nl

开核桃器

Jim Hannon-Tan 和 LPWK
精密铸钢
高：3.5 cm ($1^{3}/_{8}$ in)
宽：4 cm ($1^{1}/_{2}$ in)
Alessi，意大利
www.alessi.com

亲密的独立花瓶

Michael Geertsen
手工制作彩陶
高：27 cm ($10^{5}/_{8}$ in)
Muuto，丹麦
www.muuto.com

“折叠收藏”餐具

Rene&Sach
原铝，黄铜板
高：40 cm ($15^{3}/_{4}$ in)
宽：172 cm ($67^{3}/_{4}$ in)
Mater Design，丹麦
www.materdesign.com

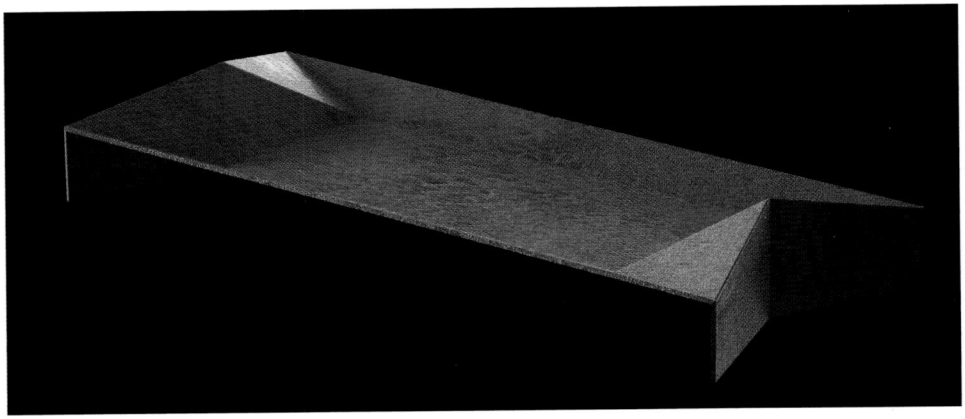

Silver Schwarz 花瓶

Alison McConachie
玻璃，银质树叶
高：31 cm ($12^1/_4$ in)
直径：33 cm (13 in)
Bambay Sapphire，英国
www.bombaysapphire.com

Chitai 中心装饰品

Mann Singh
镀银铜
高：29.5 cm ($11^5/_8$ in)
直径：20.6 cm ($8^1/_8$ in)
Driade，意大利
www.driade.com

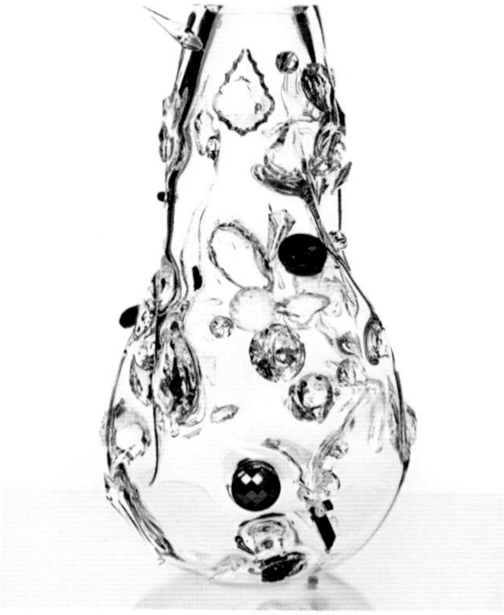

Ramdomly Crystalline 花瓶和灯具系列

Front 设计工作室
水晶
各种尺寸
Front Design，瑞典
www.trontdesign.se

Ramdomly Crystalline 创作于 2008 年，并安装于施华洛世奇水晶宫店。每一年都会有一批设计师、建筑师和艺术家受邀，只用施华洛世奇的水晶来创作令人印象深刻的灯具、家具和室内设计，来推进这一材质的极限边缘。Front 设计工作室是由索菲娅·拉格科威斯特（Sofia Lagerkvist），夏洛特霍德·蓝科（Charlotte von der Lancken），安娜·林德格林（Anna Lindgren）和凯特娅·萨瓦特鲁姆（Katja Sävström）在 2003 年创建的全部由女性设计师组成的设计团队，从自然、物理、材料以及概念设计的作品中获取灵感，常常让外部因素作用于设计过程。Front 不断探寻对象是如何形成的，利用不可控制的因素去达到意想不到的效果。“随机花瓶和灯具”将精确切割的施华洛世奇水晶与高温的玻璃水融合。每一个都是用手工创作的、具有视觉创新性的独一无二的作品。

Nuvem 篮筐

Fernando、Humberto Campana
阳极氧化铝
高：6.5 cm ($2^1/_2$ in)
直径：15 cm ($5^7/_8$ in)
Alessi，意大利
www.allesi.com

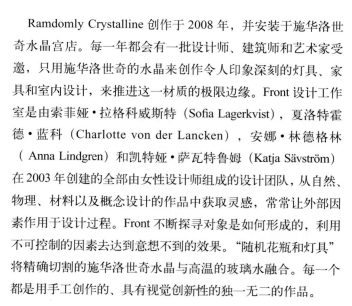

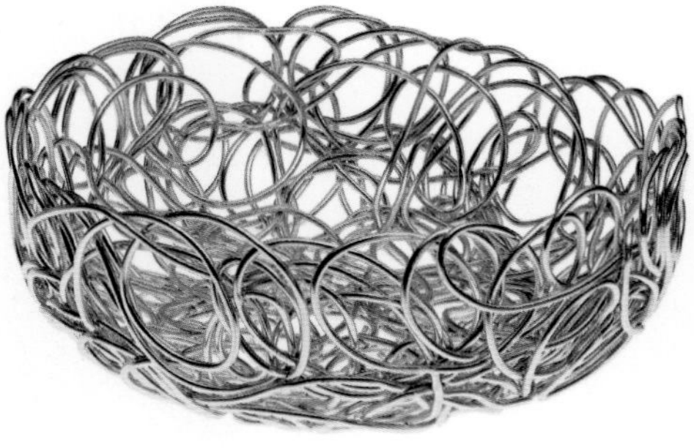

Tissue 盘子

Jakob MacFarlane
纯银
高：28 cm (11 in)
直径：68 cm ($26^3/_4$ in)
Sawaya&Moroni，意大利
www.sawayamoroni.com

“戴安娜玫瑰”大盘

Talila Abraham
不锈钢，玻璃
高：20.32 cm (8 in)
Metalace Art，以色列
www.metalaceart.com

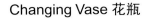

Changing Vase 花瓶

Front
玻璃，金属薄片
Front Design，瑞典
www.frontdesign.se

Kachnar II 盘子

Mann Singh
镀银铜
高：15.32 cm ($5^7/_8$ in)
直径：40 cm ($15^3/_4$ in)
Driade，意大利
www.driade.com

“瓶架”花瓶

Job 工作室
古色古香的青铜
高：28 cm (11 in)
宽：50 cm ($19^{3}/_{4}$ in)
Job 工作室，荷兰
www.studiojob.nl

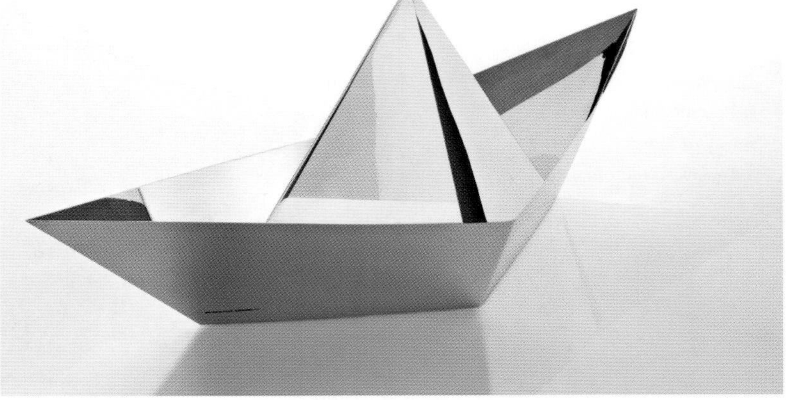

“纸船”装饰品

Aldo Cibic
银片
高：28 cm (11 in)
宽：68 cm ($26^{3}/_{4}$ in)
深：31 cm ($12^{1}/_{4}$ in)
Paolo C.srl，意大利
www.paolac.com

Cidade 容器

Barber Osgerby
银
各种尺寸
Made by Meta，英国
www.madebymeta.com

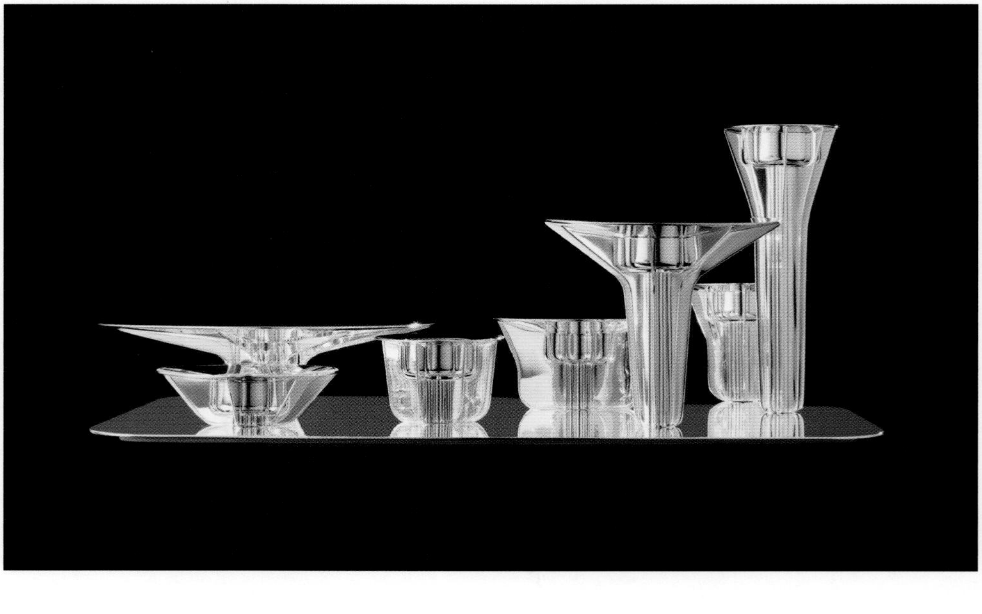

di Palmanova 皇宫 Piazze 系列托盘

Fabio Novembre
镀银铜
高：10.5 cm ($4^1/_8$ in)
宽：59.5 cm (23 in)
直径：67 cm ($26^3/_8$ in)
Driade，意大利
www.driade.com

Venaria 皇 宫 dell 广 场 Piazze 系列托盘

Fabio Novembre
镀银铜
高：8.8 cm ($3^1/_2$ in)
宽：29 cm ($11^3/_8$ in)
直径：36.8 cm ($14^1/_2$ in)
Driade，意大利
www.driade.com

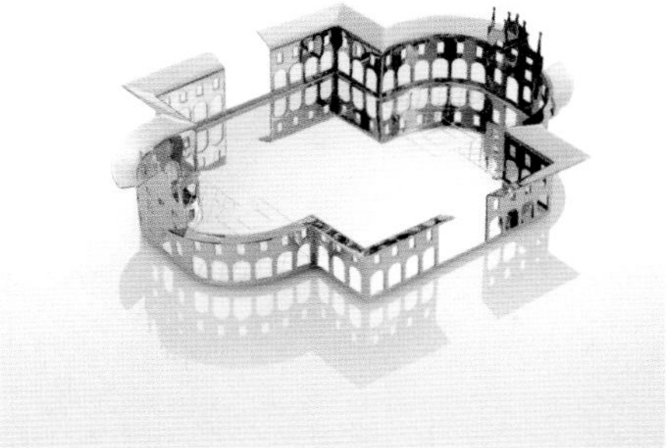

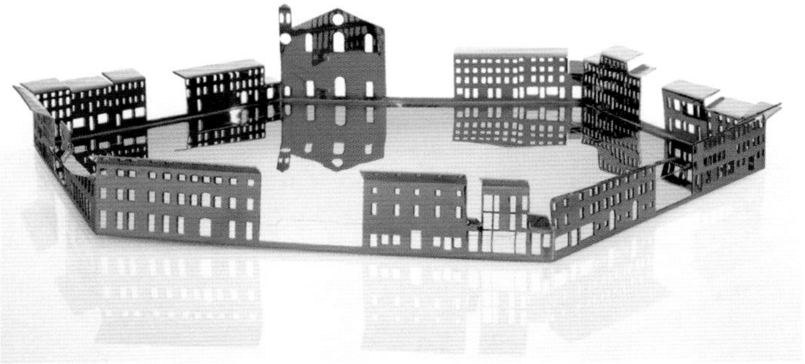

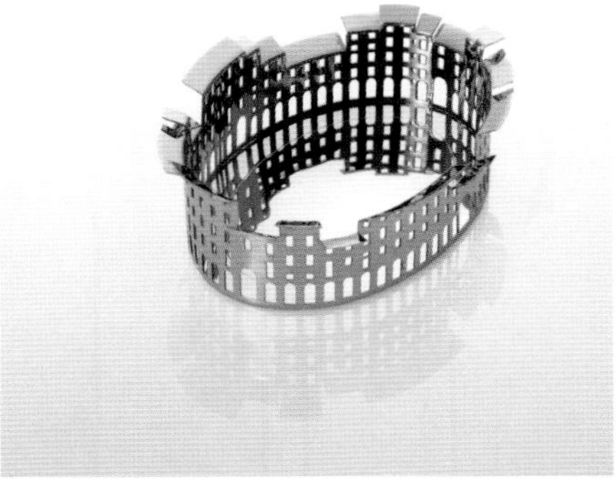

Pique Fleurs 花瓶

Richard Hutton
银
高：30.5 cm (12 in)
直径：24.1 cm ($9^1/_2$ in)
Christofle，法国
www.christofle.com

“古罗马” Piazze 托盘

Fabio Novembre
镀银铜
高：10 cm ($3^7/_8$ in)
宽：25 cm ($9^7/_8$ in)
直径：35 cm ($13^3/_4$ in)
Driade，意大利
www.driade.com

Super Star TK03 糖果碗 / 冷盘组

Tom Kovac
镀银铜
高：4.5 cm ($1^3/_4$ in)
直径：35.5 cm (14 in)
Alessi，意大利
www.alessi.com

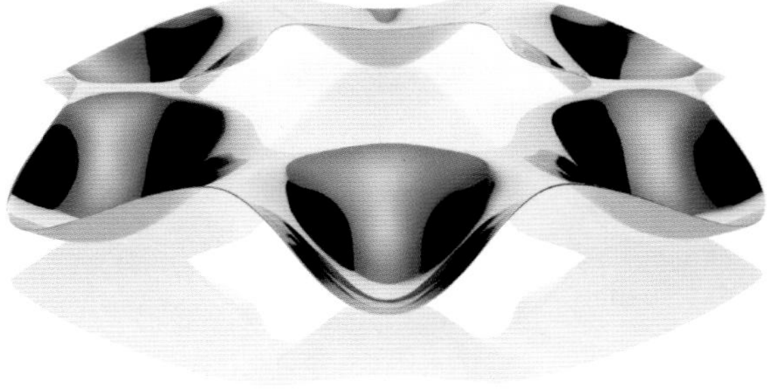

“起立鼓掌”餐具

Giulio lacchetti
塑料
长：19 cm ($7^{1}/_{2}$ in)
宽：14 cm ($5^{1}/_{2}$ in)
Pandora 设计，意大利
www.pandoradesign.it

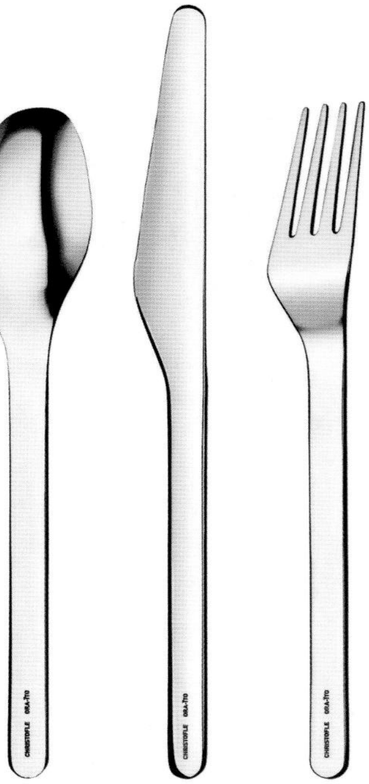

“Recto Verso”餐具

Ora Ito
不锈钢
各种尺寸
Christofle，法国
www.christofle.com

“竹”系列一次性餐具组

Giulio lacchetti
塑料
长：20 cm ($7^{7}/_{8}$ in)
宽：4.8 cm ($1^{7}/_{8}$ in)
Pandora 设计，意大利
www.pandoradesign.it

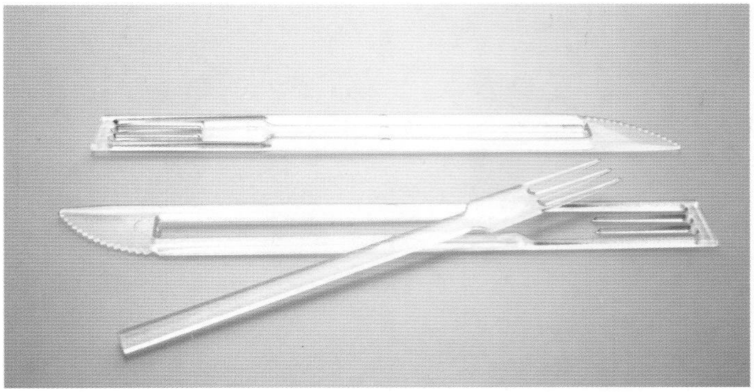

Lo Cost 餐具四件套

Industrial Facility
不锈钢
刀
长：20.5 cm (8 in)
宽：2.3 cm ($^{7}/_{8}$ in)
叉
长：18.5 cm ($7^{1}/_{4}$ in)
宽：2.7 cm (1 in)
勺
长：18.5 cm ($7^{1}/_{4}$ in)
宽：3.8 cm ($1^{1}/_{2}$ in)
叉勺：
长：13 cm ($5^{1}/_{8}$ in)
宽：2.7 cm (1 in)
厚度：0.1 cm ($^{1}/_{25}$ in)
Taylors Eye Witness，英国
www.taylors-eye-witness.co.uk

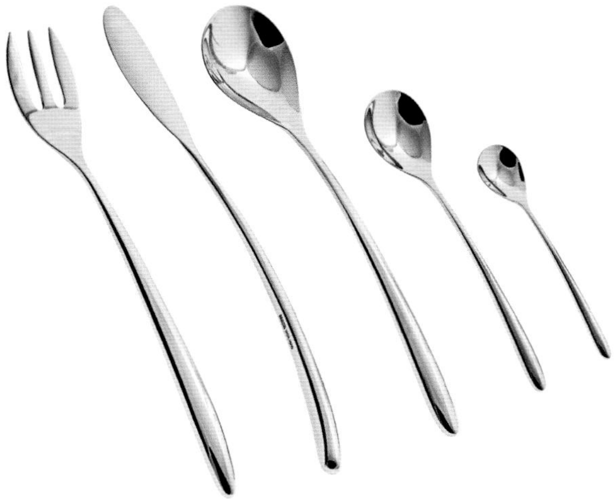

Bettina 餐具

Future Systems
不锈钢
长度（从左至右）：
21.6 cm ($8^{1}/_{2}$ in), 24.1 cm ($9^{1}/_{2}$ in),
21 cm ($8^{1}/_{4}$ in),14.6 cm ($5^{3}/_{4}$ in),
10.8 cm ($4^{1}/_{4}$ in)
Alessi，意大利
www.alessi.com

Ponti400 餐具

Gio Ponti
银
各种尺寸
Christofle，法国
www.christofle.com

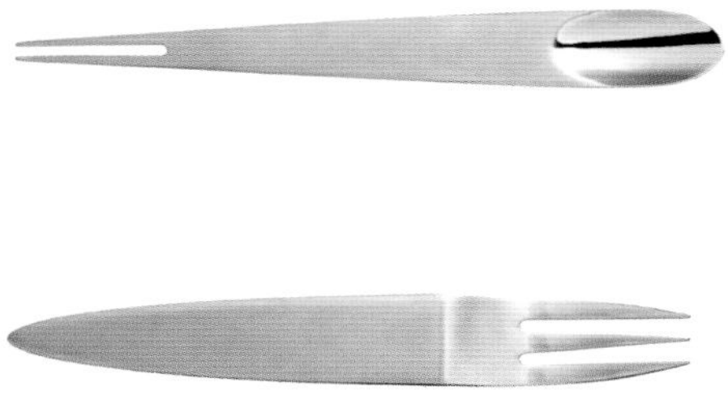

Appetize 餐具

Nedda El-Asmar
拉丝不锈钢
各种尺寸
Nedda El-Asmar，比利时
www.nedda.eu

Il Caffee WAL01 咖啡勺

William Alsop，Federico Grazzini
长：10.8 cm ($4^{1}/_{4}$ in)
不锈钢
Alessi，意大利
www.alessi.com

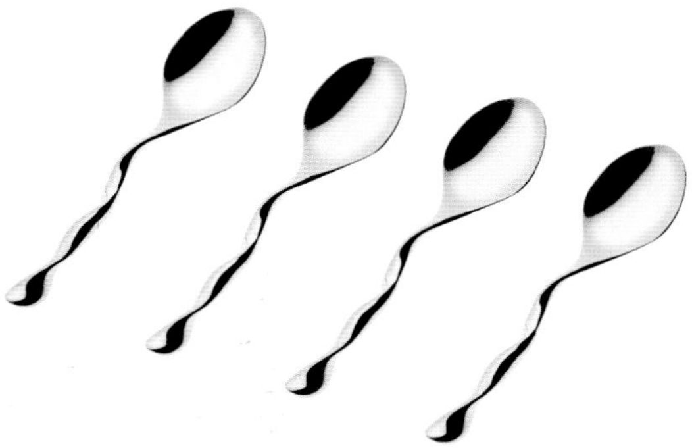

Fleche 公勺和公叉

Gio Ponti
银
长：25.4 cm (10 in)
宽：5 cm (2 in)
直径：2 cm ($^{3}/_{4}$ in)
Christofle，法国
www.christofle.com

Apparat 玻璃器皿

5.5Designers
玻璃
各种尺寸
Baccarat，法国
www.baccarat.com

Barbara 玻璃水瓶 / 花瓶

Nina Jobs
玻璃，紫晶
长：30.5 cm (12 in)
直径：16 cm ($6^1/_4$ in)
Design Stockhole House，瑞典
www.designhouse.se

筷子架

Toshihiko Sakai
丙烯酸树脂
高：2 cm ($^3/_4$ in)
长：5.5 cm ($2^1/_8$ in)
宽：5.5 cm ($2^1/_8$ in)
Guzzini，意大利
www.fratelliguzzini.com

“无形”玻璃器皿组

Arik Levy
透明水晶
各种尺寸
Baccarat，法国
www.baccarat.com

Blob 酒器

Mehtap Obuz
水晶玻璃
各种尺寸
Ilio，土耳其
www.ilio.eu

甜酒玻璃杯

Rikke Hagen
玻璃
高：8.5 cm ($3^3/_8$ in)
Normann Copenhagen，瑞典
www.normann-copenhagen.com

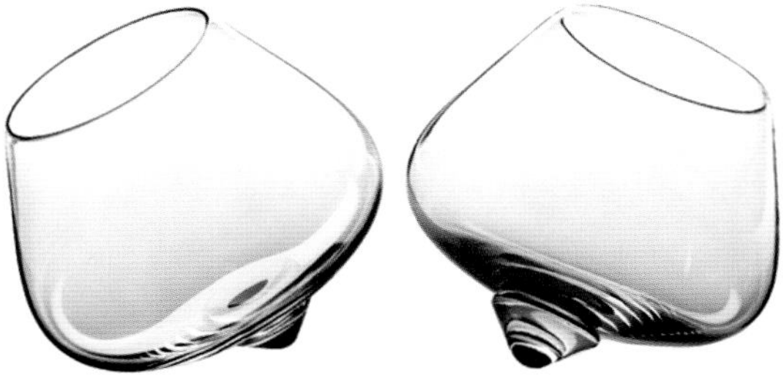

Calla 大水罐

Michael Boehm
碳酸钾
高：28 cm (1 1 in)
直径：22 cm ($8^3/_4$ in)
Rosenthal AG，德国
www.rosenthal.de

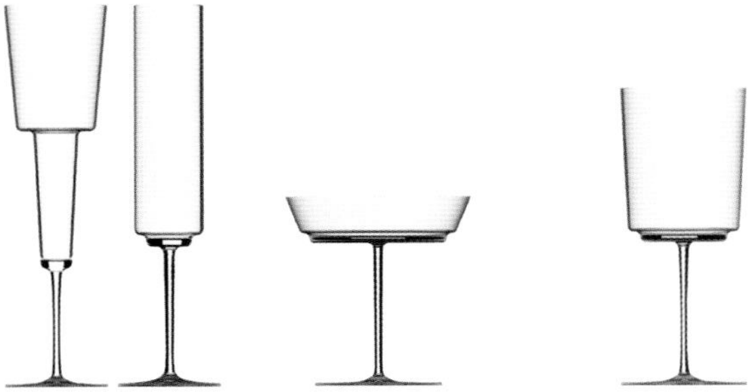

香槟酒杯

Ilse Craford、Michael Anastassiades
玻璃
各种尺寸
Studio Ilse，英国
www.studioilse.com

Spoutnik 玻璃水瓶，玻璃杯

Guillaume Bardet
玻璃
玻璃水瓶
高：23 cm (9 in)
玻璃杯
13.3 cm ($5^1/_4$ in)
Ligne Roset，意大利
www.ligne-roset.co.uk

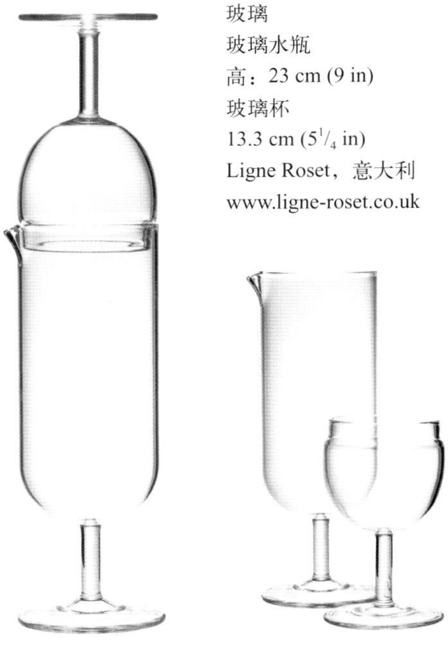

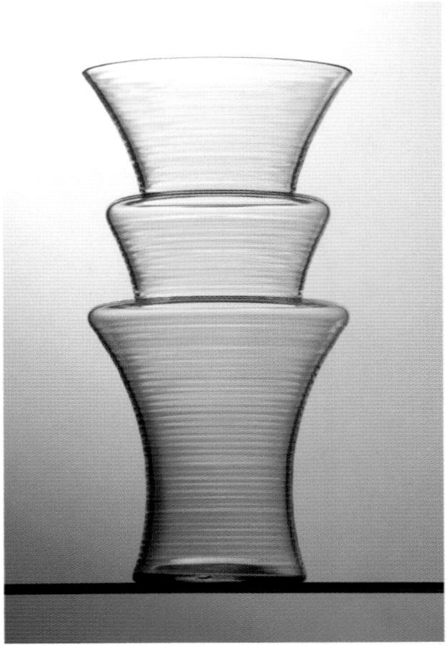

Maestrale 花瓶

Michele De Lucchi
Alberto Nason
玻璃
高：29 cm
直径：20 cm
Produzione Privata，意大利
www.produzioneprivata.it

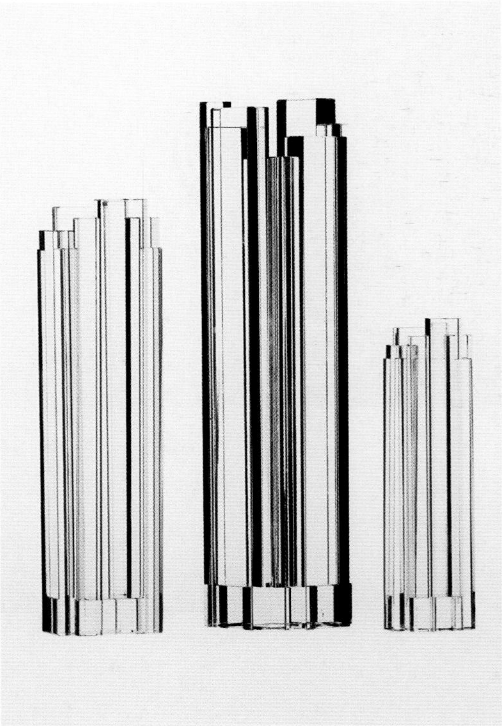

Transplant 花瓶

Matali Crasset
吹制玻璃
各种尺寸
Galleria Luisa Delle
Piane，意大利
www.libero.it

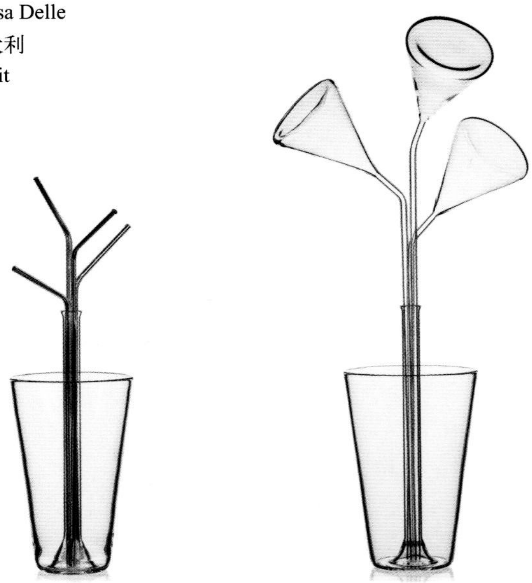

“摩天大楼”花瓶

Constantin Boym
水晶
各种尺寸
Gaia&Gino，土耳其
www.gaiagino.com

“四朵花”花瓶

Matti Klenell
玻璃
高：23 cm (9 in)
直径：21.7 cm ($8^1/_2$ in)
Muuto，丹麦
www.muuto.com

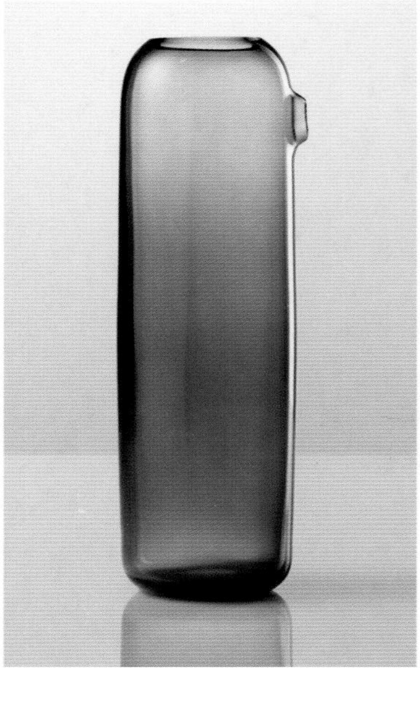

“I’ m Boo”玻璃水瓶

Norway Says
玻璃
高：27.5 cm ($10^3/_4$ in)
直径：8.6 cm ($3^3/_8$ in)
Muuto，丹麦
www.muuto.com

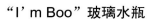

“Neyzen” Raki 酒具

Neyzen
Nil Deniz
水晶玻璃
各种尺寸
Ilio，土耳其
www.ilio.eu

“一线”（One Liners）碗

Tavs Jørgensen
玻璃
高：30-60 cm ($11^3/_4$-$23^5/_8$ in)
Oktavius，英国
www.oktavius.co.uk

TranSglass 玻璃器皿

Tord Boontje、Emma Woffenden
可循环玻璃
各种尺寸
Artecnica，美国
www.artecnicainc.com

设计师塔夫斯•约根森（Tavs Jørgensen）对数字技术开创性的研究形成了其“一线”碗的概念和审美效果。通过使用 MicroScribe G2 数字化的手臂，也就是一种通过点击扫描物体的设备，他记录了一些自发形成的环路，并直接输入计算机，并使用 3D 软件将这些转化为二维空间的表达形式。使用数控设备将其在 X 轴向用不锈钢板进行切割，在 X-Y 轴向用中密度纤维板进行切割，并组装成为碗的窑。容器的制作是采用一种叫做“自由落体塌陷”的工艺。热的玻璃软化后，在重力作用下，中心部分下坠，形成碗的主体；边缘轮廓是以碗放在不锈钢片上的边缘形状所形成。“我想将数字工具和手工制作巧妙结合”，约根森说。

“光学晶体”塑像

Nil Deniz
水晶玻璃
各种尺寸
Ilio，土耳其
www.ilio.eu

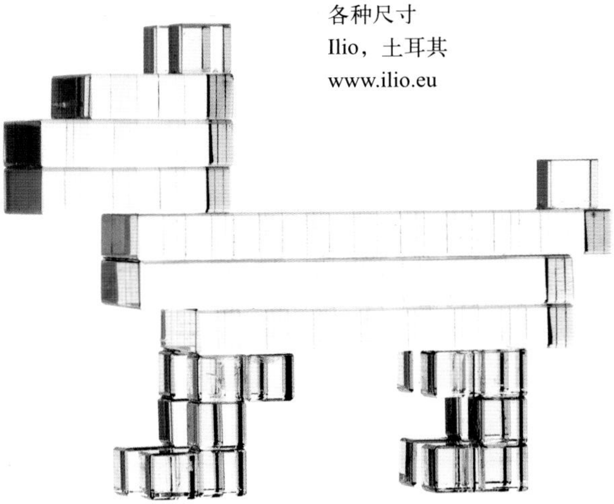

三件套餐具

Camilla Kropp
玻璃
高：20.3 cm (8 in)
直径：9.5 cm ($3^3/_4$ in)
Iittala，芬兰
www.iittala.com

Zucch 糖罐

Lisa Maree Vincitorio
高：9.5 cm ($3^3/_4$ in)
直径：8.5 cm ($3^3/_8$ in)
Alessi，意大利
www.alessi.com

Alto 花瓶

Jan Ctvrtnik
玻璃
高：16 cm ($6^1/_4$ in)
宽：22 cm ($8^5/_8$ in)
直径：19 cm ($7^1/_2$ in)
Droog，荷兰
www.droog.com

Oma 餐具

Harri Koskinen
木材，瓷器
Arbia，芬兰
www.arbia.fi

Daphen 花瓶

Giuseppe Chigiotti
玻璃
各种尺寸
Driade，意大利
www.driade.com

Hruska 玻璃杯

Martin Zampach
玻璃
各种尺寸
Moravske Sklarny Kvetna s.r.o,
捷克共和国
www.moravskesklarny.cz

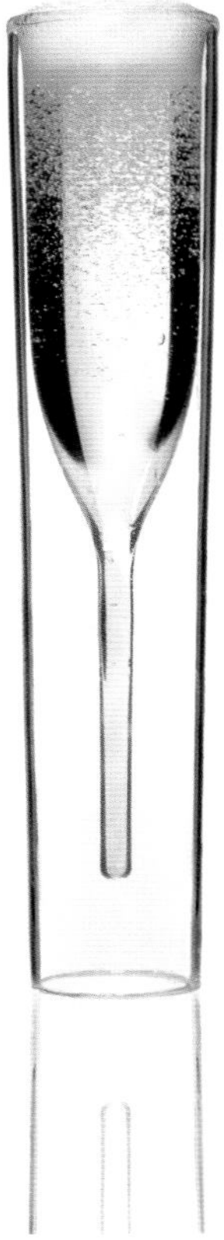

“Oups!”花瓶

Philippe Starck
水晶
高：35 cm ($13^3/_4$ in)
Baccarat，法国
www.baccarat.com

InsideOut 香槟杯

Alissia Melka-Teichroew
玻璃
高：23.4 cm ($9^1/_4$ in)
直径：3.8 cm ($1^1/_2$ in)
Charles&Marie，美国
www.charlesandmarie.com

MY 酒具

Michael Young
钢，玻璃
各种尺寸
Innermost，中国
www.innermost.co.uk

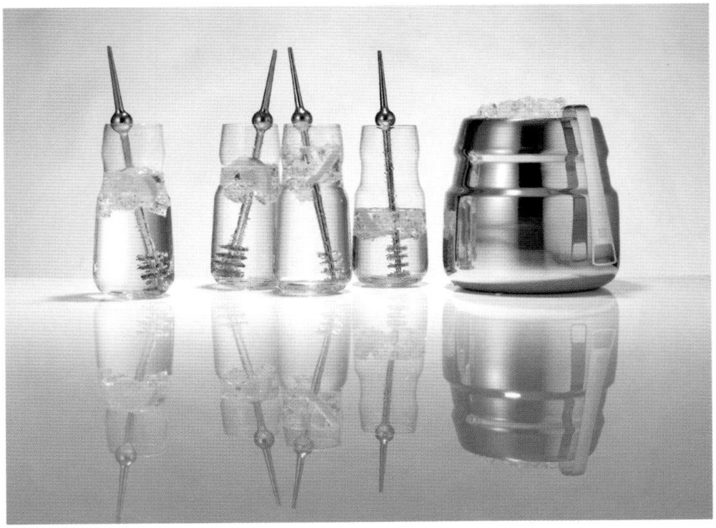

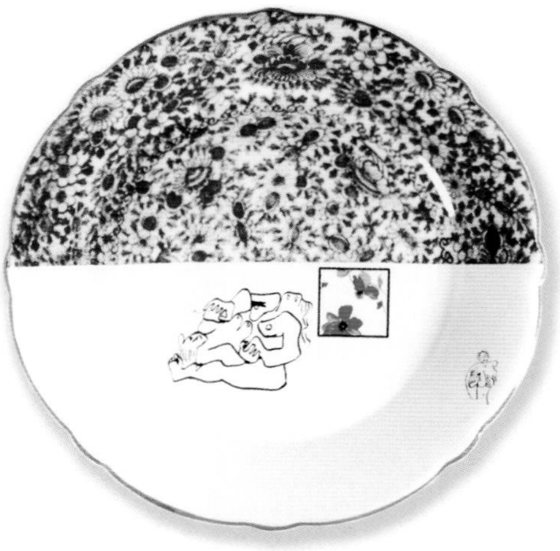

“双拼”（Patchwork）盘子

Marcel Wanders
陶瓷
各种尺寸
Koninklijke Tichelaar，荷兰
www.tichelaar.nl

“1 分钟”皇家代尔夫特（Royal Delft）蓝瓷盘

Marcel Wanders
陶瓷
直径：26.7 cm ($10^1/_2$ in)
Marcel Wanders，意大利
www.marcelwanders.com

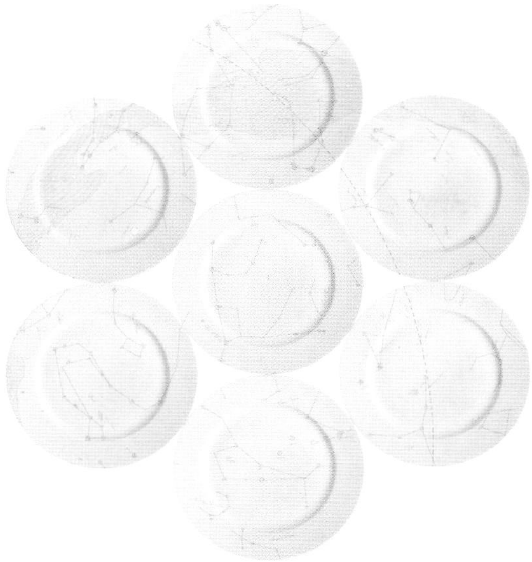

“我的私人天空”是一套独特的订制盘子，是 Kram 和 Weisshaar 第一次制作餐具，并与德国著名陶瓷制造商 Nympengurg 合作，这家制造商目前仍由 Bavarian Royal 家族持有。由于坚信尖端技术和手工艺的结合可以释放传统制造技术的潜力，两人将先进的计算机技术和手工艺相结合。他们基于 NASA 数据库中 500 颗最亮的星星的数据设计了计算机软件，之后按照客户出生地的精度和纬度，以及出生的时辰计算其生日当天星星的排布位置。这个图案随后由手工用金箔绘制到一组七件套的盘子上，完成数字化的订制。

“我的私人天空”餐盘

Clemens Weisshaar、
Reek Kram
手工制作，手绘陶瓷
直径：32 cm ($12^1/_2$ in)
Porzellan Manufaktur
Nymphenburg，德国
www.nymphenburg.com

Shippo 盘

Hella Jongerius
漆包铜
各种尺寸
Cibon，日本
www.cibone.com

“白珊瑚”盘

Ted Muehling
陶瓷
高：21 cm
Nymphenburg，德国
www.nymphenburg.com

Shippo 系列盘子采用了古老的、几乎被遗忘的日本搪瓷技艺，海拉•荣格里斯（Hella Jongerius）延续了将历史悠久的手工艺技艺应用于 21 世纪的设计方式。在使用传统方法的过程中，荣格里斯不是为了寻求过去的成就，也不是为了炫耀自己的技艺（实践工作是与手工艺人合作完成的），而是为了探索将传统延续下去的方式，增加传统技艺的可用性，从而丰富当代设计师的设计方式。在 Cibone 公司的委托下，荣格里斯前往日本名古屋，向著名的搪瓷大师们学习。她写道：“传统的搪瓷技术，开辟了设计方法和创意之间和谐共存的可能性。就像黏土上的釉可以让陶瓷散发出绚丽的色彩，拥有光泽的外表，而用其他方法是几乎无法实现的。而且陶瓷的材质允许设计师在其表面进行精细的绘画创作。这就为我现在所做的事提供了可能性。”这些盘子暗示了一个幻想的世界，动物和轮廓与主题结合，在这个半雕塑的作品中可以看出一个主题。Vitra 版的“办公室宠物”（见第 28 页），唤醒了办公家具和超现实的世界。

碗和勺套装

Ineke Hans
高燃陶器，不锈钢
高：5.8 cm ($2^1/_4$ in)
宽：22.6 cm ($8^7/_8$ in)
直径：14.5 cm ($5^3/_4$ in)
Royal VKB，荷兰
www.royalvkb.com

印象餐具

Benjamin Hubert
陶瓷陶器
高：6 cm ($2^3/_8$ in)
宽：26 cm ($10^1/_4$ in)
直径：24 cm ($9^1/_3$ in)
Benjamin Hubert 工作室，英国
www.benjaminhubert.co.uk

"Innocents" 杯子和碟子

Covo
木材，陶瓷
各种尺寸
Covo，意大利
www.covo.it

Hybrid 餐具

Maarten Van Severen
木材，不锈钢，陶瓷
各种尺寸
When Objects work，比利时
www.whenobjectswork.be

儿童餐具组

Naoto Fukaswa
三聚氰胺
高：2 cm ($^{3}/_{4}$ in)
宽：31 cm ($12^{1}/_{4}$ in)
直径：25 cm ($9^{7}/_{8}$ in)
Driade，意大利
www.driade.com

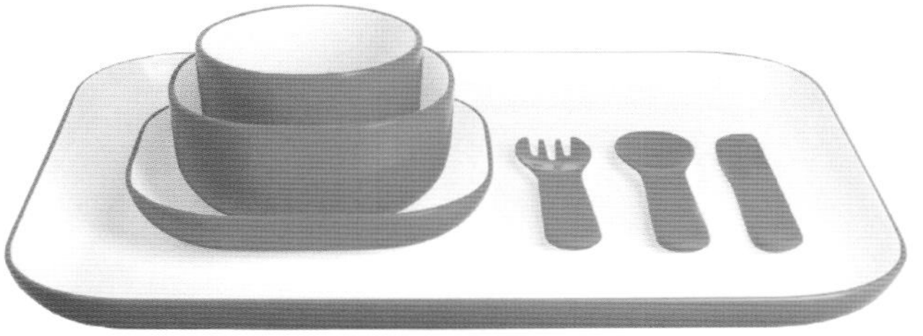

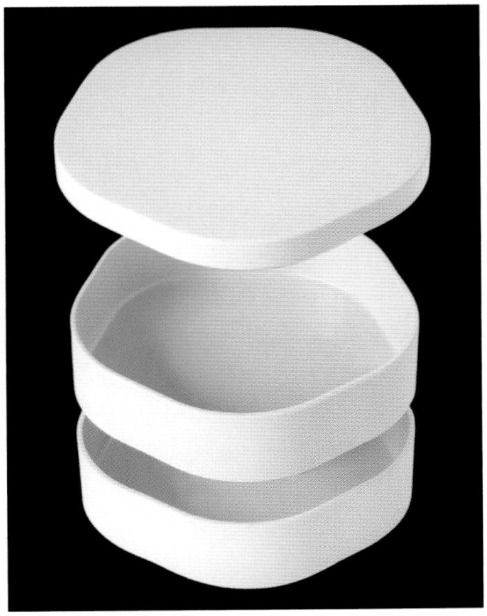

Fiorin 花形双层有盖餐盒

Kazuhiko Tomita
粉木材，塑料
高：7.4 cm ($2^{7}/_{8}$ in)
宽：9.1 cm ($3^{8}/_{5}$ in)
直径：8.9 cm ($3^{1}/_{2}$ in)
Covo srl，意大利
www.covo.it

Ollo 餐具

Lina Meier
陶瓷，橡胶，玻璃和不锈钢
高：14.5 cm ($5^{3}/_{4}$ in)
宽：18.9 cm ($7^{1}/_{2}$ in)
直径：15.4 cm (6 in)
LM 设计，英国
www.lm-design.co.uk

Ensalada 碗和拼装勺

Scott Henderson
玻璃，不锈钢
高：8.9 cm ($3^{1}/_{2}$ in)
直径：33.5 cm ($13^{1}/_{8}$ in)
Umbra，加拿大
www.umbra.com

Naturellement VII 花瓶

Emmanuel Babled
陶瓷
高：50 cm (19$^{3}/_{4}$ in)
Super Ego srl，意大利
www.superegodesign.com

Topography 盘子

Kouichi Okamoto
陶瓷
高：6.5 cm (2$^{1}/_{2}$ in)
宽：32 cm (12$^{5}/_{8}$ in)
直径：20 cm (7$^{7}/_{8}$ in)
Kyouel 设计，日本
www.kyouei-ltd.co.jp

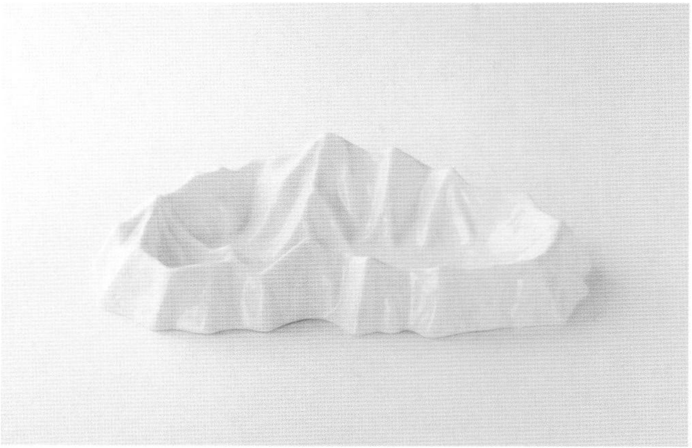

满是折痕的（Crushed）碗

JDS Architects
手工制作精细骨瓷
高：16 cm (6$^{1}/_{4}$ in)
直径：29 cm (11$^{3}/_{8}$ in)
Muuto，丹麦
www.muuto.com

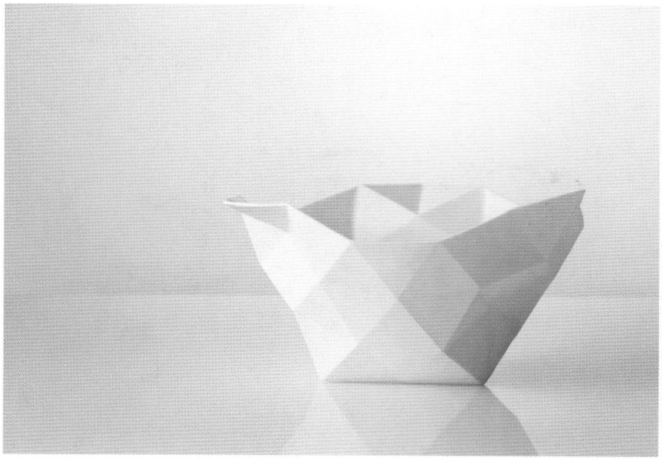

Naturellement III 杯

Emmanuel Babled
陶瓷
高：40 cm (15$^{3}/_{4}$ in)
Super Ego srl，意大利
www.superegodesign.com

Gauffre 容器

Ionna Vautrin 和 Guillaume Delvigne
织纹瓷
各种尺寸
Industreal，意大利
www.industreal.it

“指纹”碗

Judith Seng
陶瓷
高：5 cm (2 in)
长：42 cm ($16^1/_2$ in)
Industreal，意大利
www.industreal.it

Faccette 碗

Alessandro Mendini
陶瓷
高：19 cm ($7^1/_2$ in)
直径：25 cm ($9^7/_8$ in)
Industreal，意大利
www.industreal.it

“多多益善”模块化烛台

Loise Campbell
工业橡胶，钢材
各种尺寸
Muuto，丹麦
www.muuto.com

“想念你”花瓶套

Tord Boontje
金属
高：30.5 cm (12 in)
直径：15.2 cm (6 in)
Artecnica，美国
www.artecnicainc.com

蛋糕烛台

Studio Job
陶瓷
高：43 cm ($18^1/_2$ in)
直径：35.5 cm (14 in)
Studio Job，荷兰
www.studiojob.nl

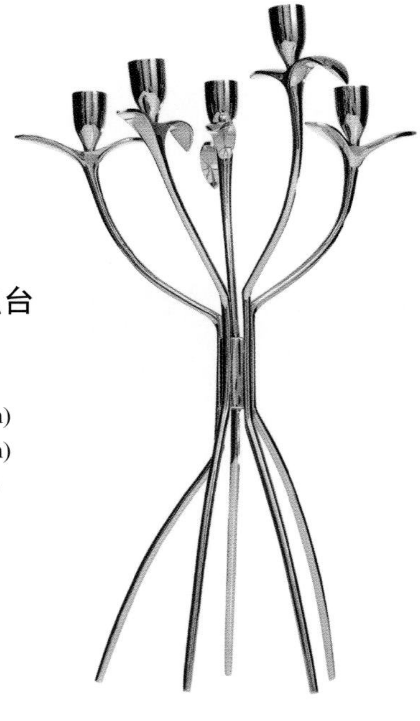

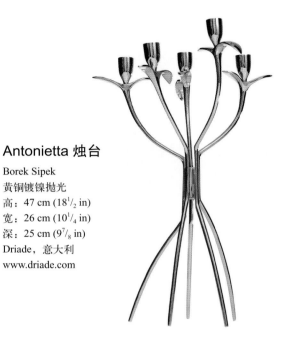

Antonietta 烛台

Borek Sipek
黄铜镀镍抛光
高：47 cm ($18^1/_2$ in)
宽：26 cm ($10^1/_4$ in)
深：25 cm ($9^7/_8$ in)
Driade，意大利
www.driade.com

Ribbon 烛台

Shin Azumi
铸造不锈钢
高：18.5 cm (7 1/2 in)
宽：26 cm (10 1/4 in)
深：27.5 cm (10 7/8 in)
Innermost，英国
www.innermost.co.uk

Mistic 烛台花瓶

Arik Levy
硼硅玻璃
尺寸：三种尺寸，三种颜色
Gaia&Gino，土耳其
www.gaiagino.com

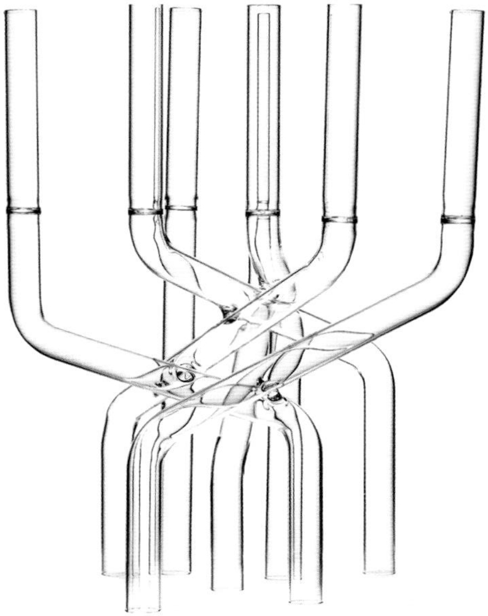

Antibes 烛台

Gio Ponti
银
高：20 cm (7 7/8 in)
长：53 cm (20 7/8 in)
Christofle，法国
www.christofle.com

Elix 花瓶

Pol Quadens
可丽耐
高：65 cm (25 5/8 in)
直径：9 cm (3 1/2 in)
OVO Editions，比利时
www.ovo-editions.com

纺织品

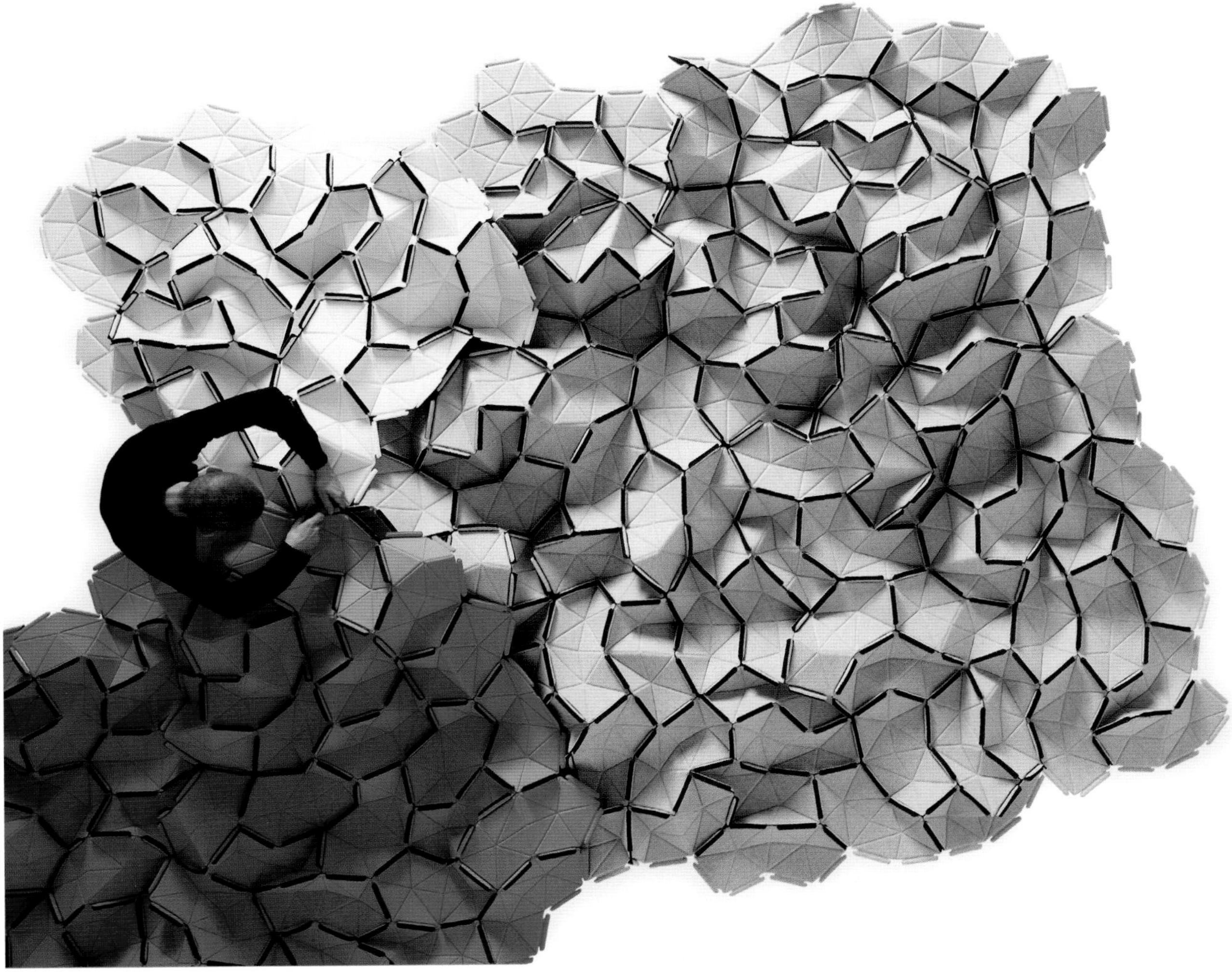

“尊者”Th 地毯

Satyendra Pakhale
羊毛和聚酯
长：240 cm (94 $^{1}/_{2}$ in)
宽：200 cm (78 $^{3}/_{4}$ in)
I+ISRL，意大利
www.i-and-i.it

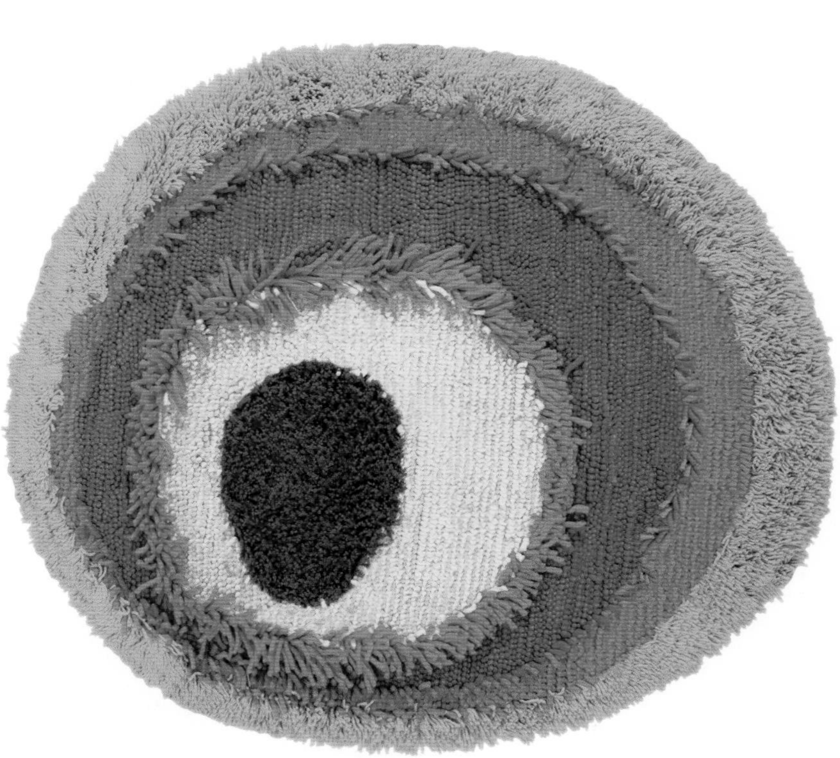

City MoscovaAntracite 3D 瓷砖

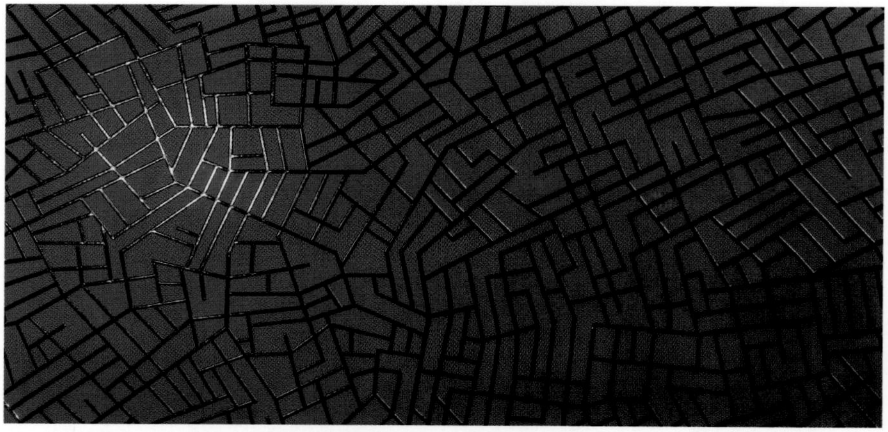

Diego Grandi
无釉的瓷器防渗瓷砖
长：60 cm (23 $^{5}/_{8}$ in)
宽：30 cm (11 $^{3}/_{4}$ in)
Lea Ceramiche，意大利
www.ceramichelea.it

Streets Macao Macro 瓷砖

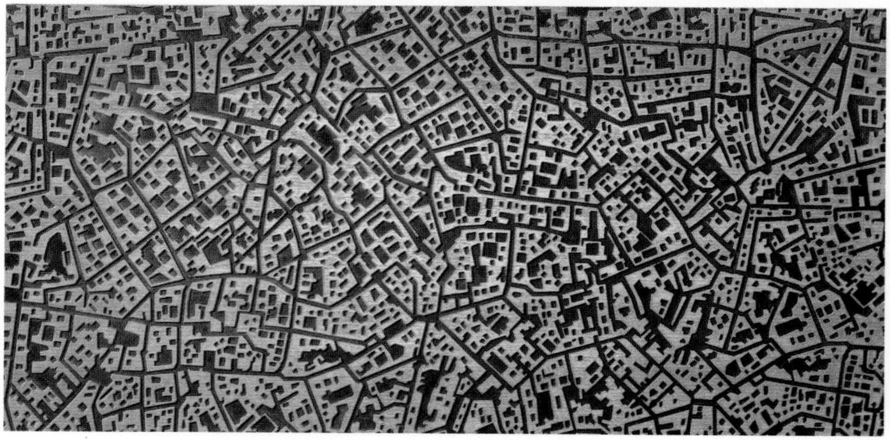

Hiroaki Sakai
陶瓷
长：120 cm (47 $^{1}/_{4}$ in)
宽：60 cm (23 $^{5}/_{8}$ in)
Guzzini，意大利
www.gratelliguzzini.com

手工缝制，再生皮砖

Eco Domo
BMW 汽车皮革座椅
各种尺寸
Eco Domo，美国
www.ecodomo.com

手工缝制的皮革是由生产宝马汽车座椅时有擦痕的废料制成。皮革被打碎后用天然橡胶和合欢树的汁液合成，随后经过美国 Amish 工匠的手工缝制成砖。该产品的耐磨损程度如同硬木地板，有九种颜色，四种材质和多种尺寸。

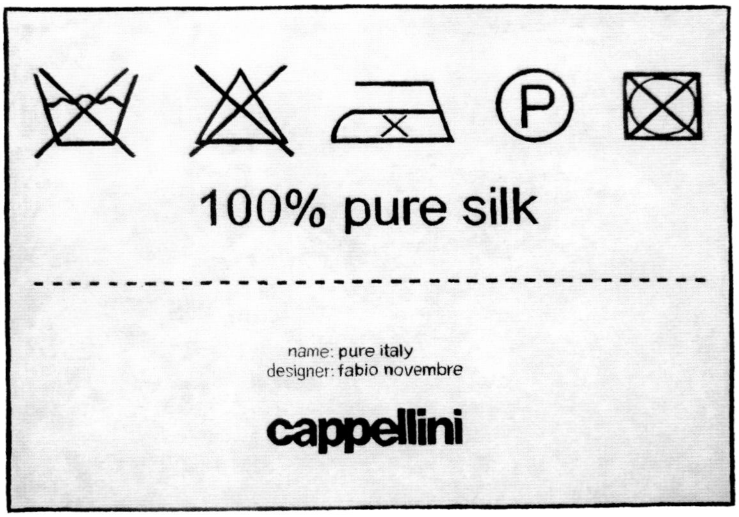

“纯粹的意大利”毯子

Fabio Novembre
丝绸
长：240 cm ($94^1/_2$ in)
宽：170 cm (67 in)
Cappellini，意大利
www.cappellini.it

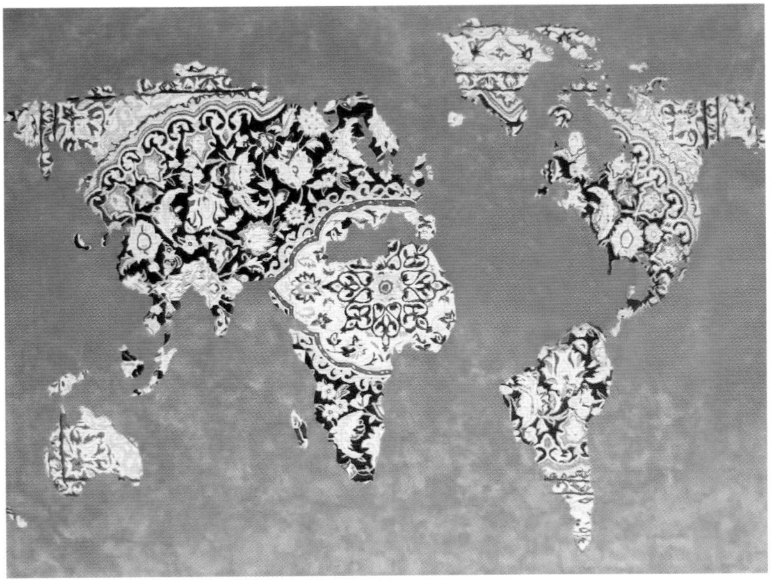

Mendo 毯子

Lorenzo Damiani
丝绸，黏胶
长：400 cm ($157^1/_2$ in)
宽：300 cm ($118^1/_8$ in)
Cappellini，意大利
www.cappellini.it

“鹅卵石”地毯

Ksenia Movafagh
喜马拉雅羊毛
长：250 cm (98$^3/_8$ in)
宽：175 cm (68$^7/_8$ in)
2Form Design，挪威
www.2form.no

Zoe 地毯

CRS Paola Lenti
双色绳编制
订制
Paola Lenti，意大利
www.paolalenti.it

“在树林中”地毯

Michaela Schleypen
羊毛
长：250 cm (98$^3/_8$ in)
宽：90 cm (35$^1/_2$ in)
Floor To Heaven，德国
www.floortoheaven.com

Pavé 地毯

CRS Paola Lenti
新羊毛纱
长：400 cm (157 1/2 in)
宽：300 cm (118 1/8 in)
Paola Lenti，意大利
www.paolalenti.it

Freek 户外地毯

C&F Design BV
泡沫，水和防紫外线材料
各种尺寸
Freek，荷兰
www.freekupyourlife.com

Alkazar 地毯

CRS Paola Lenti
羊毛，丝绸
订制
Paola Lenti，意大利
www.paolalenti.it

“缝合”壁纸

David Rockwell
手工制作，缝合纸
宽：76.2 cm (30 in)
Maya Romanoff，美国
www.mayaromanoff.com

Kuzu 纺织品

Yoshiki Hishimuma
羊毛
长：50 cm ($19^{3}/_{4}$ in)
宽：500 cm ($19^{3}/_{4}$ in)
Hishinyma&Co，日本
www.yoshikihishinuma.co.jp

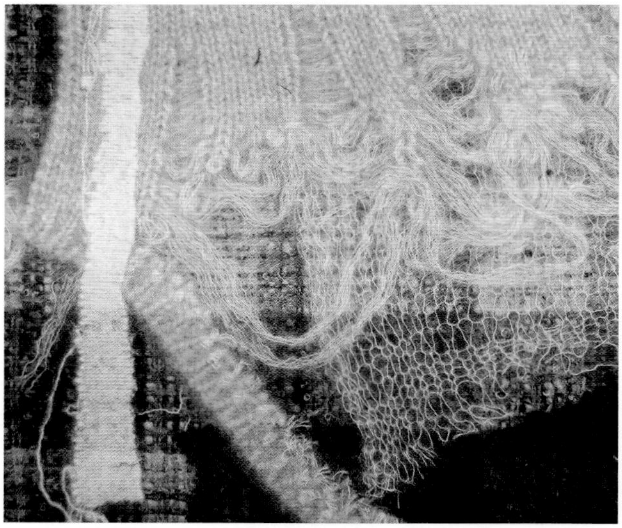

A-Maze 刺绣

OIA Progetti
刺绣面料
各种尺寸
OIA Progetti，意大利
www.oia-progetti.com

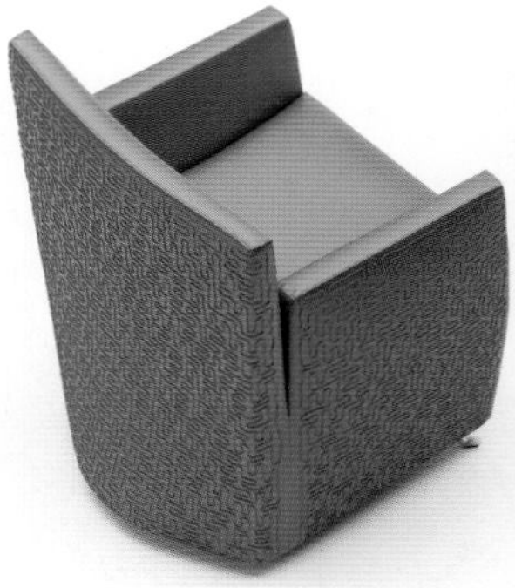

A-Maze 是 OIA Progetti 为 Auriga 工作室 50 周年纪念日所做的六件展品之一，Auriga 是一间总部位于米兰的咨询公司，关注最新的机器刺绣技术。传统的由机器完成的工业刺绣，只能按照预定的图样在布匹上来回往复走线，无法完成订制。A-Maze 的特点就是使用 Edition × 2 软件进行数字化操作。这就可以随机地编制图案，并且应用到现有家具中，尺寸也不会受到限制。程序只需要设定开始和结束位置，软件会进行调整，并重新设计刺绣的路径。如果需要，织物可以被固定到一个最大可扩展到 320 × 150 厘米的框架，用机器进行编制，操作员只需监视其进展，以之字形缝合到线的长度。A-Maze 的图案是由扭曲棉和纺塑料乙酸的外套筒的内芯绳附着到织物形成，其效果可以媲美手工刺绣。最左侧的图为 Hannes Wettstein 为 Herman Miller 设计的 Capri 椅。

“I Campi”地毯

Claudio Silvestrin
羊毛，黏胶
长：240 cm (94$^1/_2$ in)
宽：240 cm (94$^1/_2$ in)
Cappellini，意大利
www.cappellini.it

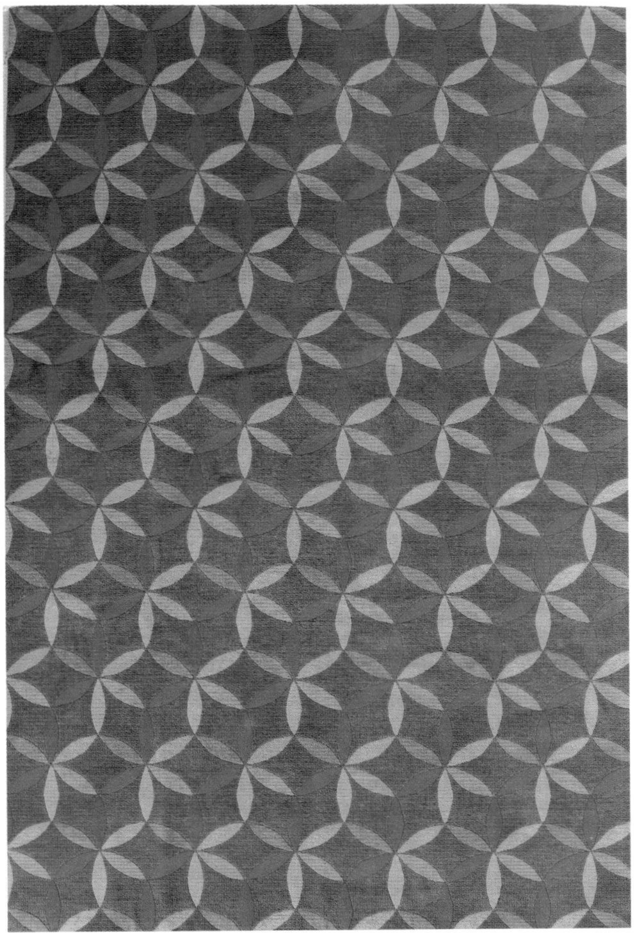

Starflower 地毯

Barger Osgerby
西藏羊毛
长：274 cm (107$^7/_8$ in)
宽：183 cm (72 in)
The Rug Company，英国
www.the rugcompany.info

“幸运”地毯

Nendo
丝绸，黏胶
长：300 cm (118$^1/_8$ in)
宽：250 cm (98$^1/_2$ in)
Cappellini，意大利
www.cappellini.it

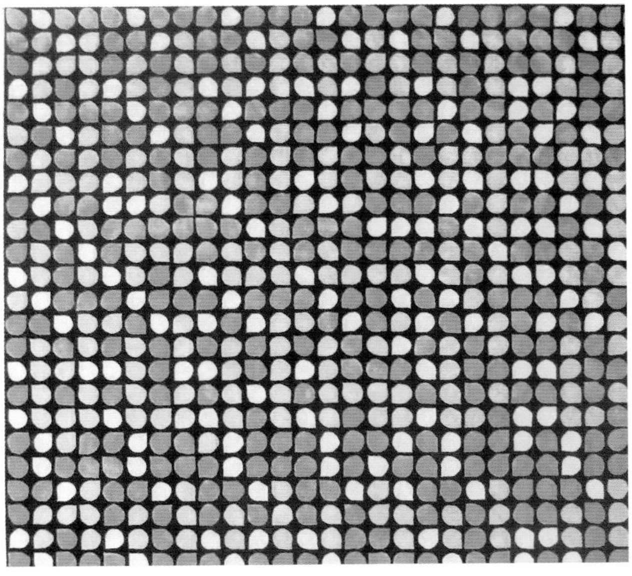

Serious Fun 装饰布

Jaime Hayon、NienkeKlunder
羊毛，聚酯，人造丝
宽：137.1 cm (54 in)
Bernhardt，美国
www.bernhardttextiles.com

Link 织物

Tom Dixon
羊毛，聚酰胺
各种尺寸
Gabriel，丹麦
www.gabriel.dk

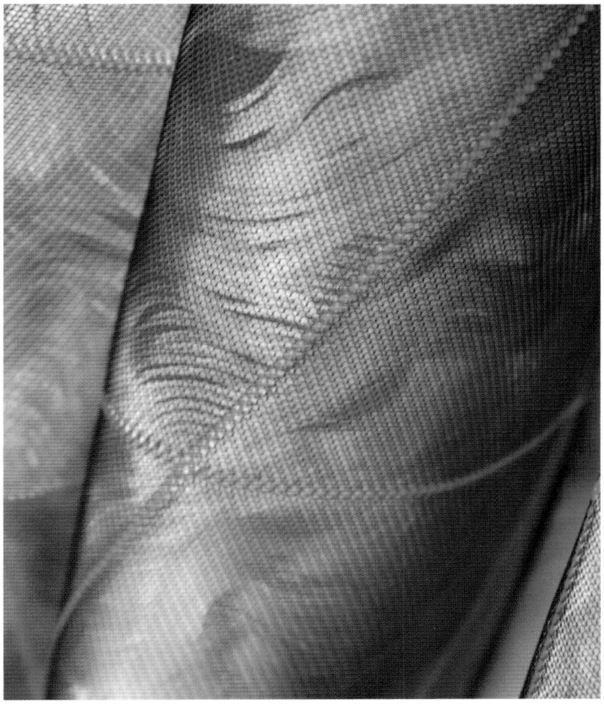

“HOLOknit”织物

YvonneLaurysen、Erik Mantel
单丝，聚酯
宽：185/230 cm (72⁷/₈/90¹/₂ in)
LAMA concept，荷兰
www.lamaconcept.nl

“点，圈，交叉”装饰布

Christian Biecher
棉，聚酯
宽：137.1cm (54 in)
Bernhardt，美国
www.bernhardttextiles.com

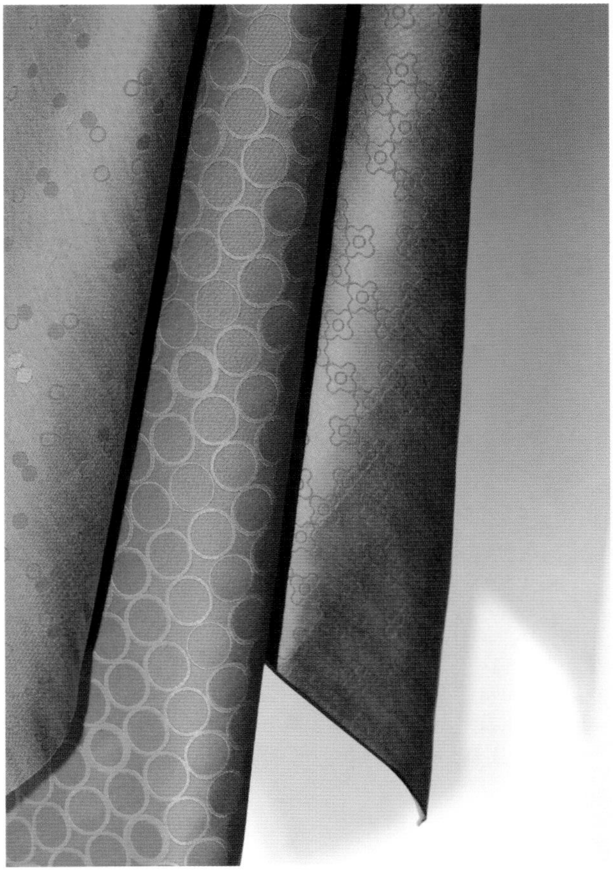

“声波”（Sonic Fabric）面料

Alyce Santoro
聚酯，再生音频磁带
宽：132 cm (52 in)
Designtex，美国
www.dtex.com

“声波”面料是一种由50%的再生聚酯纤维和50%的回收和预先录制的音频盒式磁带制成的耐用、多功能发声面料。通过使用上方的磁带，织物可以被“播放”。播放一次可以选取4、5盘磁带，换句话说一次就会有16～20首曲目混合在一起。“效果听起来像是在倒带”，Santoro说。该面料是Designtex按照订单生产的。

“乡村”（Village）吸音板

Claesson Koivisto Rune
吸音板材料
长：58.5 cm (23 in)
宽：58.5 cm (23 in)
厚度：8cm ($3^{1}/_{8}$ in)
Offecct，瑞典
www.offecct.se

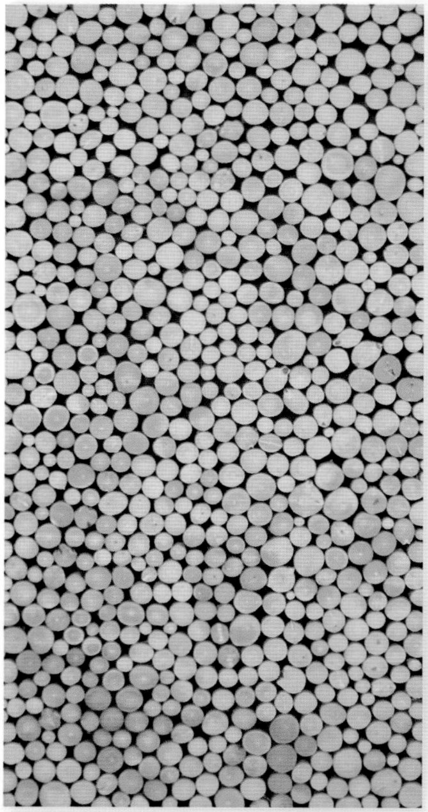

“树杆”（Twig）壁纸

Pinch Design
森林状固体连接至胶合板
长：240 cm ($94^{1}/_{2}$ in)
宽：100 cm ($39^{3}/_{8}$ in)
厚度：4 cm ($1^{1}/_{2}$ in)
Pinch Design，英国
www.pinchdesign.com

Déchirer 瓷砖

Patricia Urquiola
陶瓷
长：120 cm ($47^{1}/_{4}$ in)
宽：120 cm ($47^{1}/_{4}$ in)
厚度：0.1 cm ($^{1}/_{25}$ in)
Mutina SRL，意大利
www.mutina.it

使用“连续”技术（这个制造过程中的技术术语），可以生产多层次的Grès瓷砖。它们看起来像水泥，但是却在不使用釉的情况下，被精致的蕾丝边形式的造型“软化”了。

“春分”（Equinox）壁纸

Lori Weitzner
手工制纸，金属涂料涂层
宽：91 cm ($35^7/_8$ in)
SahcoHesslein，德国
www.sahco-hesslein.com

Lattice 壁纸

Lori Weitzner
手工制纸，金属薄片
宽：91 cm ($35^7/_8$ in)
SahcoHesslein，德国
www.sahco-hesslein.com

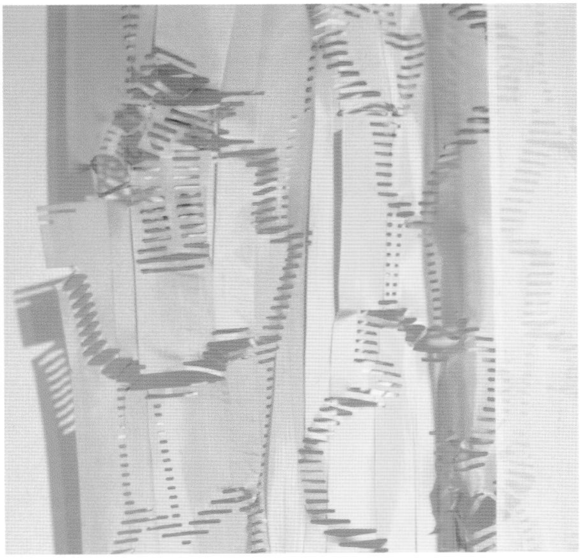

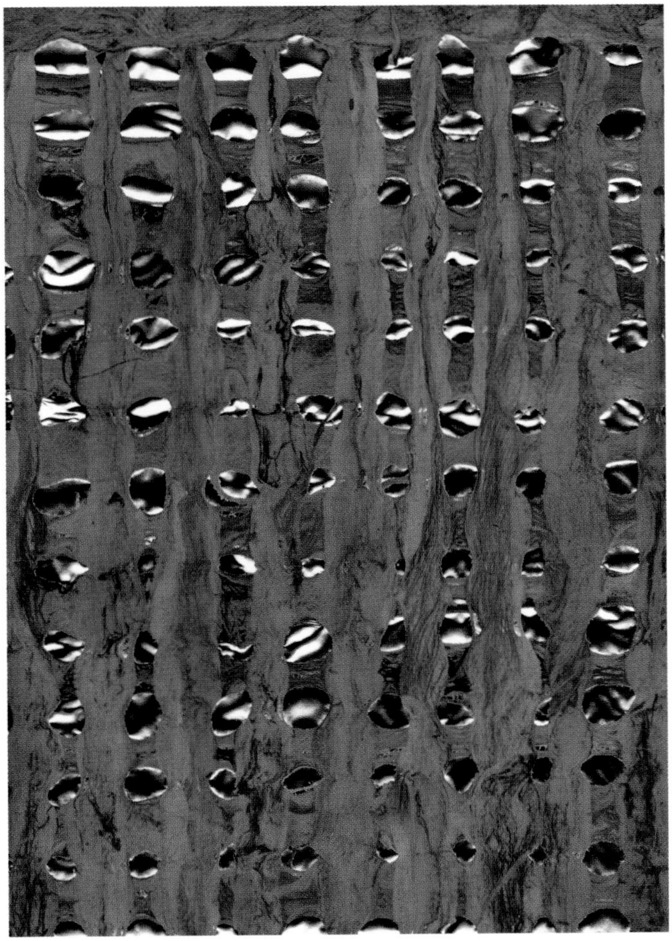

Orchid 5 织物

Eugène Van Veldhoven
聚酰胺缎面
长：400 cm ($157^1/_2$ in)
Dutch Textile Design，荷兰
www.dutchtextiledesign.com

尤金·范维德霍芬（Eugene Van Veldhoven）对材料表面的触觉和光学效应的迷恋成就了他标志性的将传统与高科技相结合的设计方法。作品“Orchid 5”是为了 2007 年纽约博物馆的“激进的蕾丝和颠覆针织”展览而进行的创作，现在已用于商业化生产。

“葛根”（Kuzu）织物

Yoshiki Hishinuma
羊毛
长：50 cm (19 1/4 in)
宽：50 cm (19 1/4 in)
Hishinuma&Co，日本
www.yoshikihishinum.co.jp

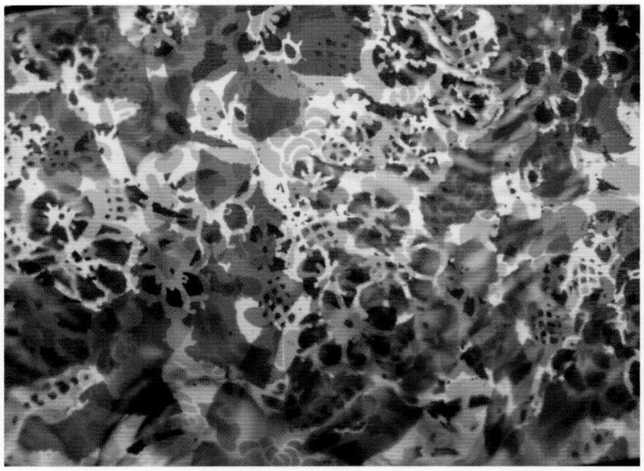

Kage 织物

Yoshiki Hishinuma
聚酯
长：60 cm (23 5/8 in)
宽：60 cm (23 5/8 in)
Hishinuma&Co，日本
www.yoshikihishinum.co.jp

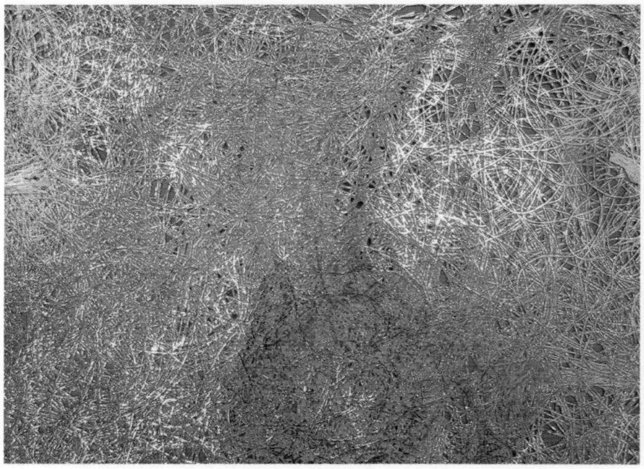

Suzanne 壁纸

Marcel Wanders
纸
宽：52 cm (20 1/2 in)
长：1000 cm (393 3/4 in)
Graham&Grown，美国
www.grahambrown.com

“小花坪”地毯

Tord Boontje
羊毛
长：140 cm (55 1/8 in)
宽：80 cm (31 1/2 in)
NaniMarquina，西班牙
www.nanimarquina.com

Tartan 地毯

Marcel Wanders
不同质地的图案印于宽幅地毯：丝绒，Saxony，Frisee，Laine
宽：400 cm ($157^1/_2$ in)
Colorline，荷兰
www.colorline.nl

马塞尔·万德斯（Marcel Wanders）在2006年开始与荷兰纺织制造商Colorline合作，他们合作为Moooi设计和生产了其在米兰国际家具展的参展地毯。由于受到不同文化的激发，万德斯结合了新颖的、有吸引力的图案，这些图案是由相互投射的巨大优雅的形状组成，给人造成一种深度的幻觉。几个颜色方案，包括四个不同的彼此相邻的色调对齐，创造出一种效果，特别是在巨大的幅面中。这已收录至基本图形中。最近开发出来的产品就是Tartan，一种由4个不同材质的材料共同构成由几何线条，花朵和传统塞尔特民族图案组成的作品。

“世界”地毯

Marcel Wanders
不同质地的图案印于宽幅地毯：丝绒，Saxony，Frisee，Laine
宽：400 cm ($157^1/_2$ in)
Colorline，荷兰
www.colorline.nl

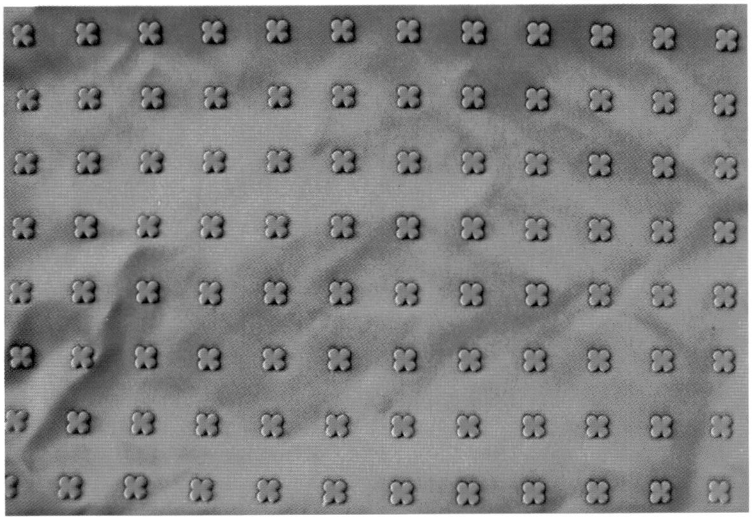

Hana 织物

Yoshiki Hishinuma
聚酯
长：30 cm ($11^3/_4$ in)
宽：20 cm ($7^7/_8$ in)
Hishinuma&Co，日本
www.yoshikihishinum.co.jp

“蜿蜒”生态纺织品

Satyendra Pakhale
羊毛，聚酯
宽：150 cm (59 in)
Vaveriet，瑞典
www.vaveriet.se

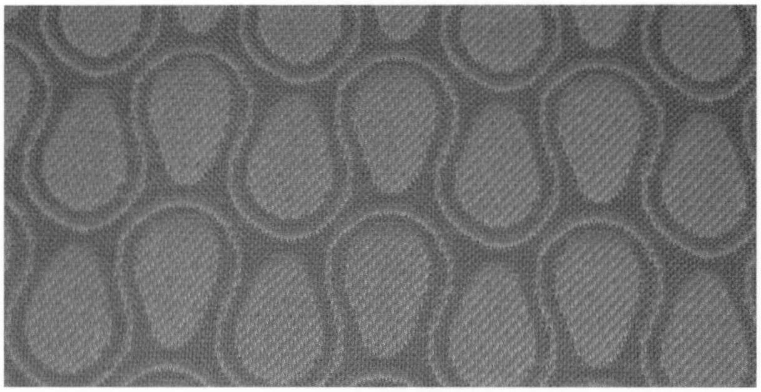

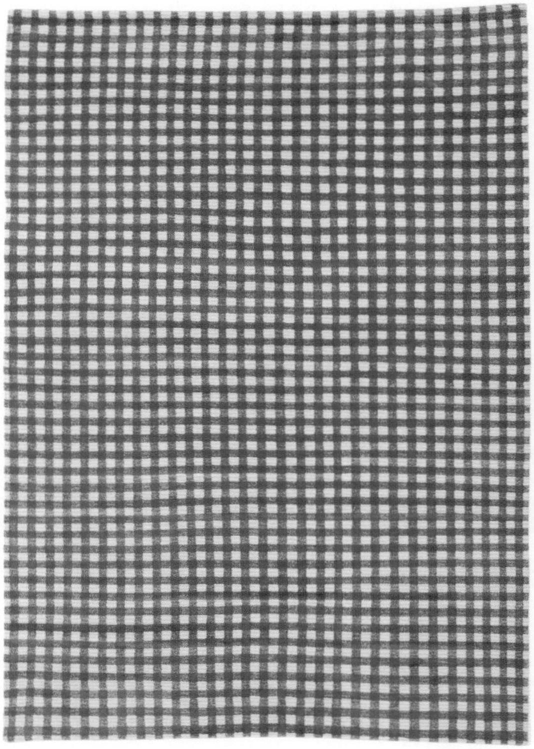

Mama Rosa 地毯

Emmanuel Babled
羊毛，丝绸
长：300 cm ($118^1/_8$ in)
宽：200 cm ($78^3/_4$ in)
I+ISRL，意大利
www.i-and-i.it

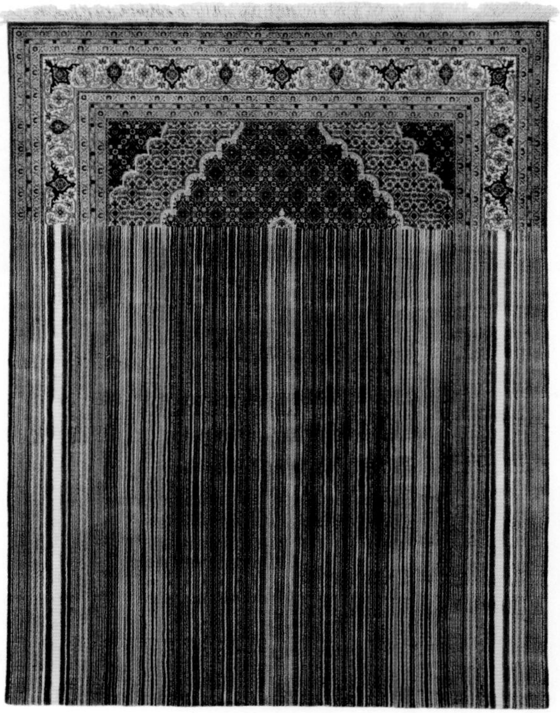

“与传统做游戏”地毯

Richard Hutten
手工编织羊毛
长：240 cm ($94^1/_2$ in)
宽：170 cm (67 in)
Hishinuma&Co，日本
www.yoshikihishinum.co.jp

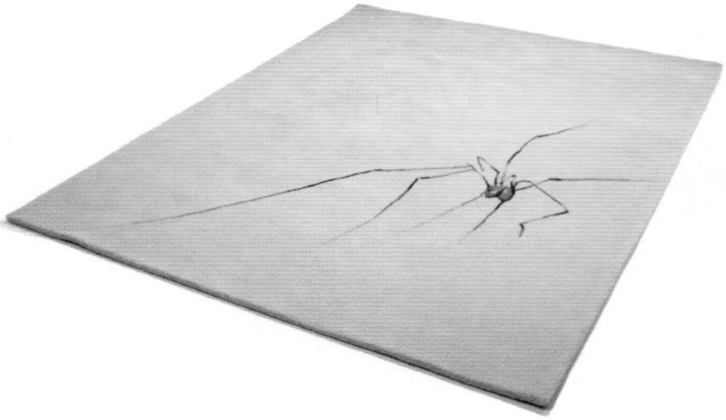

“蜘蛛”地毯

Jessica Albarn
羊毛
长：400 cm ($157^1/_2$ in)
宽：300 cm ($118^1/_8$ in)
Modus Design，波兰
www.modusdesign.com

Kimono 地毯

Marni
尼泊尔，西藏羊毛
长：240 cm (94$^{1}/_{2}$ in)
宽：170 cm (67 in)
The Rug Company，英国
www.therugcompany.info

Moment 地毯

Setsu&Shinobu Ito
羊毛
长：220 cm (86$^{5}/_{8}$ in)
宽：220 cm (86$^{5}/_{8}$ in)
I+ISRL，意大利
www.i-and-i.it

竹纤维地毯

Felix Diener&Ulf Moritz
竹纱
宽：450 cm (177$^{1}/_{8}$ in)
Danskina，荷兰
www.danskina.com

竹纤维地毯是一件由竹纤维材料制作的地毯。

News 地毯

Marti Guixe
羊毛
直径：250/150 cm (98$^{1}/_{2}$/59 in)
Nanimarquina，西班牙
www.nanimarquina.com

Sardina 地毯

Patricia Urquiola
羊毛
长：299.7 cm (118 in)
宽：198 cm (78 in)
Moroso，意大利
www.moroso.it

Kilim 系列 08 地毯

Michele De Lucchi, Nora De Cicco, Mercedes Jaen Ruiz, Rachna Joshi Nair, Maddalena Molteni
棉经纱，新西兰羊毛纬
长：300 cm ($118^{1}/_{8}$ in)
宽：240 cm ($94^{1}/_{2}$ in)
ProduzionePrivata，意大利
www.produzioneprivata.it

“数码涂鸦”地毯

Paolo Giordano
手工编织羊毛，丝绸
长：260 cm ($102^{3}/_{8}$ in)
宽：200 cm ($78^{3}/_{4}$ in)
I+ISRL，意大利
www.i-and-i.it

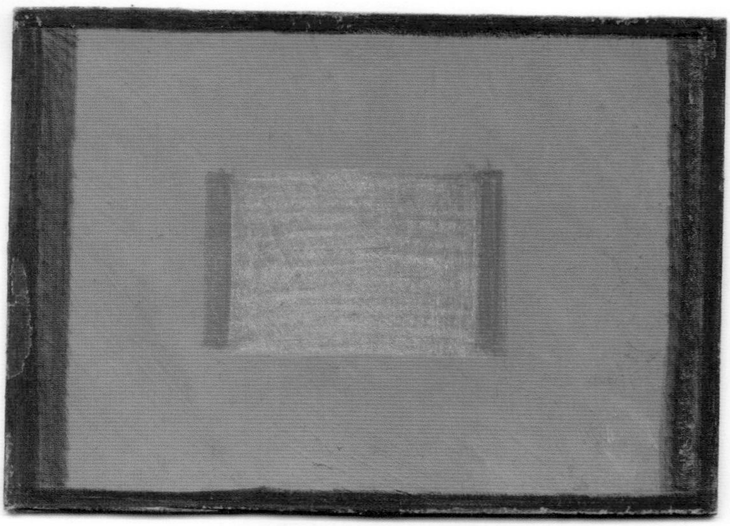

Brocante de salon 地毯

Atelierblink
纯羊毛，聚酰胺
长：400 cm (157$^1/_2$ in)
宽：300 cm (118$^1/_8$ in)
Atelier Blink，比利时
www.atelierblink.com

“全球变暖”地毯

NEL Colectivo
羊毛，毡
长：200 cm (78$^3/_4$ in)
宽：140 cm (55$^1/_8$ in)
NaniMarquina，西班牙
www.nanimarquina.com

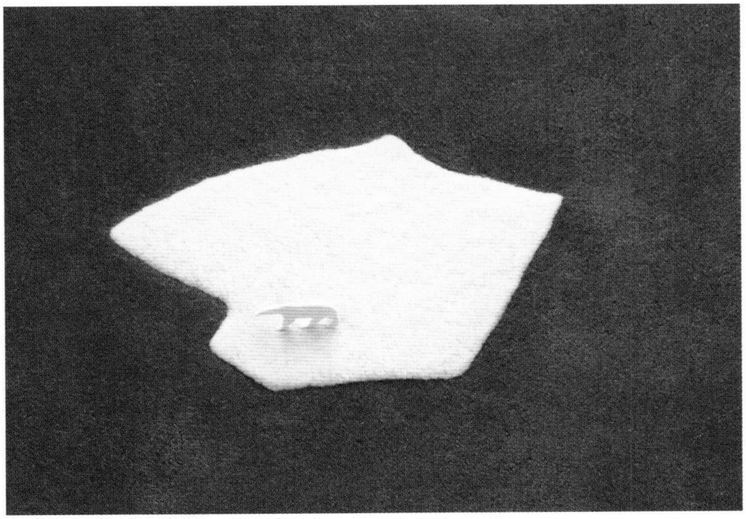

“银叶子”地毯

Michaela Schleypen
100% 新西兰羊毛，黏胶被覆的金属纤维
长：200 cm (78$^3/_4$ in)
宽：200 cm (78$^3/_4$ in)
Floor To Heaven，德国
www.floortoheaven.com

“环境照明”抱枕

Diana Lin
暖白色 LED，美国标准食品安全硅胶，聚酯，5v 交流 / 直流电源
长：31.75 cm ($12^1/_2$ in)
宽：31.75 cm ($12^1/_2$ in)
厚度：15.3 cm (6 in)
Diana Lin Design，美国
www.dianalindesign.com

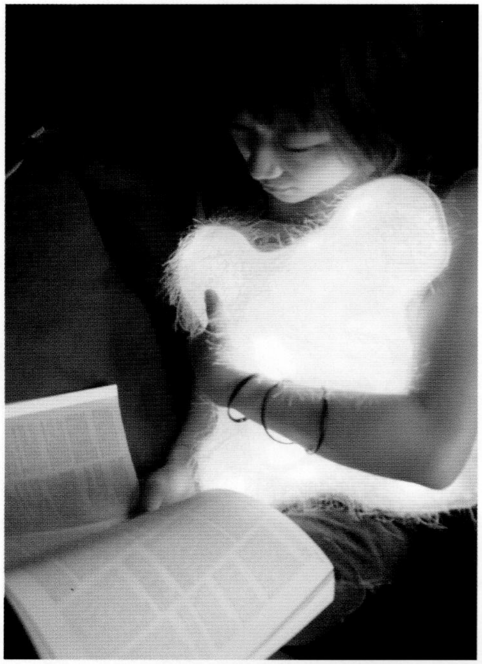

PetalPusher 交互式纺织品和发光板

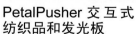

Maggi Orth
Design Tex 羊毛毡，人造棉纱，导电丝，腈纶，灯具及电器配件
长：27.9 cm (11 in)
宽：27.9 cm (11 in)
厚度：12.7 cm (5 in)
Maggie Orth，美国
www.maggieorth.com

ESSENTAL 墙壁调光器是一个调节室内光线的新产品。簇状织物传感器控制光线的开启和关闭。每个调光器是手工制作的，电子纤维被直接嵌入到材料中，所以在面料中有裸露的按钮或开关。

LED 壁纸

Ingo Maurer
印花塑料箔，三种颜色 LED
各种尺寸
Ingo Maurer GmbH，德国
www.ingo-maurer.com

英格·摩利尔（Ingo Maurer）的 LED 壁纸在 2007 年米兰国际家具展中展出，这是他多年研究如何不使用传统的光源进行居室照明的成果。壁纸由包含三个单独控制的导体电路在内的塑料膜构成，并配备有白色、红色和蓝色的单色 LED。塑料膜像常规的壁纸一样悬挂于墙上。

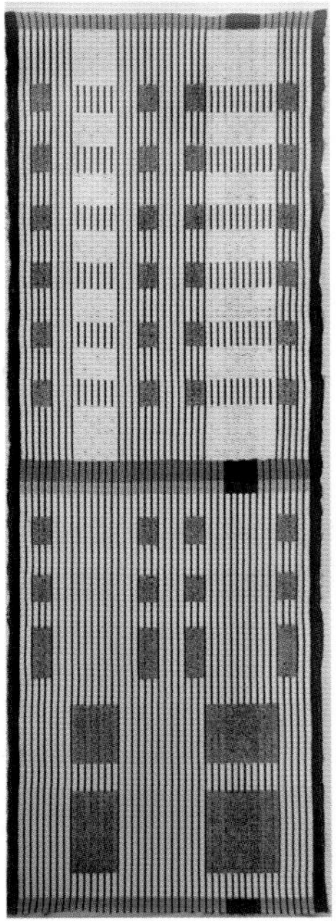

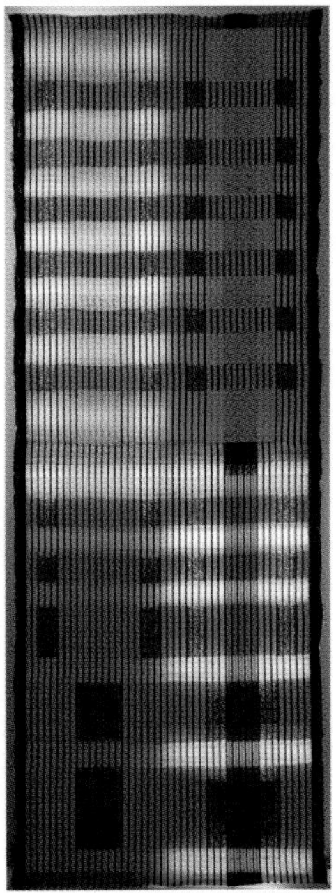

“Pile Blocks”交互式纺织品和感应器

Maggie Orth
导电丝，棉纱，LED，订制的电子设备和软件
长：143.8 m (56$^{5}/_{8}$ in)
宽：68.6 cm (27 in)
厚度：6.4 cm (2$^{1}/_{2}$ in)
Maggie Orth，美国
www.maggieorth.com

麦琪·奥斯（Maggie Orth）被麻省理工大学技术媒体实验室录取为媒体艺术和技术的博士生后，开始了她的可穿戴式电脑和电子设备的研究。这一互动艺术作品结合了获得专利的纺织品触摸传感器与白炽灯和LED灯。观众能触摸到织物表面，并控制光线和模式。在与织物玩耍的过程中，随着时间的变化可以通过软件生成动态的轮廓和形状。在光线暗的环境中使用这件作品的效果更好，不仅可以当作照明光源，还可以是艺术作品。触摸传感器由导电棉纱导电，会有很小的对人体无害的电流穿过导电棉纱，并通过人体导入地面。传感器可以使用各种纺织工艺进行生产加工，在任意纺织层上检测电流的变化，并发送一个电流信号让灯变亮或变暗。

“KriskaDECOR 链”铝链帷幕

Josep M. SansFolch
阳极氧化铝
订制订做
KriskaDECOR，西班牙
www.kriskadecor.com

“树叶”3D 壁纸

Anne Kyyro Quinn
可持续羊毛毡
尺寸：依客户需要订制
Anne Kyyro Quinn Design，英国
www.annekyyroquinn.com

“白金汉宫警卫换岗”壁纸（金黄色）

纸
长：300 cm (118$^1/_8$ in)
宽：55 cm (21$^5/_8$ in)
Lizzie Allen，英国
www.Lizzieallen.co.uk

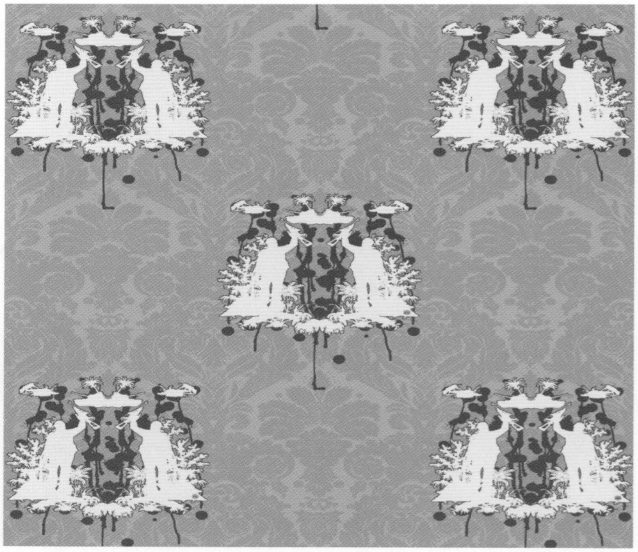

Découper Toile 2& 3 壁纸

Timorous Beastles
150 g 可支撑纸
长：1 m (39$^3/_8$ in)
宽：55 cm (20$^1/_2$ in)
Timorous Beasties，英国
www.timorousbeasties.com

“血腥地域”壁纸

Timorous Beastles
150 g 可支撑纸
长：1 m (39$^3/_8$ in)
宽：55 cm (20$^1/_2$ in)
Timorous Beasties，英国
www.timorousbeasties.com

“油漆剥落”织物

Gina Piece
数码印花棉布
长：228 cm (89$^{3}/_{4}$ in)
宽：140 cm (55$^{1}/_{8}$ in)
Gina Pierce Design，英国
www.ginapiercedesign.co.uk

动态壁纸

Simon Heijdens
纸，导电油墨
各种尺寸
Simon Heijdens，英国
www.simonheijdens.com

动态壁纸是西蒙·海登斯（Simon Heijdens）在埃因霍温设计学院的毕业作品，赢得了2002年的René Smeets奖，并由Droog Design公司投产。海登斯在他职业生涯的早期做了许多调查，如我们和周围的物体之间如何相关，它们和所处环境之间又如何相关等。壁纸是可互换角色的动画，材料可以缓慢移动，并且可以从提前绘制的形象或像素图中任意选取（图示为她的花和车）。该技术采用了导电的偏光式颜料，可以改变颜色，不需要光线或者投影。

“撕下”壁纸

Studio Hausen, Aldo Kroese
光穿孔的多层纸
各种尺寸
Znak，英国
www.znak-life.com

“云”模块化空间分隔体系

Ronan、Erwan Bouroullec
橡皮筋，布
各种尺寸
Kvadrat，丹麦
www.kvadratclouds.com

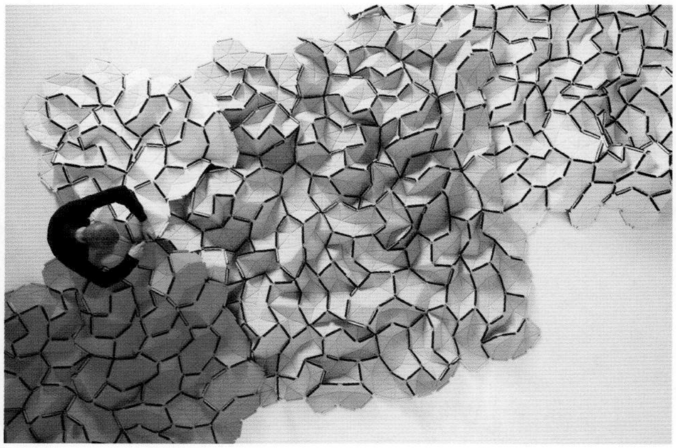

镶嵌在夹层玻璃中的装饰材料

Inglas Deko
玻璃，树叶
各种尺寸
Inglas，德国
www.inglas.de

Inglas 由物理学家曼费雷德·阿诺德（Manfred Arnold）博士和材料科学家托马斯·梅塞（Thomas Meisel）博士于 1995 年创立。他们在航空航天工业方面的专业背景使他们选择尝试汽车和航空玻璃。认识到将科技转化为一般市场产品的潜力之后，他们将专利技术应用于室内和家具设计。 Deko 采用夹层玻璃技术打造玻璃与塑料、金属、木材、纺织品以及从植物和动物世界中获取材料。

Soho 马赛克

Marazzi
陶瓷
长：60 cm ($23^5/_8$ in)
宽：30 cm ($11^7/_8$ in)
Marazzi，美国
www.marazzitile.com

“罩衣”手绘壁纸

Deborah Bowness
纸
长：330 cm ($129^{7}/_{8}$ in)
宽：46 cm ($18^{1}/_{8}$ in)
Deborah Bowness，英国
www.deborahbowness.com

“悬挂的篮子”手绘壁纸

Deborah Bowness
纸
长：330 cm ($129^{7}/_{8}$ in)
宽：46 cm ($18^{1}/_{8}$ in)
Deborah Bowness，英国
www.deborahbowness.com

“书”手绘壁纸

Deborah Bowness
纸
长：330 cm ($129^{7}/_{8}$ in)
宽：46 cm ($18^{1}/_{8}$ in)
Deborah Bowness，英国
www.deborahbowness.com

Fly away 壁纸

Catherine Hammerton
手绘复古壁纸
长：300 cm ($118^{1}/_{8}$ in)
宽：52 cm ($20^{1}/_{2}$ in)
Catherine Hammerton，英国
www.catherinehammerton.com

“9 Selvas”壁纸

Javier Mariscal
非织造纸
长：1 m ($39^{3}/_{8}$ in)
宽：53 cm ($20^{7}/_{8}$ in)
TresTintas，西班牙
www.trestintas.com

“乙烯 + 衣架”墙面装饰

5.5 Designers
乙烯，钩
长：200 cm ($78^{3}/_{4}$ in)
宽：70 cm ($27^{1}/_{2}$ in)
Domestic，法国
www.domestic.fr

Pin UP 墙面装饰

Marcel Wanders
乙烯基
长：200 cm ($78^{3}/_{4}$ in)
宽：200 cm ($78^{3}/_{4}$ in)
Domestic，法国
www.domestic.fr

Domestic 品牌由 Stéphane Arriubergé 和 Massimiliano Iorio 于 2003 年成立。他们邀请了一批来自不同创新领域和不同背景的设计师、平面设计师和艺术家来创作墙壁贴纸，并由最终用户进行订制。作为壁纸的替代品，墙壁贴纸容易定位，使用不干胶就可以固定，并且可以让消费者有一个自我表达的独特的装饰区。最近 Domistic 推出的产品有：Narcisse（见第 340 ~ 341 页），它从传统的框架中拆除了镜子；家庭新景观（见下页）：这是一种全景的壁纸；1.2.3 家具（参见第 323 页）的预切割、多层桦木单元，可以依据自己的选择组合成功能性或装饰性的物件。

“小万神殿”墙壁装饰

Studio Job
乙烯基
直径：50 cm ($19^{3}/_{4}$ in)
Domestic，法国
www.domestic.fr

“车祸”家庭新景观墙面装饰

Studio Job
乙烯基
长：372 cm (146$^1/_2$ in)
宽：300 cm (118$^1/_8$ in)
Domestic，法国
www.domestic.fr

Serigrafie 壁纸

Paola Navone
层压
各种尺寸
Abet Laminati，意大利
www.abet-laminati.it

Abet Laminati 与 Paola Navone 合作，继续对适用于商业的材料、装饰和表面处理进行实验。作为“数字打印”系列的一部分，Serigrafie 丝绸打印作品使用了四色喷墨打印技术，可以保证精细的纹理和颜色的准确度以及精致的打印质量。

“掉进兔子洞”家庭新景观墙面装饰

+41
乙烯基
长：372 cm (146$^1/_2$ in)
宽：300 cm (118$^1/_8$ in)
Domestic，法国
www.domestic.fr

小猪壁贴

Adrien Gardere
乙烯基
长：50 cm (19$^3/_4$ in)
宽：50 cm (19$^3/_4$ in)
Domestic，法国
www.domestic.fr

Fusion 系列建筑板材（线圈，饮料托盘，指纹，吸管）

Darcy Budworth, Teresa Maria Ramos Abrego, Simon Ho, Marie Park
40% 可循环聚酯树脂
各种尺寸
Designtex，美国
www.designtex.com

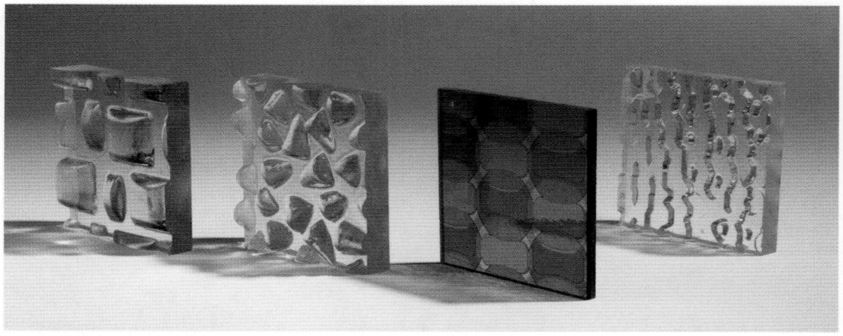

Drop 墙砖

Jenny Oldsjo、Ragnar Hultgren
软混凝土
长：9.5 cm (3 3/4 in)
宽：16.5 cm (6 1/2 in)
厚度：0.8 cm (1/4 in)
JohansGolv AB，瑞典
www.johansgolv.se

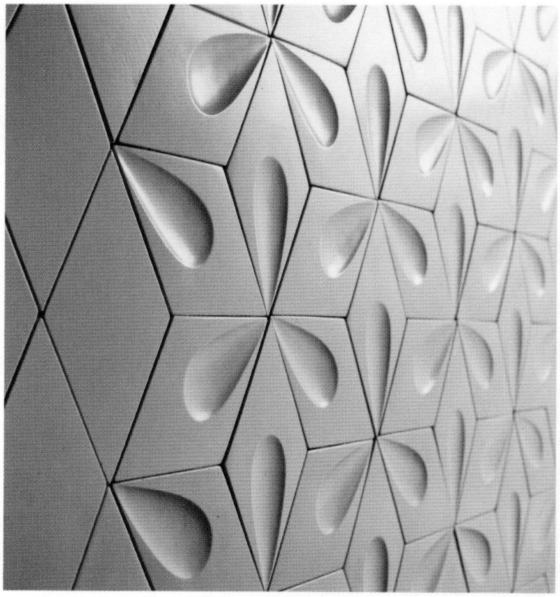

Pannello 吸音板

Matteo Thun
100% 羊毛毡，钢缆
长：180 cm (70 7/8 in)
宽：90 cm (35 1/2 in)
Ruckstuhl，瑞士
www.ruckstuhl.com

Designtex 是一家在纺织行业以创新著称的设计和产品开发公司。1997 年他们与纽约的 Pratt 学院合作，邀请学生参与设计一系列以设计为驱动的纺织品。他们与 Pratt 在 2008 年进行了第二次合作，这次大胆地将一些前瞻性的设计元素融入 Fusion 系列的建筑板材中。给建筑系和室内设计系学生的主题是为商业化的室内设计和建筑设计进行创新层面的材料和市场研究。有四个作品入选，它们代表了新的表面效果，图案和应用创意，与 Designtex 的可持续发展的任务相吻合。Marie Park 的“线圈”概念灵感来源于传统的编织技术。Park 应用了多种可循环和可持续的材料，以编织的形式组织它们。瓷砖图案的深度可以以独特的方式捕捉光线，特别是从背后照射的光线；“饮料托盘”是 Darcy Budworth 的作品。她将酪梨的盒子作为一个整体去分析每个组件如何发挥作用创建二维的结合图案，当作为建筑板材时，产生了剧烈的动态效果；Teresa Maria Ramos Abrego 的“指纹”板材正如其作品的名称，是基于指纹图案的细节和维度进行创作的。每片砖都交替排布，以增强效果；“吸管”作品探讨表面可以如何处理和限制光。Simon Ho 将吸管切割成不同长度，以不同角度摆放它们，每一束也大小不一。然后，他改变光线，观察光线和材料的相互作用。当应用于 Fusion 建筑板材时，他的概念带来了用纹理捕捉光线进行照明的效果。

Cover 砖

Studio JSPR
釉面陶瓷
各种尺寸
Wabnitz，美国
www.wabnitzeditions.com

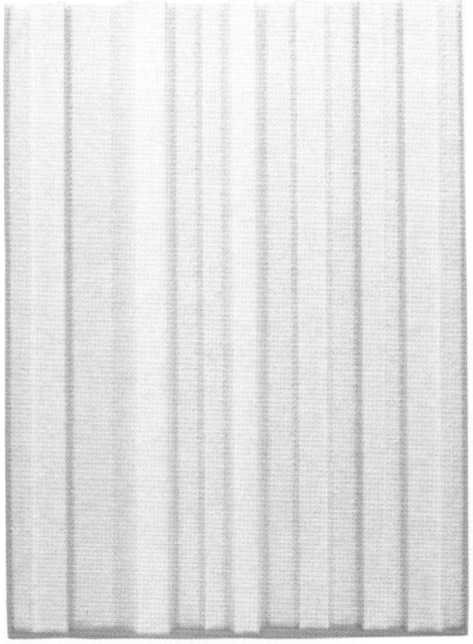

“声波地平线”吸音板

Marre Moerel
可回收成型聚酯纤维
长：58.5 cm (23 in)
宽：58.5 cm (23 in)
厚度：8 cm ($3^1/_8$ in)
Offecct，瑞典
www.offecct.se

Cha Cha 内饰

Ulf Moritz
聚酯纤维
宽：150 cm (59 in)
SahcoHesslein，德国
www.sahco-hesslein.com

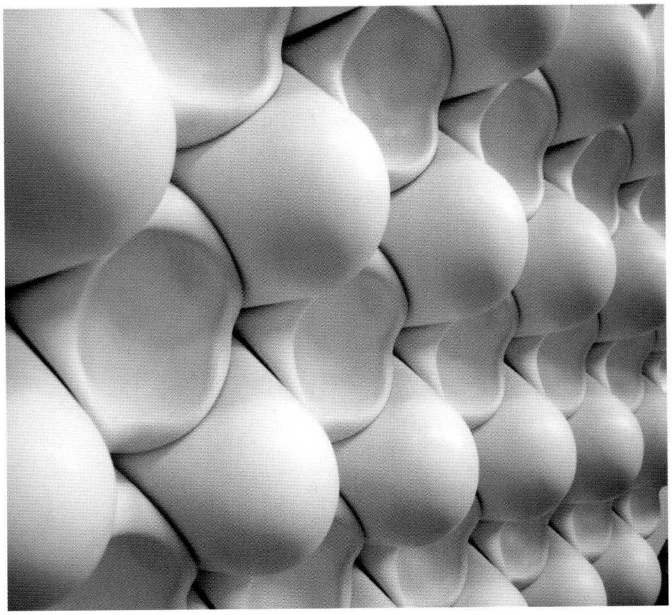

“积极和消极”建筑瓷砖

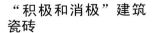

Bryan Kerrigan
高温烧制陶瓷
长：8.9 cm ($3^1/_2$ in)
宽：8.9 cm ($3^1/_2$ in)
Bryan Kerrigan，美国
www.kerriganart.com

片状百叶窗

Mia Cullin
Tyvek 高密度聚乙烯纤维
各种尺寸
Woodnotes，芬兰
www.woodnotes.fi

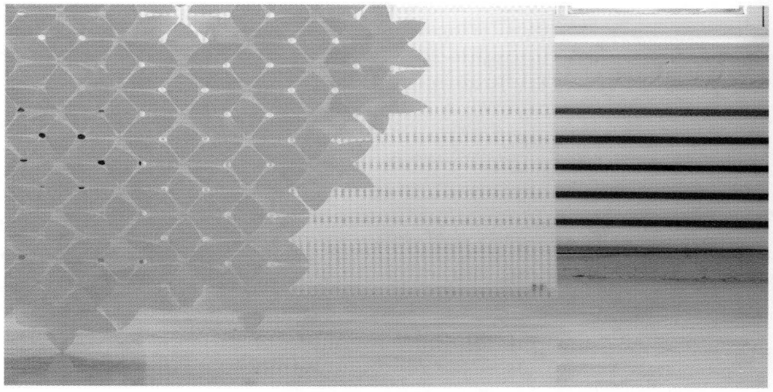

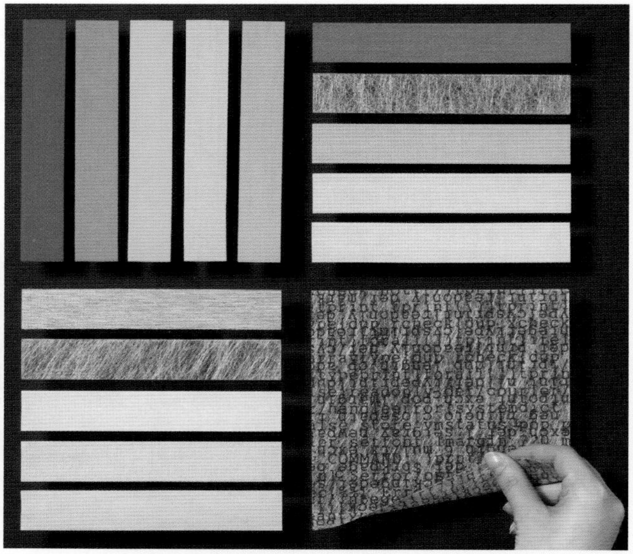

Ray1 & Ray2 技术窗帘

Giulio Ridolfo
100% 阻燃纤维
宽：240 cm ($94^1/_2$ in)
Kvadrat，丹麦
www.kvadrat.dk

Ray 窗帘与传统窗帘在功能上没有什么不同，只是反光或者吸收光线取决于织物的颜色：Ray1 为黑色，纹路致密，可以比 Ray2 吸收更多光线，而 Ray2 颜色较浅，更容易反射光线。两者都使用 100% 的阻燃纤维材料和铝制的被衬，对热和光进行筛选。被衬可不同程度地反射热射线和可见光，因此在户外光线强烈的情况下，可以创造一个舒适宜人的室内环境。而通常这种情况需要用高成本的解决办法，如使用空调。

“壁虎”胶黏织物

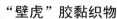

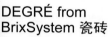

Creation Baumann
有机硅 / 聚酯
宽：142 cm ($55^7/_8$ in)
Creation Baumann，瑞士
www.creationbaumann.com

经过多年的研发，已经出现了可直接粘连在玻璃上的织物。这一概念源于一个学生的“移动”窗帘的想法。Creation Baumann 邀请这位年轻的设计师参与了一系列粘连弹性织物到玻璃上的实验，反过来又可以激发对特殊涂层的研究，可以让任何织物都具有同样的功能。“壁虎”的硅树脂涂层，浸渍有特殊的化学化合物，提供了非常高的黏附能力，可固定到任何无孔的表面，它可以被反复粘贴几次，不会损失黏度，也不会有残留的胶留在物体表面。这件作品为大玻璃幕墙的建筑在室内有炫光的难题提供了除窗帘、卷帘或织物板以外新的解决办法。目前要印制的“壁虎”有从半透明到非常厚的 5 种厚度，为纯色，新的产品尚在开发的过程中。

DEGRÉ from BrixSystem 瓷砖

Mattia Frignani
陶瓷
长：28.6 cm ($11^1/_4$ in)
宽：28.6 cm ($11^1/_4$ in)
Domus，英国
www.domustiles.co.uk

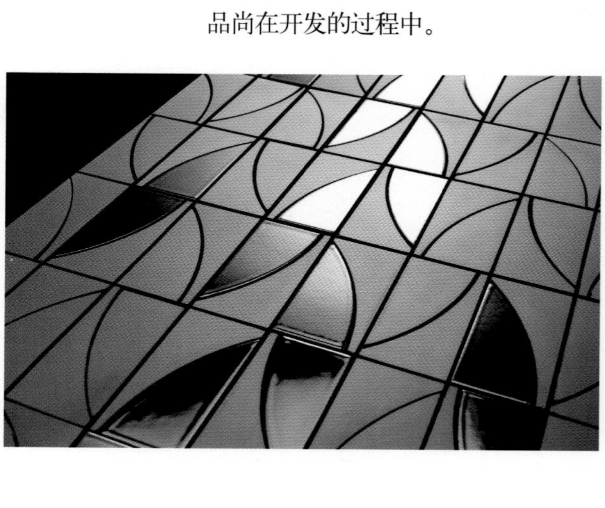

“海运集装箱”瓷砖

Jason Miller
釉面陶瓷
长：9 cm ($3^1/_2$ in)
宽：5 cm (2 in)
Jason Miller Studio，美国
www.millerstudio.us

Metalica 石材

Casalgrande Padana
金属化炻
各种尺寸
CasalgrandePadana，意大利
www.casalgrandepadana.com

Metallica是瓷质炻料瓷片经过有专利权的金属化过程的一个系列产品，经过金属化后它们会像不锈钢、铜、镍和铁。

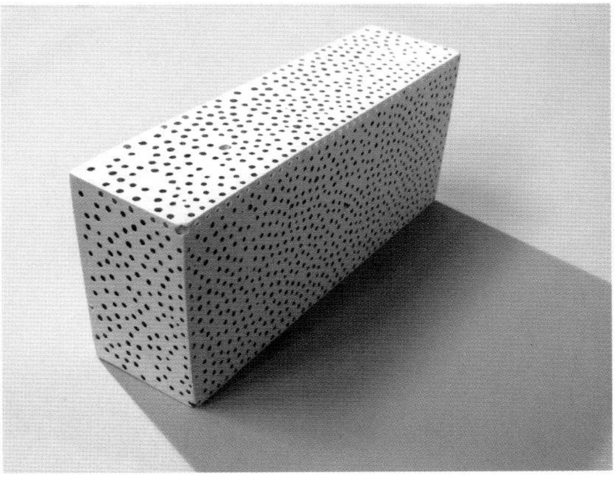

“石器时代的延续”轻型多孔砖

ArnoutVisser、Erik Jan Kwakkel
陶瓷，石材，聚苯乙烯
各种尺寸
ArnoutVisser Studio，荷兰
www.arnoutvisser.com

Hydrotect 自洁瓷砖

Toto
Hydrotect, 光催化涂层的瓷砖
各种尺寸
Toto，美国
www.totousa.com

Toto，世界最大的水暖产品制造商，最知名的可能就是它革命性的卫生间了，有无数的功能，甚至可以科学分析用户的消耗量，以及提供最新的音乐配乐。然而最近，它宣布了新的Hydrotect涂料，利用阳光、水和空气可以让建筑物自我清洁。涂层中的超亲水性光催化剂可以在建筑表面和污垢、油脂之间建立一层水的薄膜，防止灰尘粘在上面，因此进行简单的清洗就可以了。该涂层将二氧化钛，也就是一种半导电光催化剂，在低温环境中烤入瓷砖的表面。涂层可以让阳光、氮氧化物、氧气和空气的湿度之间产生反应。该涂层适用于铺设瓷砖的环境，包括浴室、厨房和家用Spa。

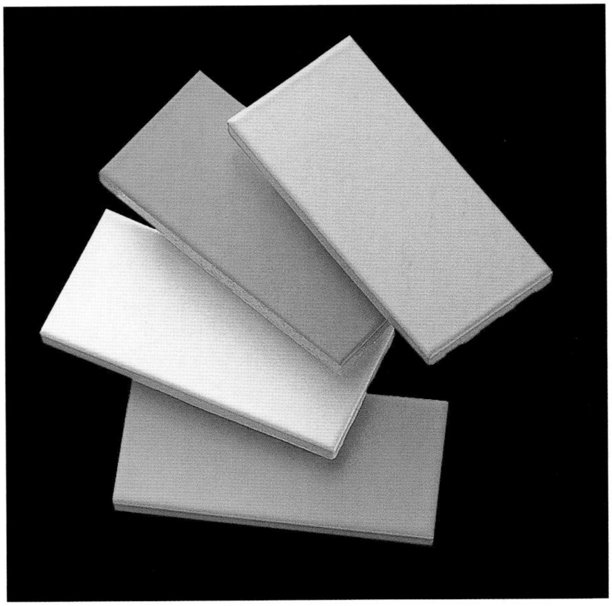

照明

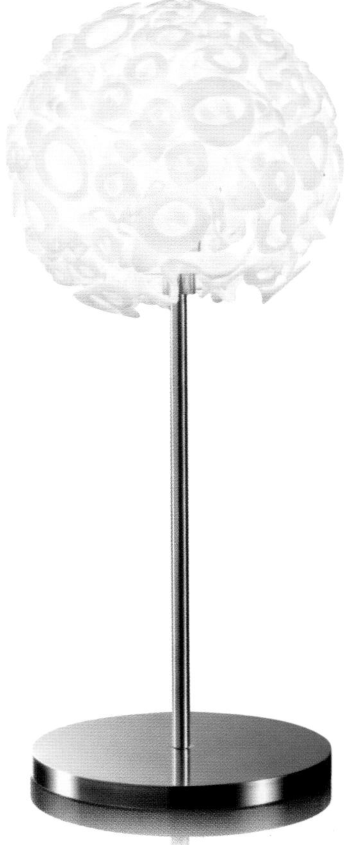

Blow 吊灯

Tom Dixon
塑料聚碳酸酯镀铜
低能耗紧凑型荧光灯灯泡
高：33 cm (13 in)
直径：31 cm ($12^1/_4$ in)
Tom Dixon，英国
www.tomdixon.net

Blow 对现有的铜器制品是一个扩充，是第一台使用低能耗紧凑型荧光灯灯泡的室内 / 室外节能吊灯

loop-o 吊灯

A+A Cooren
激光切割技术，不透明漆，镜面玻璃反射
50 瓦灯泡
高：44 cm ($17^3/_8$ in)
直径：15 cm ($5^7/_8$ in)
Tronconi，意大利
www.tronoconi.com

Torch 吊灯

Sylvain Willenz
模制塑料，菱形网纹片，聚碳酸酯
小节能灯泡
高：25 cm ($9^7/_8$ in)
直径：30 cm ($11^7/_8$ in)
Established&Sons，英国
www.establishedandsons.com

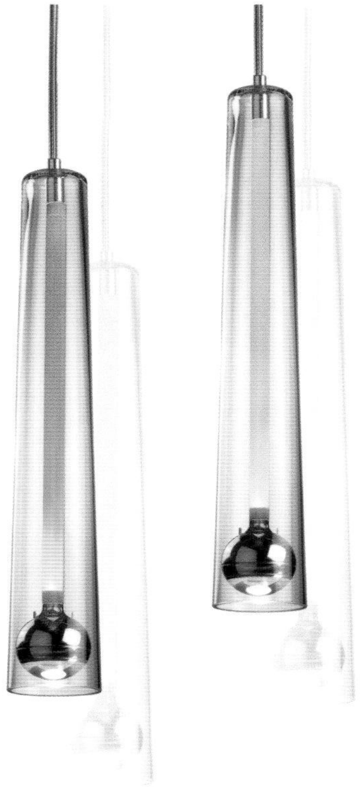

Casino Up 吊灯

Tobias Grau
可编程灯头
2 个 2 瓦 LED 灯泡
高：250 cm (98$^1/_2$ in)
直径：5.3 cm (2 in)
Tobias Grau，德国
www.tobia-grau.com

Norm 03 天花板吊灯

Britt Kornum
钢
1 个 20 瓦节能灯泡
高：32 cm (12$^5/_8$ in)
直径：53 cm (20$^7/_8$ in)
Normann Copenhagen，丹麦
www.normanncopenhagen.com

最早的自组装吊灯 Norm 03 由 Norman Copenhagen 于 2003 年制造，使用的是金属薄片灯罩。2008 年又独家推出了不锈钢材质，增强了向天花板投射的光线，通过阴影处黑色和银色线圈的色差增加了反射效果。

Cibola 吊灯

Dominic Bromley
精细骨瓷
小节能灯泡
高：32 cm (12$^5/_8$ in)
直径：26 cm (10$^1/_4$ in)
Scabetti，英国
www.scabetti.co.uk

“管子”吊灯

Tom Dixon
金属色阳极氧化铝
1 个最大 60 瓦的 E27 灯泡
高：250 cm (98$^1/_2$ in)
直径：13 cm (8$^1/_8$ in)
Tom Dixon，英国
www.tomdixon.net

Gaia 天花板灯

Massimo losa Ghini
玻璃
4 个最大 1000 瓦的 E27 灯泡，
1 个最大 60 瓦的 E27 灯泡
高：116.8 cm (46 in)
直径：50.8 cm (20 in)
La Murrina，美国
www.lamurrina.us

C 吊灯

Pottinger & Cole
纺铝
60 ～ 150 瓦节能灯泡
高：9.7 cm ($9^{7}/_{8}$ in)
直径：40 cm ($15^{3}/_{4}$ in)
Pottinger&Cole，英国
www.pottingerandcole.co.uk

Smithfield 吸顶灯

Jasper Morrison
铝，钢
1 个最大 230 瓦的 E27 灯泡
高：45 cm ($17^{3}/_{4}$ in)
直径：35 cm ($13^{3}/_{4}$ in)
Flos，意大利
www.flos.com

“天空花园”吊灯

Marcel Wanders
铝合金，石膏，镀锌钢
1 个最大 230 瓦的 E27 灯泡
高：45 cm ($17^3/_4$ in)
直径：90 cm ($35^1/_2$ in)
Flos，意大利
www.flos.com

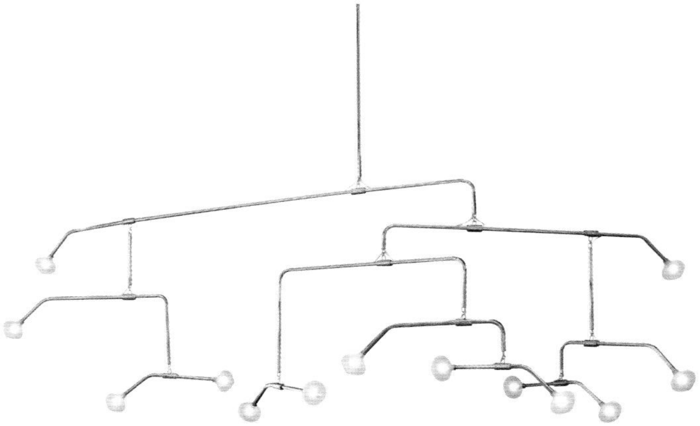

“烟花”吊灯

Xavier Lust
铬钢，乳白色吹制玻璃
13 个最大 20WG4 12 V 卤素灯泡
长：135 cm ($53^3/_8$ in)
宽：180 cm ($70^7/_8$ in)
高：115 cm ($45^1/_4$ in)
Driade，意大利
www.driade.com

“烟花”吊灯受到雕塑和艺术家亚力山大·考尔德 (1898-1976) 作品的启发，他以创立了移动雕塑而出名。

“赫尔辛基灯塔”吊灯

Timo Salli
光学纤维，亚克力管
150 瓦的卤素灯
直径：120 cm ($47^1/_4$ in) 或 170 cm ($66^7/_8$ in)
Saas Instruments，赫尔辛基
www.assa.fi

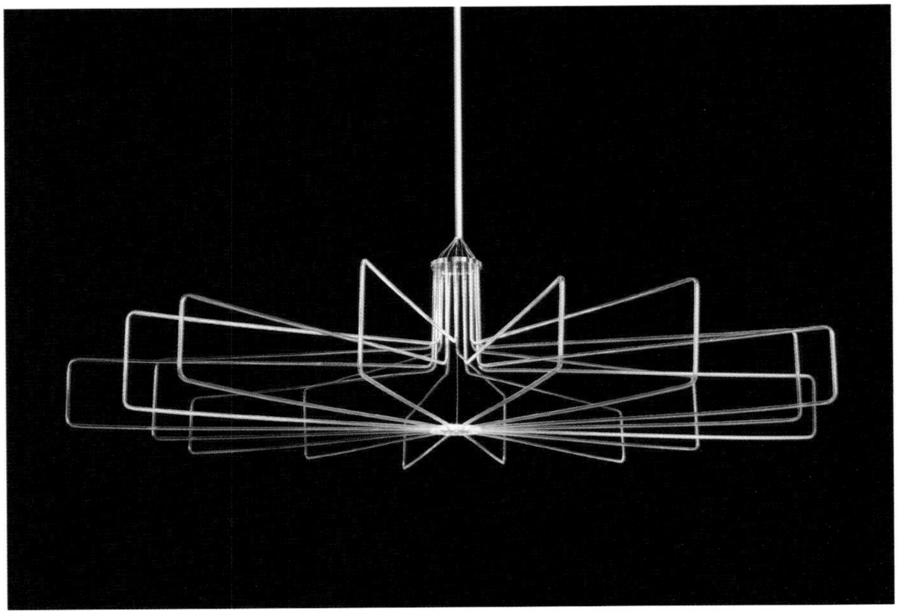

深入分析

“钻石是女孩最好的朋友”吊灯
设计：Matali Crasset
高：79 cm (31 in)，直径：58 cm ($22^7/_8$ in)
材料：白铜，吹制玻璃，槽法玻璃，黄铜，真皮和桃木
制造商：英国 Meta 出品

Meta 是一家创立不久的公司，致力于将 18 世纪最好的技术、材料与 21 世纪的设计相结合。它有着公认的风格和技能独特的设计师团队：以建筑学背景著称的 Asymptote 工作室（见第 27 页）、以其有机形态的设计方法著称的托德·希歇尔（Tord Boontje），（见第 120 ～ 121 和 134 页）、以其优雅简洁的当代家具著称的 Wales&Wales（见第 28 页）和以她作品的不对称性著称的马塔里·卡塞（Metali Crasset），有机会与大师工匠和工匠合作，共创永恒且现代的产品和家具。

马塔里·卡塞毕业于国立工业设计学院，在创立自己的设计工作室之前，跟随菲利普·斯塔克（Phillip Starck）工作了五年，在成立工作室后，她的作品更加多样和广泛，涵盖室内设计、产品和家具设计以及不循规蹈矩的概念设计。Phytolab 是她早期的一个作品，为 Dornbracht 设计的三个浴室环境之一，不寻常的地方在于，这个浴室没有镜子。这是因为卡塞不仅要创造一个多功能的现代浴室，还想鼓励用户质疑该如何使用它，从基于美化到基于嗅觉和触觉的感官之旅重新定义体验。“我想要做的是（在作品中）破译代码”，卡塞说，“如果我们只用肤浅的方式改变家具，比如颜色、材质和形状，我们永远生活在一成不变中。而我想给生活带来一种新的逻辑。”

“钻石是女孩最好的朋友”作品是由马塔里·卡塞和 Meta 团队与几个画室合作，将传统的灯笼造型转化为一首由 102 个不同角度的白铜、古老金色色调以及银色金属组成的交响乐。

白铜原本用于制造硬币、餐具、装饰配件以及枪支。它 12 世纪起源于中国，六个多世纪之后传到欧洲，但却一直废弃不用。Meta 的配方是从一盏可以追溯到 1720 年的烛台中得来，在牛津大学考古材料科学团队和 Belmont Metals 公司的专家的帮助下将烛台复原。Belmont Metals 的总部设在纽约，擅长金属合金类的文物工作。白铜的框架包含 24 片由 Glashutte Lamberts 手工吹制的玻璃片，是世界上为数不多的可以制作适合 18 世纪窗户镶嵌方式的玻璃片的公司之一。灯笼的造型由人工吹制而成，类似吊坠的形状，内部悬挂吊灯照明。不透明的玻璃将光线打散，然后从边框的缺口处溢出。结构部分由 Heritage Metalworks 采用失蜡法完成，Heritage Metalworks 以其历史背景和注重细节而著称。

在“钻石是女孩最好的朋友”这一作品中，光线、造型、人工吹制玻璃的独特性和白铜独特诱人的光泽，都结合在这水晶体的造型中。

01 白铜拥有介乎黄金和白银之间的温暖、明亮色调，不易弄脏，并且比银的硬度大，是打造灯笼的理想材料。量身定制的重复造型的主链为中空造型，隐藏了其内部的线，用于支持相当重的框架。

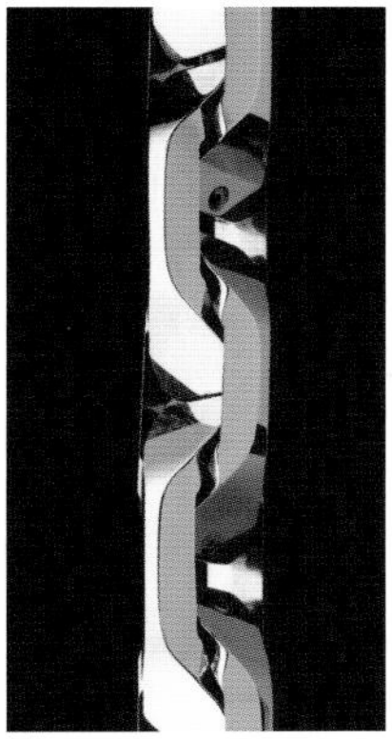

02 马塔里·卡塞使用电脑完成这个 102 个金属角度包裹 24 片玻璃的设计。

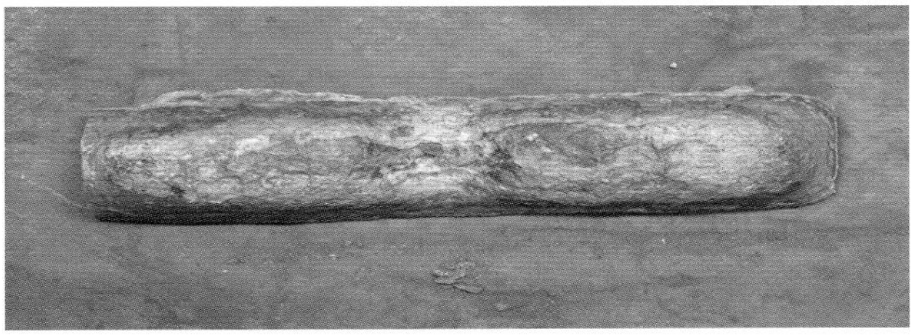

03 Belmont Metals 研发了他们自己特有的白铜。包含铜，镍，锌，铁，铅，钴，银，锑和砷，每个元素都有自己的特性，相互作用并且有些完全不兼容。他们将这些结合起来去创造一种质地均匀的材料。左图中的砖形铸块无论色泽还是质地都很丑陋，一旦切开，就会露出银金铜绿。

04 玻璃风机巧妙地保持一致的动力和气息。它开始将熔融玻璃吹入筒中，然后在一块抛光的石头上打造，最后返回到炉中并沿刻痕线断落，形成表面平滑的玻璃片。

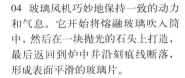

05 每一个角度都需要用失蜡法单独铸造。蜡形进入到加热的陶瓷中，蜡会融化。随后熔融的白铜流入空隙，冷却，最后敲碎陶瓷的模具。在整个过程中的金属必须保持均匀，没有引起气泡或开裂的地方。

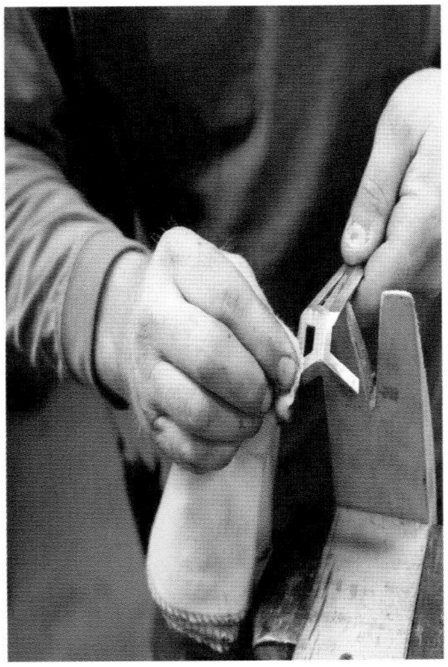

06 这些元素由手工焊接在一起成为一种特殊的合金，与白铜搭配出完美的色彩。之后抛光保持精确，不允许有任何疏忽，这个过程需要八个步骤。

GO XT 吊灯

Tobias Grau
发光板与O.S.A. 技术，集成运动传感器
139 瓦的 T16 灯泡
各种尺寸
Tobias Grau，德国
www.tobias-grau.com

Canova 壁灯

Michele De Lucchi, Philippe Nigro, White Carrara
大理石，金属
1 个最大 10 瓦的 E27 灯泡
高：18 cm (7 in)
直径：16 cm ($6^1/_4$ in)
ProduzionePrivata，意大利
www.produzioneprivata.it

“鱼群” 雕塑吊灯

Dominic、France Bromley
精细骨瓷
每一条鱼尺寸：16 cm ($6^1/_4$ in)
各种尺寸
Scabetti，英国
www.scabetti.co.uk

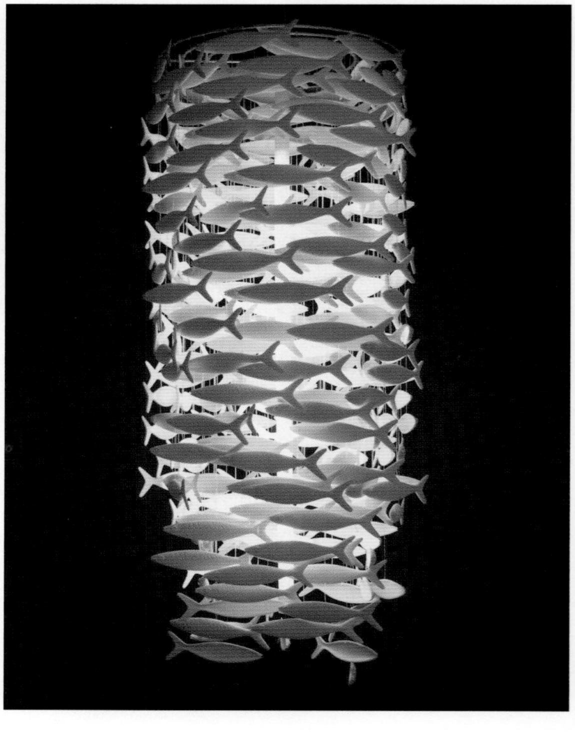

Black Light 三头吊灯

Ronan、Erwan Bouroullec
铝，玻璃钢，有机玻璃板
高：115 cm (45$^1/_4$ in)
宽：243.5 cm (95$^7/_8$ in)
直径：130 cm (51$^1/_8$ in)
GalerieKreo, 法国
www.galeriekreo.com

BLACK 苯乙烯灯罩

Paul Cocksedge
聚苯乙烯，橡胶涂层
每一条鱼：16 cm (6$^1/_4$ in)
直径：80 cm (31$^1/_2$ in)
Paul Cocksedge Studio，英国
www.paulcocksedge.co.uk

Medusa 移动灯具

Mikko Paakkanen
光学纤维涂层
微处理器控制电机的高强度 LED
高：190 cm (74$^3/_4$ in)
直径：120 cm (47$^1/_4$ in)
Saas Instruments，赫尔辛基
www.assa.fi

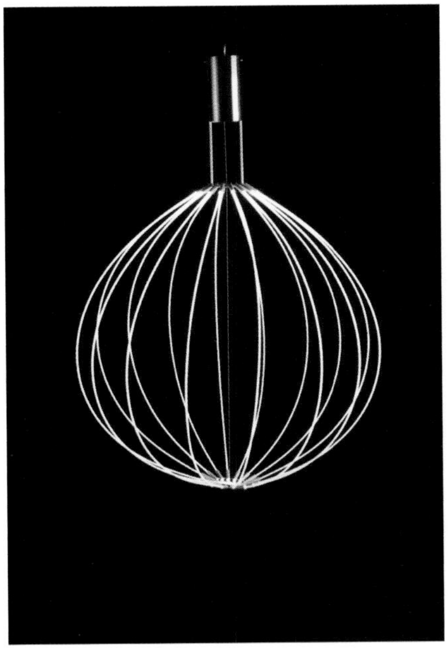

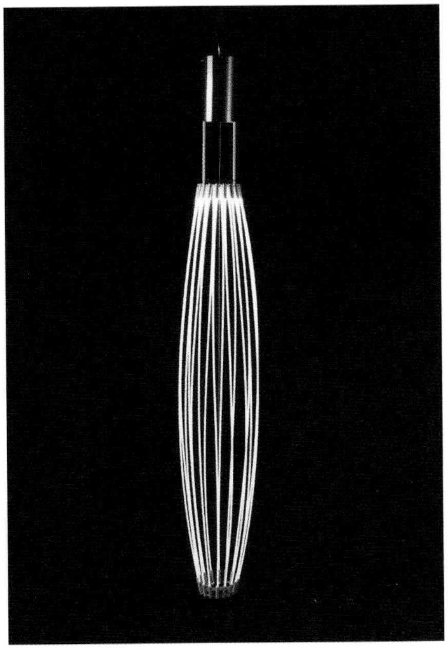

B&W 吊灯

Winnie Liu
各种材料
高：130 cm ($51^{1}/_{8}$ in)
直径：70 cm ($27\ ^{1}/_{2}$ in)
Innermost，英国
www.innermost.co.uk

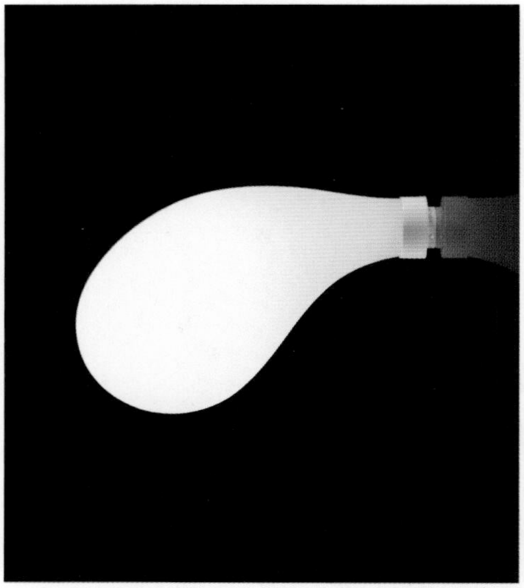

Drop 壁灯

Future Systems
三缸乳白玻璃
1 个最大 60 瓦的 G9 灯泡
长：22 cm ($45^{1}/_{4}$ in)
宽：11 cm ($95^{7}/_{8}$ in)
Kundalini，意大利
www.kundalini.it

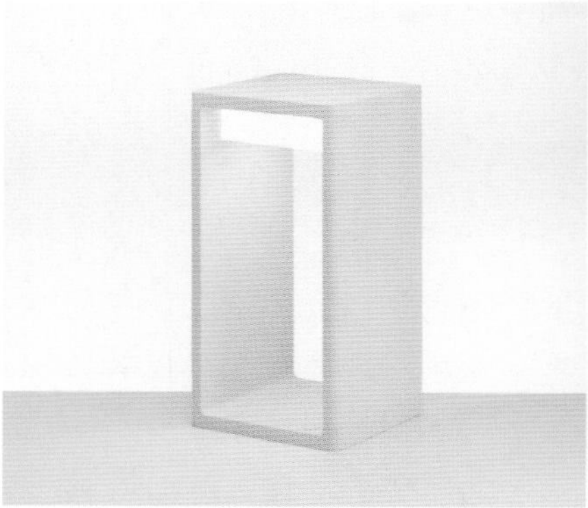

Frame 户外矮灯

Mario Ruiz
铝，玻璃
荧光，LED 光源
长：42.5 cm ($16^{3}/_{4}$ in)
宽：21.5 cm ($8\ ^{1}/_{2}$ in)
深：21.5 cm ($8\ ^{1}/_{2}$ in)
B.LUX，西班牙
www.grupoblux.com

Allegro 悬挂灯

Atelier Oi
金属漆
1 个 100 瓦和 1 个 300 瓦的卤素灯
高：81-136 cm ($31^{7}/_{8}$-53 $^{1}/_{2}$ in)
直径：64-136 cm (25-53 $^{1}/_{2}$ in)
Foscarini，意大利
www.foscarini.com

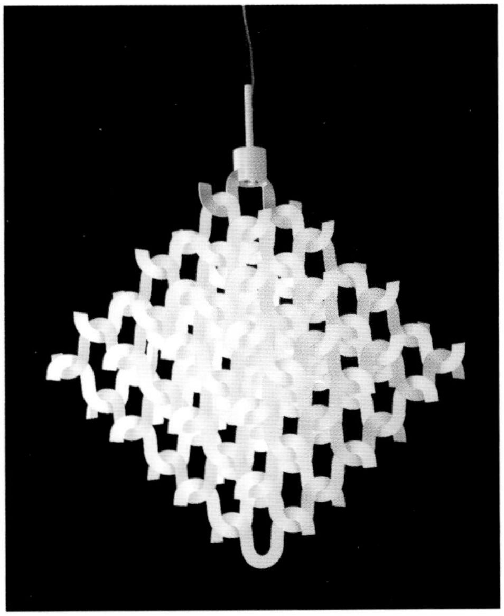

U 形吊灯

Elisabeth Henriksson
不锈钢或黄铜
1 个最大 150 瓦的 E27 灯泡
长：84.5 cm (33 $^{1}/_{4}$ in)
宽：55 cm (21 $^{5}/_{8}$ in)
OrsjoBelysning AB，瑞典
www.orsjo.com

Jerry Fish 吊灯

Swan Bourotte
编织，扩大覆盖 288 个 LED 灯
高：255.5 cm (100 $^{1}/_{2}$ in)
长：65 cm (25 $^{5}/_{8}$ in)
宽：65 cm (25 $^{5}/_{8}$ in)
LigneRoset，法国
www.ligne-roset.com

DUO 壁灯

Alessandro Baldo
金属，油漆，玻璃
2 个 24 瓦 FSD 2G11 灯泡
高：205 cm (80 $^{3}/_{4}$ in)
长：120 cm (47 $^{1}/_{4}$ in)
宽：45 cm (17 $^{3}/_{4}$ in)
Prandina，意大利
www.prandina.it

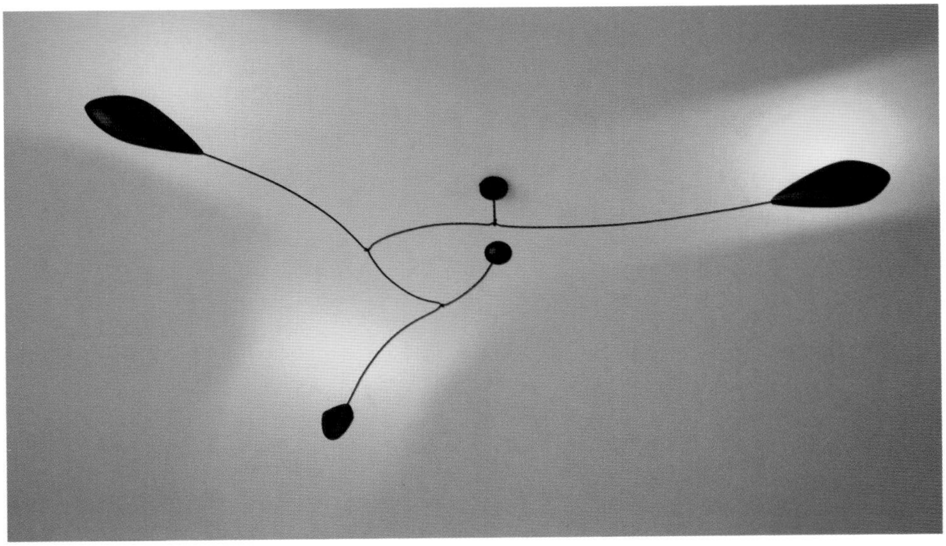

“3 臂移动”吊灯

Paul Verburg
钛钢，陶瓷，纤维增强的 ABS 塑料
3 个 12 伏，25 瓦卤素灯泡（也可用 LED）
宽：218 cm (85 $^{7}/_{8}$ in)
Paul Verburg，英国
www.tvdesignstudio.com

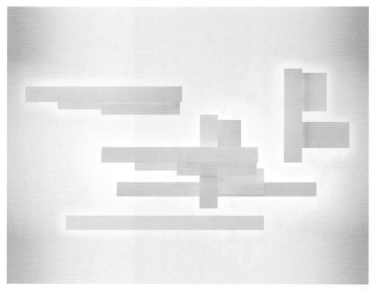

Clearsicle 台灯

Jason Miller
亚克力
1 个最大 100 瓦的白炽灯泡
长：58.5 cm (23 in)
直径：33 cm (13 in)
Jason Miller Studio，美国
www.millerstudio.us

Fields 壁灯

Vicente Garcia Jimenez Methacrylate
铝，荧光
1 个 80 瓦灯泡，1 个 54 瓦灯泡，1 个 39 瓦灯泡
高：95 cm ($37^{3}/_{8}$ in)
宽：178 cm (70 in)
Foscarini，意大利
www.foscarini.com

LessLamp 吊灯

Jordi Canudas
陶瓷
1 个 60 瓦 E14 灯泡
高：200 cm ($78^{3}/_{4}$ in)
直径：22 cm ($8^{5}/_{8}$ in)
Metalarte，意大利
www.metalarte.com

Frill 纺织墙

Bodil Karlsson
针织羊毛，腈纶球，卤素灯
长：300 cm (118 1/8 in)
直径：40 cm (15 3/4 in)
Softwalls，瑞典
www.softwall.se

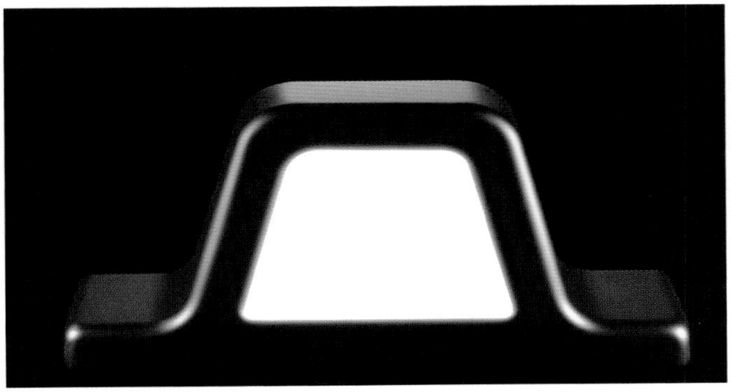

Dox 壁灯

Paolo Cazzaro
有机玻璃，聚氨酯，金属
1 个 40 瓦 T5 灯泡
高：11 cm (4 3/8 in)
宽：20 cm (7 7/8 in)
直径：40 cm (15 3/4 in)
Kundalini，意大利
www.kundalini.it

“灯泡”LED 灯

Pieke Bergmans
皇家 Leerdam 水晶
欧司朗 24 V 大功率 LED，15 瓦
高：20-70 cm (7 7/8-27 1/2 in)
宽：10-45 cm (3 7/8-17 3/4 in)
PiekeBergmans，意大利
www.piekebergmans.com

“灯泡”灯被设计者戏称为灯泡，是 Pieke Bergmans 最新设计系列，产品以“感染”为出发点，将个性化注入限量版的产品中。在设计师看来“灯泡”是一种另类的照明方式。由于受到“可怕”的“设计病毒”的感染，这些灯泡“已经变异出各种形状和尺寸，你不会想到这些表现出色的小产品如此可靠”。这些人工吹制的灯泡继续了她以前的风格，使用 LED 指示灯，散发出温暖的光芒，并持续永恒的无定形吹制玻璃的审美。

“水银”吊灯

Ross Lovegrove
铝，热塑性
1 个 最 大 300 瓦（R75）QT-DE12 卤素灯泡
高：55 cm (21$^5/_8$ in)
直径：110 cm (43$^1/_4$ in)
Artemide，意大利
www.artemide.com

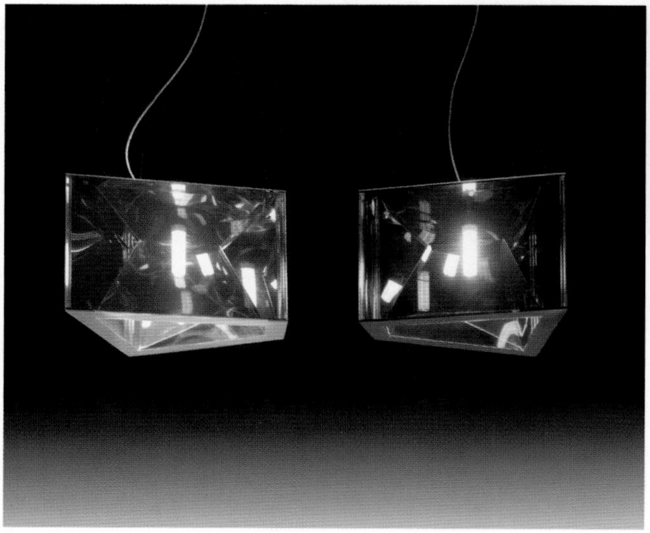

“猎户座”吊灯

Carlotta de Bevilacqua
聚碳酸酯
1 个 42 瓦（G*24q-4）FSM 灯泡
高：60 cm (23$^5/_8$ in)
直径：58 cm (22$^7/_8$ in)
Danese，意大利
www.danesemilano.com

Punch 壁灯

Tom Dixon
抛光不锈钢
1 个最大 60 瓦 E27 灯泡
高：27 cm (10$^5/_8$ in)
宽：18 cm (7 in)
Tom Dixon，英国
www.tomdixon.net

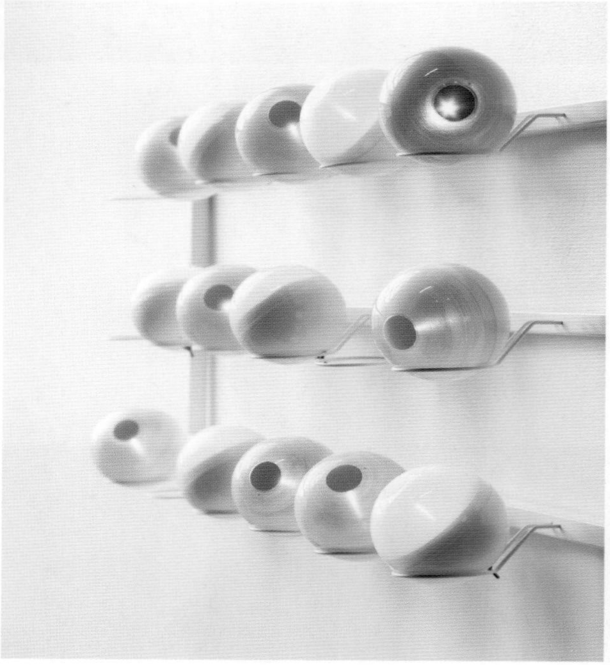

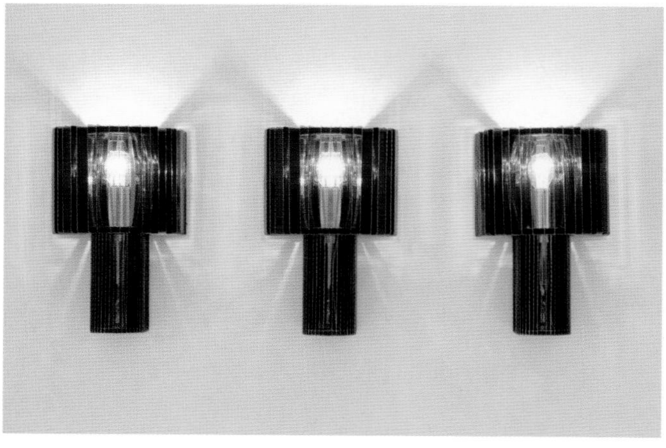

Roolo 壁灯

Priska Falin
金属
18 个 LED 灯
灯的直径：10 cm (4 in)
PriskaFalin，芬兰
www.helsinkihotel.fi

"PO/0808"，Mr Bugatti 系列吊灯

Francois Azambourg
金属盘，抛光漆
高：80 cm (31 $^1/_2$ in)
长：35 cm (13$^3/_4$ in)
宽：26 cm (10$^1/_4$ in)
Cappellini，意大利
www.cappellini.it

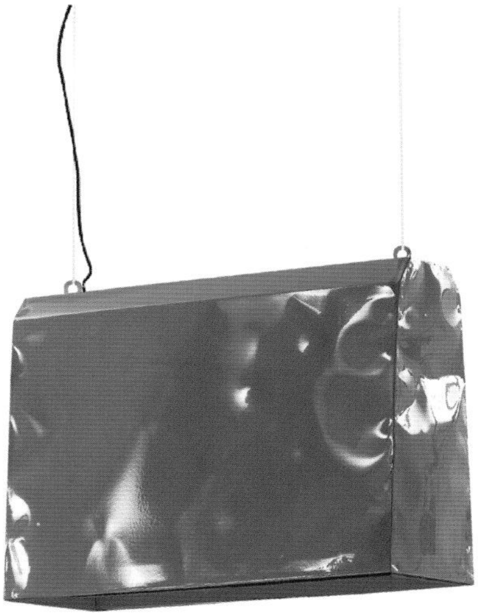

Billberry 吊灯

Tom Dixon
抛光不锈钢
1 个最大 60 瓦 E27 灯泡
高：27 cm (10$^5/_8$ in)
宽：18 cm (7 in)
Tom Dixon，英国
www.tomdixon.net

"5 件" 吊灯

Axel Schmid
金属，塑料
1 个最大 60 瓦 E27 卤素灯
高：45 cm (17$^3/_4$ in)
直径：33 cm (13 in)
Ingo maurer GmbH，德国
www.ingo-maurer.com

Spillo 吊灯 / 壁灯

Davide Groppi
金属
1 个最大 20 瓦 /12 伏 G4 灯泡
高：30 cm (11$^3/_4$ in)
直径：1.2 cm ($^1/_2$ in)
DavideGroppi，意大利
www.davidegroppi.com

Non Random 吊灯

Bertjan Pot
环氧树脂和玻璃纤维
1 个 100 瓦 E27 灯泡
高：70 cm (27 $^{1}/_{2}$ in)
直径：71 cm (28 in)
Moooi，荷兰
www.moooi.com

Collage Light 吊灯

Louise Cambell
阳极氧化铝，激光切割亚克力，金属丝
1 个最大 100 瓦的 A60 磨砂 E27 灯泡
直径：60 cm (23$^{5}/_{8}$ in)
高：36 cm (14$^{1}/_{8}$ in)
Louise Poulsen，丹麦
www.louispoulsen.com

Double Stray 可折叠灯罩

Inga Sempé, Tyvek
低能耗，介质基灯泡
高：33 cm (13 in)
直径：29 cm (11$^{3}/_{8}$ in)
Artecnica，美国
www.artecnica.com

Stanley 吊灯

Marc Sadler
抛光精钢，白色，金属漆
1 个最大 150 瓦 E27 灯泡
高：27 cm (10$^{5}/_{8}$ in)
最高：120 cm (47$^{1}/_{4}$ in)
宽：30 cm (11$^{3}/_{4}$ in)
深：30 cm (11$^{3}/_{4}$ in)
Muranodue，意大利
www.muranodue.com

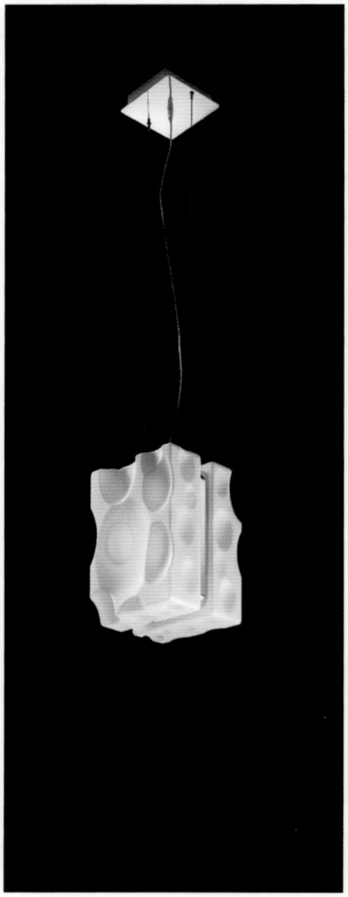

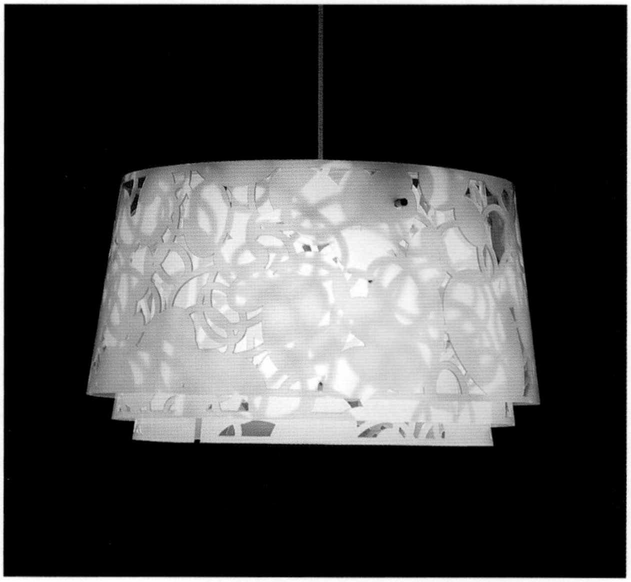

“影子”灯

Front Design 工作室
玻璃，钢
1 个最大 600 瓦 /E14 标准台灯灯泡，内部隐藏有图案，当灯亮起时表面会显示阴影图案
Front Design，瑞典
www.frontdesign.se

Drop 吊灯

单丝线，塑料水瓶
订做
Stuart Haygarth，英国
www.stuarthaygarth.com

Chasen 吊灯

Patricia Urquiola
铝，硼硅，钢铁
1 个最大 120 瓦 E27 灯泡
高：60 cm ($23^{5}/_{8}$ in)
直径：18-47.7 cm ($7\text{-}18^{3}/_{4}$ in)
Flos，意大利
www.flos.com

“旋转”（Pirouette）吊灯

Guido Venturini
Pirex 玻璃，金属
1 个 R75 78 mm 最大 150 瓦灯泡，
高：43 cm (17 in)
直径：49 cm ($19^{1}/_{4}$ in)
Kundalini，意大利
www.kundalini.it

Digit 吊灯

Emmanuel Babled
玻璃，钢
2 个 60 瓦 G9 灯泡
直径：85 cm (33 1/2 in)
Emmanuel Babled，意大利
www.babled.net

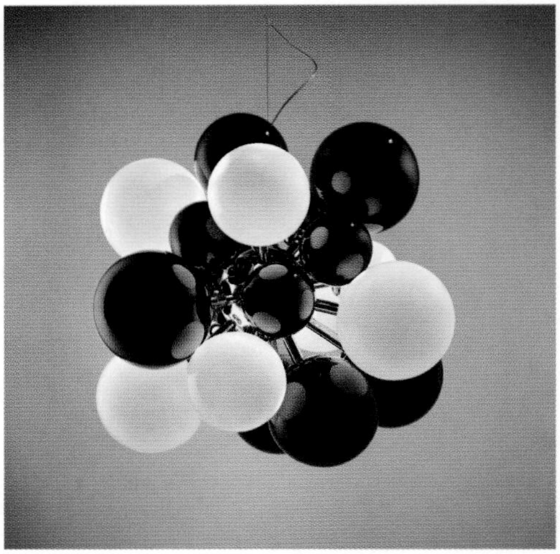

伊曼纽尔 • 巴布尔德（Emmanuel Babled）1989 年毕业于米兰的欧洲设计学院，自从 1995 年成立了他自己的工作室后，他一直专注于工业设计产品开发，并担任个人和专业客户的顾问，包括工业设计、家居设计、平面和艺术设计等。然而，他却因为限量版的一次性作品而出名，作品主要探索玻璃的潜力，不断挑战其不可预测和不易驯服的特点。在过去的 15 年中巴布尔德一直处于潮流的前端，设计师的工作与传统手工艺结合，使当代什么和世代相传的技艺合为一体。巴布尔德与穆拉诺岛上的玻璃制作大师们有着密切的合作，穆拉诺岛上的手工技师可以传达巴布尔德的概念，而巴布尔德又不断将穆拉诺岛上的手工技艺或吹制玻璃的技艺推向前沿，以表达他自己对于现代性的观点。“我努力赋予玻璃现代性的同时，也让其与那些传统文化和技艺有关联”，巴布尔德说，他的作品通常使玻璃的造型语言发生革命性的变化。“对于我来说，理解这些技术，与穆拉诺岛上的手工艺人讨论并挑战他们的技能非常重要。我发现他们在与可以为玻璃文化注入创新精神的设计师工作时，充满了热情。”

巴布尔德的作品将复杂的制作过程用一个简单造型掩盖起来。Digit 系列包括五个发光的玻璃艺术作品：三盏台灯和两盏吊灯。用数字渲染的颜色呈现分子结构的造型，Digit 系列的灵感来自于亚原子粒子的图像，光影的韵律是光漫射格子和高反射镜球之间的对话，将元素放大，混淆感知。形态是由计算机建模生成，这个看似混乱的造型是想表达能量和运动感。实际上，不同长度的臂和角度都是经过精密计算的，以容纳球体。每个球体被巧妙地手工吹制，实现脆性、强度和耐久性之间的正确平衡。而后对镜像后的部分进行复杂的冷处理，以确保从内部和外部的表面将所有杂质的痕迹去除干净，就好像用银可以挑出那些肉眼看不见的残留物。巴布尔德不仅与穆拉诺岛上的玻璃吹制行家合作，而且还与岛上的其他手工艺人合作。电枢是由擅长结构和传统吊灯生产的机械工程师完成，球体则是出自一个 17 世纪起就制作银质镜子的家族企业。

自 Digit 系列首次在 2008 年米兰国际家具展中亮相，这些用精确的数字技术掩盖了古老的威尼斯技艺的作品，消费者认识到了现代主义与传统吊灯的结合，对这系列产品表现了极大的热情。计算机辅助造型使我们能够获得必要的无可挑剔的精度来传达视觉密度，以及不对称的造型——这与穆拉诺岛的传统吊灯对比鲜明，传统吊灯的臂通常为对称结构。

“住在三叶草中”灯

Jason Ong
镀铬钢，聚氨酯
1 个最大 23 瓦 /E27 220 伏灯泡
高：80-110 cm (31 1/2-43 1/4 in)
直径：60 cm (23 5/8 in)
Driade，意大利
www.driade.com

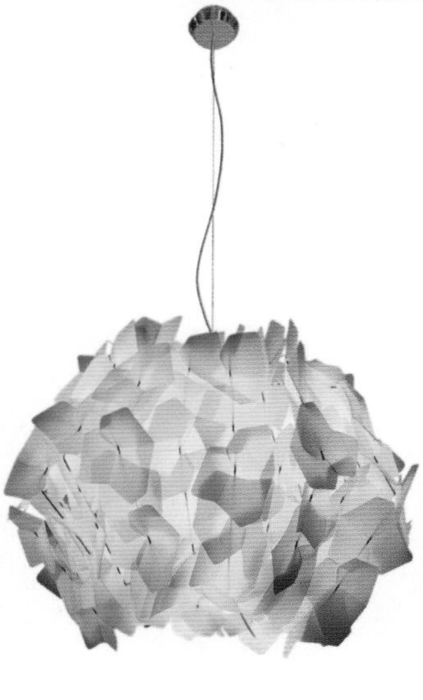

球形吊灯（再版）

George Melson
塑料聚合物，钢
高：58 cm (28 7/8 in)
直径：68 cm (26 3/4 in)
Modemic，美国
meiguowww.scp.co.uk

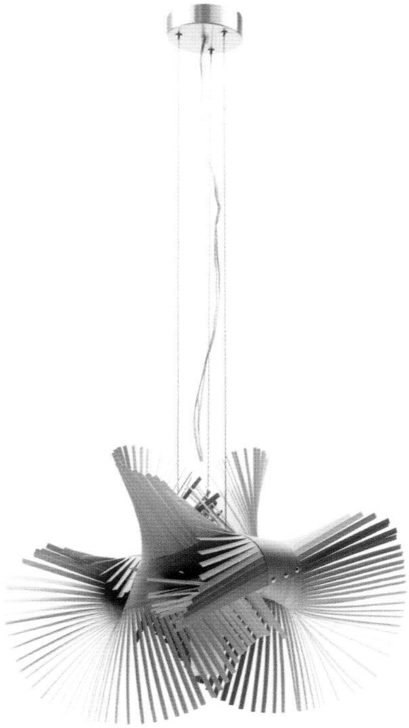

Mini 吊灯

Mikado
miguelHerranz 天然火山灰
1 个 20 瓦 E-27 灯泡
高：57 cm (22 $^{1}/_{2}$ in)
直径：70 cm (27 $^{1}/_{2}$ in)
Luzifer，西班牙
www.lzf-lamps.com

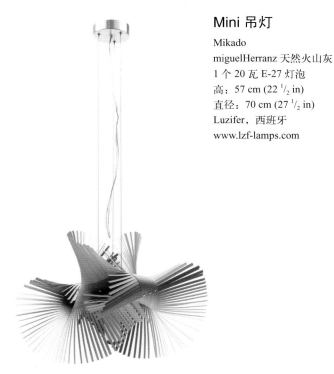

Euro Lantern 吊灯

Moooi
纸
1 个 60 瓦 /E14 灯泡
各种尺寸
Moooi，荷兰
www.moooi.com

Slash 吊灯

Monika Piatkowski
印花织物
卤素灯泡
高：100 cm (39$^{3}/_{8}$ in)
直径：28 cm (11 in)
Hive，英国
www.hivespace.com

“尾灯”吊灯

Stuart Haygarth
回收尾灯镜片，亚克力盒
高：142 cm (55$^{7}/_{8}$ in)
直径：57 cm (22 $^{1}/_{2}$ in)
Stuart Haygarth，英国
www.stuarthaygarth.com

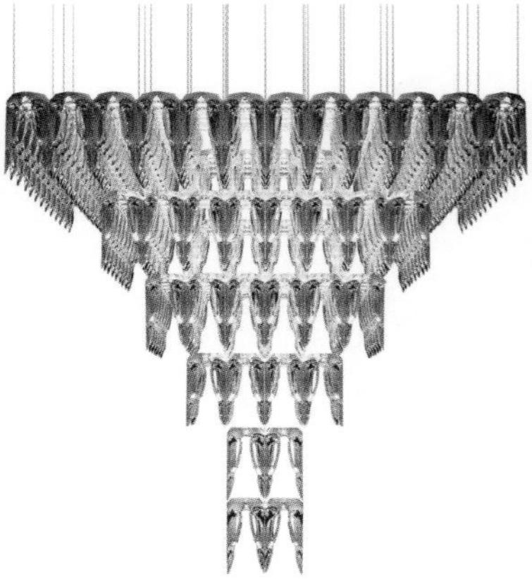

LQ4ER 模块化吊灯

Hani Rashid
碳纤维注入的 ABS，铝涂层
每个单元可单独使用
高：32 cm (12$^5/_8$ in)
长：27.5 cm (10$^7/_8$ in)
宽：27.5 cm (10$^7/_8$ in)
Zumtobel，意大利
www.zumtobellighteriors.com

TU-Be 吊灯

Ingo Maurer，Ron Arad
93 铝管，钢塑
4 个最大 40 瓦 GY9 卤素灯泡
4 个 1.2 瓦 LED
各种尺寸
Ingo maurer GmbH，德国
www.ingo-maurer.com

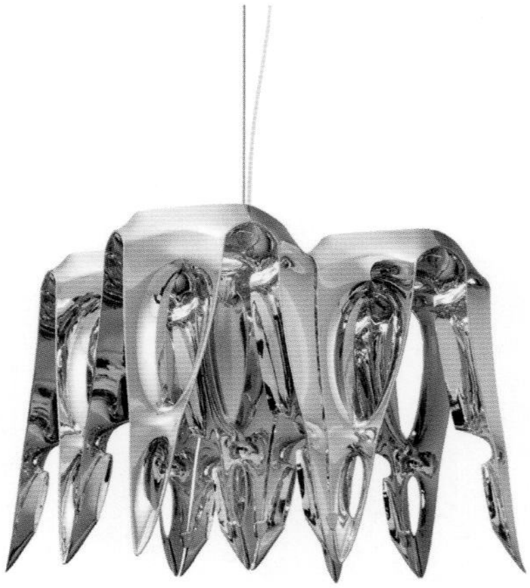

“眼镜”吊灯

Stuart Haygarth
亚克力板，塑料框眼镜
高：230 cm (90 $^1/_2$ in)
直径：100 cm (39$^3/_8$ in)
Stuart Haygarth，英国
www.stuarthaygarth.com

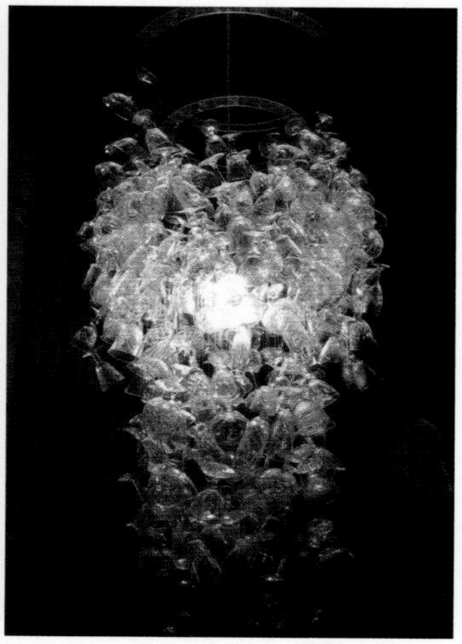

300+1 玻璃切割吊灯

John Harrington
玻璃，亚克力，单丝线
高：200 cm (78$^3/_4$ in)
直径：90 cm (35 $^1/_2$ in)
John Harrington Design，英国
www.johnharringtondesign.com

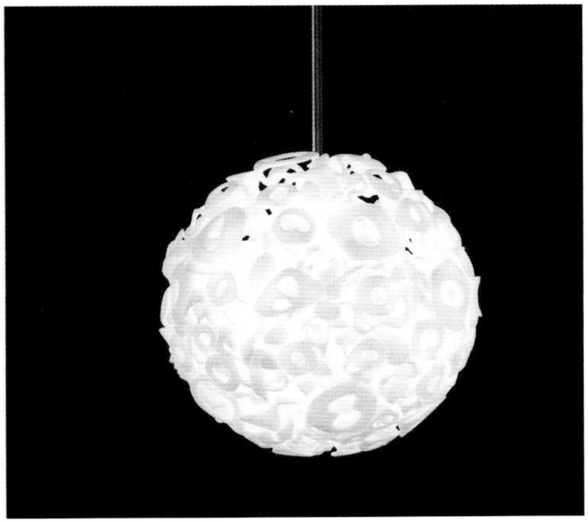

Entropia 吊灯

Lionel Dean
激光烧结聚酰胺
1 个 G9 卤素灯泡
直径：12 cm ($4^3/_4$ in)
Kundalini，意大利
www.kundalini.it

Entropia 系列在 2008 年一经推出，就成为了数字制造业的一个里程碑。这件小巧而精致的吊灯由激光烧结聚酰胺制成。它是第一件批量生产的快速成型制造的零售产品——尽管数量不多。Entropia 灯通过为生产能力调整成型的工艺，使其产生经济效益。快速成型机的潜力被最大地开发出来，可以将生产效率最大化。这盏灯的灵感来源于脑珊瑚，即一种寄生在半球体中的珊瑚。为了实现这种效果，Dean 研发了一种有一定自由度的结构，而不是通常的由计算机辅助生成的数学形态。不规则交织在一起的“树叶”和压扁的“花朵”造型给人自然生长的印象，而灯的小巧尺寸和造型充分利用了数字技术的潜力，使产品有市场可行性。

L'Eclat Joyeux 吊灯

Stuart Haygarth
白色欧洲和中国瓷，筷子，金属
Ingo Maurer 订制
高：120 cm ($47^1/_4$ in)
直径：100 cm ($39^3/_8$ in)
Ingo Maurer GmbH，德国
www.ingo-maurer.com

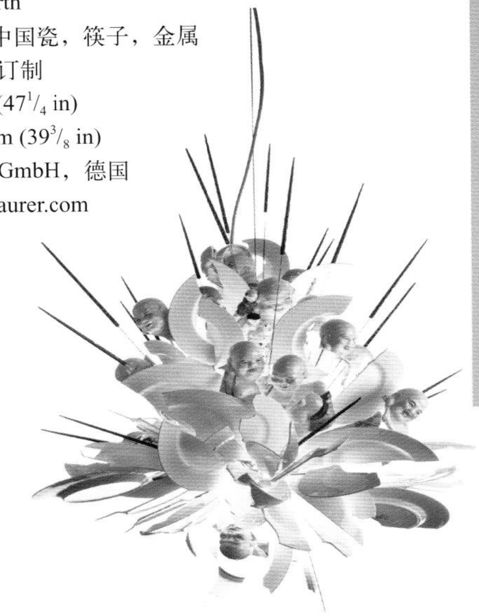

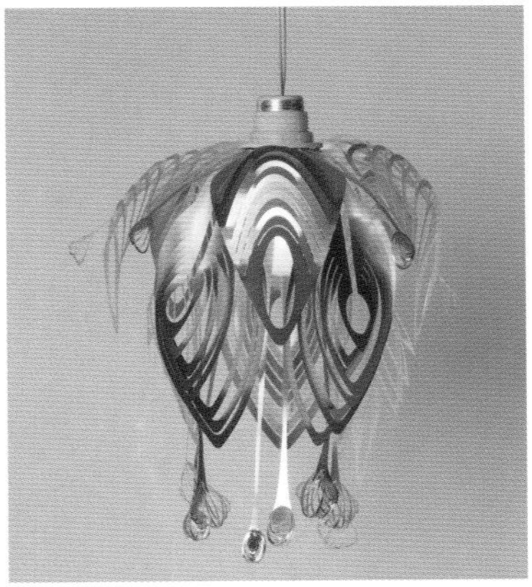

Future Flora 系列 Nadine 吊灯

Studio TordBoontje
精密蚀刻金属片
高：24.76 cm ($9^3/_4$ in)
直径：24.13 cm ($9\ ^1/_2$ in)
Artecnica，美国
www.artecnicaicn.com

Sakulight 吊灯

Chihiro Tanaka
聚酰胺
1 个最大 60 瓦 /E14 灯泡
各种尺寸
Chihiro Tanaka Lighting，日本
www.ta-tile.com

Reef 系列造型灯

Anki Gneib
热成型可丽耐，CDM 光源
高：110/190/220 cm (43 1/4/74 3/4/86 5/8 in)
直径：65/104/130 cm (25 1/2/41/51 1/8 in)
AnkiGneib，瑞典
www.ankigneib.se

Acanthus 台灯

Patrick Blanchard
叶形装饰板，椴木，梧桐木
1 个 ES-E27 1000 瓦灯泡
高：70 cm (27 1/2 in)
直径：24 cm (9 1/2 in)
Meta，英国
www.madebymeta.com

“长腿家族”落地灯

Patrick Ghia
低碳钢，表面喷涂
各种尺寸
Design Incubation Centre
www.designincubationcentre.com

Grande Costanza 露天落地灯

Paolo Rizzatto
不锈钢
高：220 cm (86 1/2 in)
直径：70 cm (27 1/2 in)
Luceplan，意大利
www.luceplan.it

Riot 系列灯

Janne Kyttanen
1 个 Megaman CFLG9,7 瓦节能灯泡
高：55 cm (21 5/8 in)
直径：17 cm (6 3/4 in)
Freedom of Creation，荷兰
www.freedomofcreation.com

FOC（创作自由）公司成立于2000年，是一个擅长快速制造的设计先锋。“快速制造”是一种结合了3D计算机辅助设计技术，使用激光切割机按照设计图纸逐层切割成实体模型的制造方法。Riot系列灯就是用这种方法制造的，旨在抵抗全球变暖。“我没有政治企图”，芬兰设计师，FOC的创始人贾尼•凯泰宁（Janne Kyttanen）说，“但我确实相信任何议题或争论会激发人们考虑保护所有物种，我们的星球。这会让他们仔细考虑浪费问题，如何节约能源，以及产品如何带给地球积极的副作用”。Riot的灯罩由回收聚酰胺制成，其他部分使用回收的金属元件、开关和电缆，这是公司第一款使用Megaman CFL节能灯泡的产品。

“天空”系列户外灯（带ip65保护）

Alfredo Haberli
光伏电池LED灯，压铸铝金属，聚碳酸酯
高：28 cm (11 in)
宽：20 cm (7 7/8 in)
Luceplan，意大利
www.luceplan.com

aR-ingo 落地灯

Ingo Maurer, Ron Arad
铝，钢
1 个最大 150 瓦 E27 灯泡
高：190 cm (74 3/4 in)
Ingo Maurer GmbH，德国
www.ingo-maurer.com

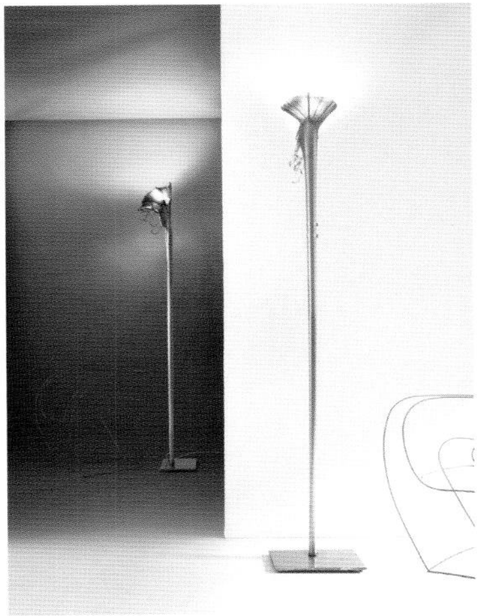

Big Crush 台灯

Brendan Young，Vanessa Battaglia
PET 瓶，钢，棉
1 个最大 60 瓦 E27 灯泡
高：152 cm ($59^7/_8$ in)
直径：46 cm ($18^1/_8$ in)
Studiomold，英国
www.studiomold.co.uk

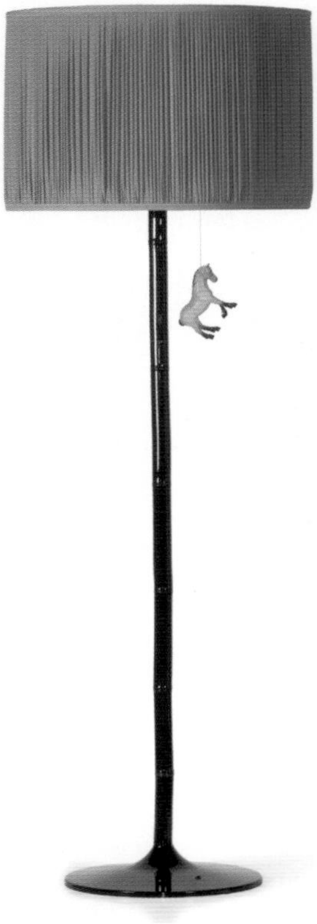

“竹”落地灯

Committee
竹，金属，棉
1 个最大 100 瓦 E26 灯泡
高：162 cm ($63^1/_4$ in)
直径：55 cm ($21^5/_8$ in)
Moooi，荷兰
www.moooi.com

Polaris 落地灯

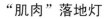

Marco Acerbis
旋转成型的光油尼龙，钢底座
1 个最大 300 瓦 /R75(HA)
高：193 cm (76 in)
Fontana Arte，意大利
www.fontanaarte.it

“肌肉”落地灯

Jos Kranen
钢，木头
1 个最大 60 瓦 E27 灯泡
高：190 cm ($74^3/_4$ in)
直径：45 cm ($17^3/_4$ in)
Zuiver，荷兰
www.zuiver.nl

Reed 地灯 / 设施

Simon Heijdens
120 毫米阴极管
高：160 cm (63 in)
直径：9 cm (3 1/2 in)
底座高：4 cm (1 1/2 in)
底座直径：9 cm (3 1/2 in)
www.simonheijdens.com

西蒙·海登斯（Simon Heijdens）既是设计师，也是视觉艺术家。他在柏林 UDK 的埃因霍温设计学院学习过一段时间的实验电影，他的许多概念为主导的作品利用数字技术和运动图像创建富有诗意的片段，并使用由环境及人与环境关联方式启发的道具。海登斯注重的是生活在一个日益同质化的社会和无菌空间中的副作用，办公大楼与条形照明灯和使我们与大自然之间的距离越来越远。

Lightweeds 和 Reed 的设计就是为了挑战这种异化。“我做了一组作品，试图将自然引入人造空间”，海登斯说，“这款设计的出发点来自于发现我们生活的环境变得越来越静止——我们生活在越来越多人造空间的地方”。Lightweeds 是一个固定的装置，一个有生命的、数字的有机体，似乎可以在墙上生长。顶部的风感测器、阳光感测器和雨水感测器可以将信息传递至电脑，随后软件可以生成织物的动态效果，就如同户外的真实场景一般。当信息传递过去后，植物就会弯曲，释放种子，向空间中的其他墙授粉，揭示空间的使用方式。Reed 采用的是相似的概念，其光线向城市生活中引入了一个自然的喘息的概念。同样是被感应器控制，Reed 只测试风，当有风吹过建筑物时，它将户外的信息通过光线的轻轻闪烁传达到室内。它们组合在一起，此起彼伏的弯曲，可以准确地记录阵风的强度和速度，室内空间就可以获得户外的自然特点。“我不想做动画，我想让环境中的物体看起来栩栩如生。”

Guardia 壁灯

Susanne Philippson、Peter Ibruegger 合作完成
包漆聚碳酸酯，卤素灯
原型
Susanne Philippson Design，德国
www.philippson.org

Guardian of light 落地灯

Susanne Philippson
钢，包漆聚碳酸酯，卤素灯
高：180 cm (70 7/8 in)
直径：50 cm (19 5/8 in)
Pallucco，意大利
www.palluccobellato.it

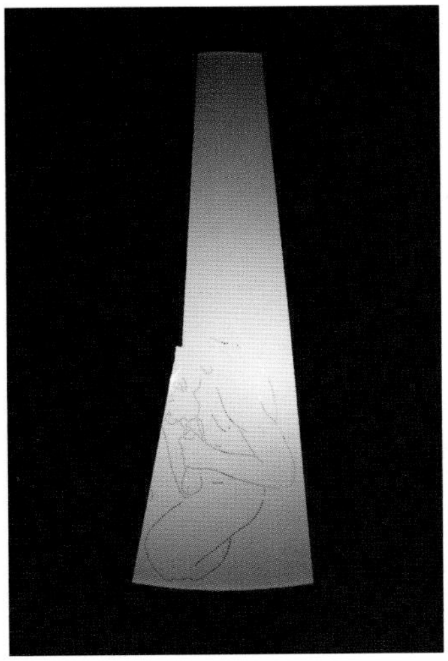

Guardian 落地灯第一眼看上去像一款经典的优雅的标准灯具，但其中藏着秘密。灯罩本身就是开关。如同一个人慢慢先开披风，撩开灯罩就会打开灯，同样放下灯罩灯就会关上，这一切通过磁力开关来操作。为了强调脱衣服和保持光的神秘感的创意，苏珊·菲利普森（Susanne Philippson）从 Peter Ibruegger 的“神经质自恋”系列色情图画作品中得到启发，创作了一系列在内置灯罩上穿孔的限量作品。作为大众市场的产品，这盏灯由 Pallucco 制造，Guardia 是该系列的下一个产品，目前还是一个模型。在这盏灯的设计中，当灯罩被举起时，灯打开，就像一个女人轻轻提高她的裙裾。

Fade 台灯

Matti Klenell
玻璃，织物灯罩
13/60 瓦荧光灯泡
高：52/75/142.9/174.5 cm (20 $^1/_2$/29 $^1/_2$/56$^1/_4$/68$^3/_4$ in)
直 径：21.5/31/5/36 cm (8 $^1/_2$/12$^1/_4$/2/14$^1/_8$ in)
Bals Tokyo，日本
www.balstokyo.com

“链条”台灯

Ilaria Marelli
铝，纤维，强化塑料材料，聚碳酸酯
4 个 1 瓦 LED 灯泡
高：7 ～ 55 cm (2$^3/_4$/ ～ 21$^5/_8$ in)
宽：8 cm (3$^1/_8$ in)
直径：27 ～ 70 cm (10$^5/_8$/ ～ 27 $^1/_2$ in)
NemoDivisioneluci di Cassina，意大利
www.nemo.cassina.it

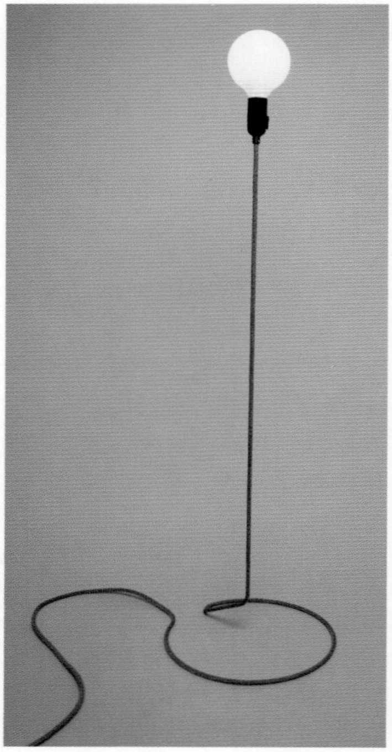

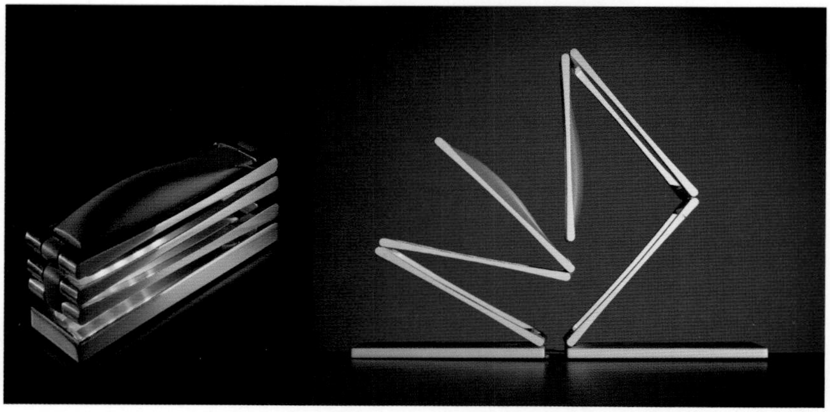

Cord Lamp 落地灯

Form Us With Love
织物，柔性钢管
1 个最大 40 瓦直径 125mm 的乳白色玻璃灯泡
高：130 cm (51$^1/_4$ in)
Design House Stockholm，斯德歌尔摩
www.designhousestockholm.com

Polaris 落地灯

Marco Acerbis
旋转成形的上漆尼龙，钢底座
1 个最大 300 瓦的 HA 灯泡
高：193 cm (76 in)
直径：30 cm (11$^7/_8$ in)
Fontana Arte，意大利
www.fontanaarte.it

Bastone Grande 落地灯

Jaime Hayón
金属，聚氨酯，木头，黄铜
2 个 60 瓦 E27 灯泡
高：180 cm (70$^{7}/_{8}$ in)
直径：55 cm (21$^{5}/_{8}$ in)
Metalarte，意大利
www.metalarte.com

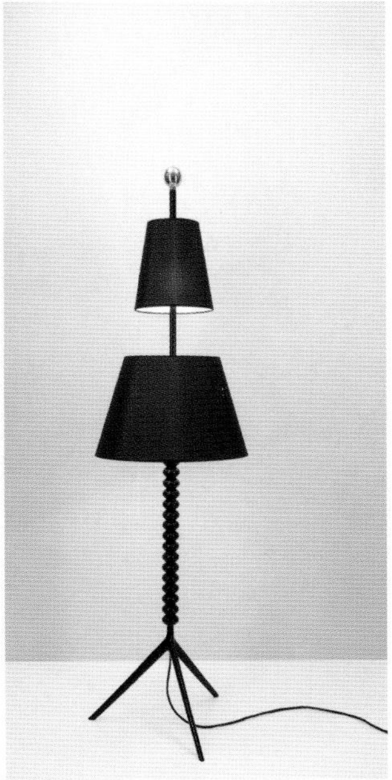

"太空球"落地灯

Tom Dixon
不锈钢，镜面球
6 个 45mm (1$^{3}/_{4}$ in) 的柔性白色球体
高：180 cm (70$^{7}/_{8}$ in)
宽：80 cm (31 $^{1}/_{2}$ in)
可以悬挂 6 个球体：
50/40/25 cm (19$^{3}/_{4}$/15$^{3}/_{4}$/9$^{7}/_{8}$ in)
Tom Dixon，英国
www.tomedixon.net

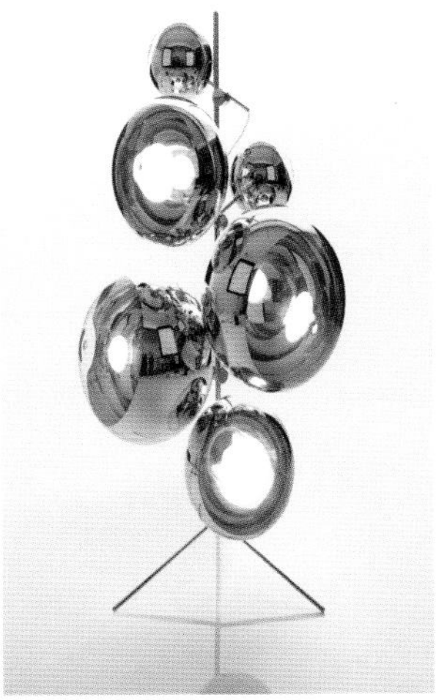

Carrara 落地灯

Alfredo Häberli
钢化玻璃，阻燃发泡聚氨酯
2 个 43 瓦 120 伏 GX24q-4 三通管，紧凑型荧光灯泡
高：185.4 cm (73 in)
宽：20.3 cm (8 in)
直径：35.6 cm (14 in)
Luceplan，意大利
www.luceplan.com

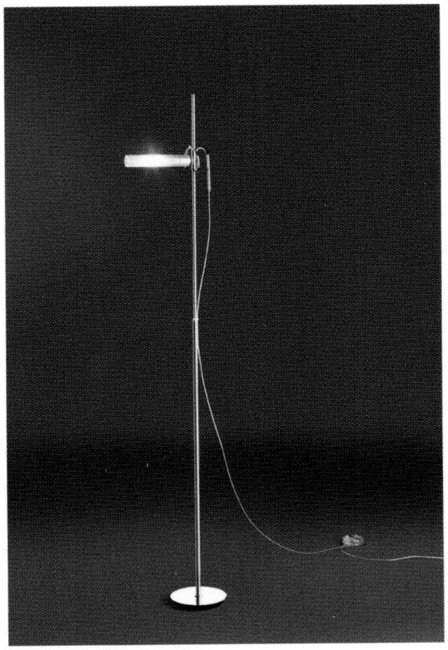

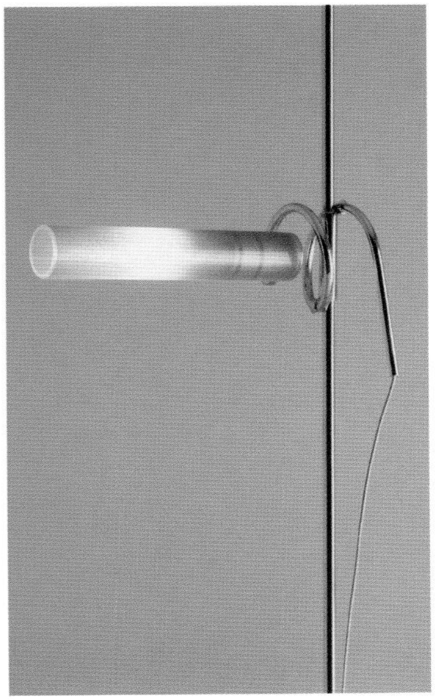

"蛇"模块化灯

Jörg Boner/Christian Deuber
耐热玻璃，金属
1 个最大 150 瓦 B15d 灯泡
高：181 cm (71$^{1}/_{4}$ in)
宽：35 cm (13$^{3}/_{4}$ in)
Fontana Arte，意大利
www.fontanaarte.it

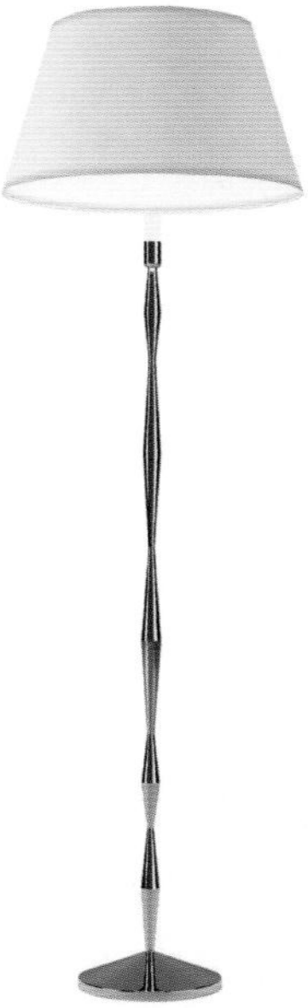

Magic 系列落地灯

Front
不锈钢
高：200 cm (78$^3/_4$ in)
GalerieKreo，法国
www.galeriekreo.com

Tree Light 落地灯

Werner Aisslinger
激光切割金属片
1 个 最 大 100 瓦 E27QPAR30 灯泡
高：165 cm (73 in)
直径：55 cm (21$^5/_8$ in)
Dab，西班牙
www.dab.es

Twiggy 壁灯或吊灯

Marc Sadler
复合材料，玻璃纤维底座
1 个最大 60 瓦 G9 卤素灯泡
高：280/260 cm (110$^1/_4$/102$^3/_8$ in)
长：60 cm (23$^5/_8$ in)
Foscarini，意大利
www.foscarini.com

Brazil 落地灯

Alberto Zecchini
铁杆，可调金属板底座，铝臂，荧光灯
2 个 20 瓦 E27FB3 灯泡
高：21.4 cm (3$^1/_8$ in)
底座厚：3 cm (1$^1/_8$ in)
底座高：25 cm (9$^7/_8$ in)
Danese，意大利
www.danesemilano.com

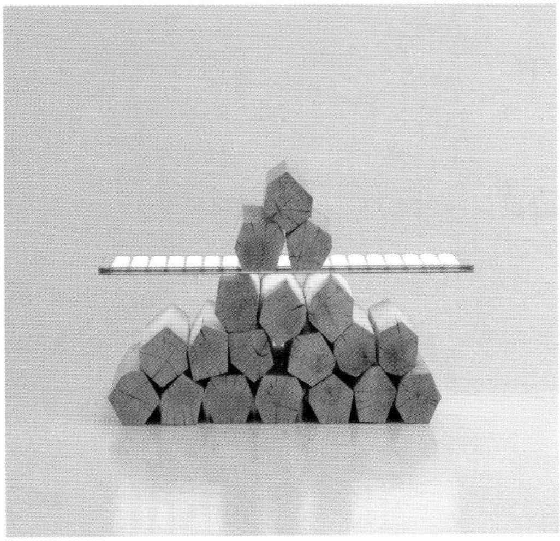

“自然与技术”灯

Arik Levy
木头，Planilum 发光玻璃面板，（限量版）8 个
高：62 cm (24$^3/_8$ in)（各种尺寸）
宽：130 cm (51$^1/_4$ in)（各种尺寸）
直径：50 cm (19$^3/_4$ in)
Saazs，法国
www.saazs.com

SAAZS 是一家法国的家居设计制造商，与 Saint-Gobain 创意公司合作研发了第一例永久发光玻璃——Planilum，该技术受到专利保护。这款 20 毫米绢网印花复合面板耗费了 6 年的时间研发出来。当有电流流过时，面板中的等离子气体被激活，发出光。该设计的创意是使用家具中的坚固的板材照明，从而取代灯。这个不刺眼的 100 瓦光源有 5 万小时的使用寿命。

“飞翔的点”灯

Christian Biecher
水晶有机玻璃，Planilum 发光玻璃面板
高：140 cm (55$^1/_8$ in)
宽：120 cm (47$^1/_4$ in)
直径：30 cm (11$^7/_8$ in)
Saazs，法国
www.saazs.com

Tab 落地灯

Barber Osgerby
铸铝，瓷器
1 个最大 40 瓦 G9HSGS/F 灯泡
高：110 cm (43$^1/_4$ in)
宽：27.3 cm (10$^3/_4$ in)
直径：24 cm (9 $^1/_2$ in)
Flos，意大利
www.flos.com

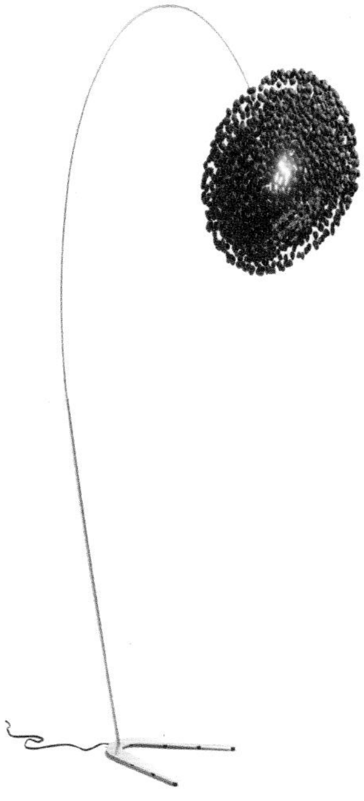

Ebony Sky 落地灯

Ango
蚕茧，藤，桑树皮，不锈钢
高：230 cm (90 $^1/_2$ in)
宽：70 cm (27 $^1/_2$ in)
直径：150 cm (59 in)
Angoworld Co., Ltd，泰国
www.angoworld.com

LoopLED 灯

Peter Knudsen
铝，LED
高：32 cm (12$^5/_8$ in)
宽：63 cm (24$^3/_4$ in)
Dark，比利时
www.dark.be

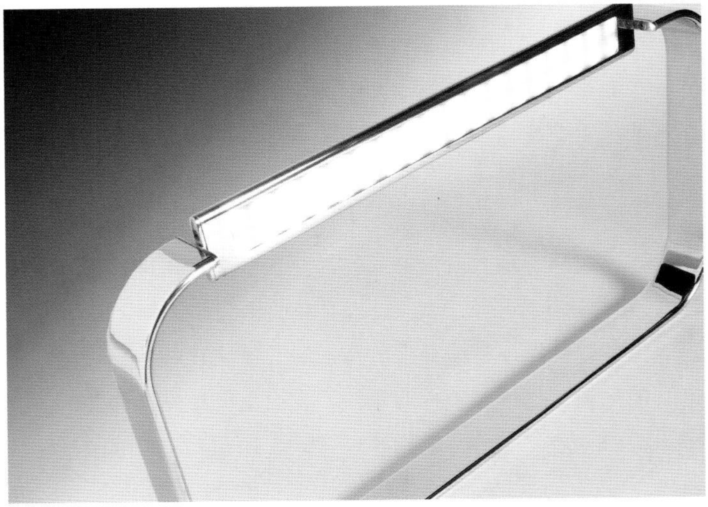

深入介绍

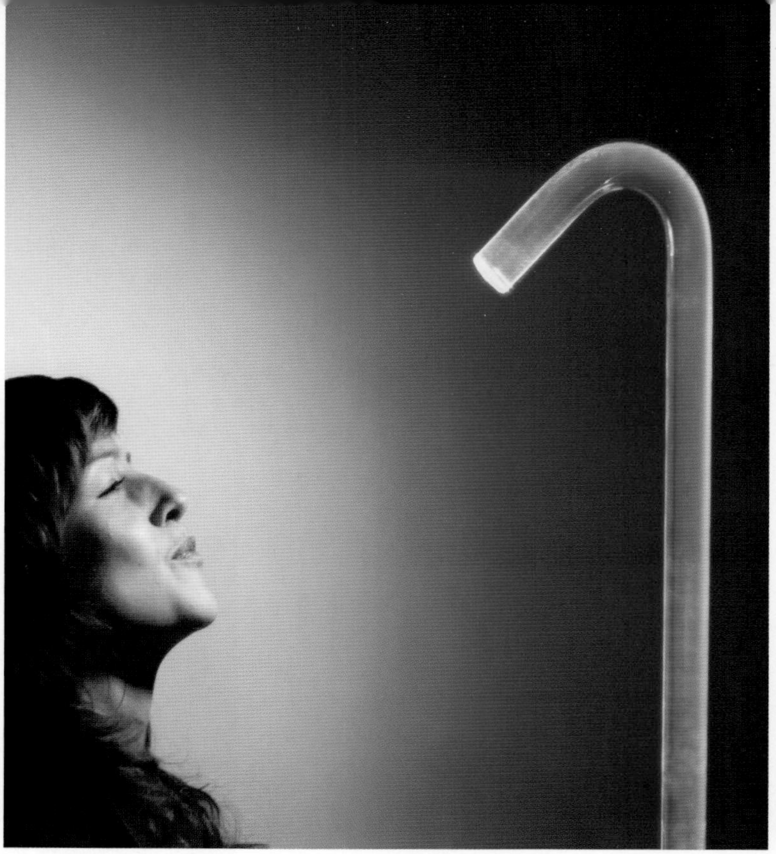

Pole 系列台灯 / 壁灯
设计：Paul Cocksedge
高度：180 cm/50 cm ($70^{7}/_{8}$ in/$19^{5}/_{8}$ in)，
直径：20 cm/14 cm ($7^{5}/_{8}$ in/5 $^{1}/_{2}$ in)
光源：6/3 个 LED@500m/t 可调光
照度：760/380 流明
材料：亚克力，混凝土
制造商：Established&Sons Ltd

保罗·考克斯基（Paul Cocksedge）曾就读于的皇家艺术学院，师从著名设计师罗恩·阿拉德（Ron Arad）。2003 年在导师阿拉德的推荐下，Ingo Maurer，一位具有创新性的、富有诗意的舞台灯光设计师，在其米兰家具展的展出中为保罗提供了一次展示的机会，从此为众人所知。保罗独特的天赋在“苯乙烯”灯、“灯泡”灯、“蓝宝石”灯、“霓虹”灯这些作品中第一次显现出来，灯的材料、形式和技术与众不同，让这位年轻的设计师脱颖而出：他对现象和过程的探索将平庸的作品变得神奇。

在接受《星期日独立报》的采访时，阿拉德从以前的一个获得一致好评的学生形象变得一反常态。“保罗是那些从工业设计的匿名世界中脱颖而出，成为自己作品的主人的最好例子。”在这次采访中，他还对保罗的性格进行了评价，“他非常不专业，有些孩子气，并且无助，但这些无辜的、孩子气的部分正是他用来进行设计的东西。”这显得有些苛刻，而且我并不会用“不专业”形容保罗，但保罗在谈及他的作品时，确实在传达一种天真的热情、经历和奔放的东西，无论是他早期的作品旁贝金酒（一个盛装金酒的球形容器，当在阳光照射时会发出神秘蓝色光芒）或“霓虹”灯（充满天然气的玻璃瓶，白天时为半透明，但是当接通电流时就会呈现鲜艳的色彩）；他最近为施华洛世奇设计了令人惊叹的作品，当用肉眼看时，是一块马球薄荷状的水晶，但透过镜子却可以一眼瞥见蒙娜丽莎的画面，或者，还有他第一个批量成产的作品——Polo 灯。“我想在日常生活中创造弯曲光线的错觉，为了满足这个需求，需要让光线完成一次内部反射的旅行。”

Pole 灯是一盏优雅的台灯，挑战了光线沿直线传播的习惯。光从一个嵌在混凝土底座中的 LED 光源散发出来，穿过光学级的、精确弯曲的透明亚克力管，只剩下寒冷的触觉。最终的光束看起来从光源处向上延伸了一米多的距离，在日常生活和居室灯光中非常罕见。

01 Pole 灯是受到光纤的启发而设计的，光纤是一种透明的光学材料，通常为玻璃，用于传播图像或数据：光纤穿过中心，并且通过折射被包裹起来，之后发散很长一段距离。考克斯基对将光线弯曲非常感兴趣，并且光纤末端不会产生热量这一点也吸引了他。他接触了一些光纤制造商，看看他们是否可以制造直径 20 毫米（3/4 in）的光纤，当被告知最大可能的直径仅为 2 毫米（1/32 in）时，他开始研发替代品。

02 认识到光纤和玻璃棒之间的差别并不大，考克斯基第一次试验将光线穿过一个简单的玻璃棒。他对光所产生的强度留下了深刻印象。

03 随后又进行了许多测试，使用不同档次的玻璃，制作了不同弯度的曲线。考克斯基最初想要一个从地面盘旋上升的完全透明的台灯，但是由于无法隐藏光源，这个概念是站不住脚的。光消散的量有赖于弯曲的程度。

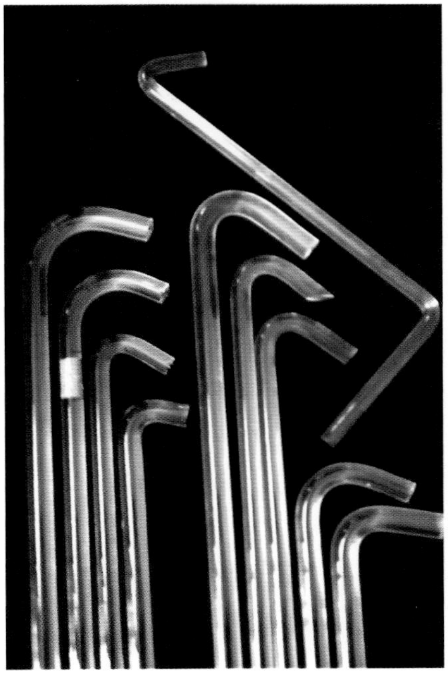

04 此时 Established & Sons 公司接触了考克斯基，他们需要一个易于生产的简单产品，不超过两三个部件，并且价格实惠。玻璃模型散发出一种不好看的绿光，最终决定采用亚克力，这种材料更加透明，并且可以得到更清晰的白色光束。

05 常规光源散发出来的热量会让塑料变色。高功率的 LED 灯泡会吸热量，而不是向外散发，因此可以保护亚克力材料不变色。为了保持材料冷却，需要将其固定在一个笨重的散热器上，底座（左图）必须够重够大，可以容纳光源引擎。

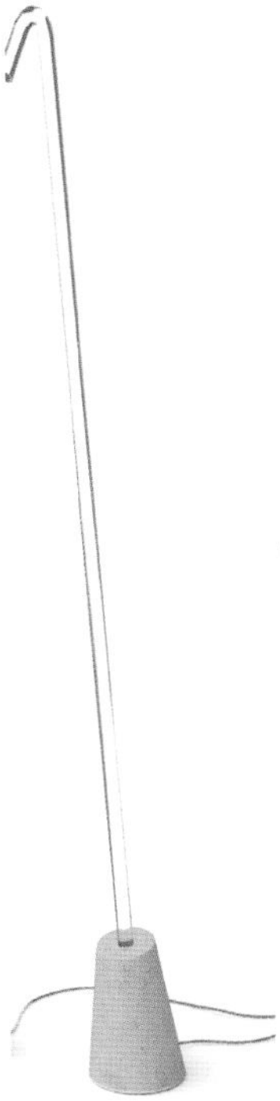

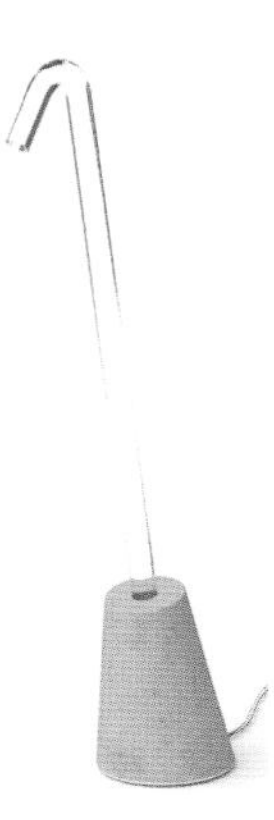

06 光线可以从桌面或地板散发出来，通过增加光源的功率可以将光的强度放大四五倍。Pole 灯可以旋转 360 度。考克斯基正在考虑制作限量的水晶版，也在考虑通过在底座中安装滤镜或更换 LED 来改变颜色。

Maxxi 落地灯 / 台灯

Zaha Hadid
玻璃，有机玻璃，镀铬金属
2 个最大 24 瓦 2G11 灯泡
高：26 cm (10¹/₄ in)
宽：10 cm (3⁷/₈ in)
直径：38 cm (15 in)
Kundalini，意大利
www.kundalini.it

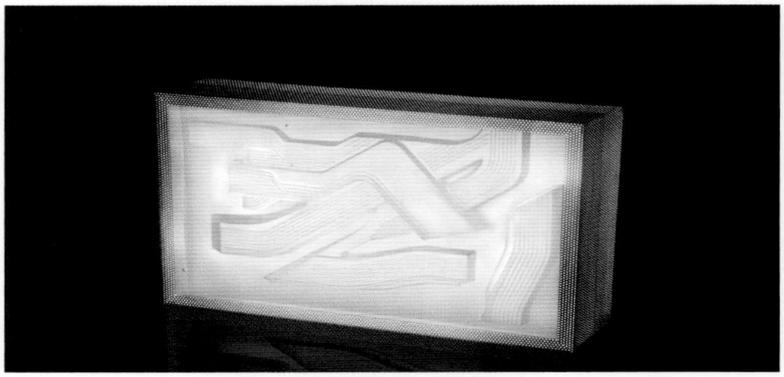

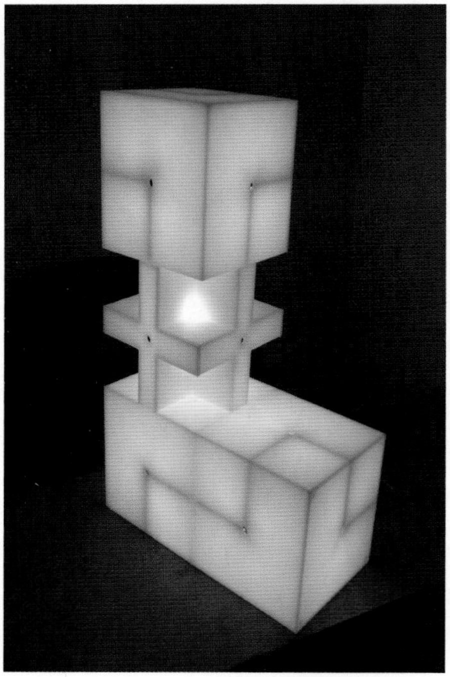

Natanel Gluska 模块灯（每一面都可以叠加）

树脂玻璃
2 个最大 24 瓦 2G11 灯泡
高：20 cm (7⁷/₈ in)
宽：20 cm (7⁷/₈ in)
直径：20 cm (7⁷/₈ in)
自己制作
www.natanelgluska.com

“烛台” 台灯

Juanico
三层安全玻璃
230 伏 /120 伏 E27,15 瓦荧光灯泡
高：32 cm (12⁵/₈ in)
直径：12 cm (4³/₄ in)
Kundalini，意大利
www.kundalini.it

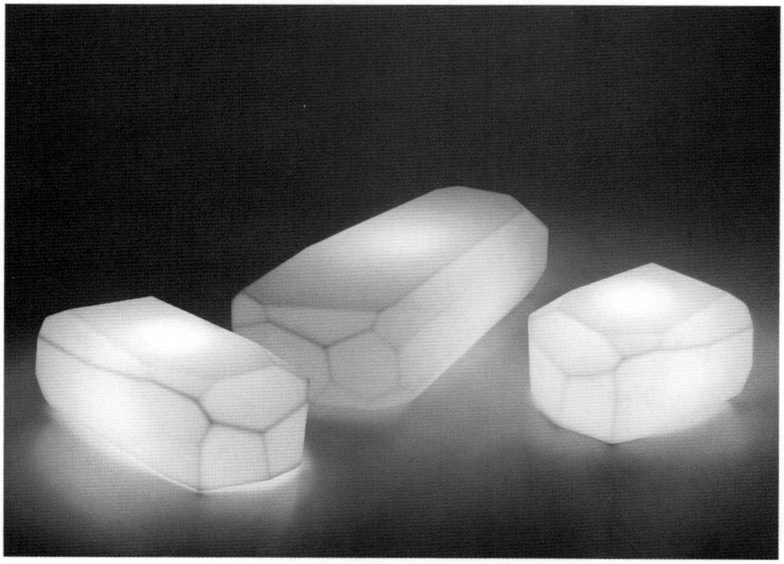

“雕刻” 灯

Metero
聚氨酯
1 个 20 瓦 E27 灯泡
各种尺寸
Serralunga，意大利
www.serralunga.com

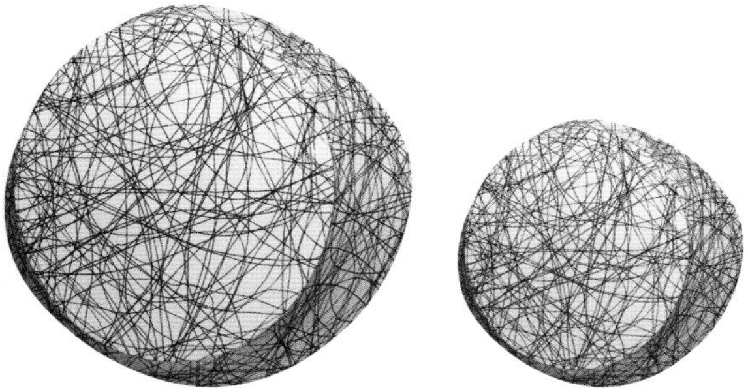

Wagashi Wires 吊灯 / 壁灯

Luca Nichetto, Massimo Gardone
金属，纤维
1 个最大 230 瓦 E27 灯泡
各种尺寸
Foscarini，意大利

Cara 悬挂灯

Andreas Ostwald
高：200 cm ($78^{3}/_{4}$ in)
直径：80 cm ($31\ ^{1}/_{2}$ in)
Anta，德国
www.anta.de

“牛肝菌”户外灯

Jorge Pensi
聚氨酯和铝
2 个 36 瓦 2G11 荧光灯泡
高：60 cm ($23^{5}/_{8}$ in)
直径：51 cm (20 in)
B.LUX，西班牙
www.grupoblux.com

Mayuhana 灯

Tokuo Ito
玻璃纤维的纱线，树脂，铝
1 个最大 100 瓦 E26 灯泡
直径：55 cm ($21^{5}/_{8}$ in)
Yamagiwa，日本
www.yamagiwausa.com

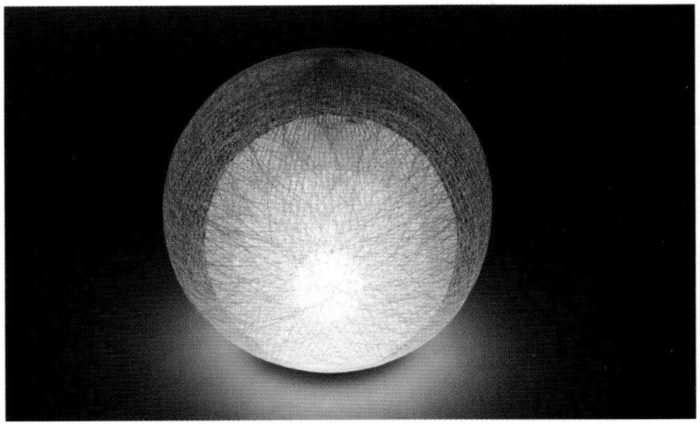

Rontonton 灯

Edward van Vliet
铝，塑料
1 个最大 100 瓦 E26 灯泡
直径：80 cm ($31\ ^{1}/_{2}$ in)
Moroso，意大利
www.moroso.it

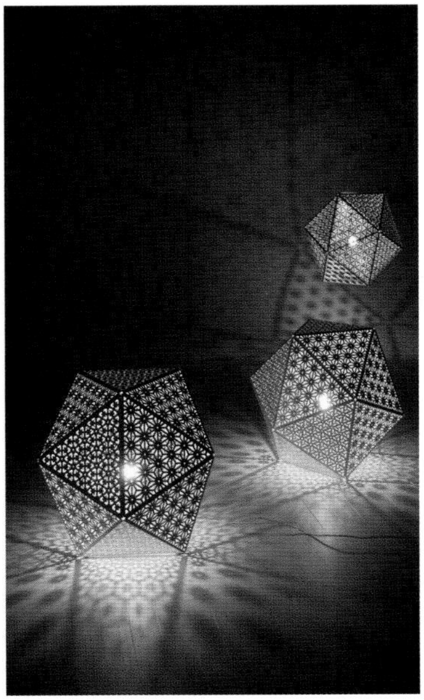

Abyss Spot 吊灯

Osko、 Deichmann
聚碳酸酯，有机玻璃
1 个 8 灯条，1 个 E27,15 瓦荧光灯泡
高：105 cm ($41^3/_8$ in)
直径：25 cm ($9^7/_8$ in)
Kundalini，意大利
www.kundalini.it

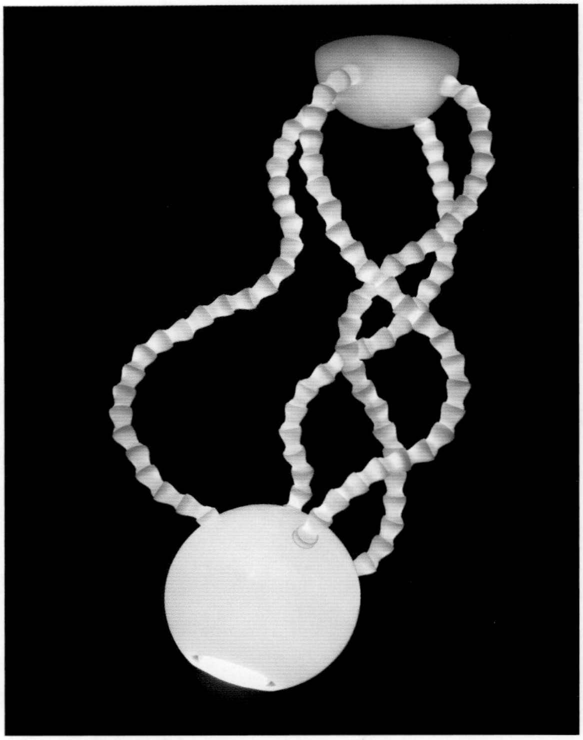

Kaleidolight 灯

Dodo Arslan
镜面半反射玻璃，金属涂层
3 个最大 7 瓦 E14 灯泡
高：39 cm ($15^3/_8$ in)
宽：46 cm ($18^1/_8$ in)
直径：42 cm (16 $^1/_2$ in)
Axolight，意大利
www.axolight.it

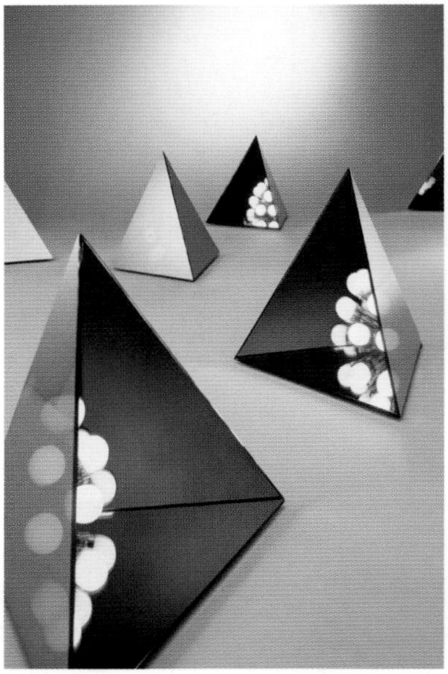

Alone 壁灯，吊灯

Giorgio Gurioli
热成型柔光镜，有机玻璃，激光切割金属
1 个 40 瓦 T5 荧光灯泡，可供 230 伏和 120 伏
高：42 cm (16 $^1/_2$ in)
宽：42 cm (16 $^1/_2$ in)
深：9 cm (3 $^1/_2$ in)
Kundalini，意大利
www.kundalini.it

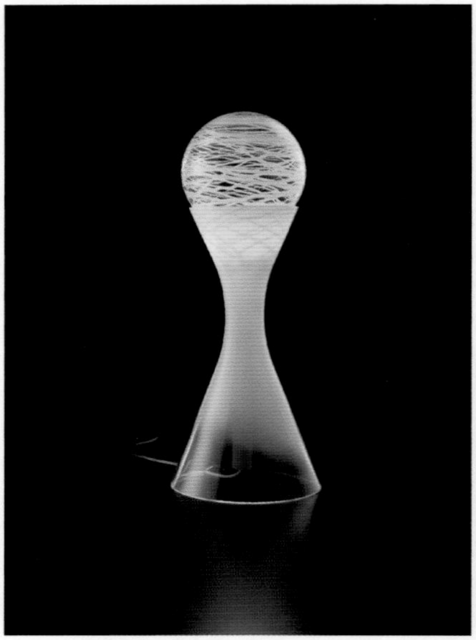

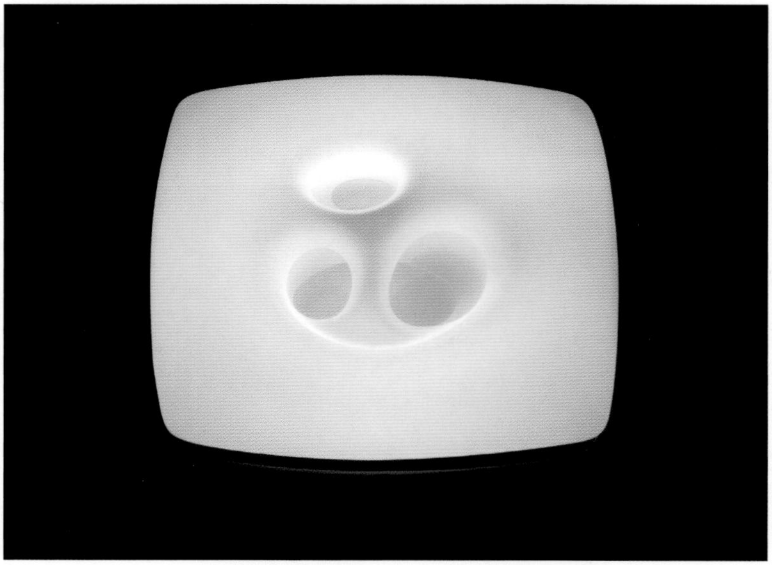

Lum 台灯

Emmanuel Babled
水晶，乳白色线，镍，装饰品
1 最大 40 瓦 G9 灯泡
高：20 cm ($7^7/_8$ in)
直径：14 cm (5 $^1/_2$ in)
Venini，意大利
www.venini.it

Anemone 灯

Health Nash
白色涂层钢，Tyvek
1 个最大 60 瓦白炽灯
高：43.2 cm (17 in)
深：38.1 cm (15 in)
Artecnica，美国
www.artecnica.com

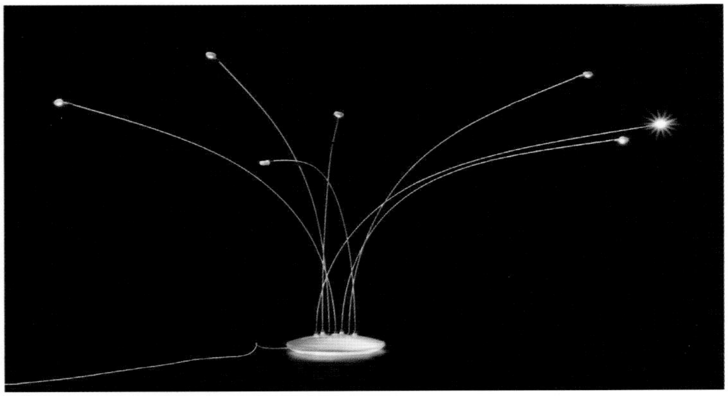

Glow 灯

Front
钢，织物
1 最大 60 瓦 /E14 灯泡
各种尺寸
Gruppo Coin Spa，意大利
www.coin.it

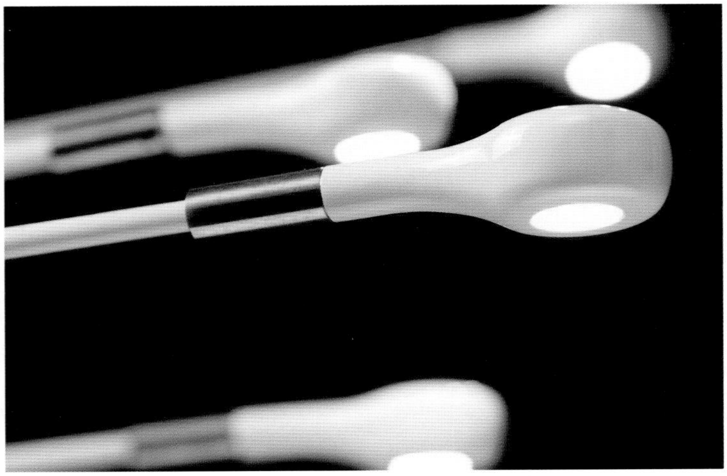

Floor A 台灯

Alfredo Chiaramonte Marco Marin
不透水的 LED 灯
高：不超过 200 cm ($78^3/_4$ in) 的各种尺寸
直径：60 cm ($23^5/_8$ in)
Emu，意大利
www.emu.it

Cosy in Grey 台灯

Harri Koskinen
吹制玻璃，纺织线
1 个最大 60 瓦 E27 灯泡
高：32 cm (12$^{5}/_{8}$ in)
直径：24 cm (9 $^{1}/_{2}$ in)
Muuto，丹麦
www.muuto.com

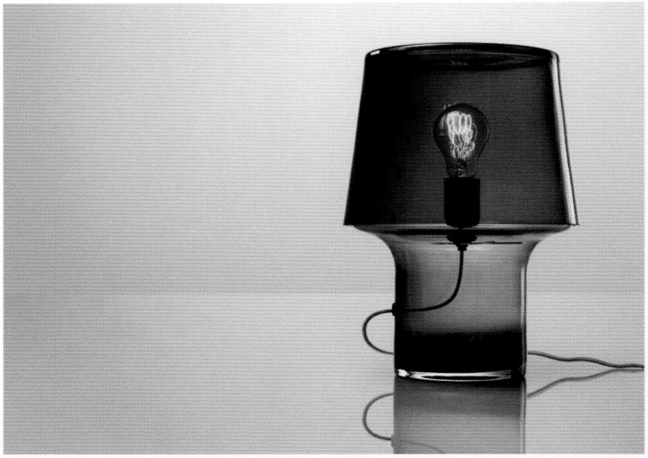

Babushka 灯

Mathmos 设计工作室
吹制玻璃，镜面塑料，LED
高：15.5 cm (6$^{1}/_{8}$ in)
直径：9 cm (3 $^{1}/_{2}$ in)
Mathmos，英国
www.mathmos.com

Doosey6 台灯

Monica Singer，Marie Rahm
波尔卡面料，钢
高：41 cm (16$^{1}/_{8}$ in)
直径：28 cm (11 in)
Innermost，中国
www.innermost.co.uk

Itka 系列灯

Naoto Fukasawa
乳白色釉磨沙玻璃，金属
3 个 23 瓦 E27 荧光灯泡
各种尺寸
Danese，意大利
www.danesemilano.com

“阵列”台灯

Russell Samson
不锈钢
60 瓦 E27 镜面灯泡
高：41 cm (16 1/8 in)
直径：45 cm (17 3/4 in)
Innermost，英国
www.innermost.co.uk

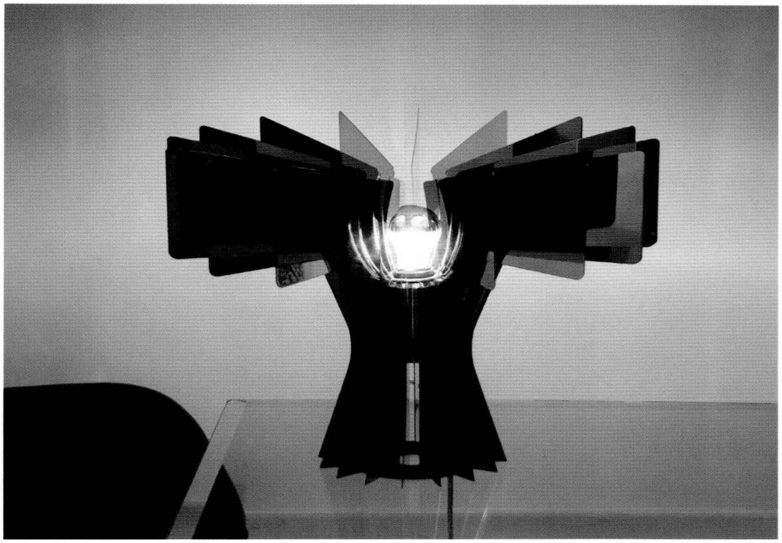

Cadmo 落地灯

Karim Rashid
钢
300 瓦 r7s，60 瓦 E27,150 瓦 E27，70 瓦 rx7s
高：174 cm (68 1/2 in)
直径：32 cm (12 5/8 in)
Artemide，意大利
www.artemide.com

“香槟”落地灯

Sam Baron
陶瓷
40/60 瓦灯泡
高：60 cm (23 5/8 in)
宽：30 cm (11 3/4 in)
直径：12 cm (4 3/4 in)
Bosa，意大利
www.bosatrade.com

“熔炉”台灯

Richard Hutten
塑料
1 个最大 60 瓦 E27 灯泡
直径：42 cm (16 1/2 in)
Richard Hutten，荷兰
www.richardhutten.com

Funghi 台灯

Jaime Hayón
陶瓷底座和灯罩
1 个 60 瓦 E14 灯泡
各种尺寸
Metalarte，意大利
www.metalarte.com

“无电时刻”油灯

Thomas Bernstrand
手工制作，骨瓷
40/60 瓦灯泡
高：24.5 cm ($9^{5}/_{8}$ in)
直径：15.8 cm ($6^{1}/_{4}$ in)
Muuto，丹麦
www.muuto.com

“农场系列”之“蛋杯”灯

Studio Job
抛光翠绿青铜，吹制玻璃
高：31 cm ($12^{1}/_{4}$ in)
直径：15 cm ($5^{7}/_{8}$ in)
Studio Job，荷兰
www.studiojob.nl

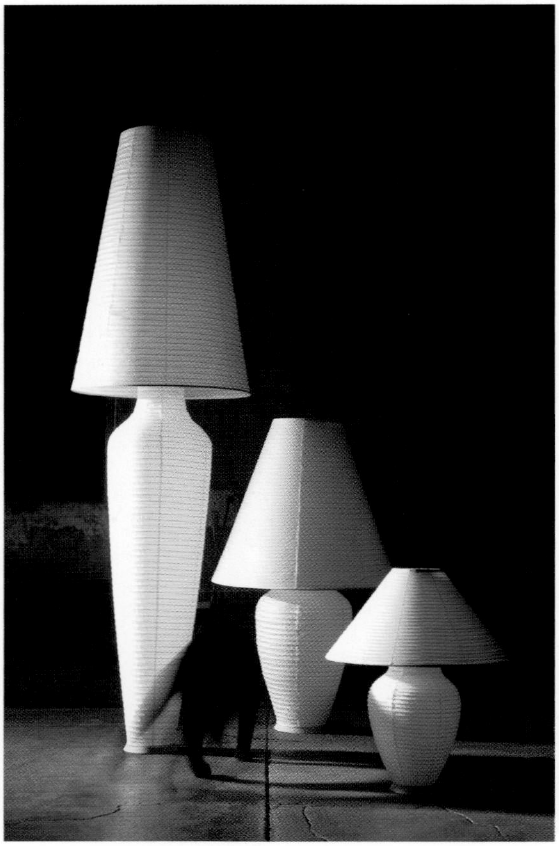

“纸灯”台灯

Ron Gilad
纸，金属
1 个最大 75 瓦 E27 灯泡
各种尺寸
Designfenzider，日本
www.designfenzider.com

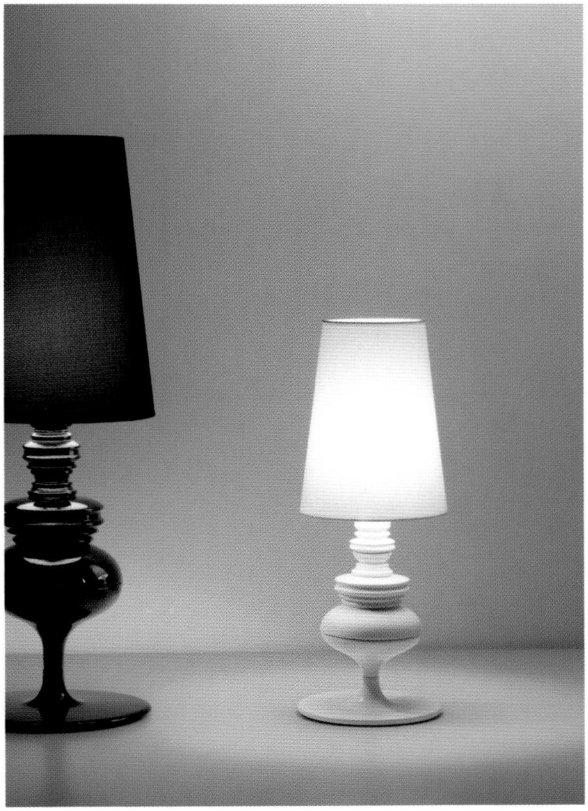

Josephine 台灯

Jaime Hayón
陶瓷底座
最大 60 瓦 E27 灯泡
高：52 cm (20 $^{1}/_{2}$ in)
直径：18 cm (7 in)
Metalarte，意大利
www.metalarte.com

“泡泡”灯

Jaime Hayon
反光塑料，织物灯罩
40/60 瓦灯泡
高：37 cm (14$^{5}/_{8}$ in)
直径：21 cm (8$^{1}/_{4}$ in)
Bosa，意大利
www.bosatrade.com

“阿拉丁”灯箱

Stuart Haygarth
玻璃器皿，中密度纤维板，灯箱，玻璃表面
最大 60 瓦 E27 灯泡
高：128 cm (50$^{3}/_{8}$ in)
深：128 cm (50$^{3}/_{8}$ in)
Stuart Haygarth，英国
www.stuarthaygarth.com

“泪珠”灯

Tokujin Yoshioka
玻璃，硅
1 个 40 瓦 G9 灯泡
高：13.8 cm ($5^{3}/_{8}$ in)
直径：14.5 cm ($5^{3}/_{4}$ in)
Yamagiwa，日本
www.yamagiwausa.com

Balto 台灯

Guillaume Bardet
乳白玻璃，透明电缆
1 个最大 100 瓦 E27 球形灯泡
高：46 cm ($18^{1}/_{8}$ in)
直径：27.9 cm (11 in)
LigneRoset，德国
www.ligne-roset.com

“数字”台灯

Emmanuel Babled
吹制玻璃
1 个最大 60 瓦 G9 卤素灯泡
各种尺寸
Emmanuel Babled，意大利
www.babled.netG9 灯泡

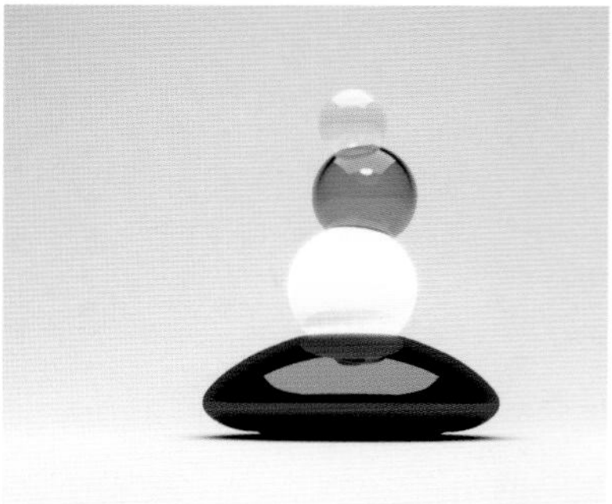

“兔子雕像”台灯

Jaime Hayon
陶瓷，聚碳酸酯
1 个最大 60 瓦 E27 白色白炽灯泡
高：54 cm ($21^{1}/_{4}$ in)
直径：39 cm ($15^{3}/_{8}$ in)
Lladro，西班牙
www.lladro.com

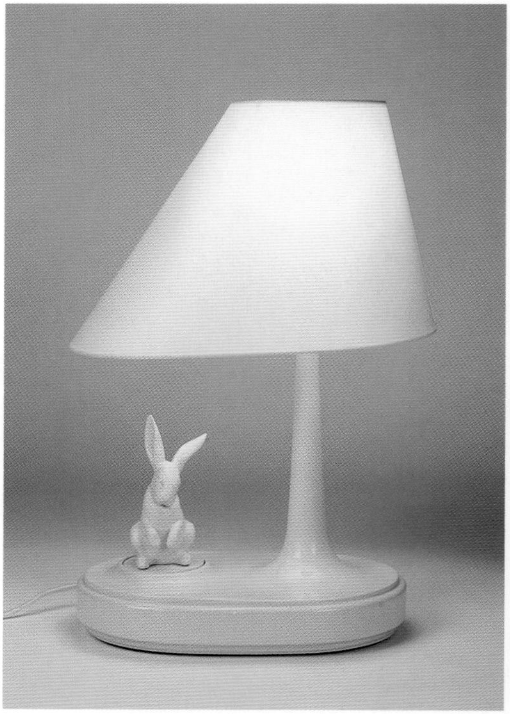

Cau 台灯

Marti Quixé
铝
1 个最大 20 瓦 E27 荧光灯泡
高：62 cm (24$^{3}/_{8}$ in)
直径：44 cm (17$^{3}/_{8}$ in)
Danese，意大利
www.danesemilano.com

Dome 台灯

Todd Bracher
钢
2 个 60 瓦节能灯泡
高：38 cm (15 in)
直径：40 cm (15$^{3}/_{4}$ in)
Mater，丹麦
www.materdesign.com

Lean 台灯

Tom Dixon
铸铁
1 个 30 瓦 E27 灯泡
高：42 cm (16 $^{1}/_{2}$ in)
宽：18 cm (7 in)
直径：13 cm (5$^{1}/_{8}$ in)
Tom Dixon，英国
www.tomdixon.net

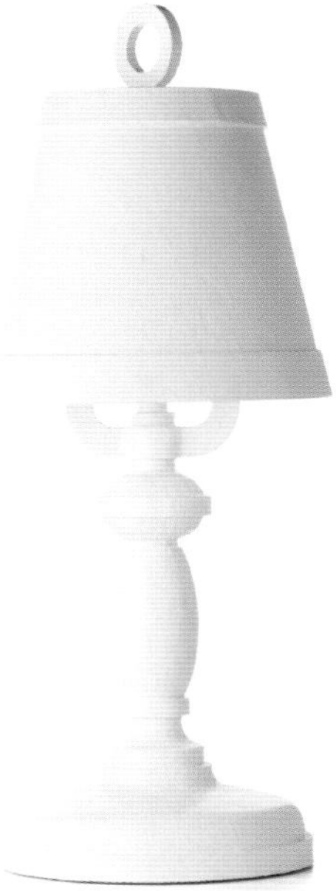

纸质台灯

Studio Job
纸板，纸，聚氨酯
1 个 120 瓦 E27 灯泡
高：84 cm (33 in)
直径：37.5 cm (14$^{3}/_{4}$ in)
Moooi，荷兰
www.moooi.com

Soihtu 台灯

Jukka Korpihete
织布面料，钢
1 个最大 60 瓦 E27 灯泡
高：50 cm ($19^3/_4$ in)
宽：25 cm ($9^7/_8$ in)
深：30 cm ($11^3/_4$ in)
LundiaOy，芬兰
www.lundia.fi

Nightcove 闹钟灯

Patrick Jouin
聚碳酸酯，ABS
动态 RGB-LED 光源
高：49 cm ($19^1/_4$ in)
宽：19.5 cm ($7^3/_4$ in)
深：16.8 cm ($6^5/_8$ in)
Zyken，法国
www.zyken.com

Nightcove 是一个照明系统，通过调节生理参数如褪黑素的激素水平让人们安然入睡，得到充分休息。它的零售价约为 1500 英镑（2500 美元），这个价格对于大多数人来说太贵了，因此它的定位是酒店行业。成本主要在于光传感器，这一创新的睡眠支持和改善系统需要这些传感器。帕特里克·乔安（Patrick Jouin）与研究睡眠障碍的专家达米安·莱热（Damien Léger）博士合作，找出有助于睡眠或唤醒睡眠所需要的光线的波长。

HF3461 唤醒灯

Philips
液晶显示屏
1 个最大 60 瓦 E27 灯泡
高：30 cm ($11^3/_4$ in)
宽：20 cm ($7^7/_8$ in)
深：13.5 cm ($5^3/_8$ in)
Philips，荷兰
www.philips.com

“铜”台灯

Tom Dixon
塑料聚碳酸酯包铜
1 个最大 60 瓦 E27 灯泡
高：29 cm ($11^3/_8$ in)
直径：26 cm ($10^1/_4$ in)
Tom Dixon，英国
www.tomdixon.net

“编织”台灯

Michael Young
铝，不锈钢
40 瓦 E17 灯泡
高：24.5 cm ($9^5/_8$ in)
直径：9 cm ($3^1/_2$ in)
E&Y，日本
www.eandy.com

“花盆”台灯

Verner Panton
铝
1 个最大 40 瓦 E27 灯泡
直径：23 cm (9 in)
Unique Copenhagen，丹麦
www.uniquecopenhagen.com

Motorlight 可变角度灯

Jake Dyson
UV 高档次聚碳酸酯，铝
100 瓦 Gy6,12 伏灯泡
高：36.5 cm ($14^3/_8$ in)
直径：22.6 cm ($8^7/_8$ in)
Jake Dyson Limited，英国
www.jakedyson.com

“灯泡”灯

Nendo
尼龙
1 个 5 瓦 E26 灯泡
高：8 cm ($3^1/_8$ in)
直径：6 cm ($2^3/_8$ in)
One percent products，日本
www.onepercentproducts.com

简·卡普利茨基（Jan Kaplicky）是建筑和设计实践项目“未来系统”的创始人，虽死犹生：他的那些极端的设计仍旧不断地引发争论。他生前参与的设计项目可谓是他职业生涯的巅峰之作。2007 年他设计的位于布拉格的新国家图书馆获得了设计大奖，这是他在捷克共和国设计的第一件建筑作品，他从 1968 年苏联入侵捷克后，就被迫逃离了这个国家。不幸的是他的概念，如同非晶变形虫般的建筑结构，可以俯瞰整个城市，以及“章鱼”这个绰号都遭到了激烈的批判，甚至捷克共和国的总统瓦茨拉夫·克劳斯（Vaclav Klaus）也因曾经说过愿意用自己的身体阻止这栋建筑的话而被媒体引用。设计最终没有被采纳，卡普利茨基转而争取私人投资，就在那段时间，他的生命戛然而止，2008 年一月，他倒在了他出生的那条街上。卡普利茨基的好友，世界建筑节的主办人彼得·芬奇（Peter Finch）在接受《卫报》采访时说，“他离开家乡去了英国有大约四十年，他原本有机会可以设计一件超乎寻常的建筑，但是他被那些不爱建筑的人们的恶意和组织团体所震惊。毫无疑问，为了那个建筑项目所做的斗争工作以及所承受的压力，是导致他英年早逝的原因。”

卡普利茨基是近十年来最激进的建筑师之一，他以其有机建筑和未来感的建筑而著称。在与 Amanda Levete 建筑事务所合作将那些大胆的天才之作转化成实际作品之前，卡普利茨基的设计大都停留在画板上。卡普利茨基于 1937 年出生于一个雕刻家和植物插画师的家庭。从小，他便对技术、飞机和现代建筑着迷。他曾在布拉格建筑设计艺术学院 (VSUP) 学习，并在“布拉格之春”时期作为私人建筑师从业。后来他到英国定居，被英国的建筑前景所吸引，在那里他可以“在角落里鼓捣自己的事情”。卡普利茨基富于创造性，是捷克现代主义的代表人物，他开始与丹尼·拉斯顿（Denys Lasdun）合作，其厚重的混凝土底座的建筑与卡普利茨基看似毫不费力和失重的建筑风格形成对比。很快他就加入了更适合的左伦·皮亚诺（Renzo Piano）和理查德·罗杰斯（Richard Rogers）工作室，在那里他协助完成了蓬皮杜中心的设计工作并获得奖项。随后他与同是从捷克流亡的同行伊娃·杰里娜 (Eva Jiricna) 合作。最后他加入了“Foster 联盟”工作室，也就是现在的“Foster 及伙伴”工作室。然而在此期间他过着双重的生活。似乎受到建筑电讯前卫概念的影响，他开始着手实现他的实验性的抽象创意，并与戴维·尼克森（David Nixon）开启了“未来系统”。他开始致力于图纸和机器人居住的蒙太奇世界——在外太空建造建筑结构，类似于生存胶囊的高科技周末住宅，这种住宅可用直升机运输，有良好的可塑性以及兽形的装饰。

阿曼达·莱维特（Amanda Levete）于 1989 年加入卡普利茨基的工作，他们共同将这个理论转化成建筑形式。这一私人和专业的关系一直持续到 2008 年他们分道扬镳。在此期间，他们合作设计的位于罗德板球中心的地标性建筑，神秘的白色螺旋造型的媒体中心，获得了世界性的声誉，并于 1999 年获得了 RIBA 斯特林建筑奖。位于伯明翰的钴蓝色的塞尔福里奇百货公司大楼，具有曲线美，熠熠生辉，并在 2004 年获得了 RIBA 认可的建筑奖项。理查德·罗杰斯赞扬卡普利茨基为“一个屈指可数的卓越建筑师和一个真正的创新者。他的草图和模型是其建筑的最佳解释，因为不幸的是大多数作品都没有被建造出来。我非常希望在布拉格可以建成他的图书馆。他的死讯是令人震惊的消息。我们失去了一位惊人的，优雅的充满激情的人。”

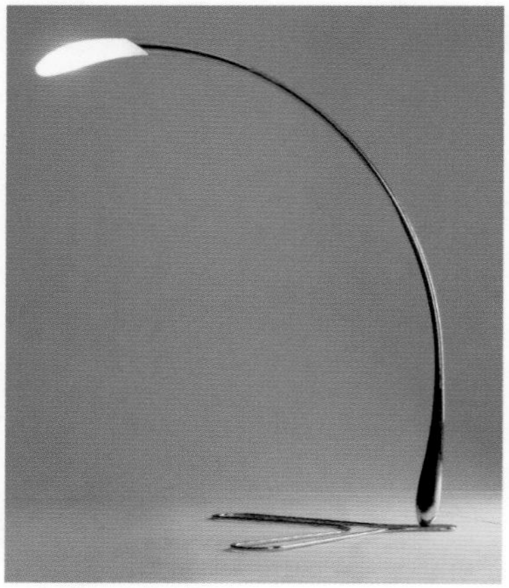

Flora 落地灯

“未来系统”事务所
液压成型抛光铝，吹制白玻璃
1 个 150 瓦 E27 灯泡
高：209 cm ($82^1/_4$ in)
宽：154 cm ($60^5/_8$ in)
深：172 cm ($67^3/_4$ in)
Fontana Arte，意大利
www.fontanaarte.it

PizzaKobra 灯

Ron Arad
钢，铝
6 个 1 瓦 LED 灯泡
高：1.8-7.3 cm ($^3/_4$-$2^7/_8$ in)
直径：26 cm ($10^1/_4$ in)
iGuzzini illuminazioneSpA，意大利
www.iguzzini.com

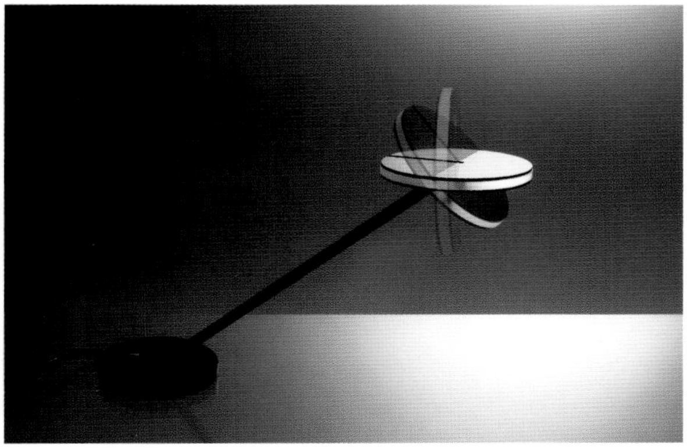

Itis 台灯

Naoto Fukasawa
涂锌合金，金属，聚碳酸酯
1 个 230 伏最大 4 瓦 LED
高：40 cm ($15^3/_4$ in)
直径：12 cm ($4^3/_4$ in)
Artemide，美国
www.artemide.com

Egle 台灯

Michel Boucouillon
压铸铝
1 个 15 瓦 LED 灯泡
高：69.2 cm ($27^1/_4$ in)
直径：18.2 cm ($7^1/_8$ in)
Artemide，意大利
www.artemide.com

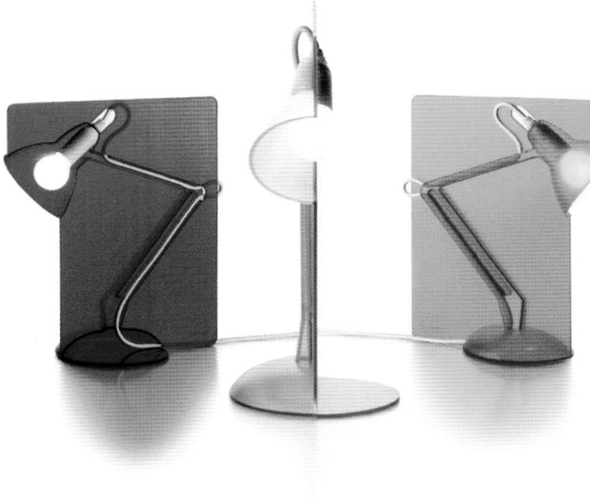

Anglepoise 台灯

Anthony Dickens
聚碳酸酯
1 个最大 40 瓦 E14 灯泡
高：33.3 cm ($13^1/_8$ in)
宽：30 cm ($11^3/_4$ in)
深：14.5 cm ($5^3/_4$ in)
Anglepoise，英国
www.anglepoise.com

“旋转”台灯

Pearson Lloyd
钢，塑料
13 瓦紧凑型荧光灯
高：41 cm ($16^1/_8$ in)
宽：41.9 cm ($16^1/_2$ in)
深：13 cm ($5^1/_8$ in)
Bernhardt Design，美国
www.bernhardtdesign.com

Ina 台灯

Carlotta de Bevilacqua
铝，vetronite
1 个 9 瓦 LED
高：60 cm ($23^5/_8$ in)
宽：15 cm ($5^7/_8$ in)
深：15 cm ($5^7/_8$ in)
Danese，意大利
www.danesemilano.com

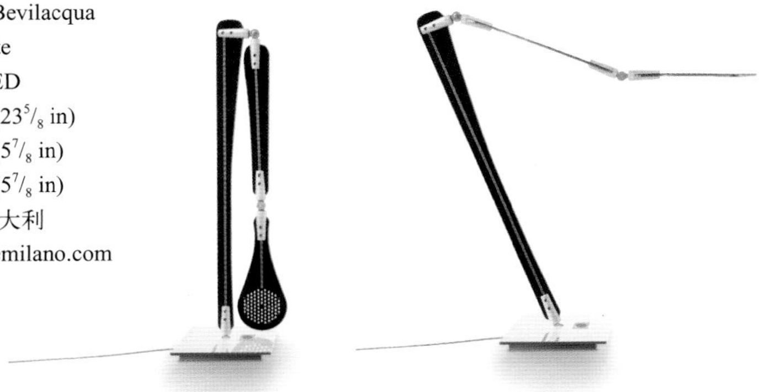

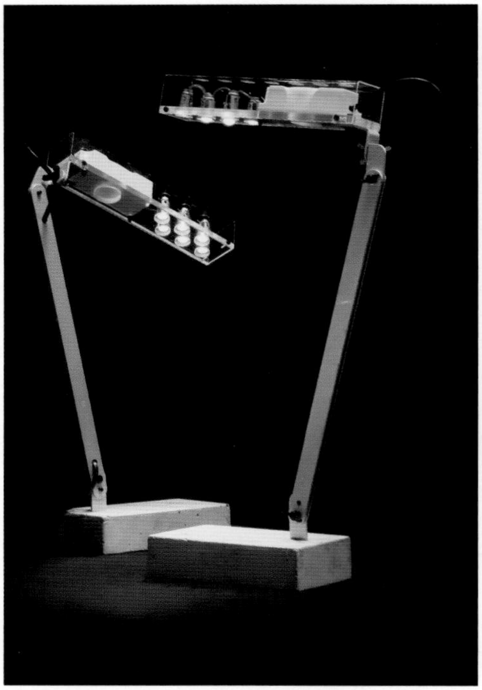

Alizz T.Cooper 台灯 / 吊灯

Ingo Maurer 及团队
金属，塑料，可完全橡胶软管
1 个最大 60 瓦卤素灯泡
高：50 cm (19$^3/_4$ in)
Ingo Maurer GmbH，德国
www.ingo-maurer.com

340Y 台灯

YrjoKukkapuro、HenrikEnbom
半透明亚克力，铝，混凝土
6 个 100 ～ 230 伏 90 瓦 E14 灯泡
高：60 cm (23$^5/_8$ in)
宽：30 cm (11$^3/_4$ in)
Saas Instruments, 赫尔辛基
www.saas.fi

Bubblair 台灯

Ross Lovegrove
铝
1 个 60 瓦 G9 灯泡
高：100 cm (39$^3/_8$ in)
直径：23 cm (9 in)
Yamagiwa，日本
www.yamagiwausa.com

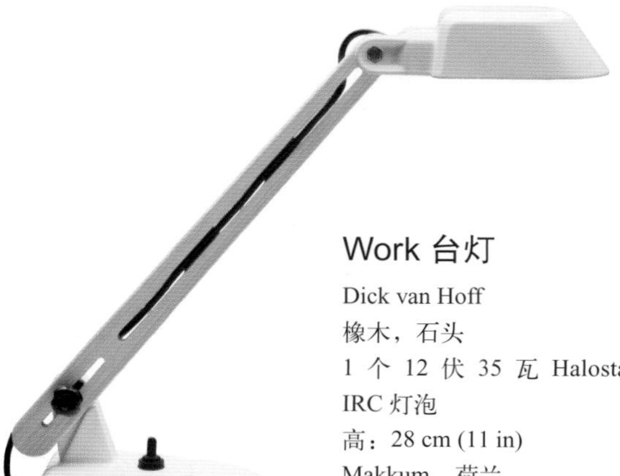

Work 台灯

Dick van Hoff
橡木，石头
1 个 12 伏 35 瓦 Halostar IRC 灯泡
高：28 cm (11 in)
Makkum，荷兰
www.tichelaar.nl

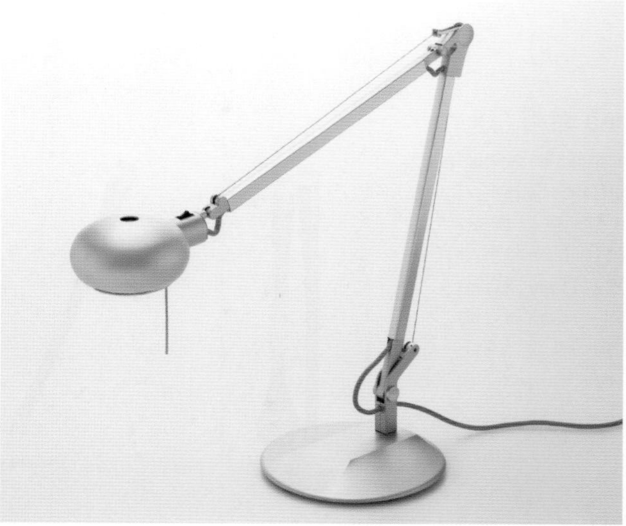

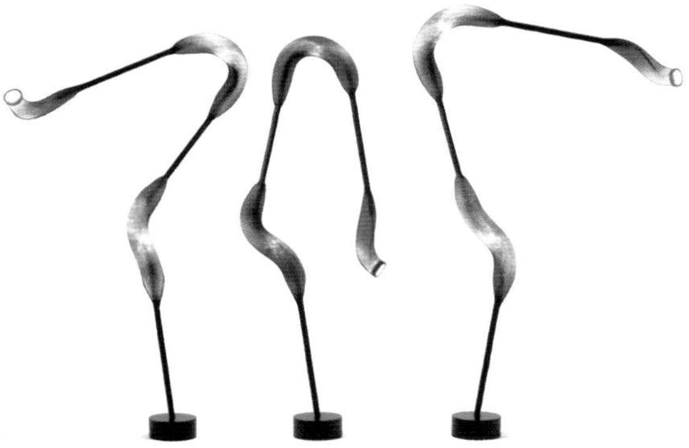

Paranoid 落地灯

Swan Bourotte
编制并，25 个 LED 灯泡
1 个 60 瓦 G9 灯泡
高：120 cm (47 1/4 in)
直径：40 cm (15 3/4 in)
LigneRoset，法国
www.ligne-roset.com

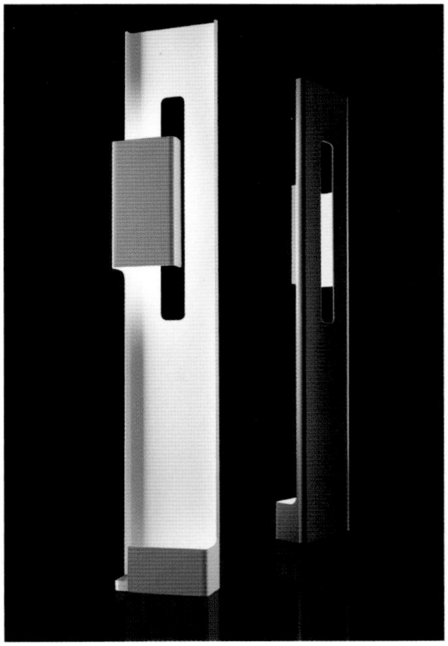

Aretha 落地灯

FerruccioLaviani
铝表面喷漆
1 个 200 瓦 R75 灯泡
高：180 cm (70 7/8 in)
宽：30 cm (11 7/8 in)
深：14 cm (5 1/2 in)
Foscarini，意大利
www.foscarini.com

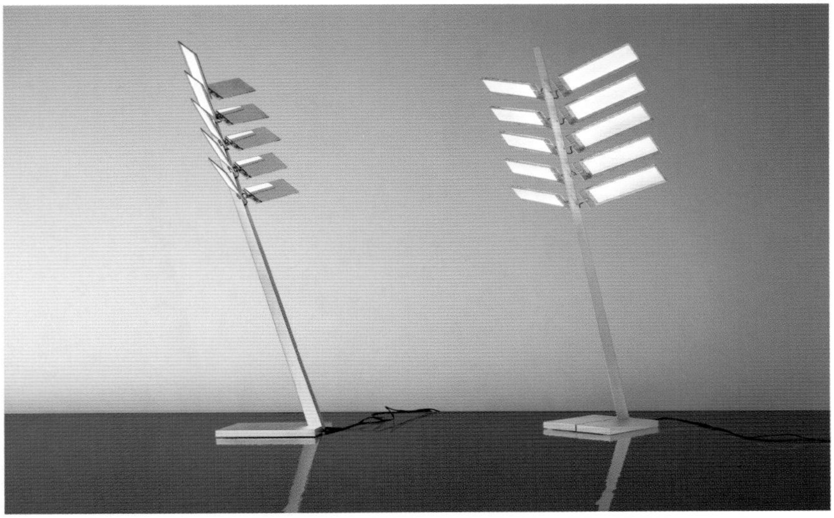

Early Future 台灯

Ingo Maurer
金属，玻璃
10 个模块化 230/125/12 伏 35 瓦 OLED 灯
高：70 cm (27 1/2 in)
宽：35 cm (13 3/4 in)
深：35 cm (13 3/4 in)
Ingo Maurer GmbH，德国
www.ingo-maurer.com

OLED（有机发光二极板）在 20 个世纪 80 年代就出现了，但直到最近才在市场中找到其用途，主要是用来生产轻薄、亮度高并节能的电视屏幕（见 296 页索尼的 XEL-1 电视）。OLED 的致发光层是一层由有机化合物构成的薄膜。该层通常包含一种聚合物物质，允许适合的有机化合物以简单的喷墨或丝网印刷的方式按照行和列排布在一块平坦的载体上。OLED 显示器不需要背光，因此更加节能，比 LCD 和传统的 LED 更轻薄。OLED 的应用尚处于起步阶段，因此造价也相当高，尽管 GE 全球研发中心最近开发生产了第一高性价比的印刷法。二维的面板散发出漫射照明的面光源，GE 正在寻找适应高端建筑产品使用的光源，如柜子中的照明槽，甚至照明壁纸。因戈・莫若（Ingo Maurer）像以往一样领先了一步，并与德国生产光电半导体的厂商 Osram 合作，使用这一创新的技术研发了一款台灯。10 个 132 × 22 毫米 OLED 板由轻巧的金属销连接到支撑臂上，像卫星围绕着太阳。莫若想保留所有技术元件的视觉要素，以强调它们的内在美。“OLED 看起来与传统光源截然不同，它们既不需要将光源反射到适当的位置，也不需要大插座，其亮度可以帮我实现长时间的视觉工作。”莫若说，“OLED 代表了从抽象到功能设计照明的转型阶段”。

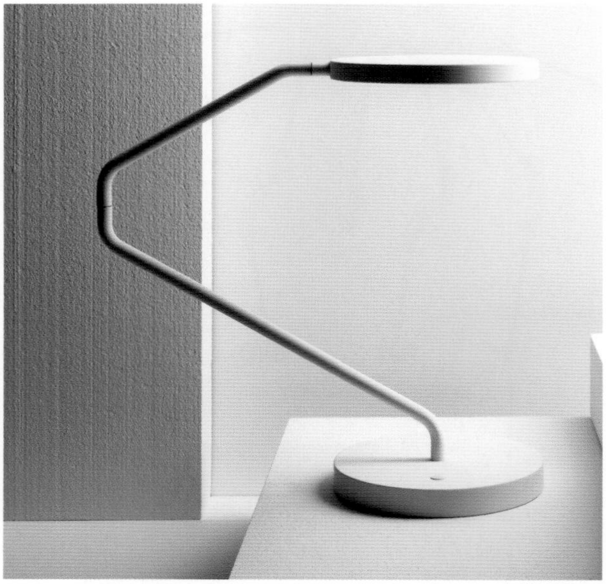

Irvine 系列 w08 台灯

James Irvine 铝
8 个 1 瓦 Nichitao83A LED 灯
高：46.2 cm ($18^1/_4$ in)
宽：22 cm ($7^5/_8$ in)
深：46.8 cm ($18^1/_2$ in)
Wastberg，瑞典
www.wastberg.com

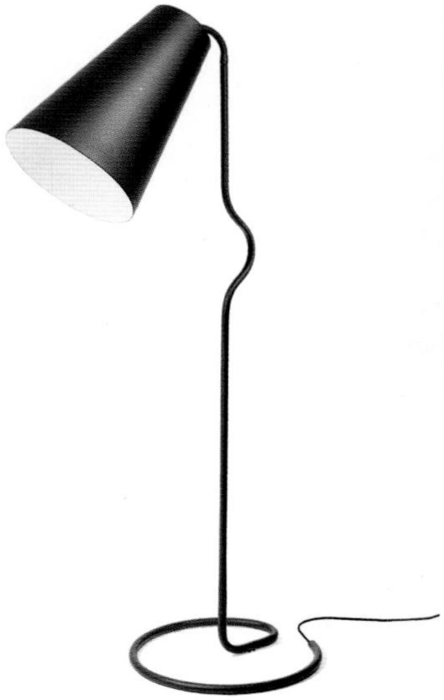

Bender 落地灯

Morten Kildahl
铝，钢，织物
高：165 cm (65 in)
宽：32.2 cm ($12^5/_8$ in)
深：45 cm ($17^3/_4$ in)
Northern Lighting，挪威
www.northernlingting.no

CKR 系列 w08t2 台灯

CKR
铝
1 个 9 瓦 LED 灯
高：45.3 cm ($17^7/_8$ in)
宽：15.6 cm ($6^1/_8$ in)
深：72.8 cm ($28^5/_8$ in)
Wastberg，瑞典
www.wastberg.com

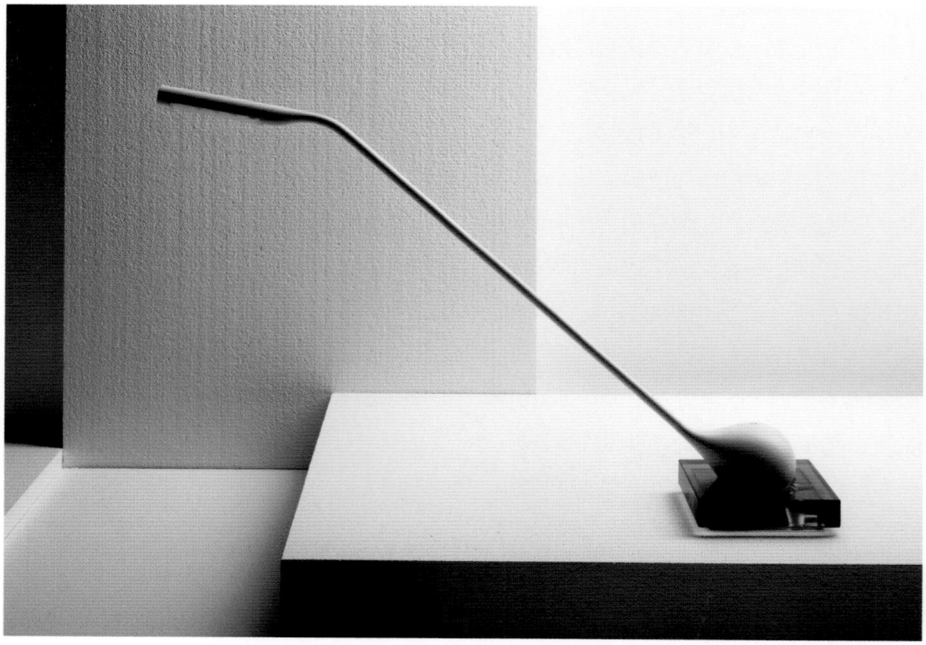

Massaud 系列 w08t 台灯

Jean-Marie Massaud
铝
3 个 1 瓦 Luxeon Rebel LED
高：45.9 cm (18 in)
宽：13.5 cm ($5^3/_8$ in)
深：63.6 cm (25 in)
Wastberg，瑞典
www.wastberg.com

由于对现有的工作灯不满，Marcus Wästberg 于 2008 年成立了以其姓氏命名的公司。他将现有的工作灯描述为要么是“沉闷及不必要的人造光的海洋”，要么是“过度造型的低效灯具”。作为一个在瑞典灯具行业有自身经历的人（他的家族从事这个行业有几十年了），他很容易说服一些优秀的设计师集结到他名下进行创作。设计师们得到的设计宗旨是，不必考虑光源、照明技术或电子元件。随后 Wästberg 的技术人员要弄清楚如何实现创新的功能。在 2008 年斯德哥尔摩家具展中，其生产的产品获得了好评。詹姆斯 • 欧文（James Irvine）、吉恩 • 马利 • 马索（Jean-Marie Massaud）、伊尔泽 • 克劳福德（Ilse Crawford）和克莱松 - 卡尔维斯托 - 卢恩（Claesson Koivisto Rune）被选拔出来承担 Wästberg 的设计挑战，即“一件具有工作灯属性的物品，但具有更广泛的可用性”。他们都生产灯具，虽然只是单纯的形式，但可以让充足的光线均匀分布在大面积的表面上，并可以节约成本，节约能源。欧文已经构思并详细描绘出一个可以绕关节旋转 360 度的臂，马索的未来主义在台灯长而优雅的脖颈和由磁铁与基座相连的球形底部之间找寻平衡。克劳福德的设计特点是谦逊质朴，并始终采用基本的材料来满足成本的要求，而克莱松 - 卡尔维斯托 - 卢恩很显然刚去看过牙医，于是创作出这个宽大的反光平面，可以用手工方式对角度进行任意调整。即将出品的第二个系列在 2009 年斯德哥尔摩博览会期间发布。亮点是由迈克尔 • 杨（Michael Young）设计的台灯采用了一系列自行车制造专有的技术。设计方案中的手臂部分被挤出，加盖，而星形的支架沿着 360 度的轴朝六个方位支撑。“这显然是一件经过精心设计的产品，灵感来源于我对工业流程和生产创新的热情”，迈克尔 • 杨说。

Studioilse 系列 W08t 台灯

Ilse Crawford
铁，榉木，骨瓷
1 个 12 伏 35 瓦卤素灯
高：59.7 cm ($23^1/_2$ in)
宽：13 cm ($5^1/_8$ in)
深：59.4 cm ($23^3/_8$ in)
Wastberg，瑞典
www.wastberg.com

Young 系列 w094t 台灯

Michael Young
铝
1 个 9 瓦 LED
高：40.6 cm (16 in)
宽（从光的顶端到颈部）：46.4 cm ($18^1/_4$ in)
底座直径：19.5 cm ($7^5/_8$ in)
Wastberg，瑞典
www.wastberg.com

Linea2 台灯

Patrizio Orlandi
碳纤维，阳极氧化铝，聚碳酸酯
1 个 230 伏，2 瓦 LED
高：107 cm ($42^1/_8$ in)
宽：19 cm ($7^1/_2$ in)
深：61 cm (24 in)
Kundalini，意大利
www.kundalini.it

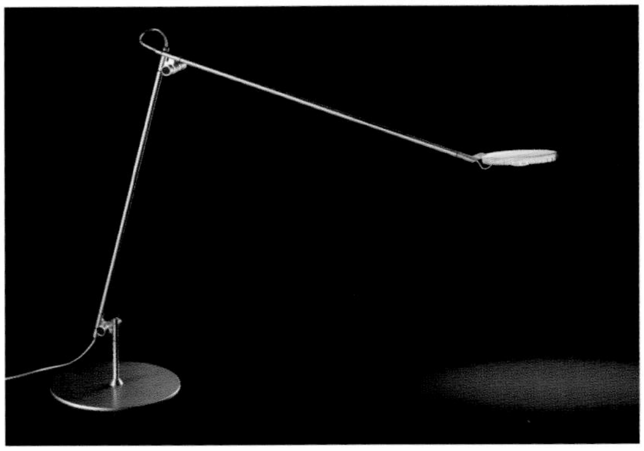

电子产品

OLPC XOXO 笔记本电脑

Yves Béhar, Bret Recor, Giuseppe Della Salle
塑料，橡胶
高：24.2 cm ($9\frac{1}{2}$ in)
宽：22.8 cm (9 in)
深：3.2 cm ($1\frac{1}{4}$ in)
Quanta Computer，台湾
www.quanta.com.tw
www.laptop.org

OLPC（一童一本）是一个激进的计划，旨在为发展中国家的孩子提供低成本的计算机教育，并且多亏了其天线的网络间隔有 16 km，才可以实现村庄和村庄之间的通信。每台电脑都可以作为一个路由器，移动的点对点网络可以作为网络接口，让每台设备之间都可以通过互联网连接。这个有亲和力的、令人愉快的标志性设计使用注塑成型的塑料，并且防尘、防水、耐热。不熟悉现代科技的孩子也会觉得它方便又直观。它大约是教科书大小，比餐盒还轻，比市场上任何一款电脑都便宜，被称为“一百美元电脑”。Behar 写道，“设计师们关心的大多是那 10 亿所谓的西方人，并为他们服务，而 OLPC 这个项目非常难得的是，它关心的是我们地球上其他 60 亿人”。笔记本电脑的成功催生了新一代产品 OLPC XOXO，将在 2010 年上市。它有两个用合页连接的触摸屏，他集书、平板电脑、游戏机和笔记本电脑于一体，只有原来产品的一半大小，没有键盘或者传统的可见外接设备的打扰，与传统电脑设计相比有很大的进步。

“PRS-505”便携式数字读写系统

Takashi Sogabe
铝
高：17.5 cm ($6\frac{7}{8}$ in)
宽：12.1($4\frac{3}{4}$ in)
深：0.78 cm ($\frac{1}{4}$ in)
Sony，日本
www.sony.com

“PRS-505”便携式数字读写系统，这款优雅又结实的便携式读写系统为结构紧凑的铝制框架结构，厚度只有 7.8 毫米，大小就像一本小册子。对于我们这些不能完全适应数字时代美学的人来说，它专门配备了一个盖，通过挂钩与内部的轴相连。内部存储器存储了多达 160 卷书的电子数据，可以通过一个 15 厘米（6 in）的显示屏显示出来，显示屏可以将周围的光线反射并提供一个更大的观看视角，让眼睛更舒适。

“XO”笔记本电脑

Yves Behar
多种塑料，橡胶
高：24.3 cm ($9\frac{5}{8}$ in)
宽：22.8 cm (9 in)
深：3 cm ($1\frac{1}{4}$ in)
Quanta Computer，台湾
www.quanta.com.tw
www.laptop.org

苹果无线键盘

苹果
铝
高：32.5 cm ($12\frac{3}{4}$ in)
宽：18.5 cm ($7\frac{1}{4}$ in)
深：3.5 cm ($1\frac{3}{8}$ in)
苹果，美国
www.apple.com

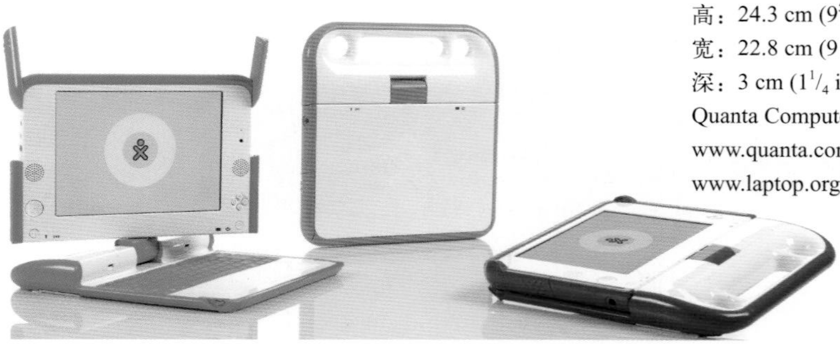

Gigabit 无线路由器

Linksys
聚碳酸酯
高：3.3 cm ($1^{1}/_{4}$ in)
宽：20.3 cm (8 in)
深：16 cm ($6^{1}/_{4}$ in)
Quanta Computer，中国台湾
www.quanta.com.tw
www.laptop.org

TouchSmart IQ500 触摸屏式个人电脑

Hewlett Packard
塑料包装材料
高：44.2 cm ($17^{3}/_{8}$ in)
宽：53.5 cm (21 in)
深：8.4 cm ($3^{1}/_{4}$ in)
Hewlett Packard，美国
www.hp.com

WAIO JS1-Series 多功能个人电脑

索尼
铝
高：40.8 cm (16 in)
宽：48.7 cm ($19^{1}/_{4}$ in)
深：15.7 cm ($6^{1}/_{4}$ in)
索尼，日本
www.sony.com

Compaq2710p 个人笔记本电脑

Hewlett Packard
镁合金，塑料，化学强化玻璃，惠普 DuraFinish 和 Hurakeys 涂料
高：21.2 cm ($8^{3}/_{8}$ in)
宽：29 cm ($11^{3}/_{8}$ in)
深：2.8 cm ($1^{1}/_{8}$ in)
Hewlett Packard，美国
www.hp.com/uk

MacBook Air 笔记本

苹果
可循环铝
高：1.94 cm ($^{3}/_{4}$ in)
宽：32.5 cm ($12^{3}/_{4}$ in)
深：22.7 cm ($8^{7}/_{8}$ in)
苹果，美国
www.apple.com

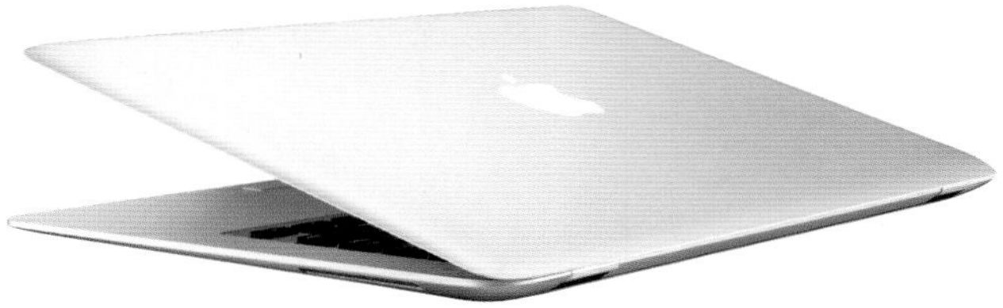

32MH70 超薄高清液晶电视

日立
塑料，不锈钢
高：53.8 cm ($21\frac{1}{4}$ in)
宽：81.4 cm (32 in)
深：3.9 cm ($\frac{1}{2}$ in)
日立，日本
www.hitachidigitalmedia.com

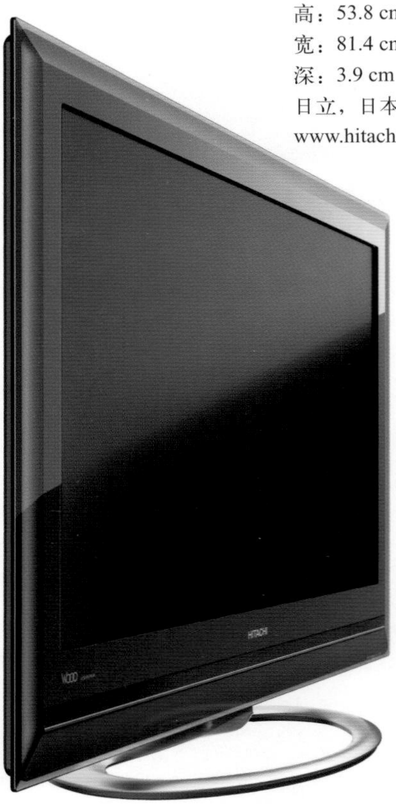

Fine Arts 液晶电视

Grundig
聚碳酸酯，ABS
高：81.8 cm ($32\frac{1}{4}$ in)
宽：111.5 cm ($43\frac{7}{8}$ in)
深：12.5 cm ($4\frac{7}{8}$ in)
Grundig，德国
www.grundig.de

Connect 37 液晶电视

Design 3
镁合金，塑料，化学强化玻璃，惠普 DuraFinish 和 Hurakeys 涂料
高：63.2 cm ($24\frac{7}{8}$ in)
宽：95.5 cm ($37\frac{5}{8}$ in)
深：12 cm ($4\frac{3}{4}$ in)
Loewe，德国
www.loewe.com

Connect 37 的目标客户群为年轻人，是一个访问各种媒体来源的完美门户——数码相机、MP3 播放器和电脑网络——可以通过 USB 接口、以太网、电线或无线局域网传输数据。它可移动的设计（可以安装在墙上或细长的金属支架上）对于年轻消费者灵活的生活方式来说非常理想。

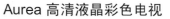

Aurea 高清液晶彩色电视

飞利浦
感官活性玻璃框
高：71.5 cm ($28\frac{1}{8}$ in)
宽：112 cm ($44\frac{1}{8}$ in)
深：13 cm ($5\frac{1}{8}$ in)
飞利浦，荷兰
www.philips.com

9 Series 液晶电视

LN46A950
三星
大面板，黑色钢琴漆
高：75.9 cm (29 7/8 in)
宽：116 cm (45 5/8 in)
深：30 cm (11 3/4 in)
三星，美国
www.samsung.com

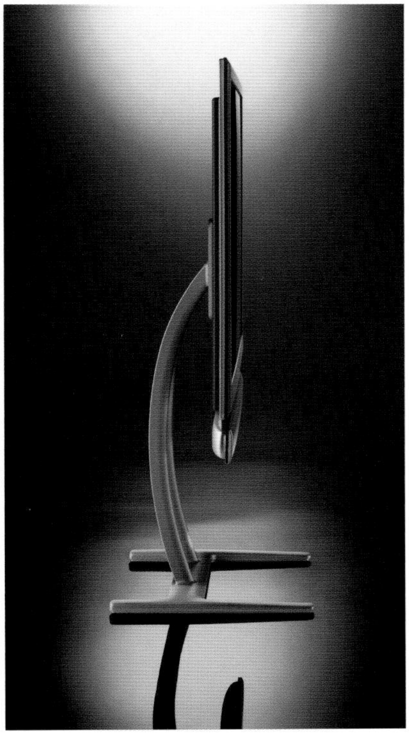

Aquos 65 寸高清液晶电视

Toshiyuki Kita
铝
65 寸的尺寸
高：104.6 cm (41 1/4 in)
宽：152.8 cm (60 7/8 in)
深：2.3 cm (7/8 in)
夏普，日本
www.sharp.co.uk

HAL 液晶电视

ChaohanStudio
涂漆金属，玻璃
高：52 cm (20 1/2 in)
宽：62 cm (24 3/8 in)
深：15.8 cm (6 1/4 in)
ChauhanStudio，英国
www.tejchauhan.com

Capujo 液晶电视

Curiosity
塑料
高：56.9 cm (22$^{3}/_{8}$ in)
宽：81.8 cm (32$^{1}/_{4}$ in)
深：28 cm (11 in)
三洋，日本
www.sanyo.com

XEL-1 OLED 平板电视

索尼
铝制支架，黑色镜面金属漆
高：25.3 cm (10 in)
宽：28.7 cm (11$^{1}/_{4}$ in)
深：0.3 cm ($^{1}/_{8}$ in)
索尼，日本
www.sony.net

XEL-1 是第一部为欧洲市场设计的 OLED（有机发光二极管）电视机。有机发光二极管是包含有机原件的固态原件，当有电流时就会发光。不用于 LED，有机发光二极管是基于炭而并非结晶层，更加轻薄和灵活。XEL-1 的屏幕厚度只有 3 毫米，1 000 000 ：1 的对比度，保证了非常好的画面质量和无与伦比的色彩。有机发光二极管的应用尚处于起步阶段，只有 28 厘米大小的屏幕对于常规应用来说是显得太小，但可以代表索尼公司对有机发光二极管这一前沿科技的应用及发展趋势。

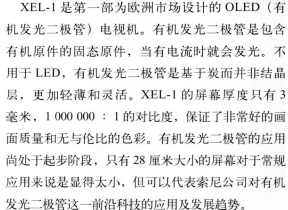

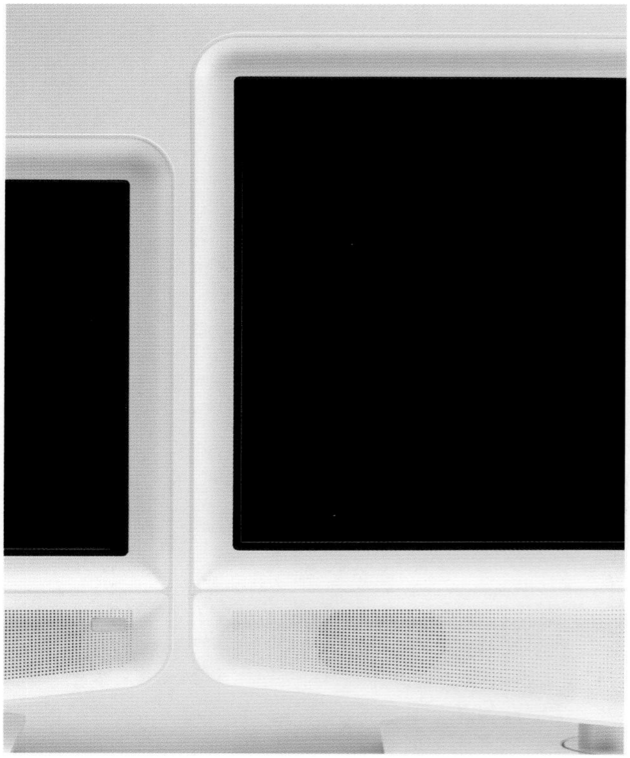

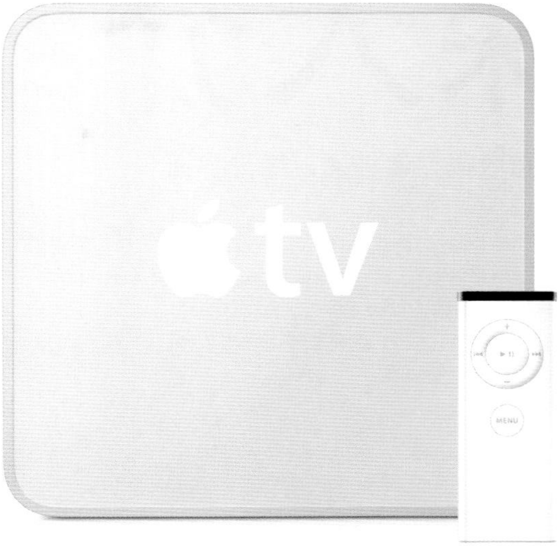

数字媒体接收器，苹果电视

苹果
聚碳酸酯
高：19.7 cm ($7^{3}/_{4}$ in)
宽：19.7 cm ($7^{3}/_{4}$ in)
深：2.8 cm ($1^{1}/_{8}$ in)
苹果，美国
www.apple.com
www.sony.net

Essence 42 寸液晶电视

飞利浦
金属，玻璃
高：66.3 cm ($26^{1}/_{8}$ in)
宽：98.2 cm ($38^{5}/_{8}$ in)
深：5 cm (2 in)
飞利浦，荷兰
www.philips.com

LG70 52 寸高清液晶电视

Seymour Powell
聚碳酸酯
高：84.6 cm ($33^{3}/_{8}$ in)
宽：128.5 cm ($50^{5}/_{8}$ in)
深：13 cm ($5^{1}/_{8}$ in)
LG，韩国
www.lg.com

深入介绍

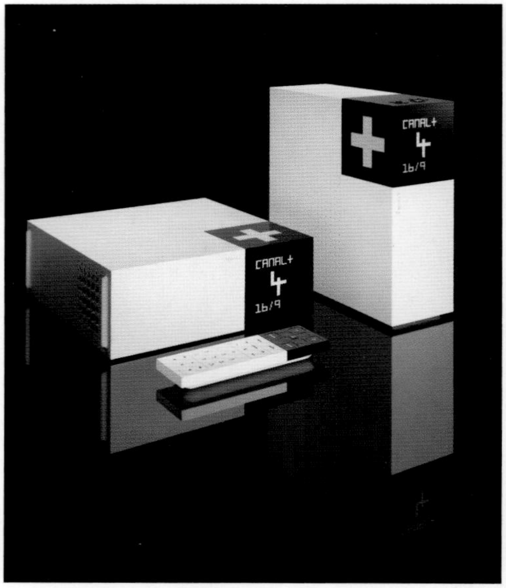

电视接收器，遥控器，图形界面

Canal+LeCube
Yves Béhar 设计，fuseproject
高：8.5 cm ($3^3/_8$ in)，宽：23 cm (9 in)，深：23 cm (9 in)
320G 硬盘驱动器，USB 接口，以太网端口
材料：ABS 塑料，铝，聚碳酸酯橡胶
制造商：Canal+，法国

Yves Béhar 在旧金山创立其工业设计及品牌设计公司 fuseproject 不到十年，但其突破性的有创造力的产品已经为公司多次获得 IDEA 设计奖，成绩超过了其余所有设计同行，仅次于工业设计巨头 IDEO。其客户的构成非常多元化，品牌包括惠普、东芝、耐克、Mini 和制鞋品牌 Birkenstock。Béhar 是 Herman Miller 的生态触摸 LED 台灯 Leaf 的设计者，麻省理工学院媒体实验室“一童一本”笔记本项目的参与者（见第 292 页），以及采用了尖端的噪声屏蔽技术的 Aliph Jawbone 蓝牙耳机（见第 309 页）。环境和社会责任的结合，以及技术创新让 Béhar 的设计脱颖而出。他的使命是为产品开发意味深长的故事，他相信产品与消费者的关系越复杂越紧密，消费者的忠诚就会越持久。

Béhar 的声誉如此，各个公司找到他重新对自己的品牌进行评估。其产品的开发是建立在深入了解客户需求的基础之上，用他的话简而言之就是“通过了解我们的客户是谁，工作中将要发生什么事情以及我们想让他们与这个世界如何相关来完成我们的工作”。他继续说，“我们所做的工作确实需要研究，需要新技术，但也需要深入浅出的、直观的方法”。fuseproject 在完成 OLPC 项目期间，被 Behar 全面的、人性化的设计方法所吸引，Canal+ 从法国来到旧金山，委托其进行电视接收器、遥控器和图形界面的设计，该设计要求用户友好及创新性，并可以提供标准的和高清电视服务，例如视频点播。尽管 Canal+ 是一个独特的媒体公司，在法国有 100% 的认可度，但其对实体设计方面缺乏远见，需要一些全新的东西，来帮助其实现在产品设计和用户界面（UI）设计方面的领导地位。

通常，电视接收盒的功能都不太容易被理解，也多过于电视的实际使用需要。LeCube 的设计源自于 Béhar 提出的两个问题：如果我不打开电视，如何获取那些信息？如果信息可以被机顶盒唤出又会怎样？设计的愿望是创造一个“魔法”盒子，信息化的图形可以显示在上面，允许用户选择并在随后可让电视机记住自己的使用习惯和偏好。该产品与接收机、遥控器和 Canal + 电视图形界面合为一体，并被同时设计。接收器的设计被最大限度地简化，并做到尽量美观，以此鼓励用户将它展示出来。通过一个陀螺传感器，它可以被水平或竖直放置来应用，在适当的位置自动定位显示的信息。遥控器有一个软雕塑的背面，使它看起来好像是悬浮的，因此当拿起来的时候更容易握紧。当 Béhar 发现背光液晶可以隐藏在一个更大的黑色窗口后面时，漂浮元素和神秘的黑色屏幕的概念就可以实现了。“我在瑞士的法语区长大”，Béhar 说，“我能为如此多的、熟悉的受众创造一个视觉和触觉的新体验，是实现了我的一个梦想。”

01 机顶盒的细节和功能草图。接收器是一个远端的单独设备，设计详细到机顶盒纹理和排气孔，包含每个视角的草图。

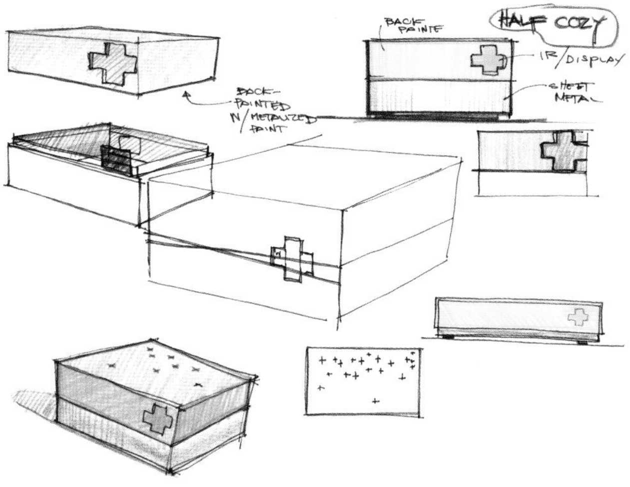

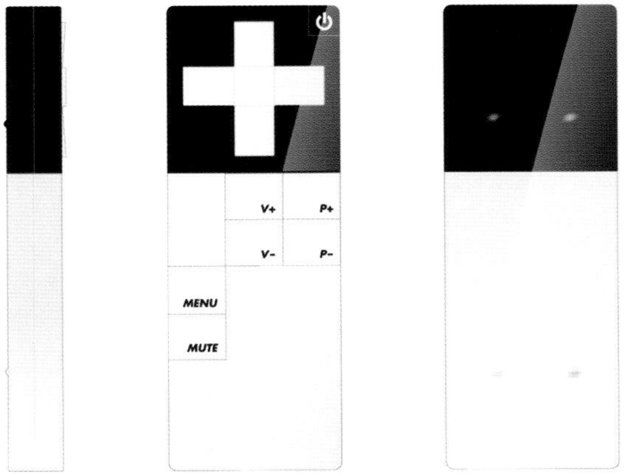

02 计算机绘制出遥控器上的按键布局图。按键被分为两个区块：导航区位于黑色的光泽的区域，控制区位于白色缎面区域。这种高对比度让使用变得更加直观，并且更容易找到遥控器。

03 黑色正方形的互动区域不仅是造型的尝试，它实际上是一个精确的128×128像素的液晶显示屏，记录一些有用的日常信息并用动画显示，不需要打开电视就可以看到。屏幕上的用户界面也是基于同样的设计出发点，使用了白色、黑色和半透明的图形突出了不同的信息层次结构。信息分区由六百多页的用户界面组成。

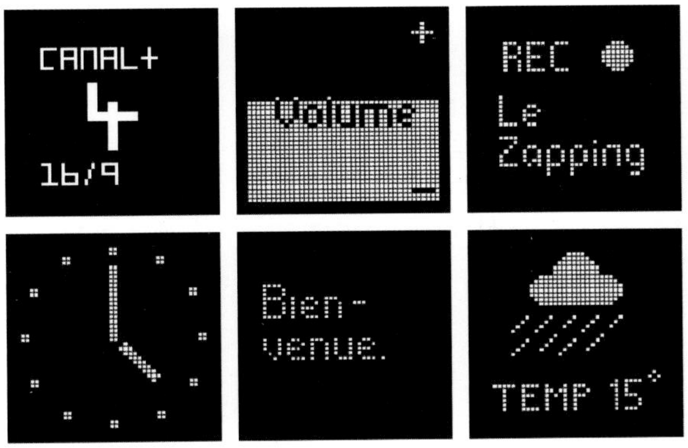

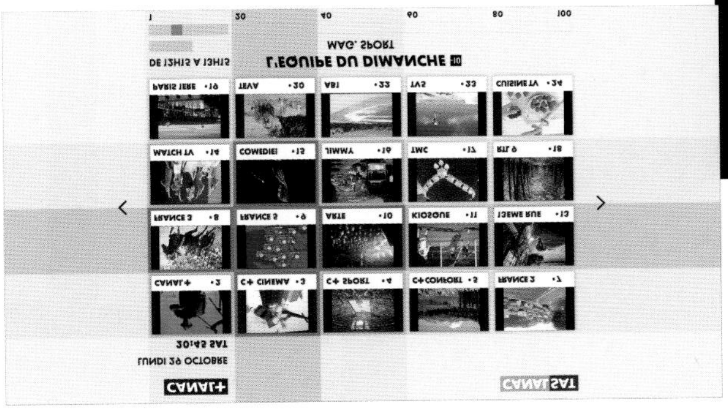

04 LeCube已被设计为可重复使用，可拆卸，可翻新，内部组件经过升级之后再转给下一个电视用户。

Tuttuno 媒体盒子

Oscar、Gabriele Buratti
玻璃，金属，木头
多种尺寸
Acerbis International s.p.a.，意大利
www.acerbisinternational.com

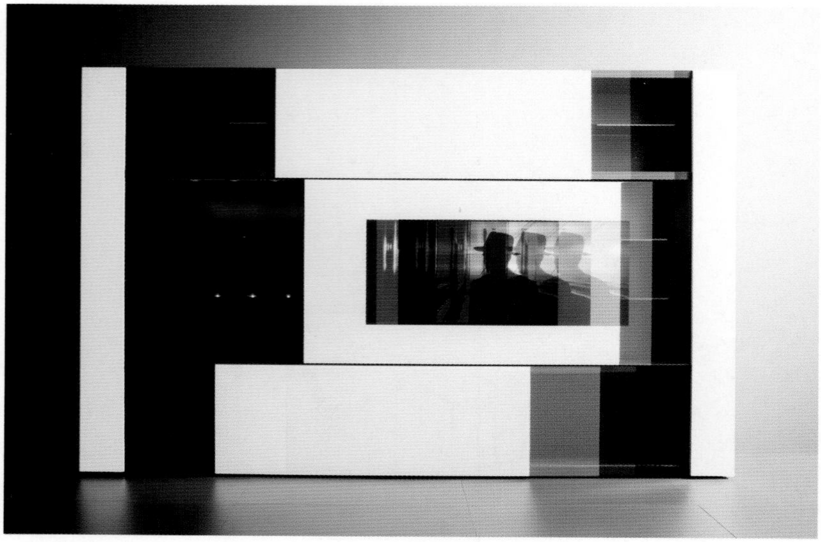

“新概念媒体箱 02”多媒体柜

Lodovico Acerbis, Massimo Castagna
喷漆玻璃，金属，木材
多种尺寸
Acerbis International s.p.a.，意大利
www.acerbisinternational.com

“HTS9810”DVD 家庭影院系统

飞利浦
聚碳酸酯
多种尺寸
飞利浦，荷兰
www.philips.com

Vaio P 系列便携式电脑

索尼
Alcantara，红 / 绿 / 黑 / 白色钢琴漆
高：1.98 cm (3/4 in)
宽：24.5 cm (9 5/8 in)
深：12 cm (4 3/4 in)
索尼，日本
www.sony.com

Sony 坚持强调 Vaio P 是一个多功能的计算机而非简单的笔记本。它的体积不超过一个手包，20 cm 屏幕，0.64 kg（1.4 磅）重，顶级配置的机型具有 128-GH 的硬盘驱动器，和一个 1.33 GHz 的处理器，是一个非常适合商务人士和移动办公人员使用的功能齐全的计算机。键盘上每个字母都是独立的，打字非常方便。直到苹果电脑推出其新版本之前，这类微型计算机的信箱造型在市场上是独一无二的。

G1 是谷歌的第一部手机。它旨在将电脑放入移动设备中，使谷歌与苹果公司的 iPhone 和生产黑莓手机的 RIM 成为竞争对手。用户通过 8 厘米触摸屏可以直接使用谷歌的在线服务：电子邮件、Gmail、Youtube、Google Talk、谷歌地图（内置罗盘和运动传感器可以实现拿在手上并旋转地图，从而进行导航）和显示道路，真实世界和街头照片的街景软件。外壳设计是由位于旧金山的 Mike and Maaike 设计公司承担，其造型经典、低调并且界面很友好，键盘为滑出式。该产品已经由 HTC 开发，并在英国由 T-Mobile 出售。

T-Mobile G1 移动电话

Mike and Maaike
玻璃，塑料
高：1.98 cm (3/4 in)
宽：24.5 cm (9 5/8 in)
深：12 cm (4 3/4 in)
Acerbis International s.p.a.，意大利
www.acerbisinternational.com

Andree Putman
7 寸电子相框

Andree Putman
聚碳酸酯
高：17.2 cm ($6^{3}/_{4}$ in)
宽：21.8 cm ($8^{5}/_{8}$ in)
深：8.6 cm ($3^{3}/_{8}$ in)
Parrot，法国
www.parrot.com

2008 年，世界领先的无线移动电话设备品牌 Parrot，力求通过引入一系列设计师增加其品牌的设计感。系列产品中的第一个为法国室内设计师元老级人物 Andree Putman 设计的数码相框。Putman1984 年为纽约 Morgan 酒店进行了室内设计，之后黑白格的设计风格就成为其代名词，运用黑白格的设计元素，该电子相框将艺术与尖端技术相结合。“我想赞扬 Parrot 品牌的大胆，将这个科技的神奇之处用于一件包装精美吸引眼球的产品上，超越了单纯的实用性。”她说。

“月亮”USB 盘

飞利浦
施华洛世奇水晶镀铬，抛光不锈钢
直径：3.7 cm ($1^{1}/_{2}$ in)
厚度：2 cm ($^{3}/_{4}$ in)
飞利浦，荷兰
www.philips.com

PoGo 便携式照片打印机

Polaroid
塑料
高：2.4 cm ($^{7}/_{8}$ in)
宽：12 cm ($4^{3}/_{4}$ in)
深：7.2 cm ($2^{7}/_{8}$ in)
Polaroid，美国
www.paloroid.com

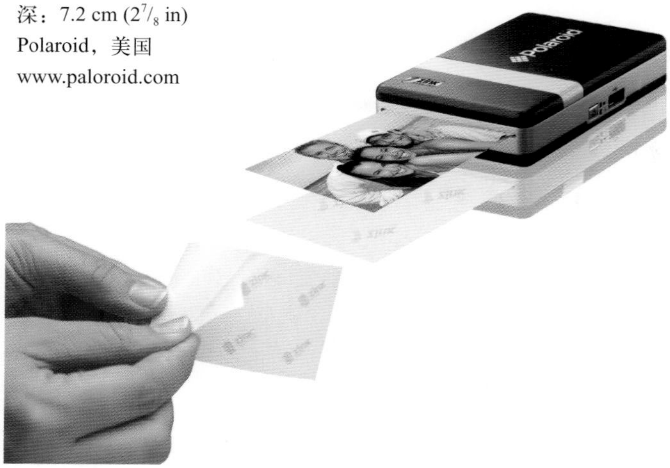

2008 年夏天，出现了一个标志性的产品，彻底改变了产生于 60 年代的摄影技术。宝丽来快速成像相机的出现意味着回忆不仅可以被捕获，还可以随着正在发生的事情产生和共享。宝丽来即时摄像头的出现意味着回忆不仅可以被捕获，而且还生产和共享，就好像事件仍在发生一样。随着快速便携式打印机的出现，宝丽来又开始寻求在数码摄影世界的同样影响。今天，手机和袖珍相机都有保存上百张图片的能力，我们已成为快乐而潇洒的一代，但有多少照片被存在电脑硬盘后就再也不被翻看呢？PoGo 的大小仅为两部手机摞起来的尺寸，它可以当场打印尺寸为 $5 \times 7.6\ cm^2$ 的照片。使用 ZINK 图像的“ZINK 零墨水打印技术”，打印机装有内置隐形染料晶体照片纸。照片从手机或相机中通过蓝牙技术或 USB 存储器倒出来，之后用热敏打印产生图像，不需要用墨水。

XXS 移动硬盘

Sylvain Willenz
塑成型橡胶
高：1.35 cm ($^{1}/_{2}$ in)
宽：80 cm (31$^{1}/_{2}$ in)
深：11 cm (4$^{3}/_{8}$ in)
Freecom，德国
www.freecom.com

Freecom 这家德国技术公司在广告中宣传 XXS 为市面上最小的移动硬盘。它可以轻松放入任何口袋，凭借其圆润的边角和柔和的、可以拆卸的橡胶套，其造型时尚、优雅，会让人联想到 iPhone 的橡胶套。它有 160 GB、250 GB、320 GB 三种型号，并与大多数 USB 接口兼容。为了不偏离设计，商标被设计成放在边上的一个小标签，形式低调。制造商和设计师的名字分别用与产品相同的颜色（白色，灰色和金色）被放在两边。打开方式就像是香烟盒。可以通过一个小孔来打开移动硬盘的盖子，并可以显示所剩容量。

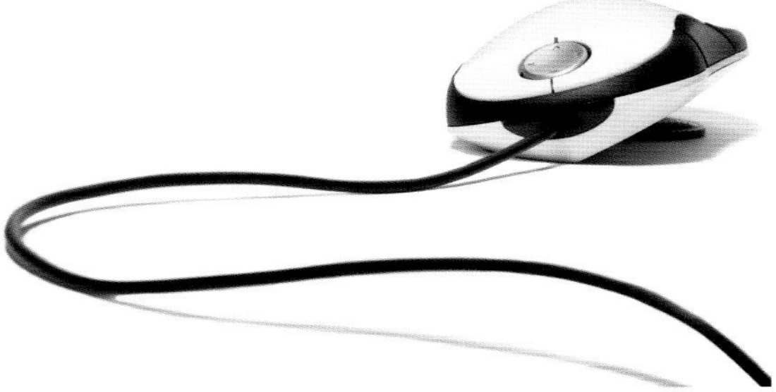

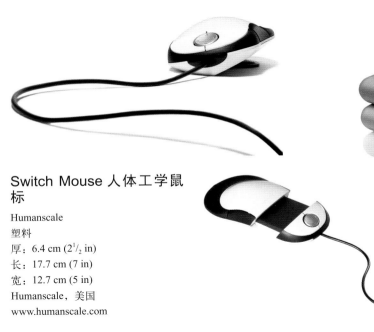

Switch Mouse 人体工学鼠标

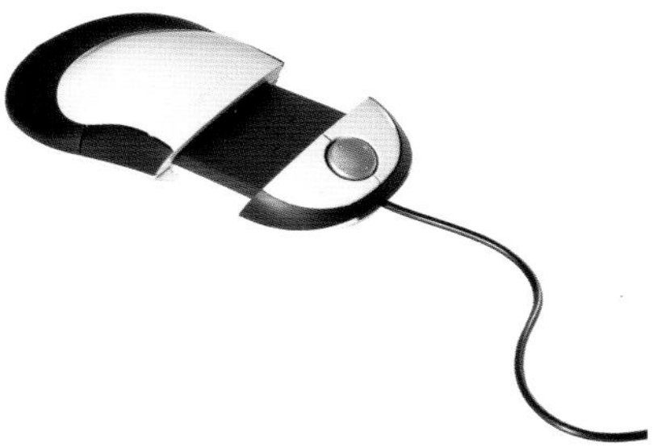

Humanscale
塑料
厚：6.4 cm (2$^{1}/_{2}$ in)
长：17.7 cm (7 in)
宽：12.7 cm (5 in)
Humanscale，美国
www.humanscale.com

成立于 1982 年的 Humanscale 公司是人体工学办公产品制造商的领导者。其多元化的目的是确保每个在电脑前耗费大量时间的人有最大的舒适度和最小的长期使用所带来的健康隐患。Switch Mouse 包括三大独创功能：第一为 V 形底座，可以让手腕和前臂呈自然弯曲状态放置在上面，这对于降低重复性劳损非常重要；第二，Switch Mouse 可以双手使用，人体工程学家推荐理由为最大限度地缓解了应力；第三，滑动打开和关闭的操作方式适合任何大小的手掌。通过鼓励使用大臂和肩部肌肉，该产品可以让娇嫩的手部和手腕肌肉得到放松。

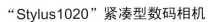

“Stylus1020”紧凑型数码相机

Olumpus
金属
长：9.9 cm (3$^{7}/_{8}$ in)
宽：5.6 cm (2$^{1}/_{4}$ in)
厚：2.5 cm (1 in)
Olumpus，日本
www.olympus-global.com

PIP* 蓝牙电话

Hulger
塑料
多种尺寸
Hulgar，英国
www.hulger.com

黑莓珍珠 8220 移动电话

RIM
长：10.1 cm (4 in)
宽：5 cm (2 in)
厚：2.5 cm (1 in)
BlackBerry，加拿大
www.blackberry.com

C905 Cybershot 移动电话

索尼爱立信
触感柔软的塑料，磨砂涂层
长：10.4 cm ($4^{1}/_{8}$ in)
宽：4.0 cm ($1^{7}/_{8}$ in)
厚：1.8 cm ($^{3}/_{4}$ in)
索尼爱立信，美国
www.sonyericsson.com

Xperia X1 移动电话

索尼爱立信
TFT 触摸屏，QWERTY 键盘，优质金属机身
长：11 cm ($4^{3}/_{8}$ in)
宽：5.2 cm (2 in)
厚：1.7 cm ($^{5}/_{8}$ in)
索尼爱立信，瑞典
www.sonyericsson.com

Wooo 旋转显示屏手机

Kddi

镁合金，聚碳酸酯，ABS，丙烯酸类

长：11.1 cm ($4^{3}/_{8}$ in)

宽：5.1 cm (2 in)

厚：0.6 cm ($^{1}/_{4}$ in)

Kddi，日本

www.au.kddi.com

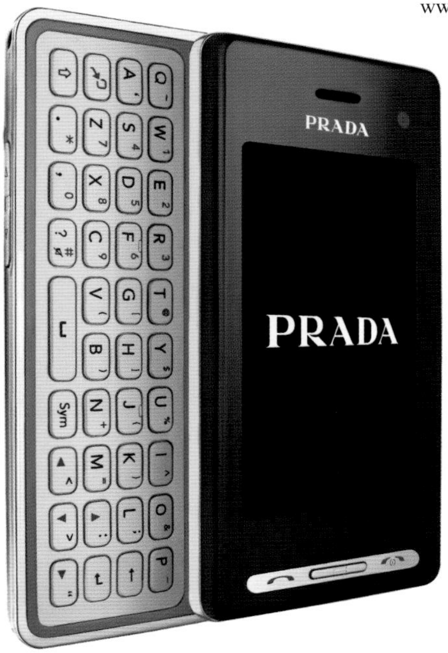

LG KF900 Prada II 手机

Prada

银色烤漆塑料，触摸屏，QWERTY 键盘

长：10.4 cm ($4^{1}/_{8}$ in)

宽：5.4 cm ($2^{1}/_{8}$ in)

厚：1.7 cm ($^{3}/_{4}$ in)

LG，韩国

www.lg.com

“触摸钻石”手机

HTC

聚碳酸酯

长：10.2 cm (4 in)

宽：5.1 cm (2 in)

厚：1.13 cm ($^{1}/_{2}$ in)

HTC，台湾

www.htc.com

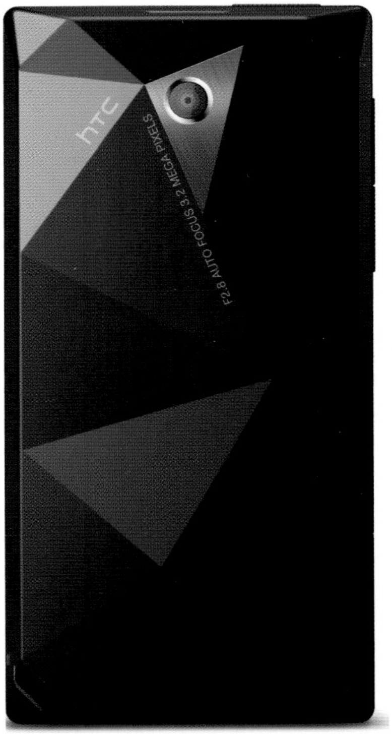

诺基亚 8800 手机

Grace Biocel
碳纤维
长：10.9 cm ($4^{1}/_{4}$ in)
宽：4.5 cm ($1^{3}/_{4}$ in)
厚：1.5 cm ($^{5}/_{8}$ in)
诺基亚，芬兰
www.nokia.com

P9521 手机

Porsche Design Studio
矿物玻璃、铝
长：9.1 cm ($3^{5}/_{8}$ in)
宽：4.8 cm ($1^{7}/_{8}$ in)
厚：1.84 cm ($^{3}/_{4}$ in)
SAGEMCommunication，法国
www.sagem.com

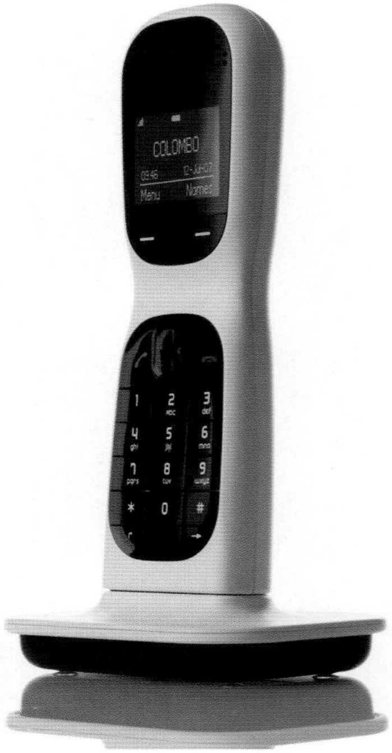

“哥伦布”无绳电话

ChauhanStudio
聚碳酸酯
长：20 cm ($7^{7}/_{8}$ in)
宽：7.5 cm (3 in)
厚：3.5 cm ($1^{3}/_{8}$ in)
Suncorp Communications，中国
www.suncorptech.com

Media Skin 手机

Tokujin Yoshioka Design
涂料用硅颗粒，塑料
长：11 cm ($4^{1}/_{4}$ in)
宽：5 cm (2 in)
厚：1.3 cm ($^{1}/_{2}$ in)
Kddi，日本
www.au.kddi.com

BIG DECT 电话

ChauhanStudio
塑料
长：22.5 cm ($8^{7}/_{8}$ in)
宽：19 cm ($7^{1}/_{2}$ in)
厚：7.8 cm (3 in)
ChauhanStudio，英国
www.tejchauhan.com

Aura 手机

摩托罗拉
铝，不锈钢，蓝宝石水晶
长：9.6 cm ($3^{3}/_{4}$ in)
宽：4.7 cm ($1^{7}/_{8}$ in)
厚：1.8 cm ($^{3}/_{4}$ in)
摩托罗拉，美国
www.motorola.com

iPhone 3G 手机

苹果
不含PVC的塑料，不锈钢内置加速度计，多点触摸显示器，接近传感器，环境光传感器
长：11.5 cm ($4^{1}/_{2}$ in)
宽：6.2 cm ($2^{1}/_{2}$ in)
厚：1.2 cm ($^{1}/_{2}$ in)
苹果，美国
www.apple.com

“签名钻石”音箱

Kenneth Grange
GrigioCarnico 大理石，黑色表面
长：93 cm ($36^{5}/_{8}$ in)
宽：23 cm ($9^{1}/_{8}$ in)
厚：37.5 cm ($14^{3}/_{4}$ in)
Bower&Wilkins，英国
www.bowers-wilkins.com

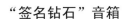

Siren MP3 播放器

PearsonLloyd
ABS 塑料，电子
长：10 cm ($3^{7}/_{8}$ in)
宽：3 cm ($1^{1}/_{4}$ in)
厚：1.3 cm ($^{1}/_{2}$ in)
Signeo，日本
www.signeo.co.jp

Fret 播放器

Brendan Young、Vanessa Battaglia
可循环塑料，键盘，电子产品
长：112 cm (44 in)
宽：27 cm ($10^{5}/_{8}$ in)
厚：3 cm ($1^{1}/_{4}$ in)
Studiomold，英国
www.studiomold.co.uk

WirePod 多插座电源盒

Joris Laarman
热塑性橡胶
长：48 cm ($18^{7}/_{8}$ in)
宽：73.4 cm ($27^{7}/_{8}$ in)
厚：1.8 cm ($^{3}/_{4}$ in)
Artecnica，美国
www.artecnicainc.com

Zeppelin iPod 播放器

Native Design, Morten Warren
抛光不锈钢，黑色表面
高：17.3 cm ($6^{3}/_{4}$ in)
宽：64 cm ($25^{1}/_{4}$ in)
厚：20.8 cm ($8^{1}/_{4}$ in)
Bowers and Wilkins，英国
www.bowers-wilkins.co.uk

Zemi 户外扬声器

Elizabeth Frolet、Francesco Pellisari
釉面陶瓷
直径：26 cm ($10^{1}/_{4}$ in)
Viteo，奥地利
www.viteo.at

Jawbone 蓝牙耳机

Fuseproject 的 Yves Behar，Qin Li，Bret Recor
医用级塑料，皮革
长：5.6 cm ($2^{1}/_{4}$ in)
宽：4.6 cm ($1^{3}/_{4}$ in)
厚：1.7 cm ($^{3}/_{4}$ in)
Aliph，美国
www.jawbone.com

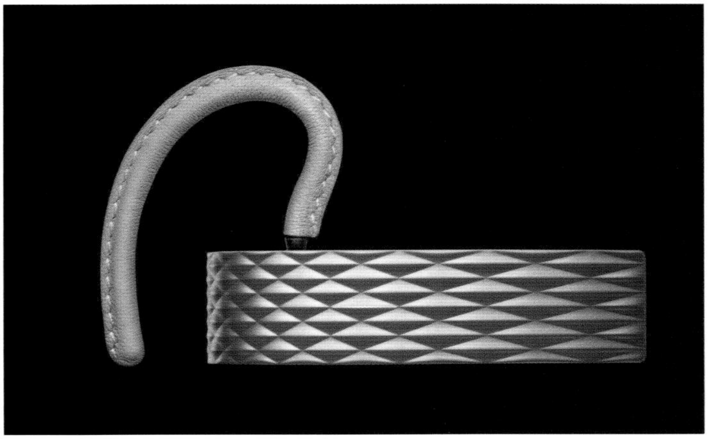

Aliph 是一家新成立的移动音频产品的研发公司，它的第一件产品就是基于周围噪音屏蔽技术研发的 Jawbone 蓝牙耳机。该耳机通过语音就可以激活。耳机延伸到可以使下颚活动的肌肉处，当嘴巴张开时，传感器就激活，任何不是由讲话者发出的噪声都会被一个军用级别的消除噪声系统屏蔽掉。耳机设计的目的是将使用过程最大限度地简化。两个流线形的按键控制耳机的所有功能，并且隐藏在外壳下面。外壳独特的表面设计在灯光作用下会让使用者在移动使用的过程中看起来灵活而有生气。正如 Foruseproject 的一贯做法一样，公司不仅对产品本身负责，也对品牌和包装负责，并监督摄影和广告。

Pebble MP3 播放器

三星
工程塑料
直径：4.3 cm ($1^{3}/_{4}$ in)
高：1.8 cm ($^{3}/_{4}$ in)
三星，韩国
www.samsung.com

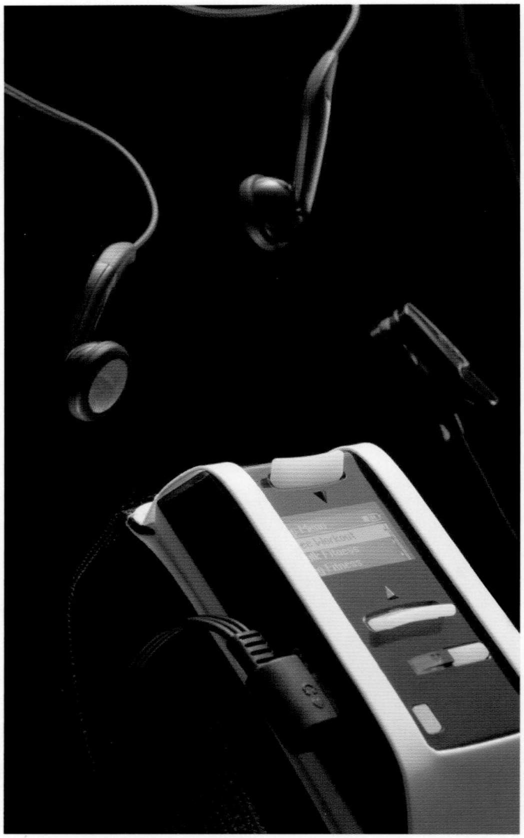

Cone 全频音箱

Mats Broderg、Johann Ridderstråle
低音反射陶瓷
高：42 cm ($16^{1}/_{2}$ in)
直径：42 cm ($16^{1}/_{2}$ in)
厚：33 cm (13 in)
BRDA，瑞典
www.brda.se

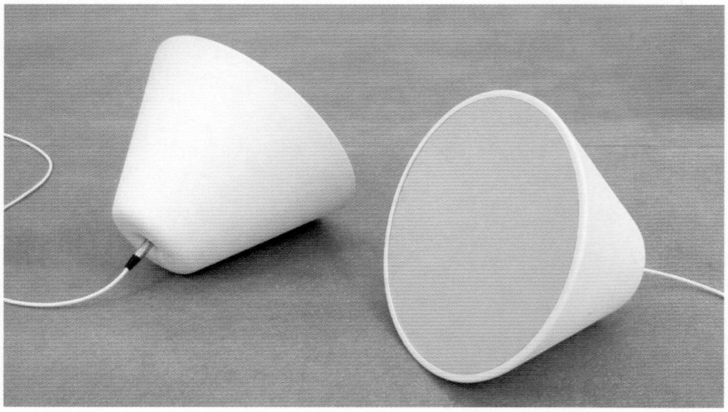

BODiBEAT MP3 播放器

Toshihiko Sakai
聚碳酸酯和玻璃纤维
长：7.5 cm (3 in)
宽：3.9 cm ($1^{1}/_{2}$ in)
高：2.5 cm (1 in)
www.sakaidesign.com/www.yamaha.com

BODiBEAT 是专门为慢跑者设计的一款独特产品。不同于 iPod 或任何一款耐克 MP3 播放器，它可以测到跑步者的脉搏，并且为有氧运动选择节奏最适合的音乐。这对提升训练效率有积极作用。

Eton FR 1000 手摇发电收音机（带手电，报警器，手机充电器）

Whipsaw, Inc.
橡胶，塑料
长：28.1 cm (11 in)
宽：15.7 cm ($6^{1}/_{4}$ in)
厚：10.4 cm ($4^{1}/_{8}$ in)
Eton，美国
www.etoncorp.com

Eton FR1000 是一台自发电的短波收音机，用于电网没有覆盖地区的紧急情况。它集成了双向无线通信，并且可以作为对讲机使用，可以接收 AM 和 FM 信号。同时还有内置的手机充电器和报警器，收音机，旋钮和手摇发电手柄包裹在橡胶内，在最恶劣的环境中可以起到保护作用。

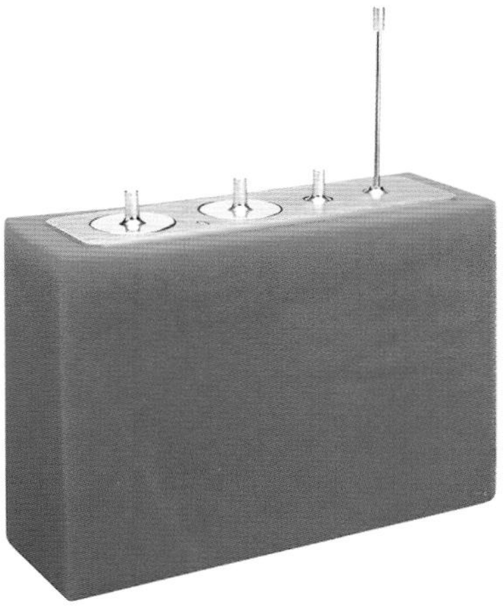

"泡沫"收音机

Eliumstudio
微过滤泡沫，铝
长：14 cm ($5^{1}/_{2}$ in)
宽：8 cm ($3^{1}/_{8}$ in)
厚：4 cm ($1^{5}/_{8}$ in)
Lexon，法国
www.lexon-design.com

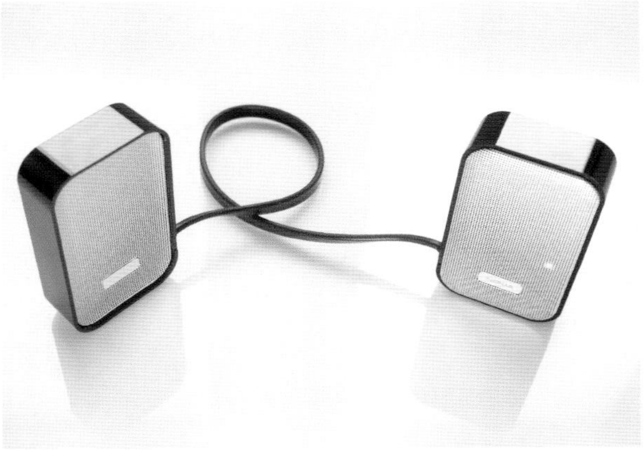

MD7 便携式音箱

Khodi Feiz
塑料
长：10.5 cm ($4^{1}/_{8}$ in)
宽：6.6 cm ($2^{5}/_{8}$ in)
厚：5.1 cm (2 in)
诺基亚，芬兰
www.nuokia.com

iPod Nano MP3 播放器

苹果
无砷玻璃，可循环铝
长：9 cm ($3^{1}/_{2}$ in)
宽：3.9 cm ($1^{1}/_{2}$ in)
厚：0.6 cm ($^{1}/_{4}$ in)
苹果，美国
www.apple.com

i24R3 是一个革命性的无线多房间扬声器系统，融合了音响的前沿的设计。.4GHz 数字无线技术具有 CD 品质的音频流，自动无线网络连接和避免干扰的蓝牙，让你在家里可以听到存储在 iPod、iPhone3G、MacBook、iMac 电脑或 PC 中任何来源的音乐。该项目是由香港的 EOps 公司和经验丰富的工业设计师 Michael Young 合作完成的，Michael Young 想为 iPod 音箱的市场设计一些有意思的东西，用他的话说就是“不同于那些到处都是的肮脏又沉闷的黑色盒子，那些产品与苹果用户购买的东西并不协调”。该系统的特点是含有一种独特的手势控制功能的低音单元和两个卫星音箱（最多可以容纳 8 个音箱）。音量可以通过挥动手势来调节，音箱和低音炮都带有运动传感器。不同于其他黑色的音箱，i24R3 的外形是有光泽的白色和铸铝材质，该系统将设计和音频技术推进了形式追随声音的新境界。

i24R3 无线音箱系统

Michael Young
ABS，铸铝
音箱尺寸：
高：32 cm ($12^{5}/_{8}$ in)
直径：14 cm ($5^{1}/_{2}$ in)
低音炮尺寸：
高：34 cm ($13^{3}/_{8}$ in)
直径：24 cm ($9^{1}/_{2}$ in)
EOps，香港
www.eopstech.com

Freewheeler 户外扬声器

Ron Arad, Francesco Pellisari
木材表面刷漆
直径：58 cm ($22^{7}/_{8}$ in)
厚度：25 cm ($9^{7}/_{8}$ in)
Viteo，奥地利
www.viteo.at

电线音响系统是一个独特的产品，通过使用现有电路，在室内传递音乐。声音从高保真音箱到通过正常的家用电源线传到扬声器，而不是像传统方式一样需连接一套音箱系统，也不需要使用 Wi-Fi 或者蓝牙等新技术。只需要将音乐文件插在主接线板上，就可以自动传送到房间中的其他插线板。接下来就需要将一个网络扬声器连接到电源，这样音乐就可以从一个房间流动到下一个房间了。Pioneer 系统包括扬声器、主音频单元、iPod 和 USB 端口，用于连接 MP3 播放器。还可以连接其他任何有类似线路的设备。该音箱有一个内置运动传感器，当人进入房间后，设备就被激活，从而节约能源。

MusicTap 电线音响系统

Pioneer
聚碳酸酯
多种尺寸
Pioneer，日本
www.pioneerelectronics.com

“EQ3”紧凑型折叠音箱

摩托罗拉
塑料，钕磁铁
高：3.5 cm ($1^{3}/_{8}$ in)
宽：13 cm ($5^{1}/_{8}$ in)
深：3.5 cm ($1^{3}/_{8}$ in)
摩托罗拉，美国
www.motorola.com

“Muon”扬声器

Ross Lovegrove
成型铝
长：200 cm ($78^{3}/_{4}$ in)
宽：60 cm ($23^{5}/_{8}$ in)
厚：38 cm (15 in)
Kef，英国
www.kef.com

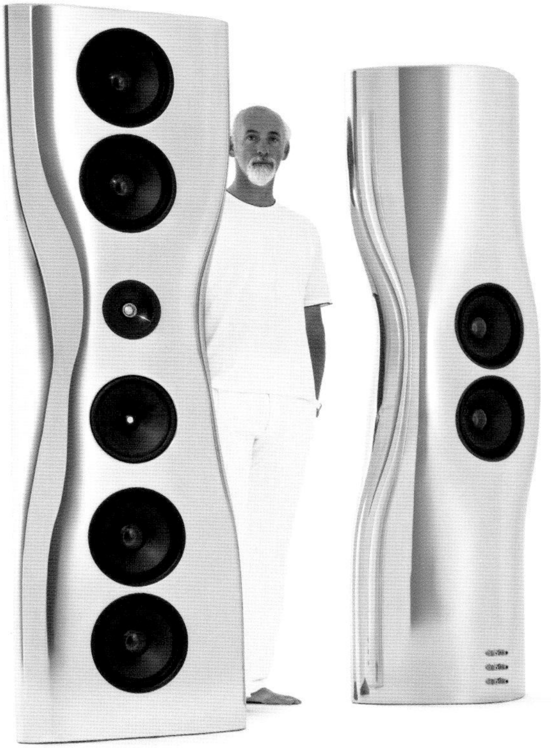

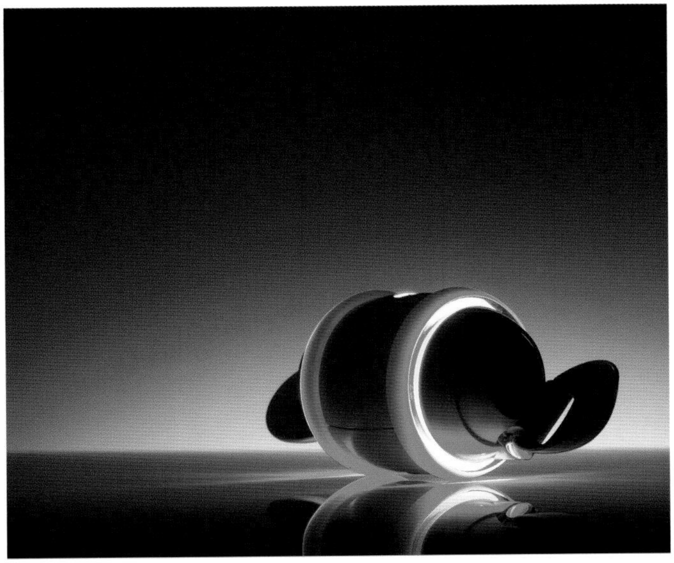

Rolly 声音娱乐播放器

Yujin Morisawa, Kunihito Sawai, Taku Sugawara
聚碳酸酯，ABS，LED
高：6.5 cm ($2^{1}/_{2}$ in)
宽：10.4 cm ($4^{1}/_{8}$ in)
深：6.5 cm ($2^{1}/_{2}$ in)
Eton，美国
www.etoncorp.com

索尼公司在 20 世纪 70 年代推出了便携式卡带播放设备 Walkman，掀起了音频工业的革命。人们第一次可以随时随地欣赏音乐。Rolly 是最新款的便携式音乐播放器。这款设计成蛋形宝石状的小产品拥有创新的音频技术，旋转的轮子和扬声器，LED 环形灯可以根据用户不同类型的操作而变换颜色，同时还拥有出色的音质。

其他

秘密朋友珠宝和首饰架

Tithi Kutchamuch
古色古香的青铜，氧化银
多种尺寸
TithiKutchamuch，英国
www.tithi.info

Rocky 儿童家具

PearsonLloyd
胶合木
高：68 cm (26$^3/_4$ in)
宽：101.5 cm (40 in)
深：54 cm (21$^1/_4$ in)
MO by Martinez Otero，西班牙
www.martinezotero.com

Rocking & Rolling Bully 玩具 / 凳子

Jan Capek
上漆木材
高：58.1 cm (22$^7/_8$ in)
宽：85 cm (33$^1/_2$ in)
深：21.7 cm (8$^1/_2$ in)
Jan Capek Design，捷克
www.jancapek.net

“脸”相框，记忆盒

Sebastian Bergne
聚碳酸酯塑料
高：19 cm (7$^1/_2$ in)
宽：14 cm (5$^1/_2$ in)
深：13 cm (5$^1/_8$ in)
Authentics GmbH，德国
www.authentics.de

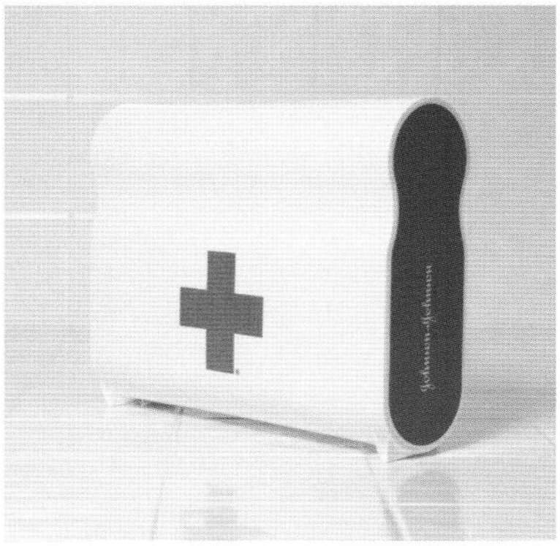

急救箱

Harry Allen
可降解塑料
高：18 cm (7 in)
宽：27 cm ($10^{5}/_{8}$ in)
深：9 cm ($3^{1}/_{2}$ in)
Johnson&Johnson，美国
www.jnj.com

野营配件，充气躺椅和沙滩球

Marcel Wanders
橡胶
多种尺寸
Puma，美国
www.puma.com

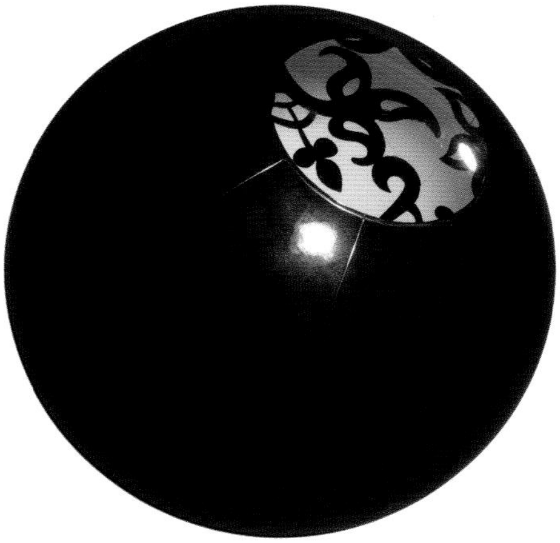

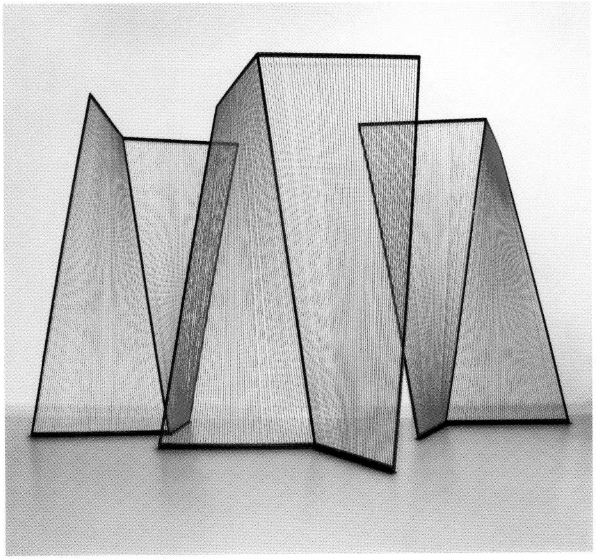

Dune 模块化屏幕

Outofstock
钢和弹性绳
长：173 cm ($68^{1}/_{8}$ in)
宽：112 ～ 363 cm (44 ～ $142^{7}/_{8}$ in)
厚：48 cm ($18^{7}/_{8}$ in)
Outofstock Design，西班牙
www.outofstockdesign.com

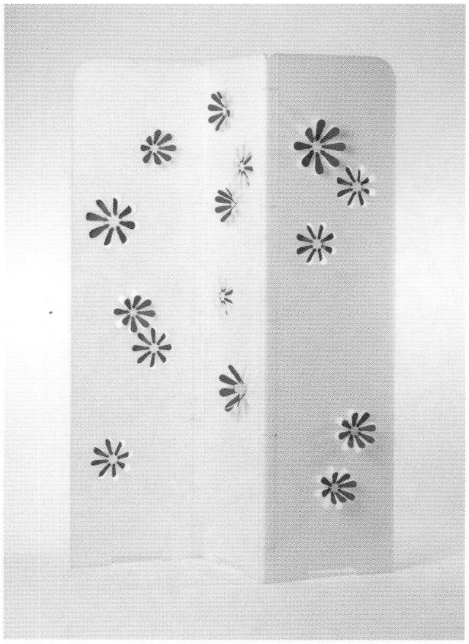

“花朵”屏风 / 空间分隔

Francisca Prieto
有机玻璃
高：180 cm ($70^7/_8$ in)
宽：141 cm ($55^1/_2$ in)
深：8.6 cm ($3^3/_8$ in)
Blank Project，英国
www.blank project.co.uk

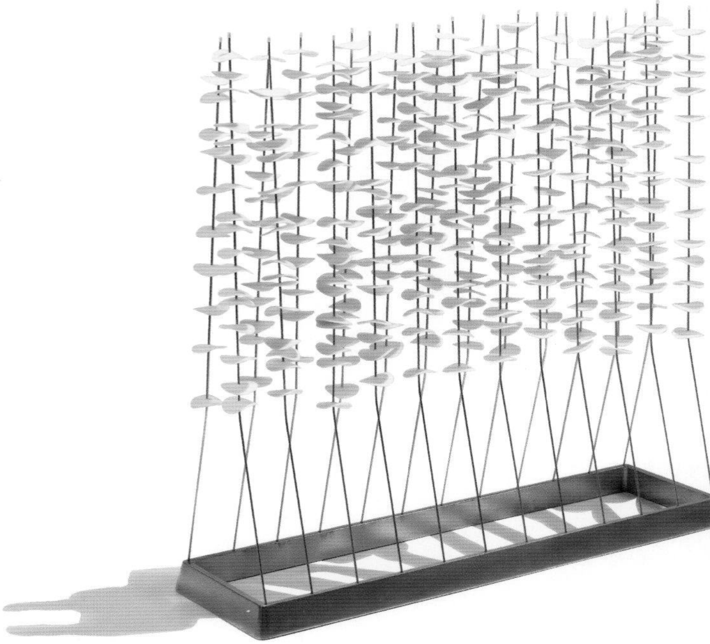

“森林”空间分隔

Monica Forster
不锈钢，中密度纤维板，100% 纯羊毛毡
高：93 cm ($36^5/_8$ in)
宽：103 cm ($40^1/_2$ in)
深：33 cm (13 in)
Modus，英国
www.modusfurniture.co.uk

Still 空间分隔

Scholten&Baijings
铝框和 Trevira CS 织物
高：160 cm (63 in)
宽：116 cm ($45^5/_8$ in)
深：77 cm ($30^3/_8$ in)
Scholten&Baijings，荷兰
www.scholtenbajings.com

Outline 空间分隔

Damian Willamson
木材
高：145 cm (57 in)
宽：180 cm (70 $^7/_8$ in)
Garsnas，瑞典
www.Garsnas.se

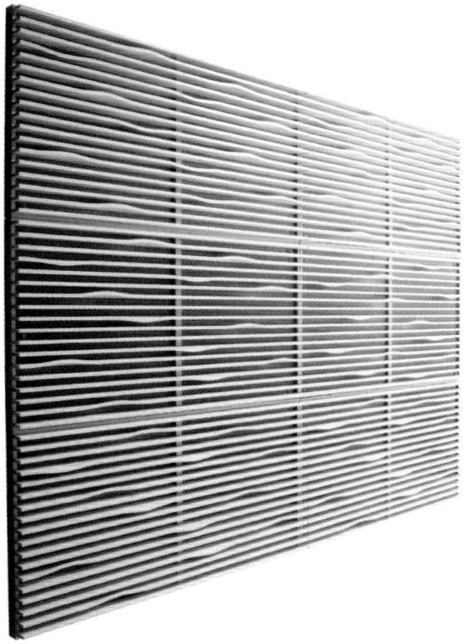

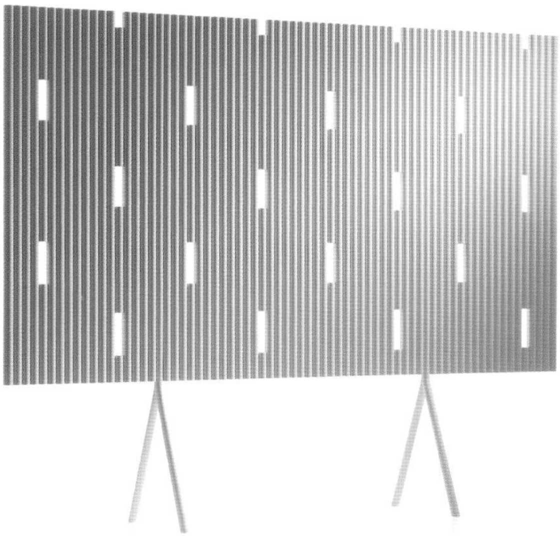

Sono 吸音板

Marten Claesson, EeroKoivisto, Ola Rune
桦木贴面
高：60 cm (23$^5/_8$ in)
宽：120 cm (47$^1/_4$ in)
Swedese，瑞典
www.swedese.se

Phonofone 扩音器

Tristan Zimmermann
陶瓷
高：51 cm (20 in)
宽：28 cm (11 in)
深：25 cm (9$^7/_8$ in)
Charles&Marie，美国
www.charlesand marie.com

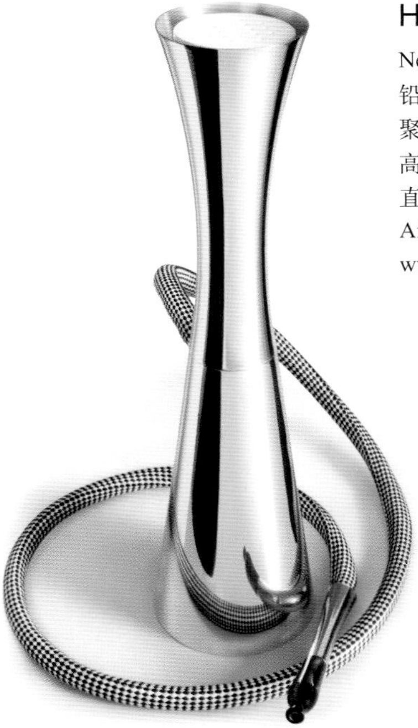

Harghil 水烟

Nedda El-Asmar
铅锡合金，高科技陶瓷，珍珠陶土，聚酰胺，织物
高：40 cm (15$^3/_4$ in)
直径：11 cm (4$^3/_8$ in)
Airdiem，法国
www.airdiem.com

Adiri Natural Nurses 婴儿奶瓶

Adiri
不含聚碳酸酯和双酚 A 的柔软材料
高：15.2 cm (6 in)
直径：6.6 cm ($2^{5}/_{8}$ in)
Adiri，美国
www.adiri.com

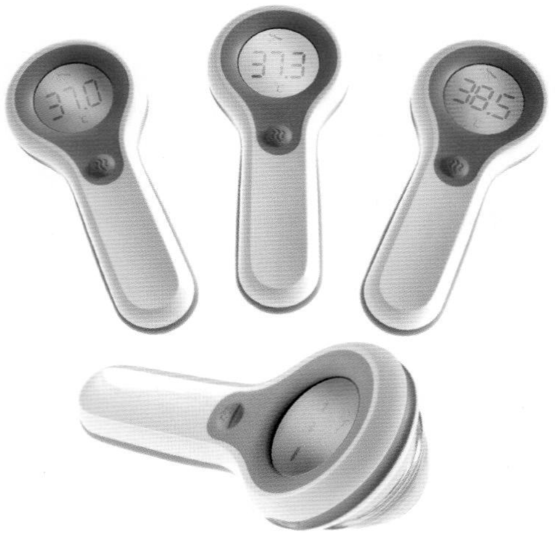

Vicks 额头温度计

Scott Henderson
注塑 ABS 塑料与超模压 TPR
高：5 cm (2 in)
宽：14 cm ($5^{1}/_{2}$ in)
深：6 cm ($2^{3}/_{8}$ in)
Kaz Inc.，中国
www.kaz.com

HomeHero 厨房灭火器

Home Depot
高：40.6 cm (16 in)
Home Hero，美国
www.homehero.net

为什么安全设备总是丑陋的？烟雾报警器、灭火毯、消防出口标志，它们都是一样的。在 HomeHero 面市之前，厨房灭火器也是一样丑陋的。这个 40 厘米（$15^{3}/_{4}$ in）高，时尚但又不显眼的圆柱形的灭火器可以放在橱柜上，不同于普通的厨房灭火器，碍眼到只能藏在橱柜里面。这款傻瓜型的产品甚至只用一只手就可以操作。

可堆叠功能性雕塑（包括凳子，镜子，纸盒，桌子等）

Jaime Hayón
陶土，木材
多种尺寸
Moooi，荷兰
www.moooi.com

Ultrasilencer 吸尘器

伊莱克斯
ABS，聚碳酸酯
高：26 cm ($10^{1}/_{4}$ in)
宽：40.4 cm ($15^{7}/_{8}$ in)
深：30.5 cm (12 in)
伊莱克斯，瑞典
www.electrolux.com

Dyson Ball DC24 立式真空吸尘器

Jake Dyson
可水洗 HEPA 过滤器，聚碳酸酯
高：74.9 cm ($29^{1}/_{2}$ in)
宽：34.9 cm ($13^{3}/_{4}$ in)
深：28 cm (11 in)
Dyson
www.dason.com

双折手柄真空吸尘器

伊莱克斯
ABS，聚碳酸酯，PVC
高：106.7 cm (42 in)
宽：28 cm (11 in)
深：12.7 cm (5 in)
伊莱克斯，瑞典
www.electrolux.com
www.kaz.com

在开始任何设计之前，伊莱克斯的研发团队都要进行详细的消费者和用户调查，以确定他们需要什么，以及期望什么，Intensity 真空吸尘器的设计原理是将机械动力和压缩存储罐相结合。自从推出了 Trilobite 2.0 扫地机器人，伊莱克斯就被认为是吸尘器领域的创新者，Intensity 的推出也不例外。立柱式的吸尘器比罐式的更强大，因为吸尘刷和集尘袋之间的管子少了，在 Intensity 的案例中，伊莱克斯想办法将管道的长度缩短至 7.5 厘米，从而使外壳的尺寸更小巧。再加上可以对折的把手，吸尘器可以被整洁地收纳至一个小空间中。Intensity 的重量只有 7.5 千克，因此非常适合老人和体弱者使用，而 HEPA 过滤器确保了过敏源被安全地锁在机器内，不会被吹回室内。通用性的缺陷（提手放置在顶部，因此家具下方的空间难以清理，而且产品没有附件）被动力弥补了。

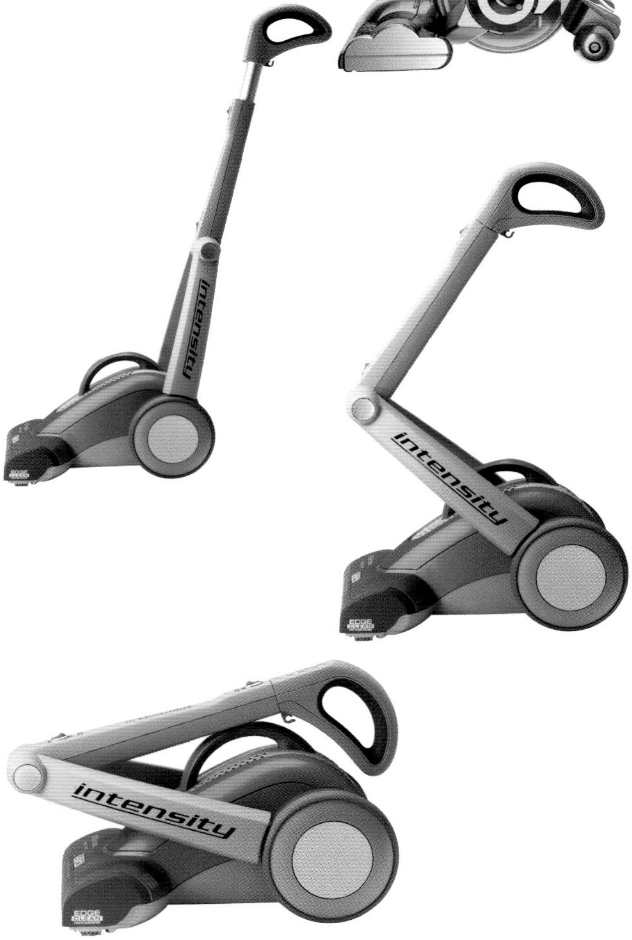

Corbeille 纸篓（123 家具系列）

Matali Crasset
多层桦木
高：51 cm (20 in)
直径：35 cm ($13^3/_4$ in)
Domestic，法国
www.domestic.fr

“容器”花瓶

Marcel Wanders
PE
高：40 cm ($15^3/_4$ in)
直径：30 cm ($11^7/_8$ in)
Moooi，荷兰
www.moooi.com

Rocs 室内家具

Ronan、Erwan Bouroullec
纸板，亚麻布
高：130 ~ 192 cm ($51^1/_8$ ~ $75^1/_2$ in)
宽：276 ~ 330 cm ($108^5/_8$ ~ $129^7/_8$ in)
深：50 cm ($19^5/_8$ in)
Vitra Edition，瑞士
www.vitra.com

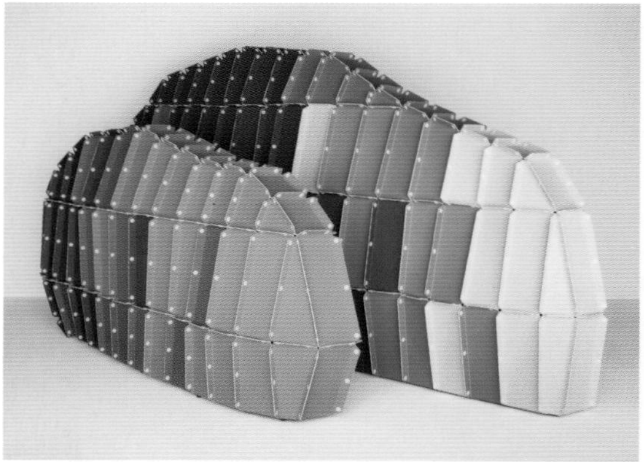

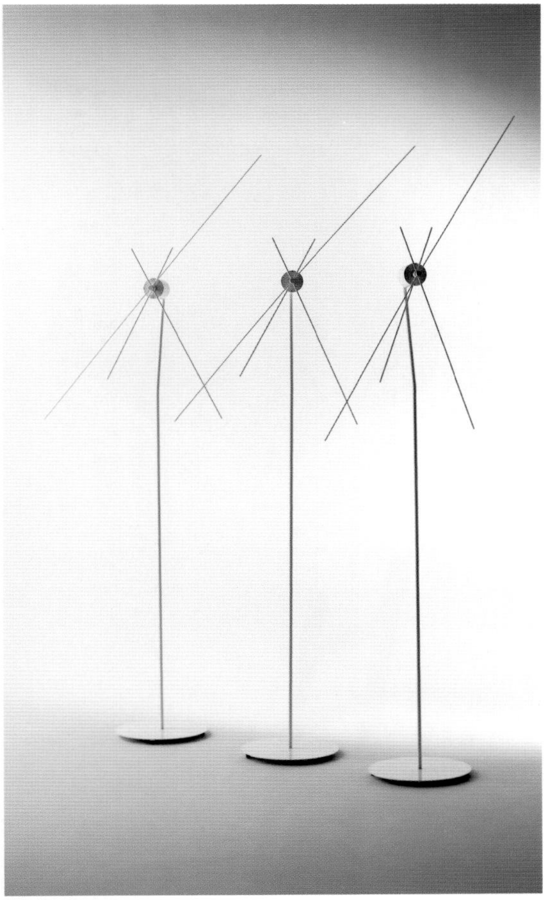

Kazadokei 时钟

Nendo
铝
高：200 cm (78$^3/_4$ in)
Nendo，日本
www.nendo.jp

Nendo 的设计尤其代表了从简洁和纯净衍生出的创造性的精致之美。他们的许多产品都在不断挑战所使用材料的极限（见第 52 页卷心菜椅），而其他一些产品如 Kazadokei 时钟则在试图改变人们对于日常产品的看法。这座钟有两米高，秒针有 1.5 米长，采用了建筑物和公园中大型钟表所使用的机械原理。Nendo 将时钟的指针想象为全天都在旋转的风车，可以捕捉到微风，而且诗意地描述为“让我们直接用身体和感觉来体验时间”。Kazadokei 属于“百分之一的产品”系列，是 Nendo 作为创意总监而生产的产品之一。Nendo 想设计一百件产品，既不是一次性的产品，也不是平庸的大规模批量生产的产品，而是“无论工匠的技艺如何，是否使用了新的技术，我们想做的是 100 件产品，可以让用户在使用其中某一件时，得到百分之一的快乐”。

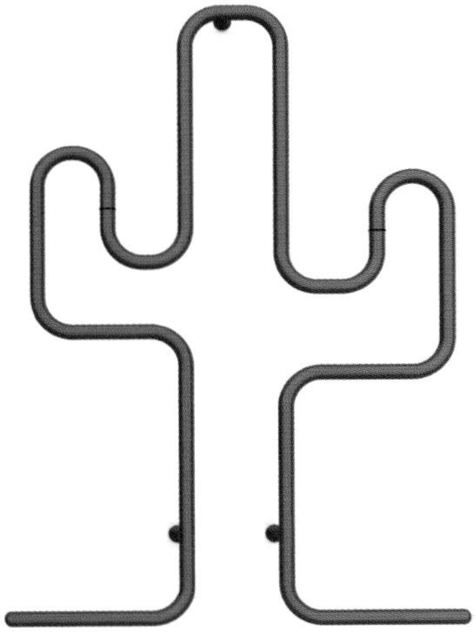

“仙人掌”电暖气

Tubes Radiatori
钢管
高：88 cm (34$^5/_8$ in)
宽：65 cm (25$^1/_2$ in)
Tubes Radiatori，意大利
www.tubesradiatori.com

“天堂”梯子 / 凳

Thomas Bernstrand
铝表面喷漆
高：66 cm (26 in)
宽：38 cm (15 in)
深：36 cm (14$^1/_8$ in)
Swedese，瑞典
www.swedese.com

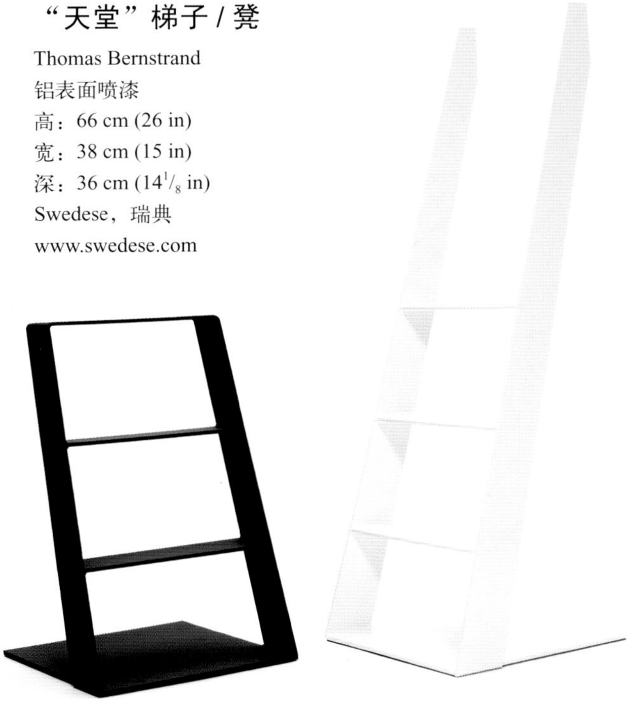

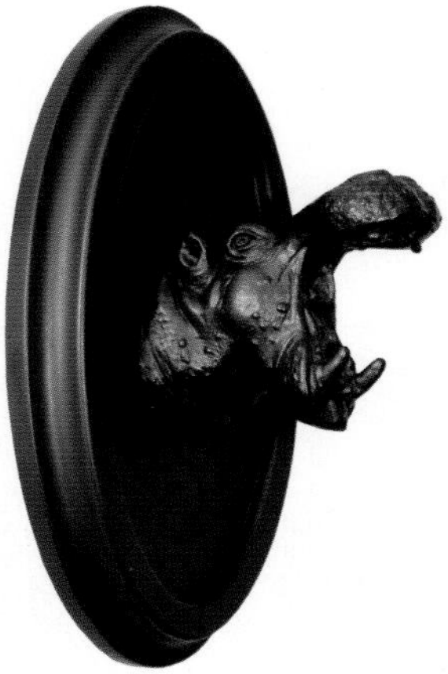

Kamin OOH 木柴箱

Cubeseven Design
高：57 cm ($22^{3}/_{8}$ in)
宽：40 cm ($15^{3}/_{4}$ in)
深：50 cm ($19^{5}/_{8}$ in)
Cubeseven Design，德国
www.shop.cubeseven.de

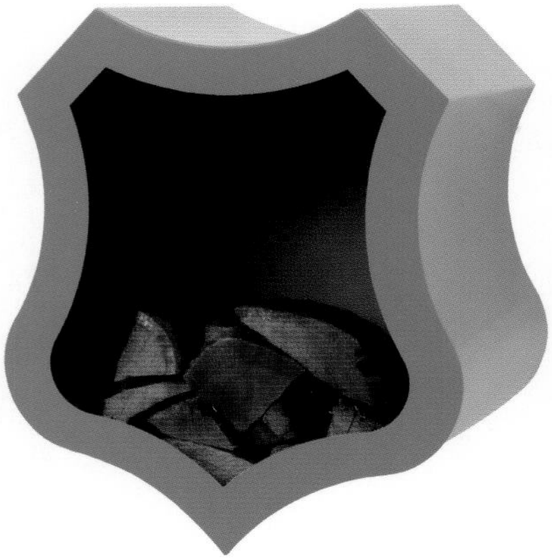

New Trophy Range 墙壁挂钩

Phil Cuttance
树脂
高：11 cm ($4^{3}/_{8}$ in)
宽：7 cm ($2^{3}/_{4}$ in)
深：8 cm ($3^{1}/_{8}$ in)
Charles and Marie，中国
www.charlesandmarie.com

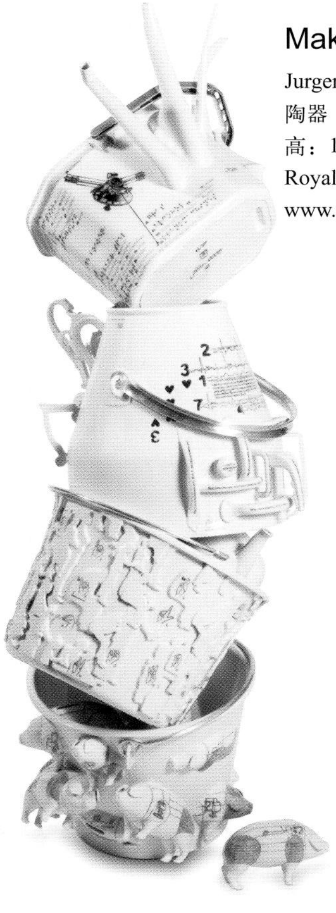

Makkum 花朵金字塔

JurgenBey
陶器
高：160 cm (63 in)
Royal TichelaarMakkum，荷兰
www.tichelaar.nl

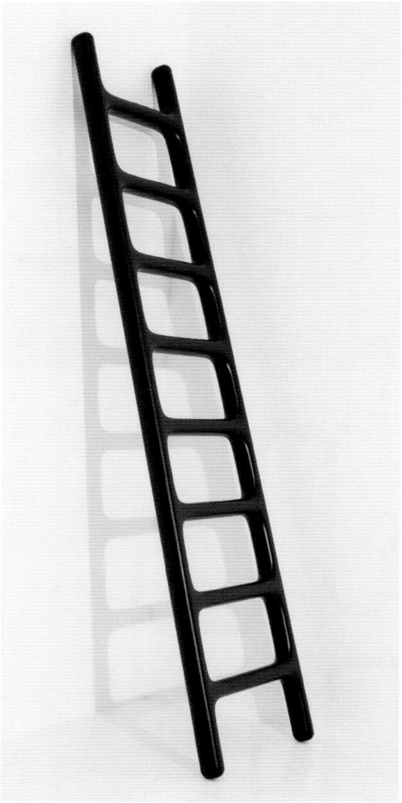

碳纤维梯子（限量版）

Marc Newson
碳纤维
高：201.5 cm ($79^{3}/_{8}$ in)
宽：48 cm ($18^{7}/_{8}$ in)
深：38 cm (15 in)
GalerieKreo，法国
www.galeriekreo.com

落地式不锈钢烛台

Corin Mellor
不锈钢，花岗岩底座
高：200 cm (78$^3/_4$ in)
David Mellor Design，英国
www.davidmellordesign.co.uk

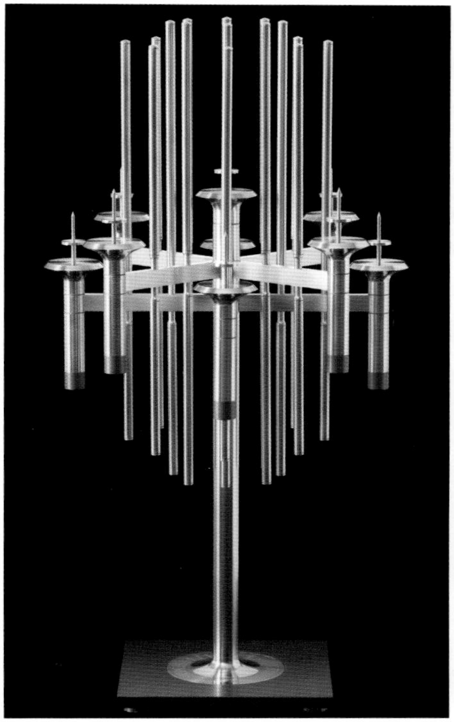

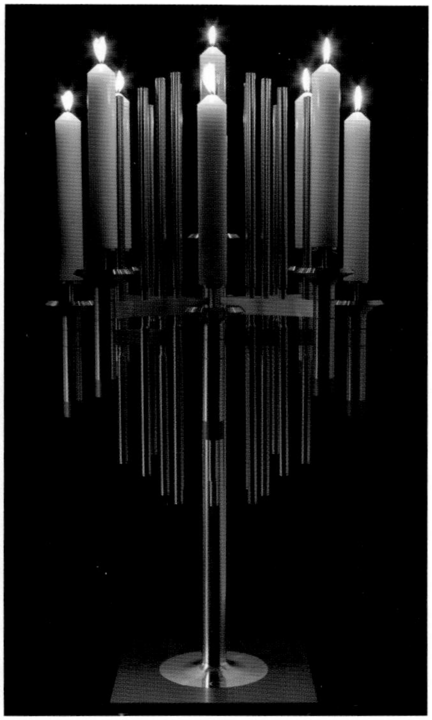

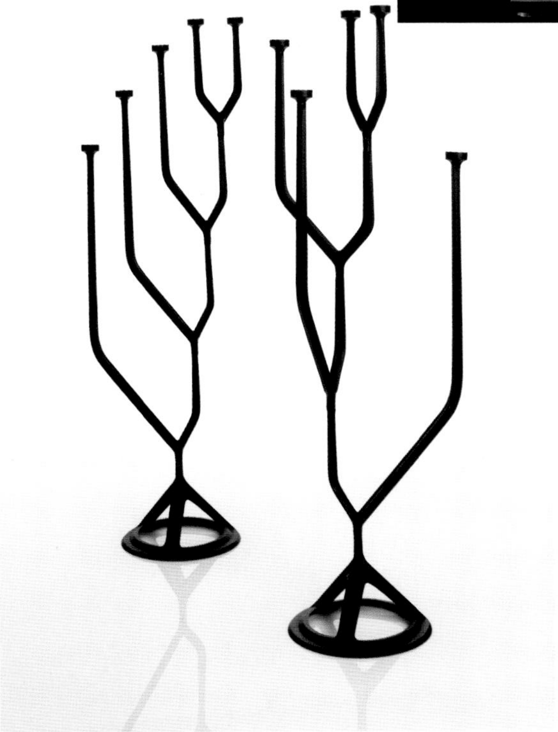

Candle Clamp 烛台

Tord Boontje
激光切割钢板
高：11.3 cm (4$^1/_2$ in)
宽：10.6 cm (4$^1/_8$ in)
深：45.7 cm (18 in)
Artecnica，美国
www.artecnicainc.com

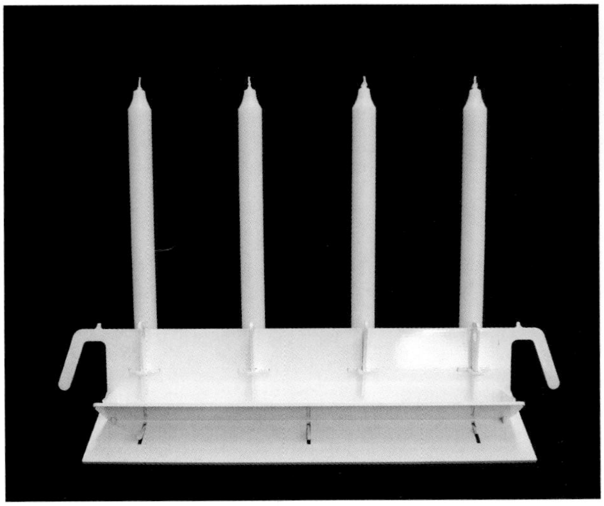

Spin Floor 烛台

Tom Dixon
铸铁
高：160 cm (63 in)
宽：65 cm (25$^1/_2$ in)
底座直径：30 cm (11$^7/_8$ in)
Tom Dixon，英国
www.tomdixon.net

“我们最大的电扇”

Addi
多种塑料，皮革
高：134.6 cm (53 in)
宽：40.6 cm (16 in)
深：45.72 cm (18 in)
Addi，瑞典
www.addi.se

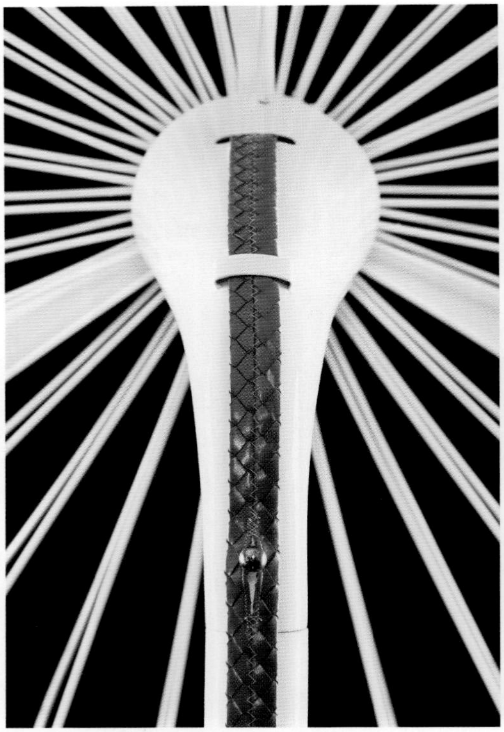

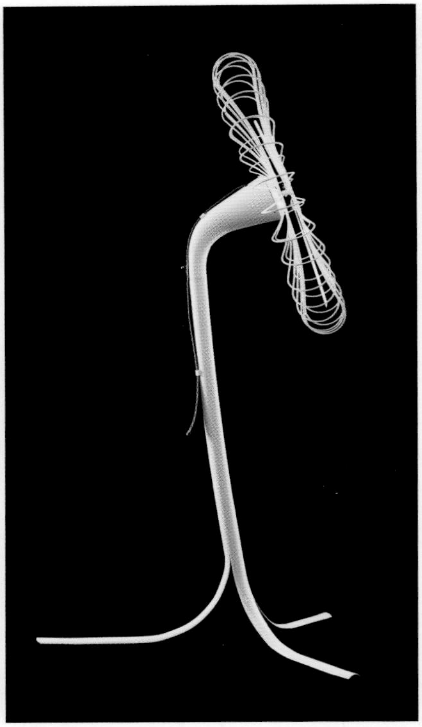

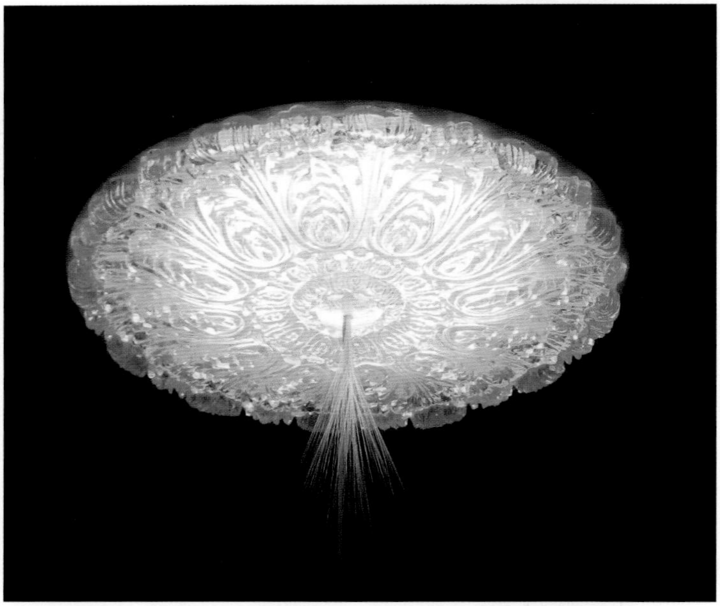

Groundfloor White 无烟道式明火咖啡桌

Christophe Pillet
核桃木，白清漆
高：52 cm ($20^1/_2$ in)
宽：130 cm ($51^1/_8$ in)
深：130 cm ($51^1/_8$ in)
Planika，波兰
www.planikafires.com

“玫瑰”天花板装饰

John Harrington
树脂浇注
多种尺寸
John Harrington
Design，英国
www.johnharrington.co.uk

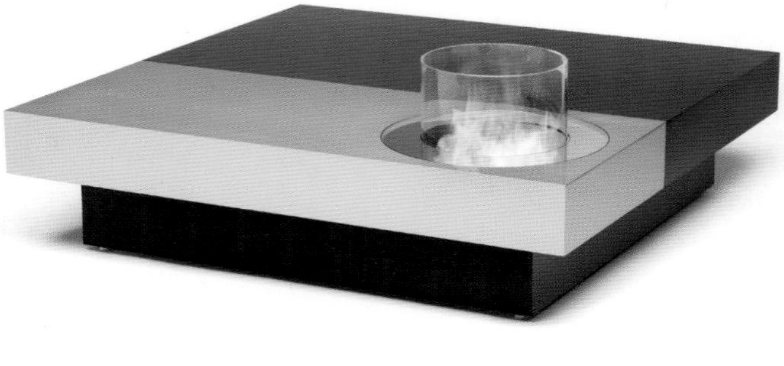

Freeman 是一台没有为了便携性而牺牲尺寸的折叠自行车。不像市场上其他的折叠自行车，不是没有长座杆，就是轮子非常小。Freeman 的齿轮固定版本是全尺寸的，具有轻量化赛车轮毂和技术成熟的 S–S 联轴器，可以实现框架对折并放入一个 66 厘米的蜡棉布和皮革袋子中。“我们设计这款自行车的初衷是，骑车离开山里到城市学些文化，和城市里的朋友一起出去逛逛。”

Freeman 便携式自行车

Missoula Montana
铝
Greeman Transport，美国
www.freemantransport.com

混合动力三人车 / 越野车

Taga
铝合金
高：102 cm ($40^{1}/_{8}$ in)
宽：165 cm (65 in)
深：73 cm ($28^{3}/_{4}$ in)
Taga，荷兰
www.taga.nl

以色列设计的三人车 / 童车，可以在几秒钟内完成功能的转换，只需要短短几个步骤。Taga 在广告中称这款产品为“出行的健康方式，有利于产后恢复身材。”

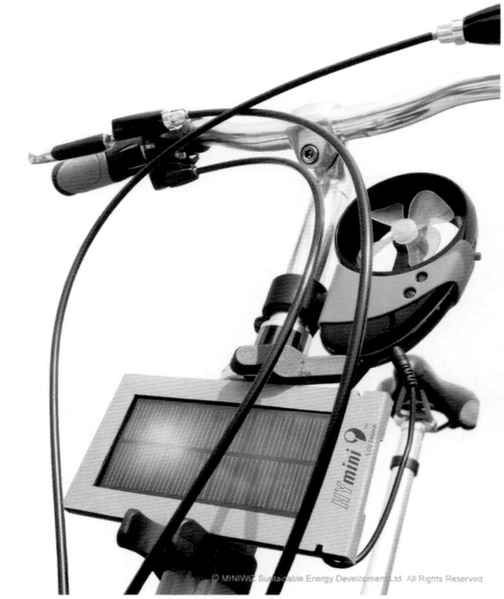

HYmini 便携式风力发电机

HYmini
锂离子充电电池
高：13.7 cm ($5^{3}/_{8}$ in)
宽：8.6 cm ($3^{3}/_{8}$ in)
深：3.3 cm ($1^{1}/_{4}$ in)
Hymini，中国台湾
www.hymini.com

HYmini 是手持式万能充电器 / 适配器设备，它可通过可再生能源风力 / 太阳能发电或传统的强插式电源对几乎所有 5V 的数码产品设备进行充电。能量经由风为动力的发电机和小型太阳能电池板收集并存储在一个内置的电池中，可为手机、MP3 播放器、音乐播放器、掌上电脑和数码相机进行充电。

Mission One 摩托车

Yves Béhar, fuseproject
钢，橡胶，玻璃，纤维复合材料，皮革
高：109.2 cm (43 in)
长：203.2 cm (80 in)
Mission Motor，美国
www.redemission.com

Misson One 是世界上最快的电动摩托车，最高时速可达 240 km/h。它最长续航距离为 386 km，加速比其竞争对手运动自行车更快，而且更环保，性能也比其他电动自行车更优越。“这是一个梦想成真的设计，是一个兼顾性能和可持续发展的设计。” Yves Béhar 说。“我相信 Mission One 是交通工具进入高效和令人兴奋的新时代的标志。” Mission One 的整体造型线条锐利，用于表达速度和效率，Mission One 也非常注重细节，以满足骑行者的要求。将设计和人机工程学的理念注入了新一代的交通工具设计中。

碳纤维宠物床（限量版）

b.pet
碳薄膜，聚酯
高：91.4 cm (36 in)
深：78.7 cm (31 in)
b.pet，意大利
www.bpet.it

LOOP 狗窝

Brian Mcintyre
人造皮革，棉纤维硅
高：74.9 cm ($29^{1}/_{2}$ in)
宽：50 cm ($19^{3}/_{4}$ in)
深：45 cm ($17^{3}/_{4}$ in)
Gaia&Gino，土耳其
www.gaiagino.com

“双胞胎”狗碗

Richie Tanaka
纯三聚氰胺
高：24.4 cm ($9^{5}/_{8}$ in)
宽：23.1 cm ($9^{1}/_{8}$ in)
深：18.5 cm ($7^{1}/_{4}$ in)
Gaia&Gino，土耳其
www.gaiagino.com

Chew 椅子腿保护套，狗玩具

Jennifer Yoko Olson
天然橡胶
高：28.7 cm ($11^{1}/_{4}$ in)
宽：6.6 cm ($2^{5}/_{8}$ in)
深：9.9 cm ($3^{7}/_{8}$ in)
Gaia&Gino，土耳其
www.gaiagino.com

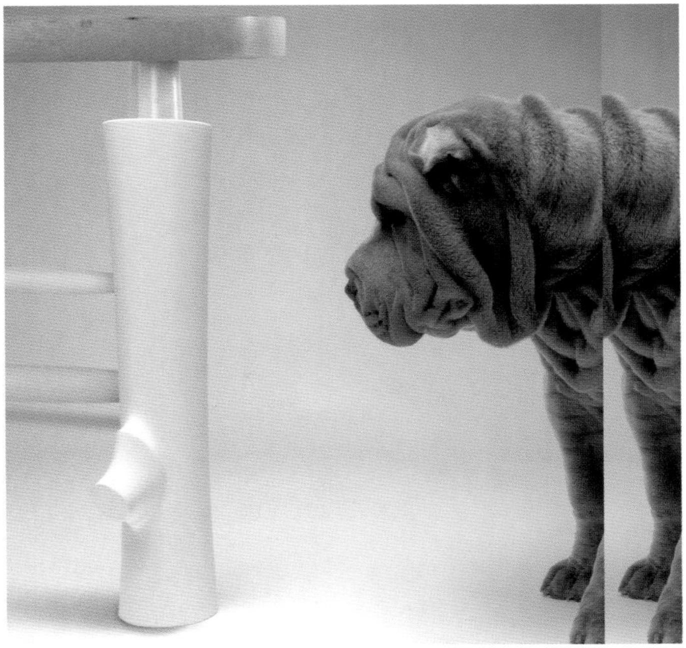

Local River 家用鱼缸和绿植单元

Anthonu van den Bossche
玻璃，水泵
多种尺寸
Mathieu Lehanneur，法国
www.mathieulehanneur.com

Local River 共生生态系统是活的淡水鱼和迷你香草种植园的家庭绿色单元。它的灵感来源于旧金山的团队 Locavores，他们形容自己为“美食冒险家”，他们只吃自家种的食物或那些城市半径 160 公里范围内生产的食物。与设计师和策展人 Anthony van den Bossche 进行合作，迷人的 DIY 渔场暨菜园是基于两个交流和相互依存生物体——鱼类和植物，前者生产富含硝酸的排泄物来滋养植物，这反过来又充当天然过滤器以净化水质，并保持这个栖息地的环境平衡。

“鸟，蝙蝠和蜜蜂”鸟窝

Max Lamb
可循环材料
多种尺寸
www.maxlamb.org

马克斯・蓝姆（Max Lamb）在英国康沃尔郡的乡村长大，家就是广阔的大自然。带着对大自然的热爱，这些城市简单的“盒子”来自于是他观察鸟类筑巢的排水管和废弃建筑物的砖石。他们为雏鸟的首次飞行提供了一个更安全和持久的伪装环境。

“消失的树”花瓶

Jean-Marie Massaud
钢
高：159/200/57 cm ($62^{1}/_{2}$/$78^{3}/_{4}$/$22^{1}/_{2}$ in)
宽：50/75/47 cm ($19^{3}/_{4}$/$29^{1}/_{2}$/$18^{1}/_{2}$ in)
Serralunga，意大利
www.serralunga.com

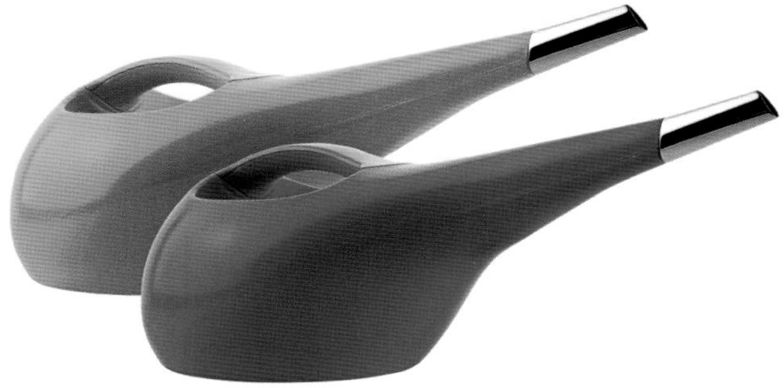

Kiwi 水壶

D'Urbino Donato, Lomazzi Paolo
热塑性树脂，不锈钢
高：18 cm (7 in)
宽：43 cm (17 in)
深：21 cm ($8^{1}/_{4}$ in)
Alessi，意大利
www.alessi.com

“我的天空我的水我的花园”矮桌和喂鸟器

Tithi Kutchamuch
塑料，粉末涂层铝
高：40 cm ($15^{3}/_{4}$ in)
宽：58 cm ($22^{7}/_{8}$ in)
深：58 cm ($22^{7}/_{8}$ in)
Tithi，英国
www.tithi.info

Andrea 过滤系统

Mathieu Lehanneur
耐热玻璃，铝
高：50 cm (19 3/4 in)
宽：35 cm (13 3/4 in)
Mathieu Lehanneur，法国
www.mathieulehanneur.com

马修·雷汉尼尔（Mathieu Lehanneur）正在迅速成为一个令人瞩目的设计师。获得了2006年度的巴黎市创作大奖，并且在2008年作为当代80位最具创新力的设计师之一入选 Taschen 出版的设计集。随着具有争议的产品 Bel Air 空气净化系统（现由于法律原因更名为‘Andrea’）的迅速投产，他成为发明者和设计师之间的桥梁。

雷汉尼尔自2001年毕业于巴黎国立高等工业设计学院（ENSCI）以来，一直在挑战着科学和设计的界限。他研究人体和环境之间的关系，为‘高度设计的’健康产品开发模型，可以巧妙又直观地适应我们生活的环境。他的工作不是关注人体工程学，也不是考虑外形，他通过观察空气、光线和声音传递给我们的单薄的营养，采取了一个更全面的方法。谈到身体和这种刺激之间的接口，他写道，“我采用一种混合方法，中间的栅栏是多孔状的，波动的。就这样，我设计的对象可以和环境之前产生互动，尽可能接近我们的需求。为了实现这一点，我必须要和生理学、医学和心理学方面优秀的专家合作。”他第一件获得国际认可的标志性创新作品在知名的设计师孵化器——法国家具设计促进协会（VIA）的协助下完成，他所谓的“健康天使”的元素包含五个本土的元素，可以调整生理缺陷，并与空气和噪声污染斗争。

为了进一步表现这个概念，雷汉尼尔与哈佛大学的科学家大卫·爱德华兹（David Edwards）共同致力于 Bel Air 的设计，作为一种管理和补偿设计不良影响的方式，特别是家具设计中采用的塑料会释放出苯、甲醛和三氯乙烯。基于 NASA 的净化系统——用植物来清洁宇宙飞船上的聚合物饱和污染物，这款空气净化器在本质上是一个封闭的铝硼硅迷你“温室”，不断地吸入空气中的有毒化合物，使用天然的过滤器——叶、根和湿度来交换和净化空气。产品的美在于其开放式的外观，它不断地提醒使用者，天然的合成正在进行中。

“叶”天花板装饰

Richard Hutten
硅，磁铁
高：10 cm (4 in)
宽：5 cm (2 in)
Gispen，荷兰
www.gispen.com

Meteor 系列 ST98

Arik Levy
木材
高：32 cm (12 1/2 in)
宽：86.7 cm (341 3/8 in)
深：52 cm (20 1/2 in)
SerralungaS.r.i., 意大利
www.serralunga.com

深入介绍

TransNeomatic 系列藤编容器

Design: Fernando、Humberto Campana
高：10.2 cm (4 in)/7.6 cm (3 in)，
直径：42 cm ($16^1/_2$ in)/56.5 cm ($22^1/_4$ in)，
材料：柳条和橡胶
制造商：ArtecnicaInc，美国

坎帕纳兄弟：费尔南多(Fernando)和翁贝托（Humberto）的工作（作品）体现了当前设计领域所关注的问题。主要涉及目前设计界的主要问题。他们的作品独一无二但并不完美，如果大量生产，则会呈现出个性化和粗糙拼凑的外形。他们的作品是有故事的，由手工制作完成，涉及重复利用或可循环的部分，还有些是为了收藏品市场而做的一次性设计。但在这类问题在设计媒体开始关注之前，这两兄弟就以这样的方式工作了。“出于需要，而不是目的，我们正在想办法处理当今所有重要的问题：全球气候变暖、社会责任、手工艺和设计的人性化”。

费尔南多和翁贝托一开始都不是设计师。费尔南多是一名受过专业训练的律师，但一直想从事手工工作。从小他就幻想自己是一个土著的南美印第安人，因为他想沉浸在大自然中，用双手创造东西。他开始雕刻，并和费尔南多合伙，费尔南多是一个建筑系的毕业生，他熟练的技巧可以美化翁贝托的概念。这一专业合作的关系持续了25年，他们的个人技能已经转换成了生产工作，结合了艺术、设计和交织，交错纹理和颜色的手工艺，以一种触觉和本能的方式。

没有人会弄错坎帕纳兄弟独树一帜的风格。尽管他们已获得国际性的成功，产品也由欧洲顶尖的制造商（最著名的Edra）来生产，他们的作品还是带有很强的个人色彩，受到他们出生并一直生活和工作的国家——巴西的影响。他们从小在农村长大，但他们的工作室在圣保罗的市中心，他们的许多作品在表达着自然和城市化之间的对话。巴西是一个不小的地方，它是充满活力的、有机的、令人兴奋的和巴洛克式的。坎帕纳兄弟用他们创造的一切给人们讲述巴西的故事。他们常常品论说要讲一个国际化的语言。“首先检查自己的后院是十分必要的。”他们从圣保罗街头的波斯市场获得灵感，市场里从水果到充气的泰迪熊玩具应有尽有。他们的工作是记录他们所看到的画面，对其进行翻译和提炼，发现了他们周围那些简洁的美。一件早期的设计作品，1993年的Vermelha椅，用长达500米的绳子无序地编织，代表了文明的碎片和巴西首都街头的多元文化和种族，2001年设计的Anemone椅用废弃的花园水管制成，而2003年的Favela椅用废弃的木材板条制成。同样，TransNeomatic系列的概念也是应用废弃的轮胎，用设计赋予它们新的生命。兄弟俩将这个项目视作一个独立的实验，涉及到技术和材料的应用，调查人造物和有机物之间的冲突，工业和手工艺之间的冲突，以及肌理和光滑表面之间的矛盾。后来，总部位于洛杉矶的Artecnica公司接触了他们，其“设计的良知”系列要求设计师设想产品可以将当地的手工艺人聚集起来，帮助复兴文化和手工艺传统。

01 坎帕纳兄弟用自己的双手与手工艺人一起，试图刺激和休养生息传统的手工艺。Artecnica 委员会与他们的设计理念完全匹配。

02 这个概念实在坎帕纳兄弟的工作室里诞生的，在一系列尝试和错误的基础上，花了两年的时间来完善。

03 藤条和轮胎是一组不同寻常的材料组合。他们也曾经考虑过竹签，但没有达到预期的效果。

04 样品被送到 Artecnica 公司后，他们选择在越南生产，因为那里有大量废弃的摩托车轮胎，产品质量可以由海泰藤和赫蒙（Hmong）族妇女的手工编织技艺保证。上图为 Artecnica 的首席执行官 Enrico Bessan 与手工艺人合影。

05 轮胎被彻底蒸汽清洗，以去除所有污垢和杂质，然后在环保的密封环境中将轮胎刺穿后，与藤条编织完成。

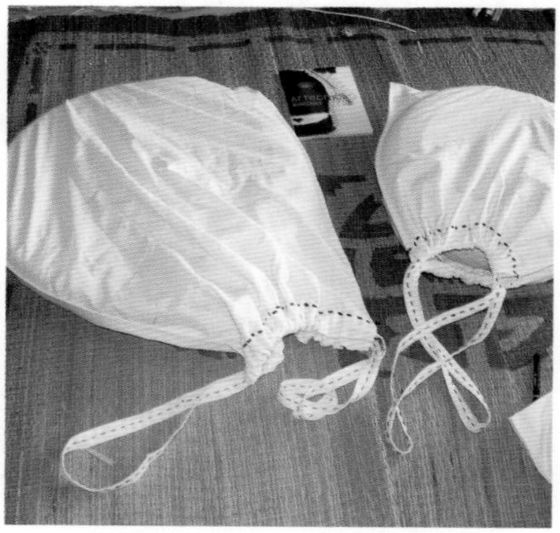

06 一些不幸的越南青年被征召组装手织麻盖，他们被培养为学徒，并被教授一些谋生的技能。

Kelstone 乐器

Jan Van Kelst
聚碳酸酯
高：11 cm ($4^{3}/_{8}$ in)
宽：12.6 cm (5 in)
深：108 cm ($42^{1}/_{2}$ in)
Kelstone，比利时
www.kelstone.be

Kelstone 是一款革命性的、有多重表现手段的新型乐器，9 根弦和 26 个品丝可以将音域拓展至 5 个八度，并结合了键盘乐器和吉他的特点。为了获得最佳的效果，设计师使用了 2 个指板，形成了双 Kelstone，每一个都平铺，并且安装在一个低音区的支架上，与第一块板反向。Kelstone 为演奏者提供了多种可能的技术和组合，但对于有弦乐和键盘乐演奏经验的人来说是非常容易掌握的。演奏者站在乐器后方，他的身体很自由，可以清楚地看到，他的演奏方式没有约束和限制，与传统的竖琴类似。

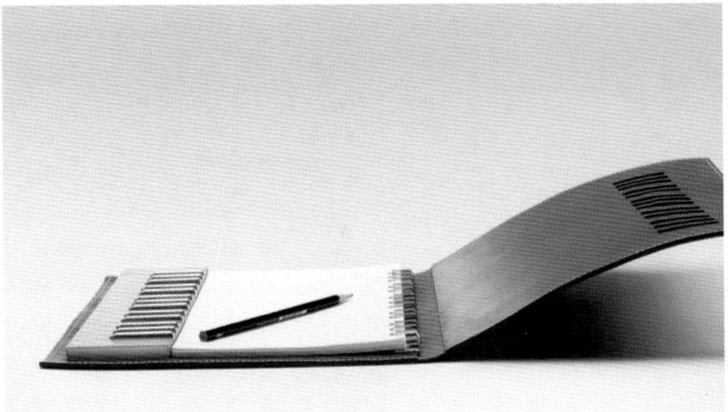

“旅行键盘”迷你键盘笔记本

Yamaha 产品设计实验室
皮革，木材，纸
长：40 cm ($15^{3}/_{4}$ in)
宽：33 cm (13 in)
Yamaha，日本
www.yamaha.com

“悬臂上的键盘”电子钢琴

San Hecht 工业设施
木材，人造大理石
高：86 cm ($33^{7}/_{8}$ in)
宽：134 cm ($53^{3}/_{4}$ in)
深：53.5(21 in)
Yamaha，日本
www.yamaha.com

常规的乐器设计是围绕其产生共鸣的方式进行的。电子乐器不需要受到这些限制，因此给造型设计提供了更广泛和更有创新性的可能性。2008 年米兰国际家具展中的“Key for You”展览展出了 7 个系列的产品原型，“Key for Journey”是一个小型的键盘乐器，便于携带且有皮套。乐器还配备了一个记事本，便于使用者记录他们的音乐灵感。“Key for Cantilever”是与 Sam Hecht 的产业基金合作开发的，是一个非常简洁的雕塑结构，用现代的造型轮廓表达了传统的立式钢琴的原型，用人造大理石制造。

InUmbra 遮阳伞

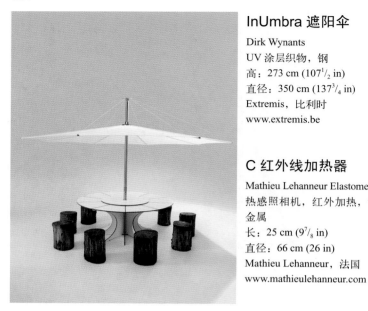

Dirk Wynants
UV 涂层织物，钢
高：273 cm (107$^1/_2$ in)
直径：350 cm (137$^3/_4$ in)
Extremis，比利时
www.extremis.be

C 红外线加热器

Mathieu Lehanneur Elastomer
热感照相机，红外加热，记忆金属
长：25 cm (9$^7/_8$ in)
直径：66 cm (26 in)
Mathieu Lehanneur，法国
www.mathieulehanneur.com

Ensombra 遮阳伞

Odos Design Galvanized
热漆铁，酚醛板
高：221 cm (87 in)
直径：182.9(72 in)
Gandiablasco，S.A，西班牙
www.gandiablasco.com

C 就像是放在房间中央的智能篝火。通过使用热感照相机和红外线加热元件，它检测到身体的温度，或部分身体的温度，接近他并朝着那个区域发散出热量，每次向最需要的区域发散一次。例如，如果周围有三个人，这时候第四个人从外面走进来，它会将注意力重新调整，关注第四个人，直到他的温度和其他人一样。随后它会探测到四个人中最冷的身体部分，进行加热。

Fire Coffee 无烟道火

Arik Levy
钢化玻璃，钢
高：52.7 cm (20$^3/_4$ in)
直径：123 cm (48$^1/_2$ in)
Planika，波兰
www.planikafires.com

“小烟囱”香味扩散器

Takeshi Lshiguro
ABS 板
长：51.3 cm (20$^1/_4$ in)
直径：6.3 cm (2$^1/_2$ in)
IDEA 国际有限公司，日本
www.idea-in.com

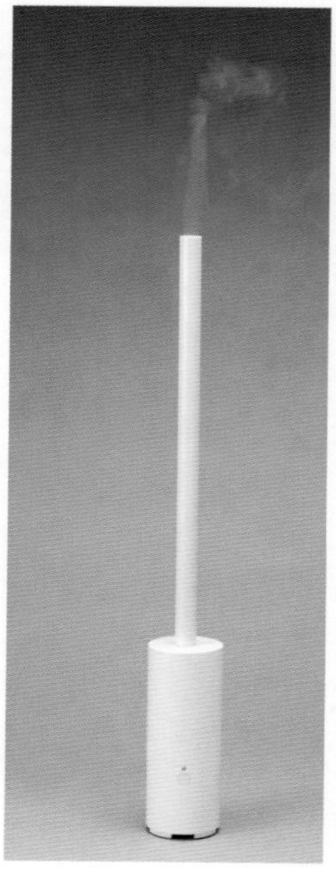

Diva 镜子和灯

Jean-Marie Massaud
烟熏玻璃
高：199.9 cm (78³/₄ in)
宽：50 cm (19³/₄ in)
Glas Italia，意大利
www.glasitalia.com

Cut Glass 背光檐口

John Harrington
树脂浇注
多种尺寸
John Harrington Desing，
英国
www.johnharrington.co.uk

Quart Odiluna 镜子

Steven Holl
薄膜包衣镜面（带抛光斜角边框和纹理框架），激光切割割板，卡纳莱托胡桃木
直径：100 cm (2¹/₂ in)
深：16 cm (20¹/₄ in)
Horm，意大利
www.horm.it

Cosmic Bubble 镜子

Arik Levy
镜子、弹簧钢
高：48 cm (19 in)
直径：40 cm (15³/₄ in)
Eno，法国
www.enostudio.net

Frame 镜子

Marcel Wanders
阳极氧化铝
高：180 cm ($70^{7}/_{8}$ in)
宽：75 cm ($29^{1}/_{2}$ in)
深：20 cm ($7^{7}/_{8}$ in)
Moooi，荷兰
www.mooi.com

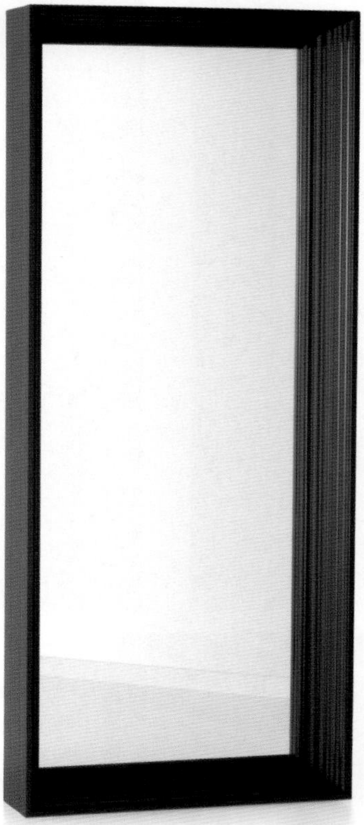

TranSglass 镜子

Emma Woffenden、Tord Boontje
玻璃，中密度板
高：50 cm ($19^{3}/_{4}$ in)
宽：48.3 cm (19 in)
Artecnica，美国
www.artecnicainc.com

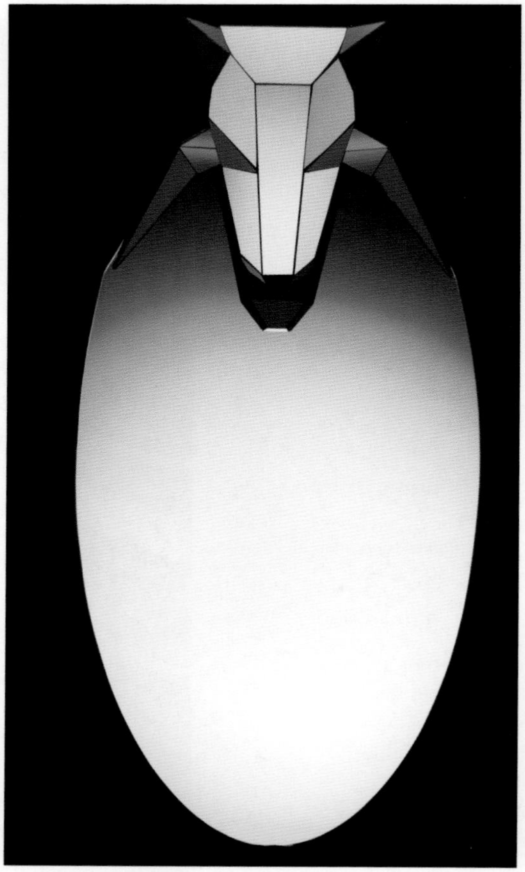

“耳朵看到的”镜子

Philippe Starck
中密度板，镜子
高：154.5 cm ($80^{7}/_{8}$ in)
宽：98.9 cm ($38^{7}/_{8}$ in)
深：5.2 cm (2 in)
XO，法国
www.xo-design.com

“骨架”镜子，Narcisse 系列

Studio Job
玻璃
高：170 cm (66$^{7}/_{8}$ in)
宽：65 cm (25$^{1}/_{2}$ in)
Domestic，法国
www.domestic.fr

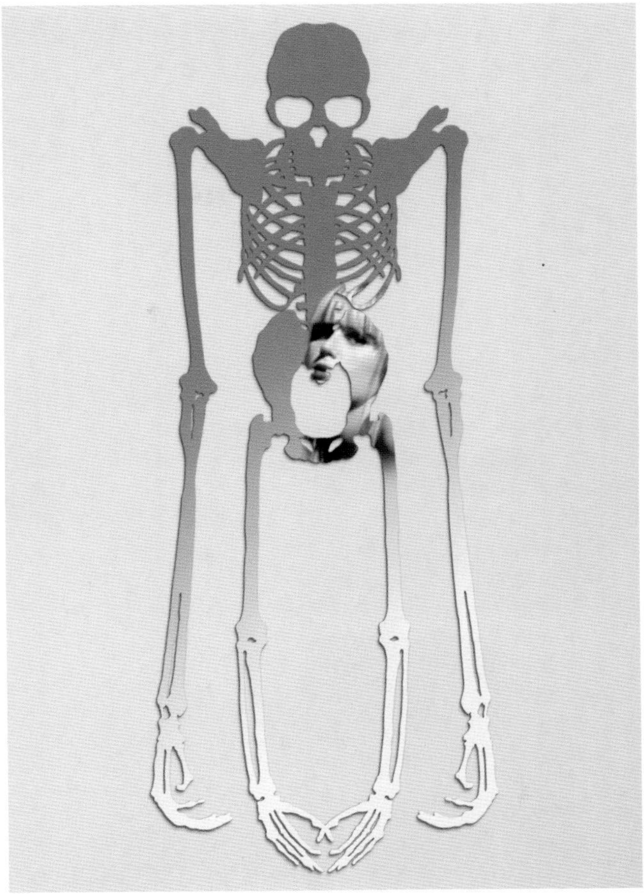

Re-Deco 镜子，Narcisse 系列

Jamie Hayon
陶瓷和镀银玻璃
高：170 cm (66$^{7}/_{8}$ in)
宽：164 cm (64$^{1}/_{2}$ in)
Lladró，西班牙
www.lladro.com

Bibelots 镜子，Narcisse 系列

5.5 Designers
激光切割有机玻璃，镜子
多种尺寸
Domestic，法国
www.domestic.fr

Alla Francesca 镜子，Narcisse 系列

Ana Mir+EmiliPadros
激光切割有机玻璃，镜子
高：50 cm ($19^{5}/_{8}$ in)
宽：50 cm ($19^{5}/_{8}$ in)
深：3 cm ($^{1}/_{8}$ in)
Domestic，法国
www.domestic.fr

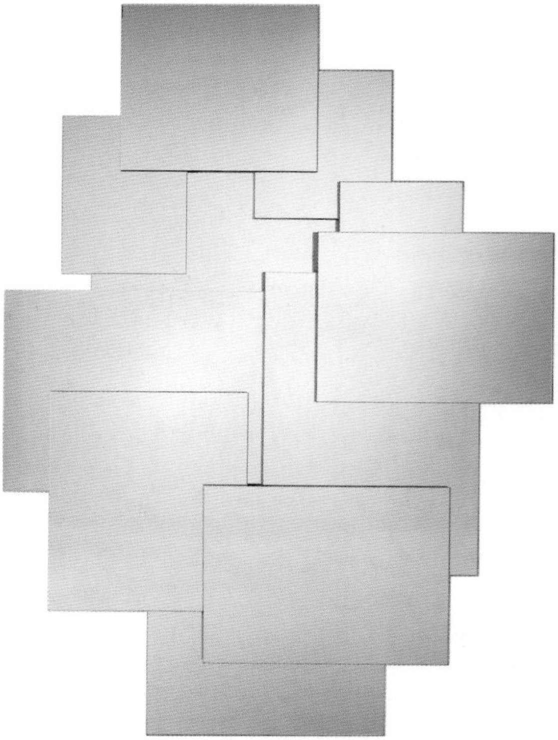

Pablo 镜子

Gabriele Rosa
玻璃，不锈钢
高：148 cm ($58^{1}/_{4}$ in)
宽：106 cm ($41^{3}/_{4}$ in)
Zanotta，意大利
www.zanotta.it

“酒神的镜子”系列

Ettore Sottsass
镜面面板
多种尺寸
Glas Italia，意大利
www.glasitalia.com

Eclipse 钟

Yee-Ling Wan
玻璃，金属
高：33 cm (13 in)
宽：33 cm (13 in)
直径：5 cm (2 in)
Innermost，中国
www.innermost.co.uk

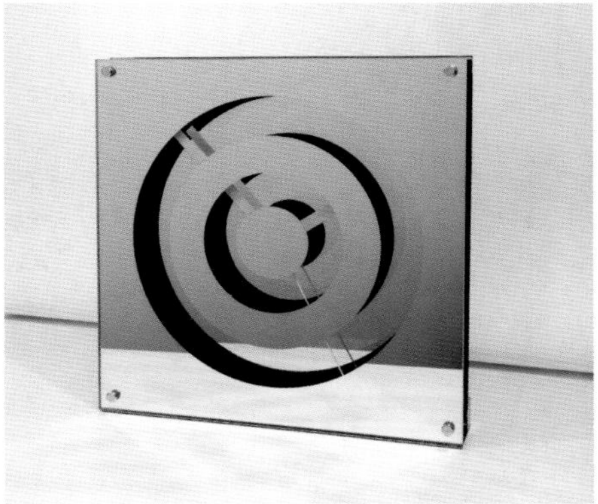

Fortis Art Edition IQ 腕表

Rolf Sachs
皮革，防水材料
直径：5 cm (2 in)
长：17 cm ($6^{5}/_{8}$ in)
Fortis Watch，德国
www.fortis-watch.de

Anything 文具系列

Michael Sodeau, DaisakuBessho
橡胶，塑料
各种尺寸
www.suikosha.com

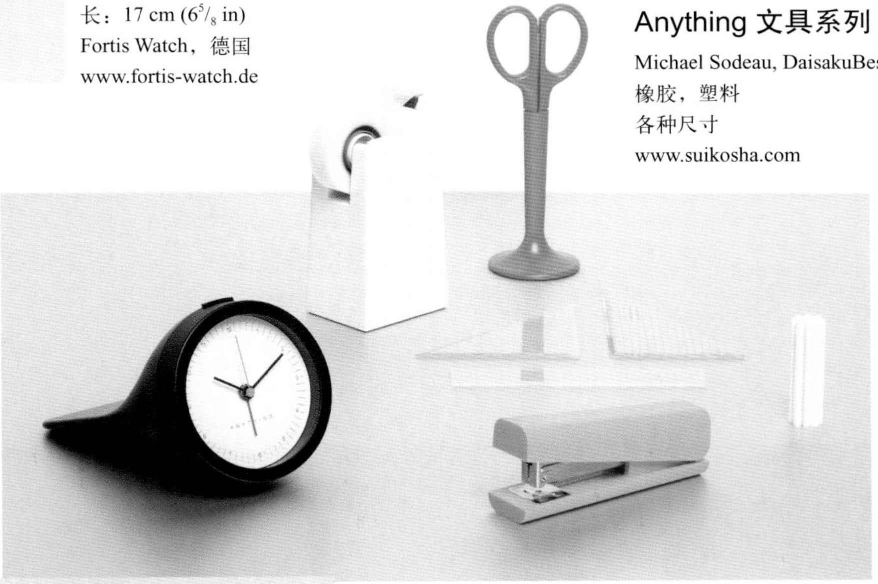

Two Timer 两个时区时间的钟表

Sam Hecht
玻璃，金属
直径：30 cm ($11^{3}/_{4}$ in)
Established&Sons，英国
www.establishedandsons.com

Soft 钟表

Keke Van Eijk
陶瓷
高：26 cm
宽：23 cm
直径：15 cm
Moooi，荷兰
www.mooi.com

Mental Dome 钟表

Cédric Ragot
玻璃，锌
高：21.5 cm ($8^{1}/_{2}$ in)
直径：15 cm ($5^{7}/_{8}$ in)
Innermost，中国
www.innermost.co.uk

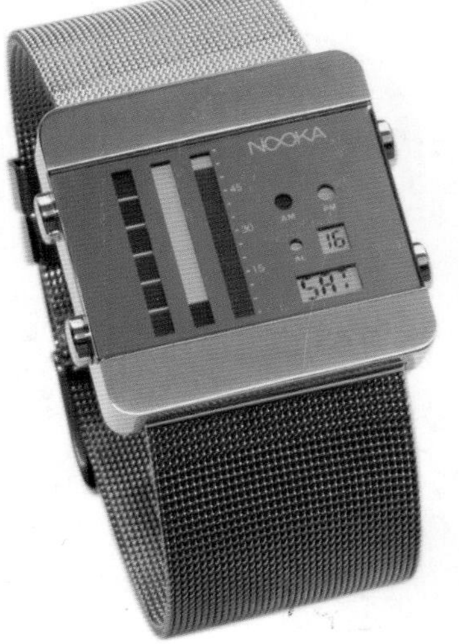

Zen V 手表

Nooka
铝，防水材料
高：0.1 cm
宽：3.5 cm
直径：28 cm
Nooka，美国
www.nooka.com

罗德岛设计学院的校长约翰•梅达（John Meada）在接受线上杂志《Dezeen》主编马库斯•菲尔斯（Marcus Fairs）的采访时，谈到了他对于粗糙生活的评价，以及他为Google设计的一款粗略计算时间的钟表：6.35ish。他可能真的想买一个由三条“显示框”组成的Nooka体育腕表，前两个框中有六个区间，代表了小时（第一条六个区间全满，第二条铺满两个区间时就代表了八点钟），而第三条显示框看起来更像温度计，则代表了分钟。在这次采访中，Meada还说，时间管理的关键是在几秒钟内测量你的生活。Zen-V显示秒数的方式就是简单的数字显示界面。

Soft 钟表

Keke Van Eijk
陶瓷
高：26 cm
宽：23 cm
直径：15 cm
Moooi，荷兰
www.mooi.com

克里斯蒂安•波斯玛（Christiaan Potsma）出生在荷兰，并在那里接受教育。他的作品多为结合当代文化表达情感，并具有叙事性与创新性。他目前工作和生活在瑞典，同时涉足艺术与工业领域。他说“我在设计的不同领域探索创造新的想法和形式对比。我通过用社会的、哲学的和艺术想法巧妙结合来创造产品”。波斯玛的后结构主义时钟是基于个人对造型和时间的研究，并于2008年在Spazio Rossana Orlandi举行的米兰国际家具展中发布。每年的展览都会集中展示埃因霍温设计学院学生带来的数字作品，旨在探索概念设计的创新可能性。时钟是一个最具代表性的形式，从类型上难以颠覆。波斯玛用150多个时钟零件来表示时间的流逝，它们看似随意地摆放在一个140 cm^2 的板子上，但实际上却是经过精心设计的模拟时钟12小时的装置。这些零件共同作用，用文字取代数字来表达时间。随着时间的推移，文字被拆散，直到下一个小时内又慢慢组合成可以理解的文字。例如，三点的时候，文字“three”清晰完整地出现，随着时间推移再被打散，文字“four”开始出现，在四点整的时候，文字“four”清晰可见而“three”就消失了。用心去观察，这块表在不断提醒人们时间具有可以带走一切的力量。